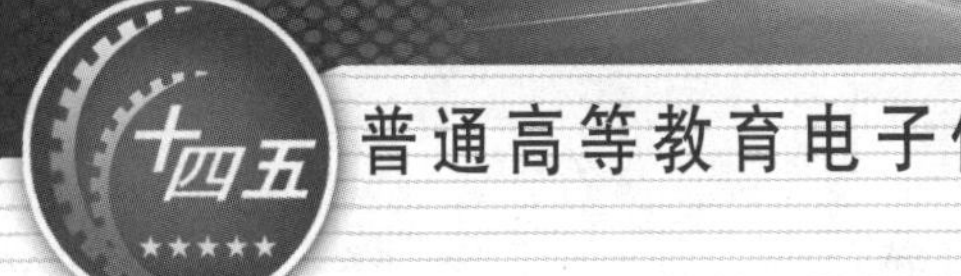

普通高等教育电子信息类专业“十四五”系列教材

物联网通信技术原理与工程应用

主　编　马亚红
副主编　范小娇　邢　卓　李　静　王　薇
主　审　张善文

西安交通大學出版社
XI'AN JIAOTONG UNIVERSITY PRESS

内容简介

本书系统地介绍了物联网的基本概念、系统架构、关键技术及应用领域,主要内容包括物联网概述,物联网通信基础,传感器与无线传感网,NFC、RFID、蓝牙、WLAN、ZigBee、LoRa、NB-IoT、5G 等物联网关键技术,其他物联网通信技术,物联网中的边缘计算,物联网与区块链,物联网通信安全。各章还给出了每种技术的典型应用领域及场景,覆盖了当前部分研究前沿。全书内容力求系统、先进和实用。

本书可以作为高等院校物联网工程、电子信息工程、自动化、通信与信息系统、电气工程及其自动化等相关专业本科生和研究生的教材,也可作为从事物联网系统设计、嵌入式开发、人工智能、边缘计算、区块链等相关领域的研发和工程技术人员的参考用书。

图书在版编目(CIP)数据

物联网通信技术原理与工程应用 / 马亚红主编. —西安:西安交通大学出版社,2022.8(2024.7 重印)
ISBN 978 - 7 - 5693 - 2728 - 1

Ⅰ. ①物… Ⅱ. ①马… Ⅲ. ①物联网-通信技术-研究 Ⅳ. ①TP393.4 ②TP18

中国版本图书馆 CIP 数据核字(2022)第 141061 号

书　　名 物联网通信技术原理与工程应用
WULIANWANG TONGXIN JISHU YUANLI YU GONGCHENG YINGYONG
主　　编 马亚红
副 主 编 范小娇　邢　卓　李　静　王　薇
主　　审 张善文
策划编辑 杨　璠
责任编辑 杨　璠
责任校对 魏　萍
装帧设计 伍　胜

出版发行 西安交通大学出版社
(西安市兴庆南路 1 号　邮政编码 710048)
网　　址 http://www.xjtupress.com
电　　话 (029)82668357　82667874(市场营销中心)
(029)82668315(总编办)
传　　真 (029)82668280
印　　刷 陕西奇彩印务有限责任公司

开　　本 787 mm×1092 mm　1/16　**印张** 20.5　**字数** 518 千字
版次印次 2022 年 8 月第 1 版　2024 年 7 月第 3 次印刷
书　　号 ISBN 978 - 7 - 5693 - 2728 - 1
定　　价 68.00 元

如发现印装质量问题,请与本社市场营销中心联系。
订购热线:(029)82665248　(029)82667874
投稿热线:(029)82668804
读者信箱:phoe@qq.com

前言

在人工智能、大数据、云计算、边缘计算等新兴技术的推动下，物联网技术取得了新的发展，人工智能物联网(AIoT, Artificial Intelligence & Internet of Things)应运而生。中国信息通信研究院副院长于晓辉表示，从信息通信技术的角度来看，AIoT 涉及物理世界的感知与智能分析，叠加 5G、边缘计算等技术，构成了当前最重要的赋能技术体系，驱动着全球范围内影响深远的数字化转型和数字化革命，将成为第四次工业革命的关键技术基础。

物联网作为各种新兴技术融合的突破点，在智慧城市、智慧交通、智慧农业、环境保护等各个领域都有深入应用。近年来，我国国务院、工信部、国资委等出台了多项政策给予引导和支持，物联网迎来了蓬勃发展的良好时机。尽管我国在物联网技术及其应用领域已经取得了较大的成果，其应用前景也非常广阔，但是较发达国家还有一定的差距，主要原因之一就是物联网相关技术人才不能满足行业发展的需要。产业发展，人才先行，人才是科技发展的关键。

教材是知识的主要载体，体现了教学内容和教学要求，是进行教学的基本工具，更是提高教学质量的保障。目前市场上已有的教材存在知识涵盖参差不齐、前沿技术引入欠缺、价值引领作用不够等问题。本书的编写兼顾广大本科生学习的特点和相关专业研究生的需求，力求使相关专业的学生能以本书作为其专业研究的重要起点，而非相关专业的学生通过本书的内容又能获得足够系统的基础知识。本书从技术应用的角度出发，系统介绍了物联网应用中的关键通信技术，主要内容包括蓝牙、Wi-Fi、ZigBee、RFID、红外、NFC、UWB 等短距离通信技术，LoRa(低功耗广域网)、NBIoT(窄带物联网)等中远距离通信技术和远距离 5G 移动通信等技术，还增加了边缘计算、区块链、物联网安全等前沿内容。

与现有的教材相比，本书具有以下特点：

(1)从知识体系结构上，本书全面涵盖了移动互联网的相关技术，形成了一整套完整的知识体系框架。

(2)理论与实践并重，在分析原理的基础上，强调案例的讲解和应用。

(3)将传统理论与现代物联网应用有机结合，既有一定理论深度，又包含新技术应用，更加突出应用型特点。

(4)增加了低功耗广域网、窄带物联网技术、5G 移动通信技术以及边缘计算区块链、物联网安全等前沿内容。学生在掌握传统理论的基础上，对专业的前沿和发展动态也能有所了解，拓宽知识面和处理问题的思路与方法。

(5)加强思政元素融入，在知识传授的同时厚植家国情怀，培养新时代具有社会责任担当、技术过硬、爱岗敬业的青年人才。

本书包含了很多专家、学者和老师提供的物联网通信技术及前沿研究成果，且得到了西京学院研究生教材建设项目的资助，在此对他们表示衷心的感谢。由于编者水平有限，加之相关技术发展迅速，书中难免有疏漏或不足之处，敬请广大同行和读者给予批评指正。

编　者

2022 年 5 月

目录

第 1 章 物联网概述

1.1 物联网演进历史

物联网是新一代信息技术的高度集成和综合运用，对新一轮产业变革和经济社会绿色、智能、可持续发展具有重要意义。因其具有巨大增长潜能，已是当今经济发展和科技创新的战略制高点，成为各个国家构建社会新模式和重塑国家竞争力的先导。

信息通信技术的发展历经几个重大变革浪潮。1980 年以前，IT 能力局限在主机和后台计算中心。20 世纪 80—90 年代由于 PC 和局域网的出现，IT 从后台移向前台和桌面，支撑作业处理和分析能力。随着移动通信和互联网的兴起，IT 从桌面扩展到支撑价值链和商业合作伙伴，支撑协同与自服务。智能设备和物联网成为主流的当今社会，IT 从对人的支撑扩展到对物体的支撑，能够实现物体之间的通信和协作。

俗话说，“罗马不是一天建成的”，同样，物联网也不是一夜之间突然出现的。从雏形到现在，物联网已经走过了三十多年的发展历程。物联网概念最早的实践是在 1990 年施乐做的第一个网络可口可乐售贩机。1991 年，美国麻省理工学院 Kevin Ashton 教授首次提出物联网的概念。同年，英国剑桥大学“特洛伊咖啡壶”事件也算是物联网应用的雏形，即通过便携式摄像机，利用计算机图像捕捉技术，使在三楼工作的科学家可以随时查看咖啡是否煮好。1995 年，比尔·盖茨在 *The Road Ahead* 中描绘了各种物联网的应用场景，比如可以测量脉搏的手表，计算机系统寻找餐馆并预订座位，用木材、玻璃、水泥、石头、硅片和软件建成的房子等，这些场景在我们如今的生活中已经随处可见。1999 年，MIT 建立了“自动识别中心”(Auto-ID Center)，提出“万物皆可通过网络”。射频识别(Radio Frequency Identification ，RFID)系统标志着物联网概念的开端，即把所有的物品通过射频识别等信息传感设备与互联网连接起来，实现智能化识别和管理。

2005 年 11 月，国际电信联盟(ITU)发布《ITU 互联网报告 2005：物联网》，指出无所不在的“物联网”通信时代即将来临，也是第一次正式提出了物联网的概念。物联网的定义和覆盖范围有了较大的拓展，从轮胎到牙刷、从房屋到纸巾都可以通过因特网主动进行交换，射频识别技术、传感器技术、纳米技术、智能嵌入技术将得到更加广泛的应用。

虽然物联网的概念早已被多次提及，但一直未能引起人们的足够重视。直到 2008 年，为了促进科技发展并寻找新的经济增长点，各国政府才开始将目光放在物联网上，并将物联网作为下一代的技术规划。2009 年欧盟执委会发表了欧洲物联网行动计划，描绘了物联网开发技术的应用前景，提出欧盟政府要加强对物联网的管理，促进物联网的发展。随后，在 2009 年，IBM 首席执行官彭明盛在“圆桌会议”上首次提出“智慧地球”概念。按照 IBM 的定义，“智慧地球”包括三个维度：第一，能够更透彻地感应和度量世界的本质和变化；第二，促进世界更全面地互联互通；第三，在上述基础上，所有事物、流程、运行方式都将实现更深入的智能化，企业因此获得更智能的洞察。

自 2009 年以来，美国、欧盟、日本和韩国等纷纷推出自己的物联网、云计算相关发展战略。2009 年 8 月“感知中国”被提出以来，物联网被正式列为我国五大新兴战略性产业之一，写入政府工作报告，物联网在中国受到了全社会极大的关注，其受关注程度是在美国、欧盟以及其他各国不可比拟的。无锡市率先建立了“感知中国”研究中心和物联网研究院。

2021 年 7 月 13 日，中国互联网协会发布了《中国互联网发展报告(2021)》，物联网市场规模达 1.7 万亿元，人工智能市场规模达 3 031 亿元。

2021 年 9 月，工信部等八部门印发《物联网新型基础设施建设三年行动计划(2021—2023 年)》，明确到 2023 年底，在国内主要城市初步建成物联网新型基础设施，社会现代化治理、产业数字化转型和民生消费升级的基础更加稳固。

总体来说，物联网发展划分为以下三个阶段。

物联网发展第一阶段：物联网连接大规模建立阶段，越来越多的设备通过通信模块，如 Wi-Fi、ZigBee、蓝牙、FRID 等连接入网。该阶段网络基础设施建设、连接建设及管理、终端智能化是核心。

物联网发展第二阶段：大量连接入网的设备状态被感知，产生海量数据，形成物联网大数据。该阶段传感器、计量器等器件进一步智能化，多样化的数据被感知和采集，汇集到云平台进行存储、分类处理和分析。

物联网发展第三阶段：人工智能初步实现，对物联网产生的数据进行智能分析，物联网行业应用及服务将体现核心价值。

1.2 物联网定义

物联网概念的问世，打破了之前的传统思维。在物联网时代，钢筋混凝土、电缆将与芯片、宽带整合为统一的基础设施。物联网的本质就是物理世界与数据世界的融合。物联网是新一代信息技术的重要组成部分，也是信息化时代的重要发展阶段。物联网的英文名称是“Internet of things(IoT)”，顾名思义，物联网就是物物相连的互联网，其中包含以下两层含义。

其一，物联网的核心和基础仍然是互联网，它是在互联网基础上的延伸和扩展的网络。

其二，其用户端延伸和扩展到了任何物品与物品之间，进行信息交换和通信，也就是物物相息。物联网通过智能感知、识别技术与普适计算等通信感知技术，广泛应用于网络的融合中，也因此被称为继计算机、互联网之后世界信息产业发展的第三次浪潮。

物联网的概念在学术界仍然存在不少争议，加拿大渥太华大学 Ivan Stojmenovic 教授指出：物联网正迅速形成一种由各种设备来融合我们所需信息的理念。它由多个较小的系统组成，这些小系统协同工作，用来解决更大的问题。自然地，这些小系统通常都采用互联网作为相互通信的途径，使物联网真正成为能让这些设备互联互通的接口。

物联网是指通过各种信息传感器、射频识别技术、全球定位系统、红外感应器、激光扫描器等各种装置与技术，实时采集任何需要监控、连接、互动的物体或过程，采集其声、光、热、电、力学、化学、生物、位置等各种需要的信息，通过各类可能的网络接入，实现物与物、物与人的泛在连接，实现对物品和过程的智能化感知、识别和管理。物联网是一个基于互联网、传统电信网等的信息承载体，它让所有能够被独立寻址的普通物理对象形成互联互通的网络。物联网定义示意图如图 1-1 所示。

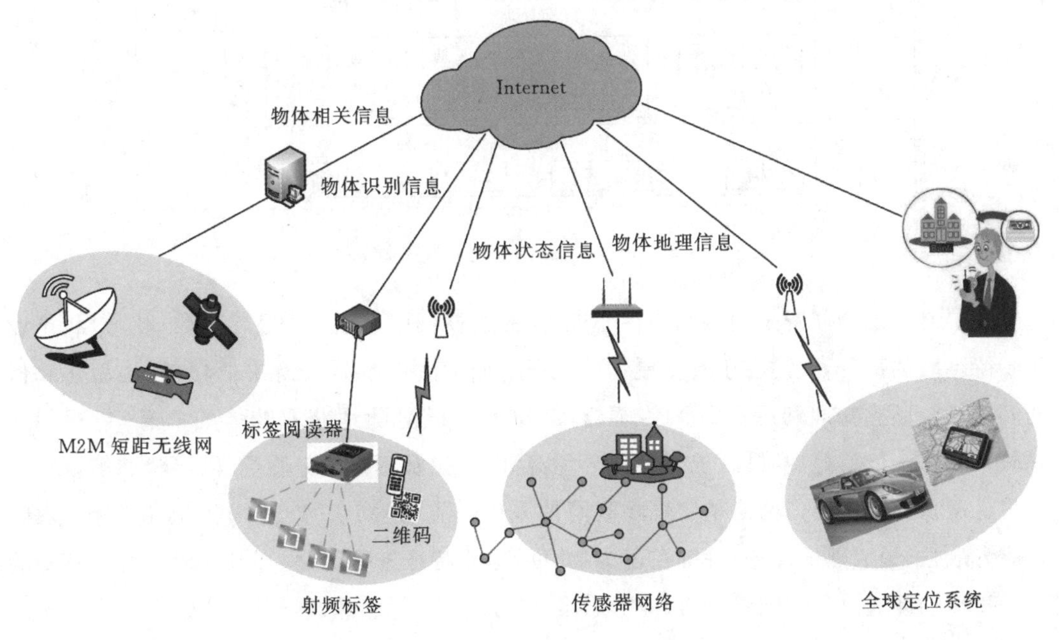

图 1-1 物联网定义示意图

物联网是互联网的应用拓展，与其说物联网是网络，不如说是业务和应用。因此，应用创新是物联网发展的核心，以用户体验为核心的创新 2.0 是物联网发展的灵魂。

1.3 物联网系统架构

物联网是为了打破地域限制，实现物物之间按需进行的信息获取、传递、存储、融合、使用等服务的网络。目前在业界，物联网体系架构按照功能划分为三个层次，如图 1-2 所示，底层是用来感知数据的感知层，中间层是数据传输的网络层，最上层是内容应用层。因此物联网应该具备三个能力：全面感知、可靠传输和智能处理。

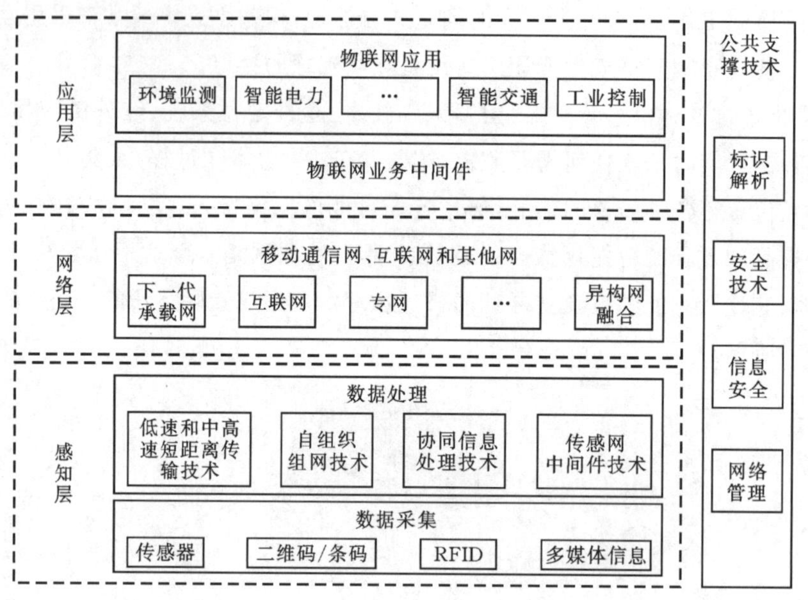

图 1-2　物联网三层系统架构

感知层是实现物联网全面感知的核心能力，是物联网中包括关键技术、标准化方面、产业化方面亟待突破的部分，关键在于具备更精确、更全面的感知能力，并解决低功耗、小型化和低成本的问题。全面感知即利用 RFID、传感器、二维码等随时随地获取物体的信息，包括用户位置、周边环境、个体喜好、身体状况、情绪、环境温湿度，以及用户业务感受、网络状态等。

广泛覆盖的移动通信网络是实现物联网的基础设施，是物联网三层中标准化程度最高、产业化能力最强、最成熟的部分，关键在于为物联网应用特征进行优化和改进，形成协同感知的网络。可靠传输即通过各种网络融合、业务融合、终端融合、运营管理融合，将物体的信息实时准确地传递出去。

应用层提供丰富的基于物联网的应用，是物联网发展的根本目标；将物联网技术与行业信息化需求相结合，实现广泛智能化应用的解决方案；关键在于行业融合、信息资源的开发利用、低成本高质量的解决方案、信息安全的保障以及有效的商业模式的开发。智能处理即利用云计算、模糊识别等各种智能计算技术，对海量数据和信息进行分析和处理，对物体进行实时智能化控制。

1.4　物联网关键技术

图 1-3 所示的互联网大脑模型图绘制于 2018 年 8 月，首发在科学网上，目前最新的版本将类脑神经元网络拆分为机器智能和群体智能两个子网络，相当于为互联网大脑模型确立左、右大脑架构。机器智能负责控制和管理互联网感觉神经系统和运动神经系统，突出了 AI 巨系统的神经元类型，体现人工智能与云计算结合后形成的互联网重要结构；群体智能神经元网络负责为人类的信息共享、智慧共振、知识存储提供支持和服务。在这个模型中，机器智能与群体智能有着非常多的连线，代表混合智能将在它们的相互支持下形成。

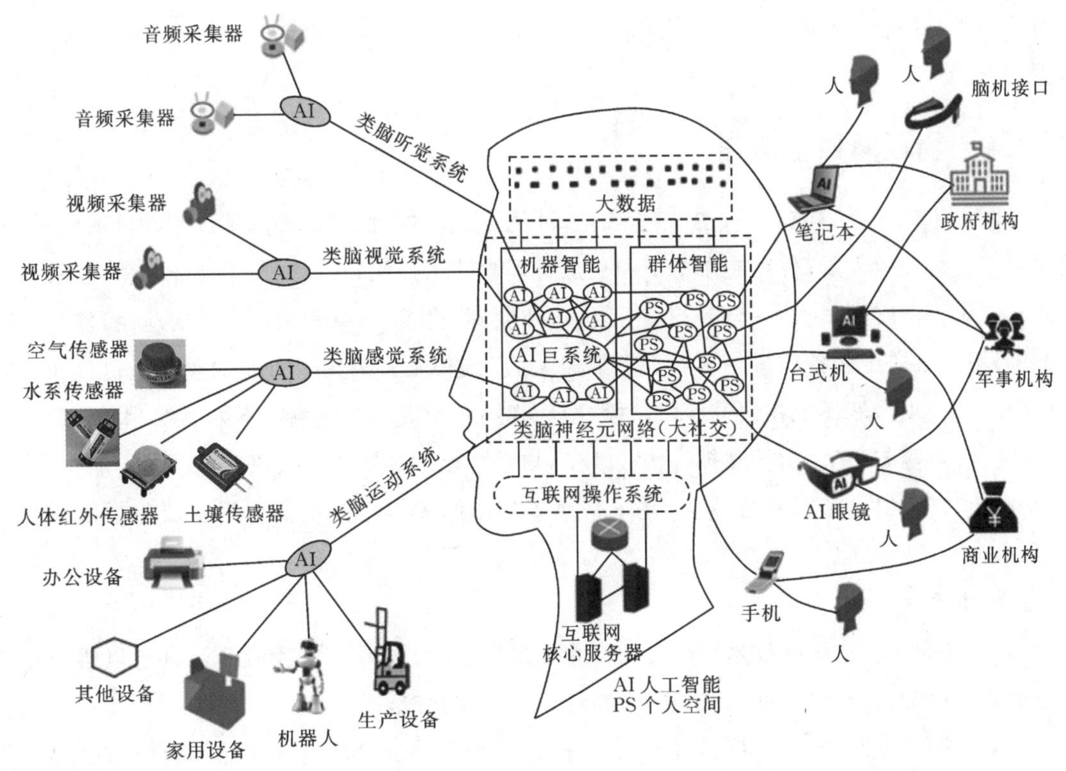

图1-3　互联网大脑模型图

根据互联网大脑模型图,针对物联网的特性,物联网应用中的关键技术总结如下。

(1)感知层关键技术,包括传感技术、嵌入式系统技术等。

传感器技术。新技术革命到来以后,世界开始进入信息时代。在利用信息的过程中,首先要解决的是如何获取准确可靠的信息,而传感器是获取自然和生活领域中信息的主要手段和途径。人们为了从外界获取信息,必须借助于感觉器官。而单靠自身的感觉器官已经不能满足人们研究自然现象和生产活动规律的需要了。各种各样的传感器就是为了适应这种情况而出现的。传感器早已渗透到诸如工业生产、宇宙开发、海洋探测、环境保护、资源勘探、医学诊断甚至文物保护等极其广泛的领域。因此可以说,传感器是人类五官的延长,又称电五官。

嵌入式系统技术。嵌入式系统技术是综合了计算机软硬件、传感器、集成电路等技术,电子应用技术为一体的复杂技术。经过几十年的演变,以嵌入式系统为特征的智能终端产品随处可见,小到人们身边的MP3,大到航天航空的卫星系统。嵌入式系统正在改变着人们的生活,推动着工业生产以及国防工业的发展。

(2)网络层关键技术。网络层涉及的相关技术包括互联网、移动通信技术和无线短距离、中远距离通信技术。互联网是物联网的核心和基础。移动通信技术在物联网时代发挥更大的作用。无线短距离、中远距离通信技术已经被广泛应用于人们的日常工作和生活之中,使得数据传输更便捷、更灵活、更安全。

(3)应用层关键技术。物联网的应用层相当于整个物联网体系的大脑和神经中枢，该层主要解决计算、处理和决策等问题。应用层涉及的相关技术包括云计算、中间件技术、人工智能、数据挖掘、专家系统等。

1.5 物联网典型应用

物联网应用涉及方方面面，在工业、农业、环境、交通、物流、安保等基础设施领域的应用，有效推动了其智能化发展，使得有限的资源更加合理地使用分配，从而提高了行业效率、经济效益等。在家居、医疗健康、教育、金融与服务业、旅游业等与生活息息相关的领域的应用，使其从服务范围、服务方式到服务质量等方面都有了极大的改进，大大提高了人们的生活质量。在国防军事领域的应用虽然还处在研究探索阶段，但物联网应用带来的影响也不可小觑，大到卫星、导弹、飞机、潜艇等装备系统，小到单兵作战装备，物联网技术的嵌入有效提升了军事智能化、信息化、精准化，极大提升了军事战斗力，是未来军事变革的关键。其主要应用领域包括以下八大领域。

1. 城市管理

(1)智能交通。物联网技术可以自动检测并报告公路、桥梁的“健康状况”，还可以避免过载的车辆经过桥梁，也能够根据光线强度对路灯进行自动管控。

在交通控制方面，系统可以通过检测设备，在道路拥堵或特殊情况下，自动调配红绿灯，并可以向车主预告拥堵路段，推荐最佳行驶路线。

在公共交通方面，通过运用网络通信、GIS 地理信息、GPS 定位及电子控制等手段构建智能公交系统，集智能运营调度、电子站牌发布、IC 卡收费、ERP 管理于一体，通过该系统掌握每辆公交车的运行状况。

“停车难”的问题在现代城市中已经引发社会各界的热烈关注。应用物联网技术可以帮助人们更好地找到车位。智能化的停车场通过采用超声波传感器、摄像感应、地感应传感器、太阳能供电等技术，第一时间感应到车辆驶入，然后立即反馈到停车智能管理平台，显示当前的停车位数据；同时，将周边地段的停车场信息整合在一起，作为市民的停车向导，这样能够大大缩短找车位的时间。

(2)智能建筑。通过感应技术，建筑物内照明能自动调节光亮度，实现节能环保，建筑物的运作状况也能通过物联网及时发送给管理者。同时，建筑物与 GPS 系统实时相连接，在电子地图上准确、及时反映出建筑物空间地理位置、安全状况、人流量等信息。

(3)文物保护和数字博物馆。数字博物馆采用物联网技术，通过对文物保存环境和温度、湿度、光照、降尘和有害气体等进行长期监控和控制，建立长期的藏品环境参数数据库，研究文物藏品与环境影响因素之间的关系，创造最佳的文物保护环境，实现对文物退变、损坏的有效控制。

(4)数字图书馆。使用 RFID 设备的图书馆/档案馆，从文献的采访、分编、加工到流通、典藏和读者身份卡、RFID 标签和阅读器已经完全取代了原有的条码、磁条等传统设备。RFID 技术与图书馆数字化系统相结合，可实现架位识别、文献定位导航、智能分拣、自助借还等。

2. 数字家庭

家庭设备通过物联网与外部服务连接，真正实现服务与设备互动。有了物联网，就可以在办公室智慧操作家庭电器的运行，在下班途中，家里的饭菜已经煮熟，洗澡的热水已经烧好，个性化电视节目将会准点播放，家庭设施能够自动保修，冰箱里的食物能够自动补货，智能马桶可以监测身体健康状况等。

3. 定位导航

物联网与卫星定位技术、GSM/GPRS/CDMA 移动通信技术、GIS 地理信息系统相结合，能够在互联网和移动通信网络覆盖范围内使用 GPS 技术，使用和维护成本大大降低，并能实现端到端的多向互动。

4. 现代物流管理

通过在物流商品中植入传感芯片，供应链上的购买、生产制造、包装/装卸、堆栈、运输、配送/分销、出售、服务等每一个环节都能准确无误地被感知和掌握。这些感知信息与后台的 GIS/GPS 数据库无缝结合，成为强大的物流信息网络。

5. 食品安全控制

食品安全是国计民生的重中之重。通过标签识别等物联网技术，可以随时随地对食品生产过程进行监控，对食品质量进行联动跟踪，对食品安全事故进行有效预防，极大地提高食品安全的管理水平。

6. 批发零售

RFID 取代零售业的传统条码系统，使物品识别的穿透性、远距离以及商品的防盗有了极大改进。

7. 远程医疗

远程诊断、远程手术虽然在此前也多被提及，但受制于远程实时操控对于网络带宽和时延的苛刻要求，例如，医生手部动作、图像传输、力量反馈必须达到高度同步，这在原有的网络条件下难以实现。5G 技术的实现将改变这一切。

大带宽特性的 5G 网络，能够为现场音视频和 B 超图像的实时传输提供数十兆的传输带宽；同时，低时延特性使得病人体表的力量反馈信号，在短短几毫秒内就可以传递到医生的触觉设备。此外，超声影像也能在 5G 网络中实现云端的实时分析，多层次辅助医生诊断。

8. 防入侵系统

成千上万个覆盖地面、栅栏和低空探测的传感节点，可有效防止入侵者的翻越、偷渡、恐怖袭击等攻击性入侵。上海机场和上海世界博览会已成功采用了该技术。

1.6 物联网面临的挑战及未来发展

1.6.1 面临挑战

物联网系统构成了一个完整的生态圈，包括软件、硬件、应用、服务等。对于用户来说，可供选择的方案也比较多，既有多连接、小数据、低频度的窄带物联业务，也有大宽带、低时延、高频度的宽带物联业务。物联网凭借其庞大的产业规模已经形成了较为稳定的价值链，但另一方面也暴露了不少问题。目前看来，物联网的发展将面临以下挑战。

1.标准

由于物联网系统涉及的技术、芯片、设备等种类繁多，无论是各种联盟、科研院所，还是芯片厂商和设备制造商，都想推广自家的协议，网络可以通过各种通信协议进行连接。仅通信技术标准就分为NFC、ZigBee、GPS、Wi-Fi、蓝牙、UWB、LoRa、NB-IoT等，更不要说传输层的ONS/PML或NGTP标准，无形中为设备之间的联通造成了障碍，形成信息孤岛，难以整合构建规模化经济。标准的制定跟不上技术演进，阻碍物联网的发展。

2.安全

大量传统设备在进行数字化改造时，几乎没有同步配置防护能力，影响了物联网的整体安全可靠性。同时，由于物联网终端和应用的融合化、多样化，给物联网业务带来了更多的安全不确定性。随着“互联网＋”“智能制造”与工业生产进一步深度融合，工业控制系统作为工业领域“神经中枢”，呈现互联互通趋势，昔日的“孤岛运行”已不复存在，IT和OT边界已经消失，因此，工业互联网不断增长的各种物联网设备也成为黑客攻击和网络战的重要目标，全球制造企业面临的网络风险也越来越大。2016—2017年，漏洞增长率超过50%，其中半数以上为高危漏洞，广泛分布在能源、制造、商业设施、水务、市政等关键领域。2017年WannaCry病毒暴发，感染了150多个国家的超过20万台电脑。法国雷诺及其联盟合作伙伴日产Nissan许多系统被攻击瘫痪而被迫暂时关闭工业生产线。2020年6月本田遭到Snake勒索软件攻击，被迫关停了在美国和土耳其的汽车工厂以及在印度和南美洲的摩托车生产工厂。

3.数据存储和处理

物联网解决方案覆盖了很多行业，从制造业、能源和公共事业到零售、交通物流、保险等。根据IDC的预测，到2025年，将有416亿台物联网设备，并将产生79.4 ZB(Zetta Bytes)的数据，这些数据的传输、存储和处理均带来巨大的挑战。为此，近年来提出的边缘计算的概念，可以在一定程度上缓解数据压力。但是，边缘设备处理能力增强意味着更高的能耗。

4.创新应用与合作

全产业链的业务形态使得物联网绝非一家之事，因此需寻找良性的发展模式进行创新应用与合作，以达到共赢目的。比如：Google力推的智能家居协议Thread开放给支持802.15.4通信标准的无线装置串联，让更多芯片、硬件厂商加入，加速家庭装置产品的开发；思科并购云端物联网公司Jasper Technologies成立物联网事业群，连同网络、云端服务平台、网络安全，并列为思科未来IT业务发展的四大核心战略。随着NB-IoT技术的规模化商用，新形式的应用也会产生，例如支持用气数据抄收、异常事件上报功能的智能燃气表已在上海、西安等地试运行。

物联网真正的价值在于数据的应用，而物联网产生的数据是全球分散的，如何布置数据中心也是一个痛点问题。集中应用模式数据中心不适合未来物联网的要求。物联网与AI、深度学习的结合会更加紧密，而网络边缘处理和分析的趋势也将大幅降低数据回传的需求处理量。

1.6.2 未来发展趋势

《2022年中国物联网行业市场前景及投资研究报告》指出，2020年中国物联网市场规模达1.66万亿元，同比增长10.67%，随着政策支持及技术提升，物联网市场规模价格继续增长，预期至2026年将进一步按复合年增长率13.3%增长。预计到2035年，中国物联网终端将达到数千亿个。

随着主要行业找到将技术应用于其特定需求的新方法，物联网的采用率会在未来十年大幅增加。在更好的数据收集和分析以及预测性维护等应用的推动下，重工业、城市规划和医疗领域都有可能继续采用物联网技术。

1. 工业应用

尽管我们不太可能很快看到全自动的“熄灯”工厂，但在未来十年中，工业物联网设备可能会变得越来越广泛。诸如预测性维护、协作机器人和远程访问之类的工业应用将进一步推动工业物联网设备的广泛采用。工厂经理将寻找方法来实施新的物联网技术，并扩展现有智能数据收集方法。

2. 智慧城市

全球各大城市都在寻找新的方法，以将物联网技术应用于城市发展和规划。这些城市正在使用智能设备来控制交通，管理能源消耗，甚至提醒环卫部门垃圾箱已满。多个城市已经获得了智慧城市的称号，包括香港、纽约、伦敦、迪拜和阿姆斯特丹。

3. 医疗物联网

医疗领域是最大的行业之一，它将智能设备集成实现多种行业功能，包括患者监测和诊断。不断增长的医疗物联网市场将包括用于医院和临床环境的设备以及消费类设备。24%的消费者已经拥有可监测其健康的可穿戴设备，例如智能手表或健身追踪器，并且预计未来几年这个数字还会增加。

4. 扩展大数据收集方案

大多数行业使用物联网的核心是数据。集成物联网的城市、工厂和医院都在使用智能设备和传感器来收集海量数据，并分分秒秒提供更新，这些数据可用于决策制定和优化工作流程。

数据量的增加对收集、储存和分析这些数据提出了严峻的挑战。需要新的、先进的分析工具来处理这些系统收集的大量数据。在未来十年，我们会看到大数据和人工智能分析平台采用率的大幅增加。

5. 边缘计算

边缘计算是云计算的一种替代方法，在边缘计算中，数据由网络边缘的设备处理。随着5G等技术使连接更加可靠，将处理功能分发到物联网边缘将变得更加实用。依赖物联网的企业可以分散其计算功能，并利用边缘设备的处理能力。

6. AIoT技术

人工智能结合物联网（AIoT）融合AI技术和IoT技术，通过物联网产生、收集来自不同维度的、海量的数据存储于云端、边缘端，再通过大数据分析以及更高形式的人工智能，实现万物数据化、万物智联化。AI、IoT"一体化"后，"人工智能"逐渐向"应用智能"发展。深度学习需要物联网的传感器收集，物联网系统也需要靠人工智能做到正确的辨识、发现异常、预测未来，由此可见，人工智能结合物联网是未来的重大发展，将影响到各行各业，甚至会颠覆产业，也就是说，未来 AIoT 服务将在我们身边大量出现。

7. 物联网安全

万物互联时代，网络安全将变得比以往任何时候都更加重要。数据泄露正迅速成为各行各业面临的更大、更昂贵的风险，每一个不安全的物联网设备都为黑客提供了一个访问受限网络的机会。

采用其他技术，如 5G 和边缘计算，可能会使物联网安全更具挑战性。物联网制造商如果要保护其设备免受网络罪犯的侵害，就需要在物联网安全方面投入大量资源和精力。

练习题

一、选择题

1. 智慧地球的提出者是(　　)。

A. MIT　　B. 奥巴马　　C. 彭明盛　　D. 比尔·盖茨

2. 物联网由三个层次构成，即信息的感知层、(　　)和应用层。

A. 物理层　　B. 应用层　　C. 网络层　　D. 会话层

3. 下述应用中不属于物联网应用的是(　　)。

A. 智慧教室　　B. 智慧城市　　C. 语音聊天　　D. 物流追踪

4. 以下为物联网在个人用户的智能控制类应用的是(　　)。

A. 精细农业　　B. 智能交通　　C. 医疗保险　　D. 智能家居

5. 关于物联网的发展，各国都提出了自己的信息化发展战略，描述错误的是(　　)。

A. 智慧地球——美国　　B. 感知中国——中国

C. U-Korea——朝鲜　　D. 感知地球——日本

二、简答题

1. 简述物联网系统架构。

2. 简述物联网关键技术。

3. 讨论传感网、互联网、物联网、泛在网之间的关系。

参考文献

[1]韦鹏程，石熙，邹晓兵. 物联网导论[M]. 北京：清华大学出版社，2017.

[2]中国通信工业协会物联网应用分会. 物联网+5G[M]. 北京：电子工业出版社，2020.

[3]高泽华，孙文生. 物联网：体系结构、协议标准与无线通信[M]. 北京：清华大学出版社，2020.

[4]卡马尔. 物联网导论[M]. 北京:机械工业出版社，2019.

[5]汉斯，萨尔盖罗，格罗塞特，等. 物联网(IoT)基础网络技术+协议+用例[M]. 李华成，译. 北京:人民邮电出版社，2021.

[6]谢可，王剑锋，金尧，等. 电力物联网关键技术研究综述[J]. 电力信息与通信技术，2022，20(01)：1-12.

[7]吴吉义，李文娟，曹健，等. AIoT智能物联网研究综述[J]. 电信科学，2021:1-25.

[8]杨毅宇，周威，赵尚儒，等. 物联网安全研究综述:威胁、检测与防御[J]. 通信学报，2021，42(8):188-205.

[9]逯遥，毛知新，邱志斌. 区块链技术在能源物联网领域的发展与应用综述[J]. 广东电力，2021，34(7):1-12.

[10]赵正浩. 物联网通信技术的发展现状及趋势综述[J]. 中国新通信，2019，21(3):17.

[11]李冬月，杨刚，千博. 物联网架构研究综述[J]. 计算机科学，2018，45(S2):27-31.

[12]化存卿. 物联网安全检测与防护机制综述[J]. 上海交通大学学报，2018，52(10)：1307-1313.

[13]吴明娟，陈书义，邢涛，等. 物联网与区块链融合技术研究综述[J]. 物联网技术，2018，8(8):88-91，93.

[14]刘锋. 互联网进化论[M]. 北京:清华大学出版社，2012.

拓展阅读

新冠病毒感染疫情下的物联网新应用

2020年初，新冠病毒感染暴发。物联网在"抗疫"中发挥出关键作用。典型的应用包括以下几种。

1. 空气质量监测

Innovatus Capital Partners公司在办公室部署了智能空气质量监测系统，该系统结合了边缘计算和便携式空气净化器技术。该公司在整个公共区域部署了空气质量监测传感器，收集诸如霉菌和二氧化碳水平、空间温度、湿度等空气指标，并且还可识别空气中可能带有存在冠状病毒和各种流感毒株特征的颗粒。

2. 通信大数据行程卡

通信大数据行程卡是通过手机信号位置来定位使用者位置信息的。利用手机"信令数据"，通过用户手机所处的基站位置获取用户所在位置信息。因为手机可随机移动到任何地方，因此，只要能和基站通信，就能进行数据交互，移动通信网络下的站点划分为很多位置区，每个位置区从几平方千米到几十平方千米不等。

3. 火神山医院

物联网是如何在疫情下的武汉火神山医院大显身手的呢？华为联手中国电信，完成了武汉火神山医院首个"远程会诊平台"的网络铺设和设备调试。通过该平台，远在北京的优质医疗专家资源可通过远程视频连线的方式，与火神山医院的一线医务人员一同对病患进行远程会诊。这将进一步提高病例诊断、救治的效率与效果，并在一定程度上缓解武汉一线医护人员调配紧张、超负荷工作的痛点，同时，也可减少外地医疗专家前往武汉的风险。中国铁塔和三大运营商在极短的时间内，完成现场5G基站的开通，5G的兼容性能有效解决小范围多设备的痛点问题。紫光集团以及旗下新华三集团向火神山医院提供了核心交换机、汇聚及接入交换机、无线网络（无线控制、无线汇聚、无线接入）、安全防护（路由器、防火墙、行为管理、堡垒机、日志审计、数据库审计、准入认证设备）等诸多种类，保证了数据安全可靠。微华芯的产品利用温度、湿度高灵敏传感器，监测室内温度、湿度，通过加湿过滤器雾化加湿。内置独有技术的电解水消毒除菌系统，使自来水中的氯离子在设备中产生次氯酸杀菌除味，排出干净空气。

4. 红外感应技术

红外感应技术大量应用在森林、海关、军事等特殊环境之中。红外感应技术成为检测体温升高患者的有效手段。通过红外感应技术，可以有效感知镜头前各物体的温度，其精度可以达到±0.3 ℃左右。目前海康、大华等企业已经根据相关客户需要，不断提供适用于各类场景的红外感应设备，从而快速在人群中查找发热者。

5. 机器人

与以往客服机器人不同，在本次疫情中，多种不同用途的机器人得到应用，如客服机器人、AGV、快递机器人等。根据性能不同，不同的机器人担负着不同的任务。通过这些机器人，可以有效防止病毒在人体之间的传播和感染，同时也可增加工作效率，更好地服务于医院。

6. 无人机

无人机的应用并不广泛，从大疆的市场布局来看，能实现无人机大规模应用的场景主要是农业、地形勘测、交通等，除此之外，无人机在C端主要应用在摄影方面。而在本次疫情中，无人机携带喇叭和MIC实现远程交流，从而实现远程沟通，有效掌控进行疏导等工作。

第 2 章

物联网通信基础

2.1 通信与网络概述

通信是人与人之间通过某种媒体进行的信息交流与传递。网络是用物理链路将各个孤立的工作站或主机相连在一起，组成的数据链路。通信网络是指将各个孤立的设备进行物理连接，实现人与人、人与计算机、计算机与计算机之间进行信息交换的链路，从而达到资源共享和通信的目的。

早期的物联网是指两个或多个设备之间在近距离内的数据传输，解决物物相连，一般采用有线方式，比如 RS323、RS485。最早的物联网只是简单地把两个设备用信号线连接在一起，如图 2-1 所示。

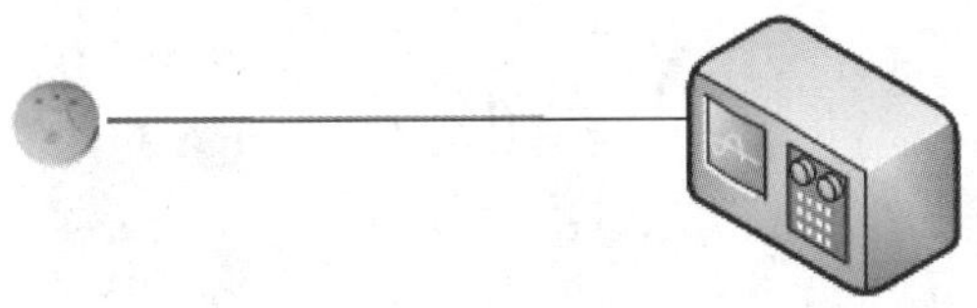

图 2-1　早期物联网

为了使设备位置可随意方便地移动，后期逐渐采用无线方式解决数据传输问题，也出现了将几个设备通过有线或无线的方式实现简单组网，如图 2-2 所示。

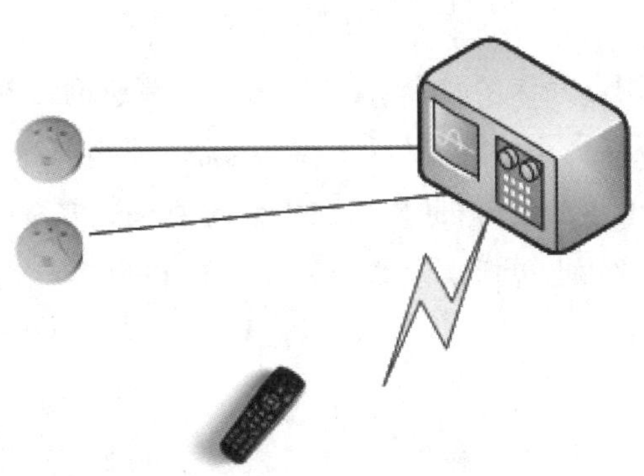

图 2-2　简单组网物联网

随着科技不断进步和发展，社会逐步进入“互联网＋”时代，各类传感器采集数据越来越丰富，大数据应用随之而来，把各类设备直接纳入互联网以方便数据采集、管理以及分析计算成为当今世界发展的强大助推力。简而言之，物联网智能化已经不再局限于小型设备、小网络阶段，而是进入完整的智能工业化领域，智能物联网在大数据、云计算、虚拟现实上步入成熟，并纳入“互联网＋”整个大生态环境。

在“互联网＋”时代，越来越多的传感器、设备接入互联网，互联网也不单是通过网线传输，也引入了空中网、卫星网等无线传输技术，应用的领域也越来越广泛。现代物联网如图2－3所示。

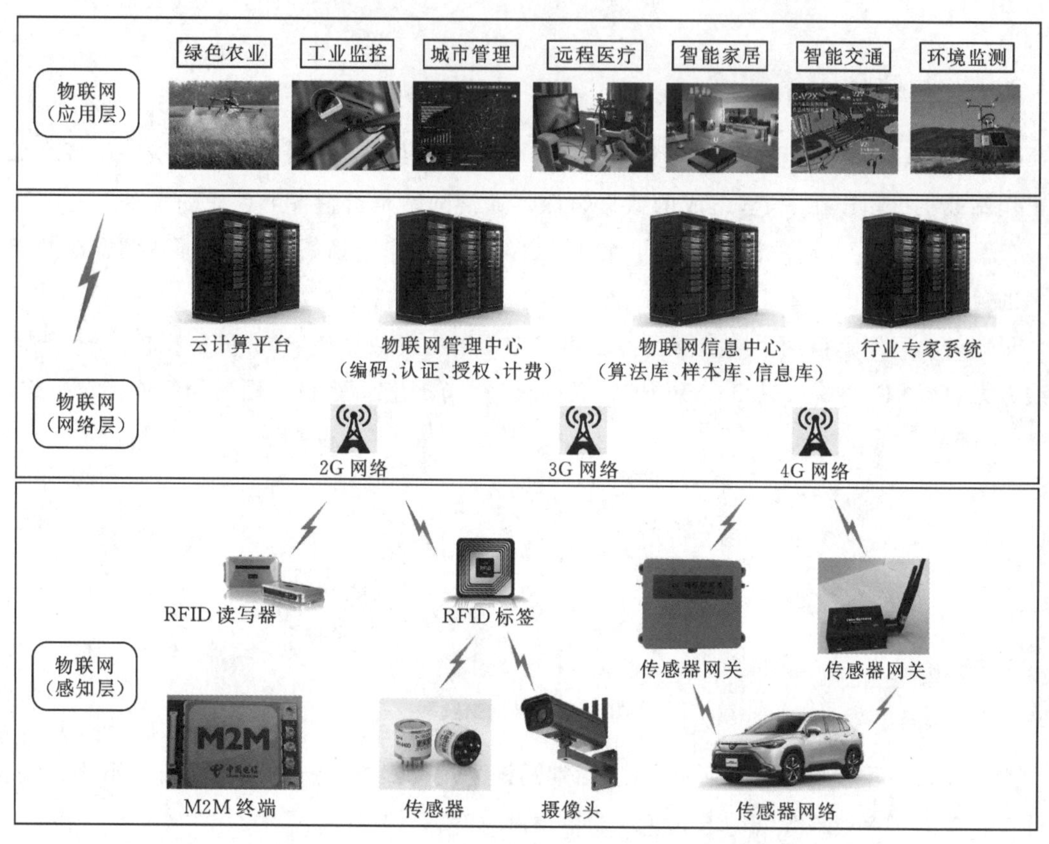

图2－3　现代物联网

如今计算机网和通信网已经深度融合、密不可分。计算机网络着重讲物理层、数据链路层、网络层、传输层和应用层五层体系结构，以及交换机和路由器等技术。常说的局域网、广域网等都是指计算机网。通信网着重的是，信息数据在传输时要保证安全性和可靠性以及传输效率，包括移动通信网、卫星通信网，也包括常说的2G、3G、4G和5G网络。

2.2　通信基础

通信是指人与人、人与自然、人与机器、机器与机器之间通过某种行为或媒介进行的信息交流与传递。从广义上讲，通信需要信息的双方或多方在不违背各自意愿的情况下采用任何方法、任意媒质，将信息从一方准确安全地传递到另一方。实现通信的方式和手段从古至今发生着巨大的变化，从结绳记事、烽火狼烟、飞鸽传书等非电信号通信发展到电报、电话、广播、电视、手机、计算机等电信号通信，并且随着网络通信技术的发展，光通信、太赫兹通信、量子通信等新兴技术也在快速发展。

2.2.1 通信基本概念

通信的目的是传递消息(Message)中所包含的信息(Information)。

(1)消息。消息是物质或精神状态的一种反映，例如符号、语音、文字、音乐、图片、视频等。

(2)信息。信息是消息所包含的有意义的内容。《辞海》中关于信息的描述是通信系统传输和处理的对象，泛指消息和信号的具体内容和意义。美国信息管理专家霍顿(F. W. Horton)对于信息的定义:信息是为了满足用户决策的需要而经过加工处理的数据。

(3)信号。从1837年摩尔斯发明有线电报开始，我们已经进入了电通信时代，即消息的传递是通过电信号来实现的。根据不同分类方式，信号可以分为连续信号与离散信号、模拟信号与数字信号以及确定信号与随机信号。模拟信号是指信号的幅度随时间作连续变化的信号；数字信号指在时间上不连续、离散性的信号。数据是运载和传递信息的载体与工具，数据又是以信号的形式进行传输的。

2.2.2 通信系统基本模型

1. 通信系统一般模型

通信系统一般模型如图2-4所示，包括发送端、信道、接收端和噪声。

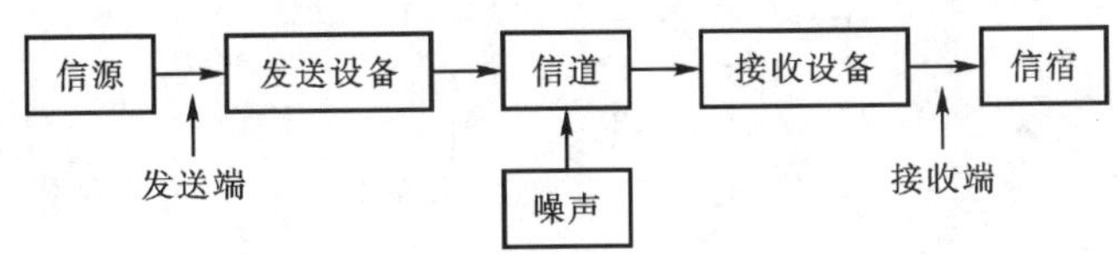

图2-4 通信系统一般模型

发送端包括信源和发送设备。信源提供准备发送或传输的包含信息的数据，将各种消息转换成电信号。发送设备对接收到的信源信号进行处理，产生适合于在信道中传输的信号。

信道是信号从发送设备传输到接收设备的媒介或通道，提供信源与信宿之间在电气上的联系，分为有线和无线两种。有线传输媒介有双绞线、同轴电缆和光缆，无线传输媒介有地面微波、卫星微波、无线电波和红外线技术。

接收端包括接收设备和信宿。接收设备接收信道传输的受损信号并正确恢复出原始电信号。信宿将恢复出的电信号转换成相应的消息。

噪声会干扰信道中传输的消息，这种干扰可能来自系统内部，也可能来自周围环境。

2. 模拟和数字通信系统模型

根据信道中信号传输形式，通信系统通常可以分为模拟通信系统和数字通信系统。

1)模拟通信系统模型

利用模拟信号来传递消息成为模拟通信系统模型，如图2-5所示。模拟通信系统通常由模拟信号源、调制器、信道、解调器、信宿及噪声源组成。

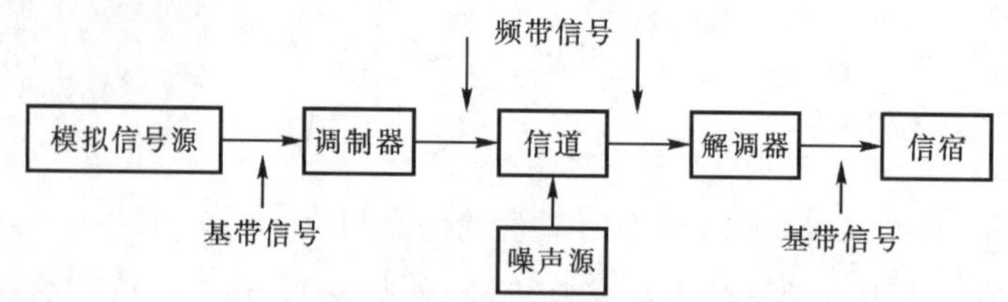

图 2-5　模拟通信系统模型

一般将模拟信号源直接转换得到较低频率的原始电信号称为基带信号。通常基带信号不适宜直接在信道中传输,因此在通信系统发送端需将基带信号的频谱搬移或调制到适合信道传输的频率范围内。相应地在接收端再将它们搬移或解调到原来的频率范围。调制器的作用是把模拟信号源所提供的模拟信号调制成稳定的高频振荡信号,以便在信道中传输。解调器的作用就是将信道中传输的高频振荡信号还原成所需的模拟信号。

常见的模拟调制技术包括幅度调制(AM)、频率调制(FM)和相位调制(PM)。

(1)幅度调制(AM)。幅度调制是指用调制信号去控制高频载波的幅度,使其随调制信号呈现线性变化的过程。AM 调制器模型如图 2-6 所示,假设滤波器为全通网络 $H(\omega)=1$,调制信号 $m(t)$叠加直流 A_0 后再与载波 $\cos(\omega_c t+\varphi_0)$相乘,则输出的信号 $S_{AM}(t)$就是常规双边带调幅信号。

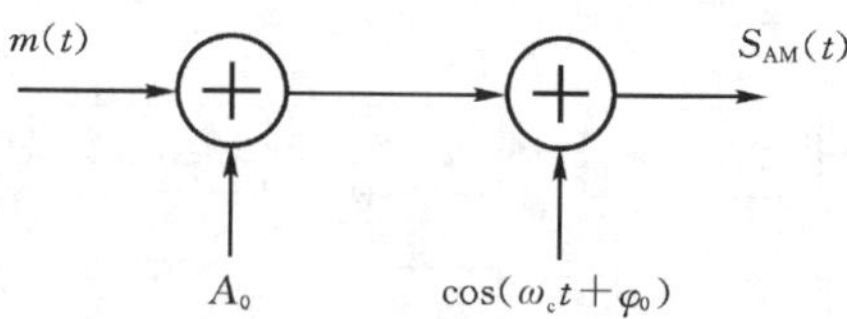

图 2-6　AM 调制器模型

AM 信号的典型波形如图 2-7 所示。

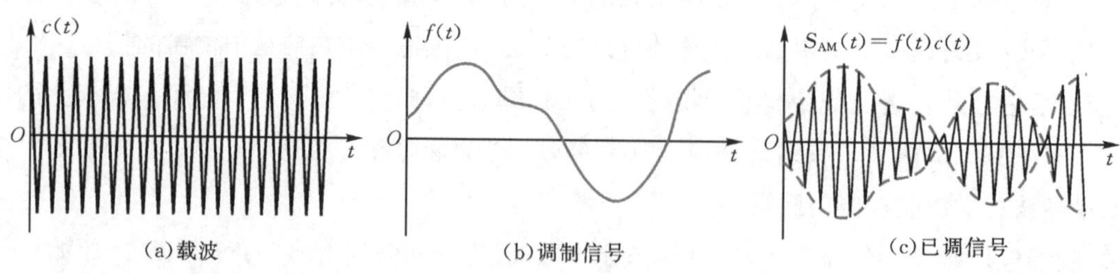

图 2-7　AM 信号的典型波形

(2)频率调制(FM)。频率调制是指载波的振幅不变,调制信号 $m(t)$控制载波的瞬时角频率偏移,使载波的瞬时角频率偏移按 $m(t)$的规律变化。FM 调制器模型如图 2-8 所示,其中图 2-8(a)所示为直接调频,图 2-8(b)所示为间接调频。FM 信号的典型波形如图 2-9 所示。

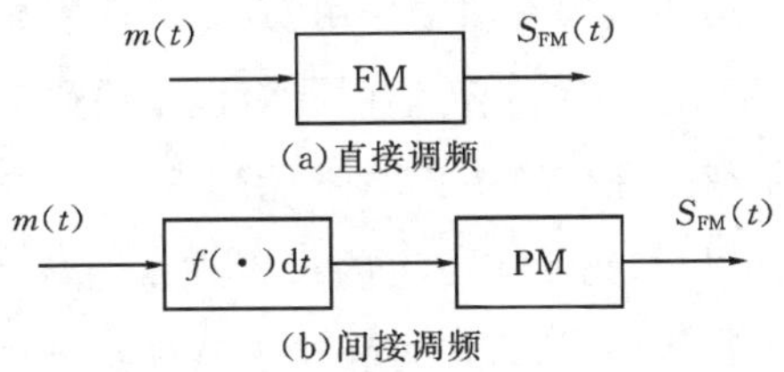

图 2-8　FM 调制器模型

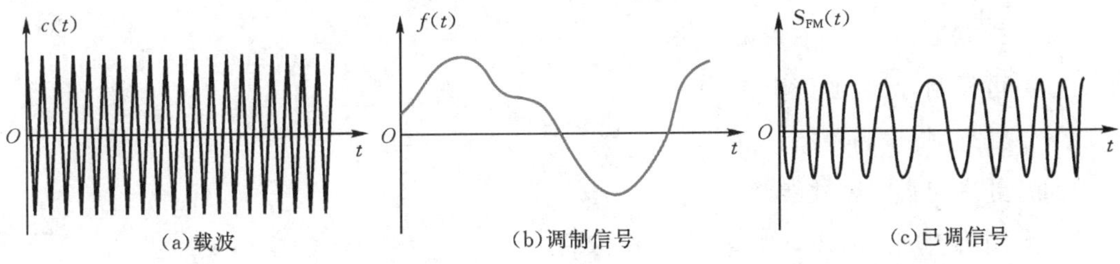

图 2-9　FM 信号的典型波形

(3)相位调制(PM)。相位调制是指高频振荡信号的瞬时相位按调制信号的规律变化,振幅保持不变。PM 调制器模型如图 2-10 所示,其中图 2-10(a)所示为直接调相,图 2-10(b)所示为间接调相。

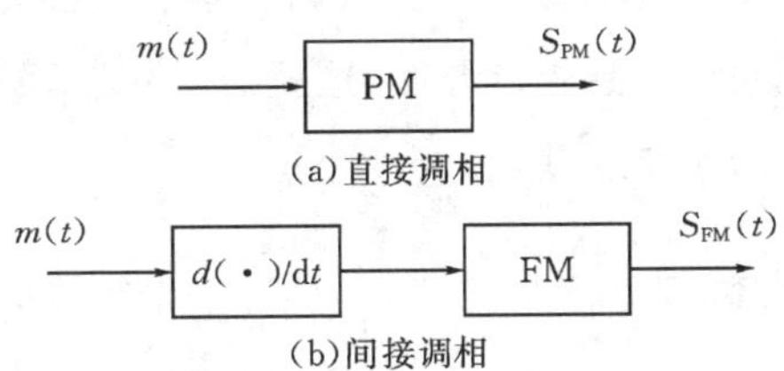

图 2-10　PM 调制器模型

尽管 FM 和 PM 是两种不同的调制方式,但它们并无本质区别。FM 中角度随调制信号的积分线性变化,PM 中角度对调制信号线性变化。两者之间可以相互转化。

2)数字通信系统模型

数字通信系统是利用数字信号传输信息的系统,是构成现代通信网的基础,数字通信系统模型如图 2-11 所示。数字通信系统由信源、信源编码器、信道编码器、调制器、信道、解调器、信道译码器、信宿译码器、信宿、噪声源以及发送端和接收端时钟同步组成。其中信源和信宿、调制器和解调器的作用与模拟通信系统基本相同。

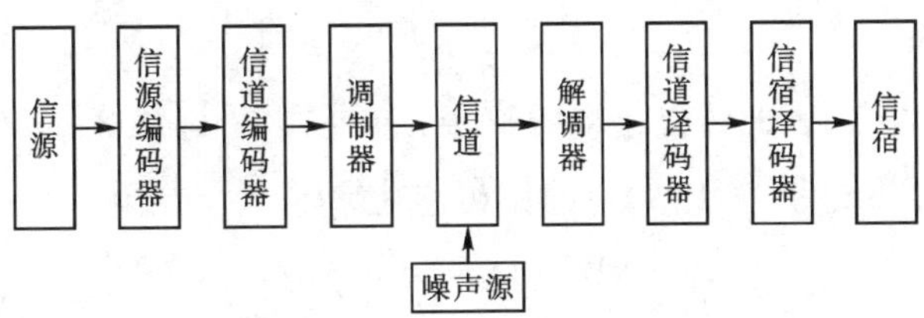

图 2-11　数字通信系统模型

(1)信源编码/信宿译码。信源编码有两个作用,其一进行模数转换,其二进行数据压缩,即设法降低数字信号的数码率,提高数字信号传输的有效性。信宿译码的作用是进行数/模转换。

(2)信道编码/译码。数字信号在信道中传输时,由于噪声影响,会引起差错,信道编码就是要降低传输的差错率,对传输的信息码元按一定的规则加入监督元,组成“抗干扰编码”。接收端的信道解码器按一定规则进行解码,从解码过程中发现错误或纠正错误,提高通信系统抗干扰能力,提高传输可靠性。

数字通信系统相比模拟通信系统来说,具有以下几点优点:

①抗干扰能力强,噪声不积累。

②差错可控制,改善通信质量。

③便于处理、传输和存储。

④加密处理使得保密性能好。

⑤可采用再生中继实现远距离、高质量传输。

⑥通信设备微型化、轻量化,易于集成。

事物总是一分为二的,数字通信系统也存在自身的缺点:

①在系统传输带宽一定的情况下,模拟电话的频带利用率比数字电话高 5～15 倍,因此数字通信的频带利用率不高。在系统频带受限的场合,数字通信占带宽的缺点显得十分突出。

②技术要求复杂,尤其是同步技术要求精度很高。接收方要正确理解发送方的意思,必须正确区分每个码元,并且找到每个信息组的开始,这就需要收发双方严格实现同步。

③进行数/模转换时会带来量化误差。

2.2.3 通信系统技术指标

各种通信系统有各自的通信指标,主要是通过有效性和可靠性来衡量通信系统的性能。下面以数字通信系统为例说明它的性能指标。

1. 有效性指标

(1)信道的传输速率是以每秒所传输的信息量来衡量的。信息量是消息多少的一种度量。消息的不确定性程度愈大,则其信息量愈大。信息传输速率的单位是 bit/s(b/s)。

(2)数据传输速率。码元速率为每秒钟传输信号码元的个数,单位是波特(Baud),如果信号码元持续的时间为 T,则传码速率为 $1/T$;传信速率为每秒钟传输二进制码元的个数,单位是位/秒(b/s),多电平(M 电平)传输,则传信速率=传码速率$\times \log_2 M$。

【例 2-1】若信号码元持续时间为 1×10^{-4} s,试问传送 8 电平信号,则传码速率和传信速率各是多少?

解:由于 $T=1\times10^{-4}$ s,因此传码速率 NBd$=1/T=$10 000 Baud。

由于传送的信号是 8 电平,所以 $M=8$,则传信速率

$$\text{Rb}=\text{NBd}\ \log_2 M=30\ 000\ \text{b/s}$$

(3)频带利用率。频带利用率是指单位频带内的传输速率。在比较不同通信系统的传输效

率时，仅看它们的传输速率是不够的，还应该看在这样的传输速率下所占的频带宽度。通信系统占用的频带愈宽，传输信息的能力愈大。

2. 可靠性指标

(1)误码率。误码率是衡量通信系统在正常工作情况下的传输可靠性指标，指在一定时间内接收到出错的比特数 e_1 与总的传输比特数 e_2 之比：$P_e=(e_1/e_2)\times100\%$。误码率大小由传输系统特性、信道质量及系统噪声等因素决定。如果传输系统特性、信道质量高，噪声较小，则该系统误码率就较低；反之，误码率就较高。

(2)时延。发送时延＝数据块长度(b)/信道带宽(b/s)，传播时延＝信道长度(m)/信号传播速率(m/s)，总时延＝发送时延＋传播时延＋处理时延。

【例 2-2】 如图 2-12 所示，若 A、B 两台计算机之间的距离为 1000 km，假定在电缆内信号的传播速度是 2×10^8 m/s，试对下列类型的链路分别计算发送时延和传播时延。

(1)数据块长度为 108 b，数据发送速率为 1 Mb/s。

(2)数据块长度为 103 b，数据发送速率为 1 Gb/s。

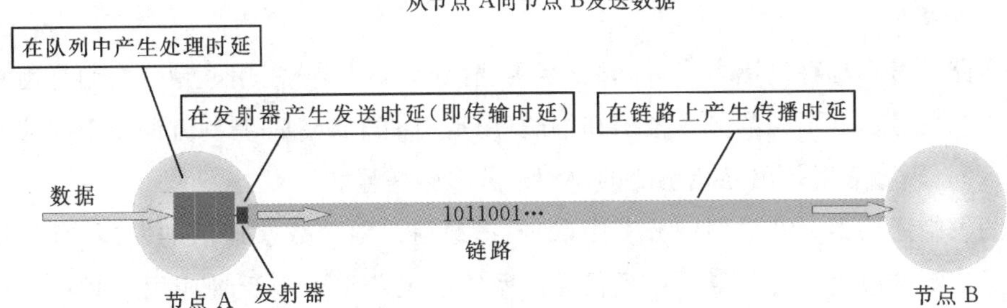

图 2-12　节点 A、B 之间链路

解：传播时延＝信道长度/信号的传播速度

$=1000\ \text{km}/(2\times10^8\ \text{m/s})$

$=5\ \text{ms}$

(1)发送时延＝数据块长度/信道带宽＝108 b/(1 Mb/s)＝100 s；

(2)发送时延＝数据块长度/信道带宽＝103 b/(1 Gb/s)＝1 μs。

2.2.4　通信系统分类

1. 按通信业务分类

按通信业务分，通信系统有话务通信系统和非话务通信系统。电话业务在电信领域中一直占主导地位。近年来，非话务通信发展迅速，非话务通信包括分组数据业务、计算机通信、数据库检索、电子信箱、电子数据交换、传真存储转发、可视图文及会议电视、图像通信等。由于电话通信最为发达，因而其他通信常常借助于公共的电话通信系统进行。未来的综合业务数字通信网中各种用途的消息都能在一个统一的通信网中传输。此外，还有遥测、遥控、遥信和遥调等控制通信业务。

2. 按调制方式分类

按照调制方式分，通信系统分为基带传输系统和频带(调制)传输系统。基带传输是将未经调制的信号直接传送，如音频室内通话；频带传输是对各种信号调制后传输的总称。

3. 按信号特征分类

按照信道中所传输的信号类型分，通信系统划分为模拟通信系统和数字通信系统。这是最常见的一种分类方式。

4. 按传输媒介分类

按传输媒介，通信系统可以分为有线通信系统和无线通信系统两大类。有线通信是以传输线缆作为传输的媒介，包括电缆通信、光纤通信等；无线通信是通过无线电波在自由空间传播信息，包括微波通信、卫星通信等。

5. 按工作波段分类

按通信设备的工作频率不同，通信系统分为长波通信、中波通信、短波通信、远红外通信等系统。

6. 按信号复用方式分类

传输多路信号有三种复用方式，即频分复用、时分复用、码分复用。频分复用是用频谱搬移的方法使不同信号占据不同的频率范围；时分复用是用抽样或脉冲调制方法使不同信号占据不同的时间区间；码分复用是用互相正交的码型区分多路信号。

传统的模拟通信中大都采用频分复用，如广播通信。随着数字通信的发展，时分复用通信系统得到了广泛的应用。码分复用在现代通信系统中也获得了广泛的应用，如卫星通信系统、移动通信系统。

2.2.5 数据传输方式

常见的数据传输方式包括并行传输和串行传输。并行传输指的是以成组的方式，在多条并行信道上同时进行传输；串行传输指的是组成字符的若干位二进制码排列成数据流在一条信道上传输。串行传输是远程通信采用的主要传输方式。

单工传输只能有一个方向的通信而没有反方向的交互，如同一条单行道，数据仅能单方向传输，图 2 - 13 所示为单工通信方式。例如计算机→打印机。

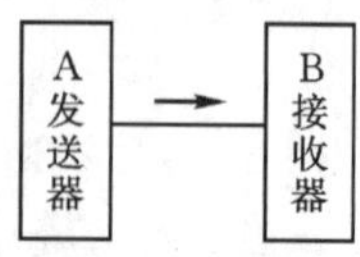

图 2 - 13 单工通信方式

半双工传输通信的双方都可以发送消息但不能双方同时发送或同时接收，如图 2 - 14 所示。半双工可以比作单线铁路，若铁路上无列车行驶时，任一方向的车都可以通过；但若路轨上有车，相反方向的列车需等待该列车通过后才能通过，因此会产生延时。对讲机就是一个典型的半双工系统。

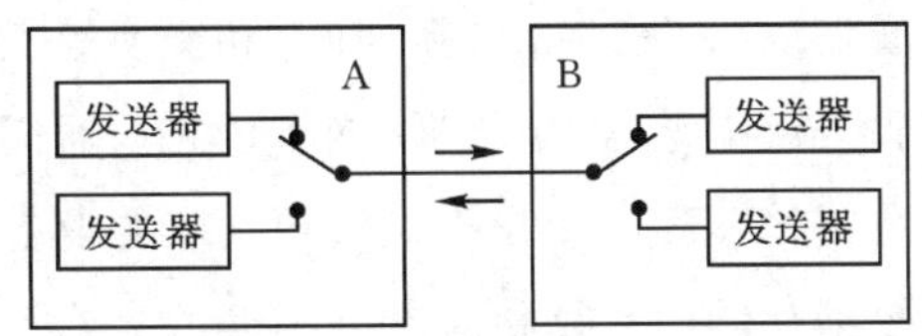

图 2-14　半双工通信方式

如图 2-15 所示，全双工传输通信的双方可以同时发送和接收信息，可以用一般的双向车道形容，两个方向的车辆因使用不同的车道，因此互不影响。一般的电话、手机都是全双工系统，在讲话的同时也可以听到对方的声音。

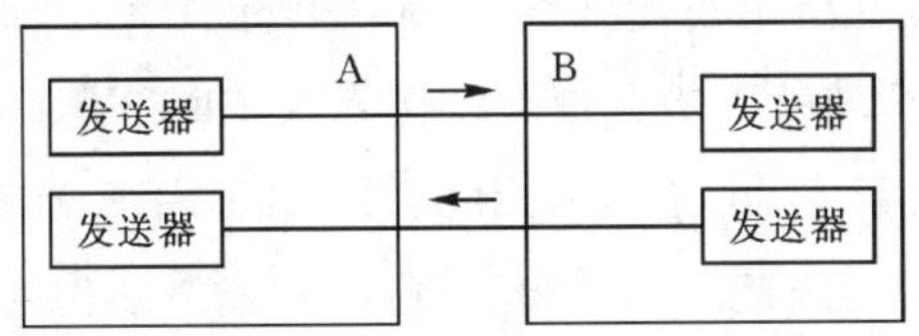

图 2-15　全双工通信方式

5G 作为全新的下一代移动通信系统，必须满足连续广域覆盖、热点高容量、低功耗大连接和低时延高可靠等多种移动互联网和移动物联网应用场景和业务需求。因此，为了满足更高的峰值速率、低时延、高系统吞吐率、移动性的要求，5G 对双工技术提出了更高的要求。为了适应现代通信要求，很多新的数据传输方式也涌现出来，如同频同时全双工、灵活双工等技术。

2.3　计算机网络基础

2.3.1　计算机网络基本概念

计算机网络是把分布在不同地点且具有独立功能的多个计算机、多个通信设备与线路连接起来，在功能完善的网络软件运行环境下，以实现资源共享为目标的网络。根据计算机网络各部分实现的功能来看，计算机网络可以分为通信子网和资源子网两部分，如图 2-16 所示。

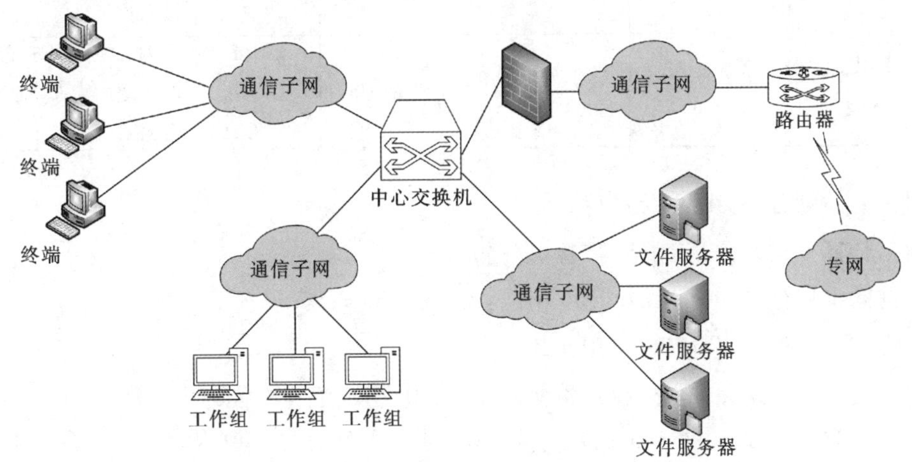

图 2-16　计算机网络结构

通信子网主要负责完成通信线路的传输、转接、加工和交换等工作，是实现网络通信功能的设备和软件集合，一般包括路由器、中继器、集线器、网桥、网关、通信协议、网关软件等。

资源子网主要负责网络数据处理和向用户提供资源共享的设备及软件的集合，包括负责数据处理的计算机系统和负责数据存储的计算机系统，一般由计算机、服务器、网络存储系统、网络数据设备、网络打印机、终端、软件和数据资源组成。

2.3.2 计算机网络类型及特征

国际电子工程师协会(IEEE)成立了无线局域网(Wireless Local Area Network, WLAN)标准委员会，并于1997年制定出第一个无线局域网标准IEEE 802.11。1999年，IEEE成立802.16工作组，建立了一个全球统一的宽带无线接入城域网(Wireless Metropolitan Area Network, WMAN)技术规范。目前制定了IEEE 802.11、IEEE 802.15、IEEE 802.16、IEEE 802.20、IEEE 802.22等宽带无线接入标准集。因此，按网络的作用范围，其划分为无线个域网(WPAN)、无线局域网(WLAN)、无线城域网(WMAN)、无线广域网(WWAN)，详见表2-1。

表2-1 计算机网络分类(按范围划分)

分类	采用标准	工作频率	覆盖范围	传输速度	相关技术	信息点分布位置
WPAN	IEEE 802.15	2.4 GHz 3.1～10.6 GHz	10～75 m 10 m	2.25/1～55/110 Mb/s	蓝牙 ZigBee UWB	点对点短距离连接，家庭及办公室高速数据网络
WLAN	IEEE 802.11	2.4/5 GHz	10 m～1 km	4 Mb/s～10 Gb/s	Wi-Fi	点对多点，支持AP间切换，用于企业、家庭等WLAN、无线网络
WMAN	IEEE 802.16	2～11/11～66 GHz	1～50 km	50 kb/s～700 Mb/s	WiMax	点对多点，支持基站间的漫游与切换，用于WLAN业务接入、无线DSL、移动通信基站回程链路及企业接入网
WWAN	IEEE 802.20	3.5 GHz以下	100～1 000 km	16～45 Mb/s	GSM CDMA 3G/3.5G	点对多点，用于高速移动的无线接入，面向全球覆盖

按通信介质划分：有线网、无线网；

按通信传播方式划分：点对点、广播、多播；

按通信速率划分：1.544 Mb/s、100 Mb/s、1000 Mb/s；

按网络使用者划分：公用网、专用网；

按网络交换功能划分：电路交换、报文交换、分组交换、混合交换；

按网络控制方式划分：集中式、分布式；

按网络环境划分：部分网、企业网、校园网；

按网络拓扑结构划分:星形结构、层次结构或树形结构、总线型结构、环形结构。

2.3.3 网络通信协议与网络通信结构

计算机网络要做到有条不紊地交换数据,就必须遵守一些事先约定好的规则,比如交换数据的格式、是否需要发送一个应答信息。这些规则被称为网络通信协议。协议指通信双方必须遵循的、控制信息交换的规则的集合,是一套语义与语法规则。常见的网络通信协议包括 OSI 协议(Open System Interconnection Protocol)、TCP/IP 协议(Transmission Control Protocol / Internet Protocol),这些协议都采用分层结构,各层之间相互独立,可以将大问题分割成小问题,易于实现和维护,灵活性好。

1. OSI/RM 七层结构

为了使不同体系结构的计算机网络都能互联,国际标准化组织 ISO 于 1977 年提出了一个试图使各种计算机在世界范围内互联成网的标准框架,即著名的开放系统互联基本参考模型 OSI/RM,简称为 OSI,如图 2-17 所示。OSI 七层协议模型主要包括应用层(Application)、表示层(Presentation)、会话层(Session)、传输层(Transport)、网络层(Network)、数据链路层(Data Link)、物理层(Physical)。

应用层
表示层
会话层
传输层
网络层
数据链路层
物理层

图 2-17 OSI 七层协议结构

物理层利用传输介质为通信的网络节点之间建立、维护和释放物理连接,实现比特流的透明传输,进而为数据链路层提供数据传输服务。

数据链路层在通信的实体间建立数据链路链接,传输以帧为单位的数据包,并采取差错控制和流量控制的方法,使有差错的物理线路变成无差错的数据链路。

网络层为分组交换网络上的不同主机提供通信服务,并以分组为单位的数据包通过通信子网选择适当的路由,并实现拥塞控制、网络互连等功能。

传输层向用户提供端到端的数据传输服务,实现为上层屏蔽低层的数据传输问题。

会话层负责维护通信中两个节点之间的会话连接的建立、维护和断开,以及数据的交换。

表示层用于处理在两个通信系统中交换信息的表示方式,主要包括数据格式交换、数据的加密与解密、数据压缩与恢复等功能。

应用层为应用程序通过网络服务,包含了各种用户使用的协议。

虽然 OSI 参考模型是计算网络协议的标准,体系结构理论完善,各层协议考虑周全,但由于其开销较大，所以实际应用并不多。因此，完全符合 ISO 各层协议的商用商品进入市场的很少，不能满足各种用户的需求。

2. TCP/IP 体系结构

1973 年 9 月，美国斯坦福大学文顿・瑟夫与卡恩提出了 TCP/IP 协议，其设计思想是首先承认已经存在的各种网络的差异性，然后设法从高层制造一个能够包容它们的大环境，即提供一种不同网络间能够通信的协议。由于它简洁、实用，从而得到了广泛的应用。而今 TCP/IP 协议已经成为网络互连的工业标准和国际标准，对互联网的发展起到重要的支撑作用。TCP/IP 协议也随着网络技术的进步和信息高速公路的发展在不断地完善，目前已经形成了一个网络体系结构，即 TCP/IP 协议族。图 2－18 所示为 TCP/IP 四层协议结构。

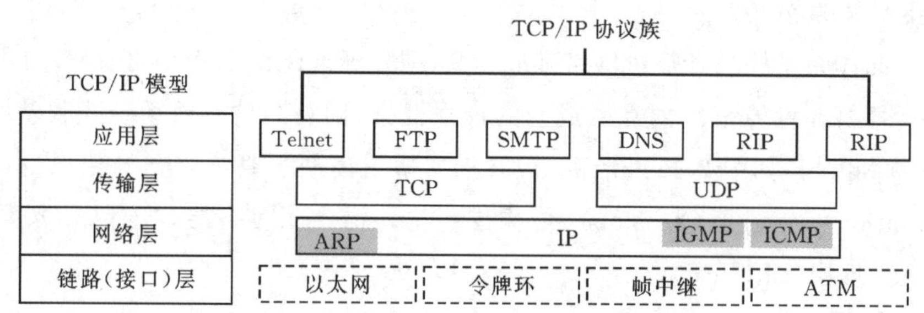

图 2－18　TCP/IP 四层协议结构

应用层包含了所有的高层协议，如 FTP、Telnet、DNS、SMTP 等。FTP 是文件传输协议，可以在任意两个主机之间传输文件。Telnet 允许一个用户在一个远程的客户机上访问另一台机器上的资源。DNS 是一种可以将域名和 IP 地址相互映射的以层次结构分布的数据库系统，能够使人更方便地访问互联网。SMTP 是一种提供可靠且有效的电子邮件传输的协议。SMTP 是建立在 FTP 文件传输服务上的一种邮件服务，主要用于系统之间的邮件信息传递，并提供有关来信的通知。

传输层负责在源主机和目的主机的应用程序之间提供端到端的数据传输服务，主要有传输控制协议 TCP 和用户数据报协议 UDP(User Datagram Protocol)。TCP 是面向连接的协议，即对两个对等实体为进行数据通信而进行的一种结合。面向连接服务是在数据交换之前，必须先建立连接，当数据交换结束后，则连接终止。UDP 为应用程序提供了一种无需建立连接就可以发送封装的 IP 数据包的方法。

网络层负责将数据报独立地从信息源送到信宿，主要解决路由选择、阻塞控制、网络互连等问题，主要采用互联网协议 IP。

链路(接口)层负责将 IP 数据报封装成适合在物理信道上传输的帧格式并传输，或将从物理信道上接收到的帧进行解封，取出 IP 数据报交给上层网络层。

图 2－19 所示为 TCP/IP 协议的工作流程。具体工作流程可以分为以下几个步骤。

①在源主机上，应用层将一串数据流传送给传输层。

②传输层将数据流截成分组，并加上 TCP 报头形成 TCP 报文段，送交网络层。

③在网络层上给 TCP 报文段加上源主机、目的主机的 IP 报头，生成一个 IP 数据包，并发送给链路层。

④链路层在其 MAC 帧的数据部分装上 IP 数据包，再加上源主机、目的主机的 MAC 地址和帧头，并根据其目的 MAC 地址，将 MAC 帧发送给目的主机或 IP 路由器。

⑤在目的主机上，链路层将 MAC 帧的帧头去掉，并将 IP 数据包送交网络层。

⑥网络层检查 IP 报头，如果报头校验与计算机不一样，则丢弃 IP 数据包；若校验一样，则去掉 IP 报头，将 TCP 段送给传输层。

⑦传输层检查顺序号，判断是否是正确的 TCP 分组，然后检查 TCP 报头数据，若正确，则向源主机发送确认信息；若不正确或丢弃，则向源主机要求重发。

⑧在目的主机，传输层去掉 TCP 报头，将排好顺序的分组组成应用数据流发送给应用程序，这样目的主机接收到来自源主机的字节流就像直接接收来自源主机的字节流一样。

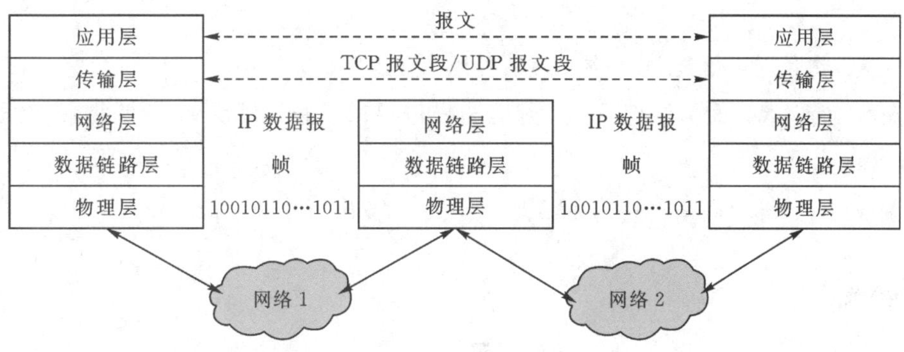

图 2－19　TCP/IP 协议的工作流程

练习题

一、单项选择题

1. 通常数字传输比模拟传输能获得更高的信号质量，这是因为（　　）。

A. 中继器再生数字脉冲，去掉了失真，而放大器放大模拟信号的同时也放大了失真

B. 数字信号比模拟信号小，而且不容易失真

C. 模拟信号是连续的，不容易发生失真

D. 数字信号比模拟信号采样容易

2.（　　）是指通信双方都能收发消息，但不能同时收发的工作方式。

A. 单工　　B. 全双工　　C. 半双工　　D. 轮询

3. 下述（　　）项不属于数字通信系统组成。

A. 信源　　B. 信宿　　C. 信道编码器　　D. AM 调制器

4. 计算机网络可以分为通信子网和资源子网两部分，通信子网主要负责完成通信线路的传输、转接、加工和交换等工作，下面不属于通信子网的是（　　）。

A. 路由器　　B. 中继器　　C. 终端　　D. 网关

5. 按网络的作用范围可以将其划分为 WPAN、WLAN、WMAN 和(　　)。

A. 无线广域网(WWAN)　　B. 蓝牙

C. ZigBee　　D. 5G

二、简答题

1. 简述通信系统一般模型。

2. 简述 OSI 和 TCP/IP 两种计算机网络通信协议的结构。

参考文献

[1]范立南,莫晔,兰丽辉. 物联网通信技术及应用[M]. 北京:清华大学出版社,2019.

[2]陈彦辉. 物联网通信技术[M]. 北京:人民邮电出版社, 2021.

[3]赵军辉,张青苗,邹丹. 物联网通信技术与应用[M]. 武汉:华中科技大学出版社, 2022.

[4]吕慧. 物联网通信技术[M]. 北京:机械工业出版社, 2016.

[5]齐默, 特兰特. 通信原理:调制、编码与噪声[M]. 7 版. 谭明新,译. 北京:电子工业出版社, 2018.

[6]谢希仁. 计算机网络[M]. 8 版. 北京:电子工业出版社,2021.

拓展阅读

天河漫漫　北斗璀璨

2018 年 12 月 27 日,北斗三号基本系统正式向“一带一路”及全球提供基本导航服务,中国北斗距离全球组网的目标迈出了实质性一步。2020 年 6 月 23 日 9 时 43 分,北斗三号最后一颗全球组网卫星在西昌卫星发射中心点火升空,约 30 分钟后进入预定轨道,发射任务取得圆满成功。至此,我国北斗工程完成了“三步走”战略,55 颗导航卫星在天疆部署出一盘“大棋局”。

回首来路,穿越激荡的四十年,中国北斗蹚出了一条独特的探索道路,在导航领域成就了一段波澜壮阔的东方传奇。几代北斗人经过近 30 年探索实践,见证了北斗系统从无到有,从有源定位到无源定位,从服务中国到服务亚太,再到全球组网的发展历程。北斗核心零部件已经实现了 100%的国产化,而这背后是 8 万名科学家长达几十年的披荆斩棘之路。

作为国之重器,自主创新是北斗工程的必由之路。秉承“探索一代,研发一代,建设一代”的创新思路,中国北斗始终把发展的主动权牢牢掌握在自己手中。北斗一号原创性地提出双星定位的卫星实现方法,打破了国外技术垄断,建立起国际上首个基于双星定位原理的区域有源卫星定位系统——北斗导航卫星试验系统。

北斗二号突破了区域混合导航星座构建、高精度时空基准建立的关键技术,实现星载原子钟国产化,在国际上首次实现混合星座区域卫星导航系统。区域系统建成后,各项技术指标均与 GPS 等国际先进水平相当。根据国际电联的规则,频率资源是有时限的,过期作废。北斗二号在完成前期所有研制任务后,为节省时间,所有参试人员进驻发射场后大干了 3 天体力活,搬设备、扛机柜、布电缆，接下来又是200小时不间断的加电测试……院士、型号总工和技术人员一起排班，很多人因为水土不服而拉肚子、发烧，但大家都带病坚持在岗位上，经受住了次次险情和种种考验。2007年4月16日，在成功发射的两天后，北京从飞行试验星获得清晰信号，此时距离空间频率失效仅剩下不到4个小时——正是这次壮举，有效地保护了我国卫星导航系统的频率资源，拉开了北斗区域导航系统建设的序幕。

北斗三号全球组网建设中，率先提出国际上首个高中轨道星间链路混合型新体制，形成了具有自主知识产权的星间链路网络协议、自主定轨、时间同步等系统方案；研发出国内首个适于直接入轨一箭多星发射的“全桁架式卫星平台”，实现了卫星自主监测和自主健康管理；成功应用星载大功率微波开关、行波管放大器等关键国产化元器件和部组件，打破核心器部件长期依赖进口、受制于人的局面，为全球快速组网建设铺平道路。

第3章 传感器与无线传感网

物联网、云计算、大数据和人工智能的兴起，各种信息的感知、采集、转换、传输和处理推动着传感器技术向智能化、多功能化、综合性、集成化和网络化等方向发展。传感器作为信息获取的重要手段，与通信技术、计算机技术构成了现代信息技术的三大支柱。无线传感网是一种由大量静止或移动的传感器以自组织或多跳的方式构成的分布式无线网络，远程控制中心或用户可以查看和分析收集到的数据。因此，传感器及无线传感网是物联网最根基的物理支撑层，是物与物互联的根本，属于物联网关键技术之一。

3.1 传感器

3.1.1 传感器概述

传感器技术相当于物联网的“耳朵”，主要负责接收物体和环境的“声音”。在物联网体系架构中，感知层主要是各种传感器节点负责采集数据，并通过通信模型将数据发送至网关节点，进而传输至远端服务器。我国国家标准(GB/T 7665—2005)对传感器的定义为：能感受被测量并按照一定的规律转换成可用输出信号的器件或装置。

传感器通常由敏感元件、转换元件和变换电路三部分组成，有时还加上辅助电源，如图3-1所示。

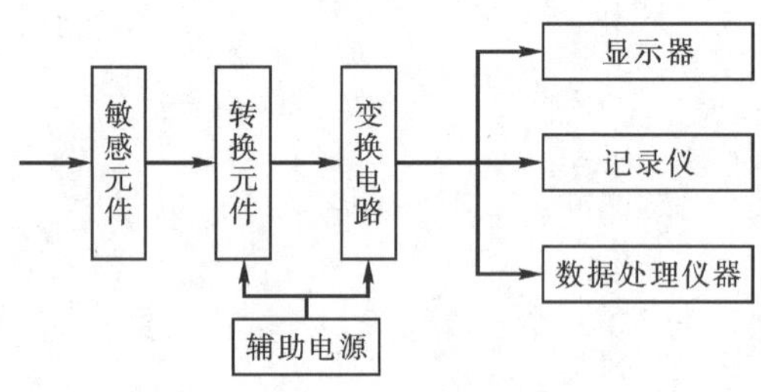

图3-1 传感器的组成

图3-1中，敏感元件能够直接感受被测量，并输出与被测量成确定关系的某一物理量的元件。转换元件是传感器的核心元件，以敏感元件的输出为输入，把感知的非电量转换为电信号输出。转换元件本身也可以作为独立传感器使用。变换电路把转换元件输出的电信号转换成便于处理、控制、记录和显示的有用电信号。

传感器经历了三个主要发展阶段。

第一阶段:1969 年之前主要为结构型传感器,其利用结构参量变化感受和转化信号,即通过机械结构的几何尺寸和形状变化,转化为相应的电阻、电感、电容等物理量的变化,从而检出被测信号。如电阻式应变传感器、变极距型电容式传感器。

第二阶段:1970 年开始出现固态传感器,这种传感器由半导体、电介质、磁性材料等固体元件构成,是利用材料某些特性制成的。如利用热电效应、霍尔效应、光敏效应,分别制成热电偶传感器、霍尔传感器、光敏传感器等。20 世纪 70 年代后期,随着分子合成、微电子和计算机等技术的发展,出现了集成传感器,主要分为传感器本身集成化和传感器与后续电路集成化,如电荷耦合器件(CCD)、集成温度传感器、集成霍尔传感器等。

第三阶段:20 世纪 80 年代智能传感器开始萌芽。智能传感器是指其对外界信息具有一定检测、自诊断、数据处理以及自适应能力,是微型计算机技术与检测技术相结合的产物。该阶段智能化测量主要以微处理器为核心,将传感器信号调节电路、微处理器、存储器及接口集成在一块芯片上。20 世纪 90 年代在传感器水平上实现智能化,使其具有自诊断功能、记忆功能、多参量测量及联网通信功能等。

3.1.2 传感器类型

传感器可以按照多种方式进行分类,根据工作原理可以分为应变式、电阻式、电容式、电感式、热电式和光电式;根据被测物理量可以分为位移、速度、加速度、温度、湿度、重力、压力等传感器;根据输出信号类型可以分为模拟式和数字式;按照传感器的使用材料可分为半导体、陶瓷、复合材料、金属材料、高分子材料、超导材料、光纤材料、纳米材料等类型传感器。下面对不同类型传感器进行具体介绍。

1.物理传感器

物理传感器是检测物理量的传感器。它是利用某些物理效应,把被测量的物理量转化成为便于处理的能量形式的信号的装置。其输出信号和输入信号有确定的关系。主要的物理传感器有光电式传感器、压电式传感器、压阻式传感器、电磁式传感器、热电式传感器、辐射与波式传感器等。

(1)光电式传感器(Photoelectric Transducer)。光电式传感器是将光通量转换为电量的一种传感器,其原理是基于光电效应,即受到可见光照射后产生光电效应,将光信号(光强、光通量、位移等参数)转换成电信号输出。进行光电测量时由于不与被测对象直接接触,光束的质量又近似为零,因而在测量中不存在摩擦和对被测对象几乎不施加压力,因此在许多应用场合,光电式传感器比其他传感器有明显的优越性,在非电量电测及自动控制技术中占有重要地位。

(2)压电式传感器(Piezoelectric Transducer)。压电式传感器是一种基于压电效应的传感器,其敏感元件由压电材料制成。其工作原理是压电材料受力后表面产生电荷,此电荷经电荷放大器、测量电路放大和变换阻抗后转变成正比于所受外力的电量输出。该传感器主要用于力或加速度等物理量的测量。压电式传感器主要包括压电式测力传感器、压电式压力传感器、压电式加速度传感器及高分子材料压力传感器。

(3)压阻式传感器(Piezoresistance Transducer)。压阻式传感器是指利用单晶硅材料的压阻效应和集成电路技术制成的传感器,其原理是单晶硅材料受到外力作用后电阻率发生变化,通过测量电路可以得到正比于力变化的电信号输出。压阻式传感器可用于液位、加速度、重量、应变、流量、真空度等物理量的测量和控制,广泛地应用于航天、航空、航海、石油化工、动力机械、生物医学工程、气象、地质、地震测量等各个领域。

(4)电磁式传感器(Electromagnetic Transducer)。电磁式传感器工作原理是利用导体和磁场发生相对运动而在导体两端输出感应电动势。它是一种机械能-电能变换型传感器,属于有源传感器。该传感器电路简单、性能稳定、输出阻抗小,适用于转速、振动、位移、扭矩等的测量。

(5)热电式传感器。热电式传感器是一种将温度变化转换为电量变化的元件。热电式传感器可分为两类,一类可以直接将温度转变为电压或电流输出;另一类是将温度转换为电动势或电阻,其中把温度变化转换为电势的热电式传感器称为热电偶,把温度变化转换为电阻值的热电式传感器称为热电阻或热敏电阻。热电偶广泛用于测量100~1 300 ℃范围内的温度,常用于炉子或管道内气体、液体或固体表面温度。热电阻利用导体的电阻值随温度变化而变化的特性进行温度测量。热敏电阻是利用半导体的电阻值随温度显著变化的特性测量温度。

(6)辐射与波式传感器。常见的辐射与波式传感器包括红外传感器、超声波传感器。

红外传感器是利用红外辐射实现相关物理量测量的一种传感器。红外传感器一般由光学系统、红外探测器、信号调节电路和显示单元等部分组成。红外传感器的核心器件是红外探测器,通常可分为热探测器和光子探测器。红外传感器的典型应用包括测温仪、气体成分分析、热成像、红外制导和导弹防御等。

利用超声波的各种特性和不同的测量电路制成的超声波传感器,按工作原理可以分为压电式、磁致伸缩式、电磁式等,以压电式最为常见。压电式传感器是利用材料的压电效应原理来工作的。常见的压电材料有压电晶体和压电陶瓷。超声波传感器可以用于冶金、船舶、机械等各个行业的超声探测、清洗、焊接、医学成像、汽车倒车雷达等方面。

2. 化学传感器

化学传感器是将各种化学物质的特性,如气体、离子、电解质浓度、空气湿度等的变化定性或定量地转换成电信号的传感器。化学传感器的种类和数量很多,各种器件转换原理也各不相同,主要有气敏传感器、湿敏传感器等。

气敏传感器是指能够感知环境中气体成分及其浓度的一种敏感元件,可以将气体种类及其浓度有关信息转换成电信号,如有毒有害气体(CO、NO_2、H_2S、NO、NH_3、PH_3 等)或可燃性气体(H_2、CH_4、瓦斯气体、煤气等)。气敏传感器常用于煤矿、石油、化工、环境监测、家庭安全防护等方面。

湿敏传感器通过器件材料的物理或化学性质变化,将感受到的外界湿度变化转换成可用信号。按照输出电学量,湿敏传感器可以分为电阻式和电容式。电阻式湿敏传感器利用器件的电阻值随湿度变化;电容式湿敏传感器通过检测其电容量的变化值获得湿度的大小。湿敏传感器可用于人类日常生活及工业生产、气象预报、物流仓储等行业中对湿度进行测量和控制。

3. 生物传感器

生物传感器是一种对生物物质敏感并可将其浓度转换为电信号进行检测的仪器，主要由识别元件、理化换能器及信号放大装置构成。其中识别元件由固定的生物敏感材料制成，如酶、抗体、抗原、微生物、细胞、组织等具有生物活性的物质；理化换能器主要包括氧电极、光敏管、场效应管、压电晶体等。生物传感器具有接收器与转换器的功能，主要应用于临床诊断、工业控制、食品和药物研发与分析、环境保护以及生物技术、生物芯片等领域。

4. 智能传感器系统

智能传感器系统是一门现代综合技术，是当今世界正在迅速发展的高科技新技术，但还没有形成规范化的定义。早期人们强调在工艺上将传感器与微处理器两者紧密结合，认为“传感器的敏感元件及其信号调理电路与微处理器集成在一块芯片上就是智能传感器”。

不同传感器厂家也给出了定义。Honeywell 厂家认为智能传感器是由微处理器驱动的传感器与仪表套装，并且具有通信与板载诊断等功能，为监控系统和或操作员提供相关信息，以提高工作效率及减少维护成本。其他公司如 GE Fanuc 自动化、MTS 传感器、Cognex、Pepperl＋Fuchs 等公司对上述定义进行了补充。

刘君华主编的《智能传感器系统》中定义：传感器与微处理器赋予智能的结合，兼有信息检测与信息处理功能的传感器就是智能传感器（系统）；模糊传感器也是一种智能传感器（系统），将传感器与微处理器集成在一块芯片上是构成智能传感器（系统）的一种方式。刘迎春主编的《现代新型传感器原理与应用》中定义：所谓智能式传感器就是一种带微处理机的，兼有信息检测、信息处理、信息记忆、逻辑思维与判断功能的传感器。

与一般传感器相比，智能传感器具有三个优点：通过软件技术可实现高精度的信息采集，而且成本低；具有一定的编程自动化能力；功能多样化。智能传感器已广泛应用于航天、航空、国防、科技和工农业生产等各个领域中。

3.1.3 传感器应用与发展趋势

随着新一轮科技革命与产业变革的推进，物联网、大数据、云计算、5G、人工智能等前沿技术快速发展，智慧城市深入建设，机器人、无人机、自动驾驶汽车等加快落地，为传感器产业发展带来了庞大的机遇。综合传感器行业现状与行业变化来看，未来传感器的发展将有四大趋势。

（1）智能化。作为现代生产生活体系中的重要组成部分，传感器的智能化是大势所趋。传感器的进一步智能化升级，有利于与人工智能产业生态相融合，为各大产业、各类产品的智能化提供坚实支撑。目前，智能传感器在自主感知、自主决策等方面的能力在不断提升。在智能化、网联化催动下，预计接下来智能传感器的发展将会持续提速。

（2）网联化。传感器与数据、信息紧密相连。传感器的主要使命是收集、传输数据信息。如今，全球已然进入信息时代，数据的流通进一步扩张，无论是数字经济的发展，还是互联网的普及，又或是信息技术的应用，都对传感器有了更加迫切的需求，也使得传感器必须在网联化方面有所进益。特别是随着5G网络的正式商用和加快部署，传感器的网联化将迎来重大发展机遇。在5G网络的支持下，传感器将能够更好地借助通信技术，实现更加顺畅、迅速的数据联通与传输，全面提升自身性能水平，并为智能网联汽车、智能机器人等产品的升级带来帮助。

(3)微型化。精密元件或零部件大多都以微型化为主要发展方向，传感器也不例外。传统的传感器“体型”较大，难以满足现在的需求。微型化发展，有利于提升产品的适应性，降低成品的重量和大小，提高应用性能，扩展应用范围。近年来传感器在微型化方面取得了不错的成果，在设计、工艺和加工技术持续升级的基础上，传感器内部敏感元件、转换元件等都进入了微米、纳米级，这使得传感器产品能够在智能硬件等诸多新科技产品中得到广泛应用。

(4)集成化。在智能化、网联化、微型化发展潮流下，传感器的集成化趋势正日趋凸显。集成化传感器可以同时感知不同的环境信息，使得用户可以实现对各种不同数据的实时、同步掌握，而且在成本方面不会有太大压力。特别是传感器微型化的发展，为集成化奠定了重要基础，传感器技术将在这些趋势的引导下，获得更加显著的进步。

3.2 无线传感网

随着传感器技术向集成化、微型化和网络化方向发展，必将带来一场信息革命。传感器网络综合了传感器、嵌入式、网络及无线通信、分布式信息处理技术等，能够协同协作地实时监测、感知和采集网络覆盖区域中各种环境或监测对象的信息，通过嵌入式系统对信息进行处理，并通过随机自组织无线通信网络以多跳中继方式将所感知信息传送到用户终端，从而真正实现“无处不在的计算”理念。

加州大学伯克利分校“智慧微尘”项目，旨在开发微型化的传感器节点，并于1999年发布的WeC节点，在正常和睡眠状态下，处理器功耗仅为15 mW、45 μW，随后又发布了被研究者广泛使用的Mica、Mica2、Mica2Dot、MicaZ。Mica标志着无线传感器的研究进入了低功耗、微体积的先进计算时代。在此之后，无线传感器网在环境监测、智能楼宇、医疗监控、军事监控等领域相继取得了长足的发展。

近年来，我国也十分注重无线传感器网络技术的发展，为这项技术制定了一系列的发展计划。我国已经将无线传感器网络技术应用于国防军事、医疗技术、社会安全、商业技术、环境问题监管等方面，而无线传感器网络技术的应用为这些领域提供了较好的技术支撑。

3.2.1 无线传感器网络组成

无线传感器网络主要由传感器节点、汇聚节点和管理平台组成。传感器节点任意分布在某一监测区域内，节点以自组织形式构成网络，通过多跳中继方式将监测数据传送至管理节点。用户也可以通过管理节点发送命令至传感器节点。无线传感器网络体系结构如图3-2所示。

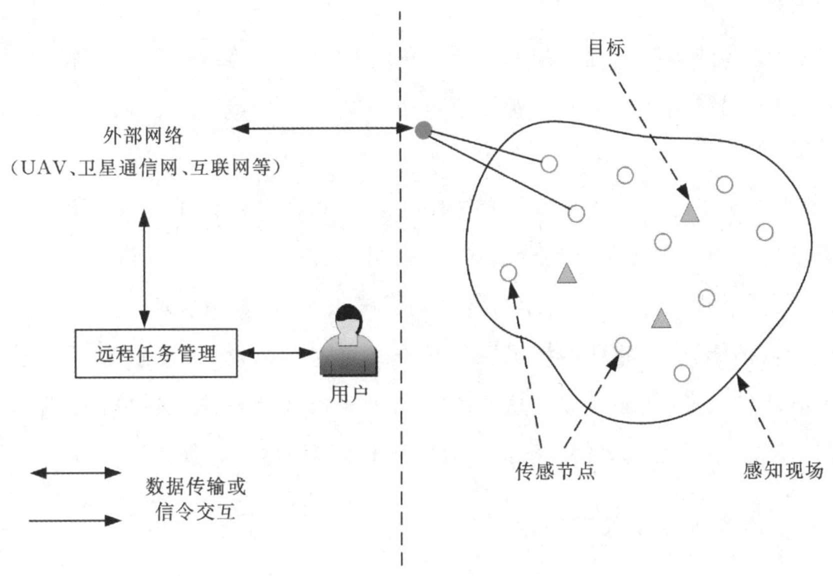

图 3-2 无线传感器网络体系结构

传感节点由传感单元、处理单元、传输单元和电源单元等组成，分别存在于系统指定的范围内，各个传感器节点都能够利用自身的功能进行数据信息收集和整理，并且将这些数据信息进行正确的传输。无线传感器网络中，传感器节点结构如图 3-3 所示。

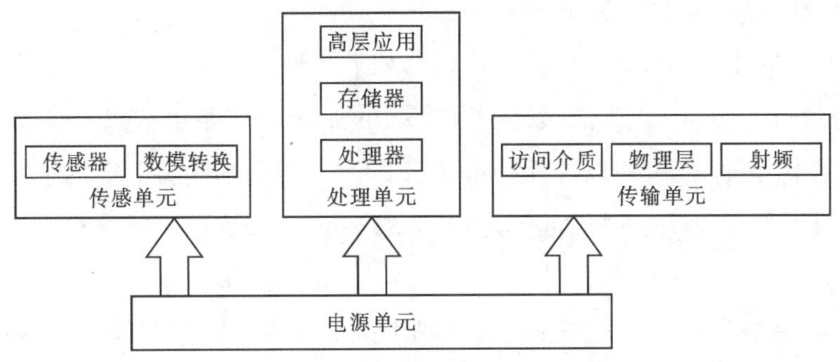

图 3-3 传感器节点结构

汇聚节点主要功能是连接传感器网络与外部网络(如互联网)，将传感器节点采集的数据通过互联网和卫星发送给用户，完成传感器和任务管理节点之间的信息输送。

管理平台对整个网络进行检测、管理，通常为运行有网络管理软件的 PC 机或者手持终端。

3.2.2 无线传感器网络特点

相较于传统式的网络和其他传感器，无线传感器网络有以下几方面的特点。

(1)组建方式自由。无线网络传感器的组建不受任何外界条件的限制，组建者无论在何时何地，都可以快速地组建起一个功能完善的无线传感器网络，组建成功之后的维护管理工作也完全在网络内部进行。

(2)网络拓扑结构的不确定性。从网络层次的方向来看,无线传感器的网络拓扑结构是变化不定的,例如构成网络拓扑结构的传感器节点可以随时增加或者减少,网络拓扑结构图可以随时被分开或者合并。

(3)控制方式不集中。虽然无线传感器网络把基站和传感器的节点集中控制了起来,但是各个传感器节点之间的控制方式还是分散式的,路由器和主机的功能由网络的终端实现,各个主机独立运行,互不干涉,因此无线传感器网络的强度很高,很难被破坏。

(4)安全性不高。无线传感器网络采用无线方式传递信息,因此传感器节点在传递信息的过程中很容易被外界入侵,从而导致信息的泄露和无线传感器网络的损坏,大部分无线传感器网络的节点都是暴露在外的,这大大降低了无线传感器网络的安全性。

3.2.3 无线传感器网络关键技术

1. 路由协议

不同于传统的无线网络,无线传感器的网络规模大,节点在网络中随机部署,节点的计算、通信能力有限,携带的能量也有限。节点只能获取网络的局部拓扑信息,所以无线传感器网络的路由协议设计具有挑战性。无线传感器网络路由协议的主要任务是确保数据由源节点准确高效地传输到目的节点,即寻找数据的最优路径以及沿最优路径发送数据。无线传感器路由协议需要满足能量高效性、可扩展性、鲁棒性和低延迟性。

目前比较常用的几个无线传感器路由协议有如下几种。

(1)泛洪协议(Flooding)。该协议是一种传统的无线通信路由协议。该协议规定每个节点接收来自其他节点的信息,并以广播的形式发送给其他邻居节点,最后将信息数据发送给目的节点。该协议的缺点是容易引起信息的"内爆(Implosion)"和"重叠(Overlap)"造成资源浪费。

(2)闲聊(Gossiping)协议。在泛洪协议基础上进行改进提出了闲聊(Gossiping)协议,其工作机理是通过随机选择一个邻居节点,获得信息的邻居节点以同样的方式随机的选择下一个节点进行信息的传递。该方式避免了以广播形式进行信息传播的能量消耗,但付出的代价是延长了信息的传递时间。虽然 Gossiping 协议在一定程度上解决了信息内爆,但信息重叠现象仍然存在。

(3)SPIN(Sensor Protocol for Information via Negotiation)协议。该协议是一种以数据为中心的自适应路由协议,工作机制是节点之间通过协商,解决内爆和重叠问题。SPIN 协议有 3 种类型的消息,即 DATA、ADV 和 REQ。

DATA 是传感器采集的数据包。ADV 用于数据广播,当某一个节点有数据可以共享时,可以用其进行数据信息广播。REQ 用于请求发送数据,当某一个节点希望接收 DATA 数据包时,发送 REQ 数据包。图 3-4 所示为 SPIN 协议路由建立及数据传输过程示意图。

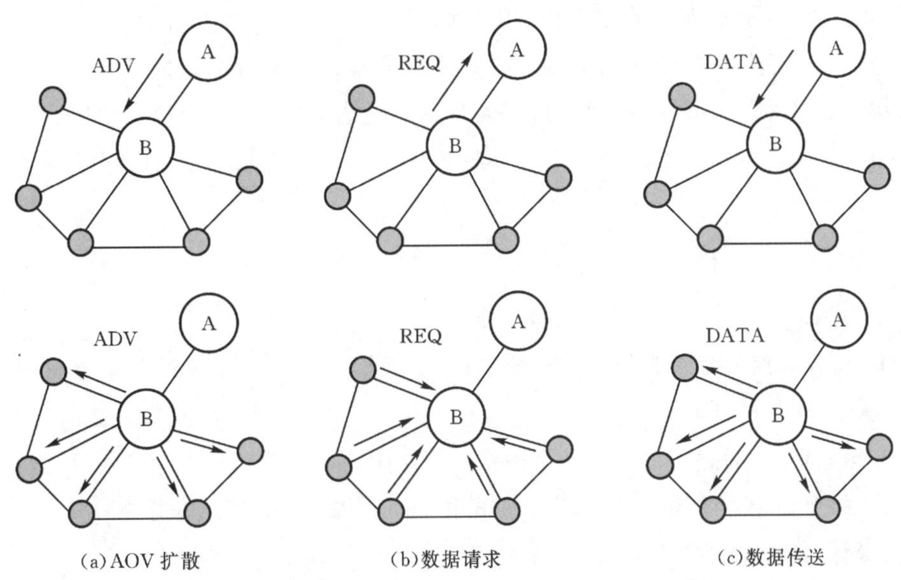

(a)AOV 扩散　　(b)数据请求　　(c)数据传送

图 3-4　SPIN 协议路由建立及数据传输过程示意图

(4)定向扩散(Directed Diffusion)协议。该协议是一种基于查询的路由机制,分为兴趣扩散、梯度建立及路径加强三个阶段。兴趣扩散阶段汇聚节点向传感器节点发送其想要获取的信息种类或内容,包括任务类型、目标区域、数据发送速率、时间戳等参数。每个传感器节点在收到该消息后,将其保存在 Cache 中,当所有信息传遍整个传感器网络后,根据成本最小化和能量自适应原则在传感器节点和汇聚节点之间建立起一个梯度场。一旦传感器节点收集到汇聚节点感兴趣的数据,就会根据建立的梯度场寻求最快路径进行数据传递。定向扩散协议路由机制中梯度场的建立过程如图 3-5 所示。

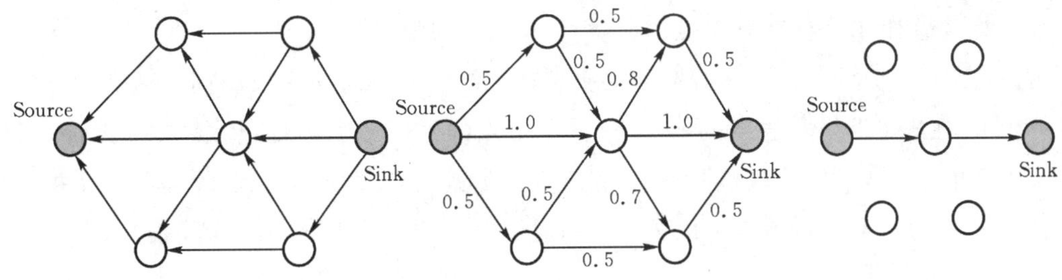

图 3-5　定向扩散协议路由机制中梯度场的建立过程

(5)LEACH 协议。LEACH(Low Energy Adaptive Clustering Hierarchy) 即低功耗自适应集簇分层型协议,是一种以最小化传感器网络能量损耗为目标的分层协议。该协议工作机理是通过随机选择类头节点,平均分担无线传感器网络的中继通信业务,从而达到平均消耗传感器网络中节点能量的目的,进而延长网络生命周期。该协议可以延长 15%网络生命周期。

LEACH 协议分为两个阶段:簇建立阶段(Setup Phase)和稳定运行阶段(Ready Phase)。簇建立阶段和稳定运行阶段所持续的时间总和为一轮(Round)。为了节省资源开销,稳定运行阶段的持续时间要大于簇建立阶段的持续时间。簇的建立过程可分成 4 个阶段:簇头节点的选择、簇头节点的广播、簇头节点的建立和调度机制的生成。

簇头节点的选择依据网络中所需要的簇头节点总数和迄今为止每个节点已成为簇头节点的次数来决定。具体的选择原则:每个传感器节点随机选择 0～1 之间的一个值。如果选定的值小于某一个阈值 $T(n)$,那么这个节点成为簇头节点。$T(n)$按照式(3-1)计算:

$$T(n)=\begin{cases}\dfrac{P}{1-P*(r \bmod \dfrac{1}{P})}, n\in G\\ 0, \text{其他}\end{cases} \tag{3-1}$$

式(3-1)中,P 为节点成为簇头节点的百分数;r 为当前轮数;G 为在最近的 $1/p$ 轮中未当选簇头的节点集合。

簇头节点选定后,通过广播告知整个网络。网络中的其他节点根据接收信息的信号强度决定从属的簇,并通知相应的簇头节点,完成簇的建立。最后,簇头节点采用 TDMA 方式为簇中每个节点分配向其传递数据的时间点。

稳定运行阶段中,传感器节点将采集的数据传送到簇头节点。簇头节点对簇中所有节点所采集的数据进行信息融合后再传送给汇聚节点,这是一种较少通信业务量的合理工作模型。稳定阶段持续一段时间后,网络重新进入簇的建立阶段,进行下一回合的簇重构,不断循环,每个簇采用不同的 CDMA 代码进行通信来减少其他簇内节点的干扰。

2. 网络拓扑控制

拓扑控制是无线传感器网络研究的核心技术之一。拓扑控制是指在满足区域覆盖度和网络联通度的条件下,通过节点发射功率的控制和网络关键节点的选择,删掉不必要的链路,生成一个高效的网络拓扑结构,以提高整个网络的工作效率,延长网络的生命周期。拓扑控制自动生成良好的拓扑结构,能够提高路由协议和 MAC 协议效率,可为数据融合、时间同步和目标定位等方面奠定基础,有利于节省节点的能量、延长网络的生存期。

拓扑控制可以分为节点功率控制和层次型拓扑结构。节点功率控制调节网络中每个节点的发射功率,在满足网络联通度的前提下,减少节点的发送功率,均衡节点单跳可达的邻居数目。层次型拓扑结构利用分簇机制,让一些节点作为簇节点,由簇节点形成一个处理并转发数据的骨干网,其他非骨干网节点可以暂时关闭通信模块,进入休眠状态以节省能量。

3. 能量管理

传感器节点是无线传感网络的基本数据采集单元,常布置在人迹罕至或人员检修困难的地域,因此降低节点能耗,尽量延长传感器节点的工作时间一直以来是该项技术广泛应用的瓶颈。传感器单个节点的能量消耗途径可分为通信消耗和计算消耗两部分,节点在网络使用过程中有三种状态,即休眠、工作和中间状态。其中,处于休眠状态时,节点耗能非常小,可以忽略不计。在工作状态或中间状态时耗能由以下几个因素决定:①环境因素,一是自然环境中温度、湿度等的变化会对供电系统产生较大影响;二是传感器在传输数据信号过程中受外界磁场等的干扰,为了提高传输信号质量而增大功率,导致系统能耗的提高。②网络能源效率,当传感器节点在工作或不同状态之间切换时,由于网络设计结构的缺陷会出现无效的节点运行状态,导致多余能耗的产生。③硬件条件，包括节点无线调制解调器的灵敏度、节点质量等的差异也会产生能耗的变化。现阶段，解决该问题的方法包括节能方法、能量收集法和无线充电法等。

4. 节点定位

位置信息是传感器节点采集数据中不可缺少的部分，没有位置信息的监测消息通常毫无意义。无线传感器网络定位方法包括三角边测量法、三角测量法、极大似然估计法。根据定位过程中是否实际测量节点间的距离或角度，无线传感器网络中的定位分为基于测距的定位和基于非测距的定位。基于测距的定位方法主要是测量节点之间的距离或角度，方法包括接收信号强度指示(RSSI)、到达时间(TOA)、到达时间差值(TDOA)和到达角度(AOA)。在获得距离或角度信息以后，基于测距的定位方法即可以采用各种方法对未知节点进行定位，应用范围较广。基于非测距的节点定位模型常采用锚节点和待定位节点之间的关系进行节点位置估计。

3.2.4 无线传感器网络应用前景

无线传感器网络技术作为一种新型的信息收集和处理技术，具有耗能低、成本低、功能齐全等优点，有着非常广阔的发展前景，能够为很多行业带来有效帮助。无线传感器网络技术在各个领域，如在军事领域、国防安全领域、环境监测管理领域等都发挥着关键性的作用。

当下国内外的研究重点是无线传感器网络节点低功耗平台设计和网络协议等方面，未来无线传感器网络会朝着智能化、微型化发展，从而组建基于无线传感器技术的各种智能系统，满足低成本、低功耗、易操作、易安装等需求。

练习题

一、选择题

1. (　　)是用来检测被测物中氢离子浓度并转换成相应的可用输出信号的传感器，通常由化学部分和信号传输部分构成。

A. 温度传感器　　B. 湿度传感器　　C. pH 值传感器　　D. 离子传感器

2. 节点节省能量的最主要方式是(　　)。

A. 休眠机制　　B. 拒绝通信　　C. 停止采集数据　　D. 关闭计算模块

3. 下列选项中，不是传感器节点内数据处理技术的是(　　)。

A. 传感器节点数据预处理

B. 传感器节点定位技术

C. 传感器节点信息持久化存储技术

D. 传感器节点信息传输技术

4. 传感器属于物联网的(　　)。

A. 网络层　　B. 感知层　　C. 应用层　　D. 中间件

5. (　　)不是传感器的组成元件。

A. 敏感元件　　B. 变换电路　　C. 电阻电路　　D. 转换元件

二、简答题

1. 简述传感器的定义及组成。

2. 简述无线传感器网络的组成。

参考文献

[1]王化祥，崔自强. 传感器原理及应用[M]. 5 版. 天津:天津大学出版社，2021.

[2]吴建平，彭颖. 传感器原理及应用[M]. 4 版. 北京:机械工业出版社，2021.

[3]陈荣. 传感器原理及应用技术[M]. 北京:机械工业出版社，2022.

[4]彭力. 无线传感器网络原理与应用[M]. 西安:西安电子科技大学出版社，2014.

[5]胡飞，曹小军. 无线传感器网络:原理与实践[M]. 牛晓光，宫继兵，译. 机械工业出版社，2015.

[6]赵丹，肖继学，刘一. 智能传感器技术综述[J]. 传感器与微系统，2014，33(9):4－7.

[7]姚文苇. 新型纳米传感器技术的发展及其应用[J]. 电子测试，2014(4):45－46.

[8]丁露，倪佳. 物联网与传感器技术发展综述[J]. 中国仪器仪表，2013(9):26－29.

[9]何宁，王漫，方昀，等. 面向无线传感器网络应用的传感器技术综述[J]. 计算机应用与软件，2007(9):91－94.

[10]李桥梁，竺钦尧. 非接触距离传感器技术综述[J]. 传感器技术，1991(2):1－5.

[11]谭志. 无线传感器网络定位技术[M]. 北京:电子工业出版社，2021.

[12]刘少强. 现代传感器技术:面向物联网应用[M]. 2 版. 北京:电子工业出版社，2020.

[13]宋爱国. 传感器技术[M]. 4 版. 南京:东南大学出版社，2021.

[14]马林联. 传感器技术及应用教程[M]. 2 版. 北京:中国电力出版社，2016.

[15]周彦，王冬丽. 传感器技术及应用[M]. 2 版. 北京:机械工业出版社，2021.

[16]朱明. 无线传感器网络技术与应用[M]. 北京:电子工业出版社，2020.

[17]刘伟荣. 物联网与无线传感器网络[M]. 2 版. 北京:电子工业出版社，2021.

[18]冯涛. 无线传感器网络[M]. 西安:西安电子科技大学出版社，2017.

[19]朱同鑫，李建中. 无线传感器网络的通信调度算法研究综述[J]. 智能计算机与应用，2021，11(11):1－4＋9.

[20]王慧莹. 无线传感器网络在环境监测中的应用[J]. 科技创新与应用，2021，11(28):173－175.

[21]RAWAT P, CHAUHAN S, et al. A survey on clustering protocols in wireless sensor network: taxonomy, comparison, and future scope[J]. Journal of Ambient Intelligence and Humanized Computing, 2021(prepublish).

[22]陈战胜. 无线传感器网络中高效能数据收集算法的研究[D]. 北京:北京交通大学，2021.

[23]孙环. 无线传感器网络中数据采集的节点重部署算法研究[D]. 桂林:桂林电子科技大

学,2021.

[24]张铭悦. 无线传感器网络分簇路由算法研究[D]. 长春:长春理工大学,2021.

[25]谷渊. 面向物联网的无线传感器网络综述[J]. 信息与电脑:理论版,2021,33(1):194-196.

现代战争是传感器之战

现代战争最厉害的武器是什么?是飞机、坦克,还是导弹、航空母舰?或许它们都是,但它们都离不开一个非常不显眼却又无比重要的器件:传感器。现代战争,某种程度上说,打的就是传感器!

2022年2月24日凌晨,俄罗斯对乌克兰发起特别军事行动,全世界人民的目光陡然聚焦到这里。俄罗斯国防部表示,俄方使用精确制导武器打击乌克兰军队时,未危及平民安全。

所谓"高精度武器"就是包括伊斯坎德尔导弹以及Kh101、Kh22等巡航导弹在内的俄罗斯精确制导武器。那什么是高精度制导武器?就是以惯性、无线电指令、激光、光电、红外、毫米波、卫星等方式制导的高准确度导弹。在这些制导方式里,惯性测量单元(IMU)、激光传感器、红外传感器、毫米波传感器、光电传感器、雷达等发挥了关键性作用。进入20世纪60年代后,美国、俄罗斯、日本、中国等国都纷纷以传感器,尤其是军用、航天传感器作为国家科技发展的重大战略方向。

为什么传感器在精确制导武器中发挥了关键作用?一颗导弹的主要结构一般分为战斗部、弹体结构、动力装置、制导系统四个部分。制导系统的核心是导引头,是精确制导武器中价值量最高的部分。制导系统导引头的核心,则是各种惯性测量单元(IMU)、红外传感器、光电传感器、雷达等用于感知目标的传感器。作为核心中的核心,传感器在制导武器,在现代战争中发挥着关键作用。

除此之外,隐身战机、卫星等武器,也都需要由海量传感器组成的传感器融合网络提供数据,进行态势感知、近实时跟踪、多目标跟踪、反隐身作战等行动,因此传感器在现代战争非常重要。

第4章

射频识别(RFID)技术

所谓识别就是把被识别对象辨认、区分出来,要求被识别对象必须具有区别于其他对象的唯一特征。常用的识别方法分为人工识别和自动识别。人工识别利用人工手段识别和录入被识别对象的特征信息,自动识别是利用机器识别和录入被识别对象的特征信息。被识别对象的"唯一特征"可以是其固有属性,比如指纹、面部特征、身份证号等,多种类型的唯一识别码(Unique Identifier,UID)。常用的自动识别技术包括条形码、磁卡、接触式IC卡和射频识别技术。

4.1 RFID技术概述

4.1.1 RFID基本概念

RFID是最具有前途和应用最广泛的自动识别技术,是物联网感知层的关键技术之一。RFID系统如同物联网的触角,为物联网中各物品建立唯一的身份标识,使得自动识别物联网中的每一个物体成为可能,最后通过无线电信号识别特定目标并读写相关数据,构建物联网的基础。

RFID是一种非接触式的自动识别技术,也称为电子标签技术。它通过无线射频信号在空间耦合实现非接触式双向通信,并通过所传递的信息完成对目标对象的自动识别并获取相关数据。识别过程简便快捷,无需人工干预,可工作于各种恶劣环境。

4.1.2 RFID发展历程

射频技术可以追溯到20世纪30年代,RFID技术与19世纪发明的无线电广播工作原理相同。二战期间,陆军和海军都面临着地面、海上和空中识别目标的问题,敌我识别系统(Identification Friend or Foe,IFF)是早期的RFID系统,能够识别友军和敌军的飞机。1936年英国首次将空警戒雷达"本土链"投入实战应用。1939年,第一个IFF应答器IFF Mark I被投入使用,其工作原理大致是在收到"本土链"雷达信号后,间断发出一个回应信号,使安装IFF Mark I的战机在雷达上出现一个"波动扭曲"的信号,以实现敌我识别。由于Mark I是在单一频率上进行工作的,如战机在多个雷达覆盖区间工作时,就必须进行手动调谐,实现对不同信号的回应。1940年,MARK Ⅲ问世,实现了对特定询问者"回应",而不再是直接回复所有收到的雷达信号。此外,MARK Ⅲ还具有有限的通信能力,可对部分编码进行传送,这样就具备一定的保密能力,可防止敌方战机"浑水摸鱼"。德国在同时期研制的FUG 25a Erstling敌我识别系统也采用了类似的原理。该技术在20世纪50年代后期成为世界空中交通控制系统的基础。但由于其成本高、设备体积大,一般只用于军事上或者实验室和大的商业企业。

20世纪60年代,一些简单的商用RFID系统出现,主要用于仓库、图书馆等物品安全和监视。该系统是1bit标签系统,优点是相对容易构建、部署和维护;缺点是只能检测被标识的目标是否在场,数据容量无法扩充更大,甚至不能区分被标识目标之间的差别。

当体积更小、成本更低的技术出现后,如集成电路、可编程存储器芯片、微处理器及现代的软件应用程序和编程语言技术发展起来后,RFID才逐渐成为广大商业应用的主流。20世纪70年代,基于集成电路的射频识别系统逐渐用于工业自动化、动物识别、车辆跟踪等。基于集成电路的标签具有可写的内存,读取速度更快,识别范围更远。

20世纪90年代,道路电子收费系统在大西洋沿线得到了广泛应用,其中比较典型的应用是美国的E-Zpass Interagency Groop,该系统中一个RFID标签对应于每辆汽车的一个缴费账户,提供了更完善的访问控制特征,集成了支付功能,成为综合性集成RFID应用的开始。美国国防部军需供应局通过RFID系统管理军需物品,成功节省了近18亿美元,同时人员编制也从6.5万减少至2.15万人。

基于RFID技术的物品追踪、物品管理、信息化物流管理等在沃尔玛、麦德龙等的成功应用推动了其在全世界应用的热潮。2003年11月4日,沃尔玛宣布采用RFID技术追踪其供应链系统中的商品,并要求其前100大供应商将所有发送到沃尔玛的货盘和外包装箱贴上电子标签。据Sanford C. Bernstein公司的零售业分析师估计,通过RFID技术沃尔玛每年可以节省83.5亿美元,其中大部分是因为不需要人工查看进货的条码而节省的劳动力成本。

目前RFID在金融支付、物流、零售、制造业、医疗、身份识别、防伪、资产管理、交通、食品、动物识别、图书馆、汽车、航空、军事等行业都已经实现不同程度的商业化使用。

4.1.3 RFID技术特点

RFID技术具有以下一些特点。

(1)快速扫描:可以同时读取多个标签、免插拔。

(2)体积小型化、形状多样化:RFID标签读取不受尺寸和形状限制。

(3)抗污染能力和耐久性:对常见的水、油和化学药品等物质具有很强抵抗性。

(4)可重复使用:内部存储内容可以改写,更新数据方便。

(5)穿透性强、阅读无屏障。

(6)数据存储容量大。

(7)安全性高:数据读写可以使用认证,数据交换过程可使用加密。

4.2 RFID系统组成

一个典型的RFID系统包括硬件和软件,如图4-1所示。

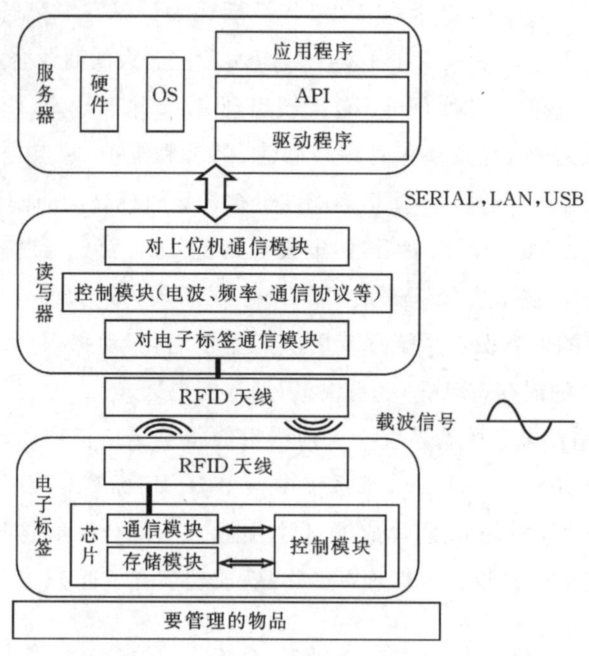

图 4-1　RFID 系统组成

图 4-1 中,硬件部分主要由电子标签、读写器、天线和主机组成。软件部分主要包括系统软件(OS)、中间件、主机应用程序(API)和驱动程序。

4.2.1　电子标签

1. 电子标签(Electric Tag)组成及功能

电子标签由芯片及天线组成,附在物体上标识目标对象,每个电子标签具有唯一的电子编码,通常为 64 bit 或 96 bit,是被识别物体相关信息的载体。电子标签内部结构主要包括射频/模拟前端、控制与存储电路和天线三部分,如图 4-2 所示。

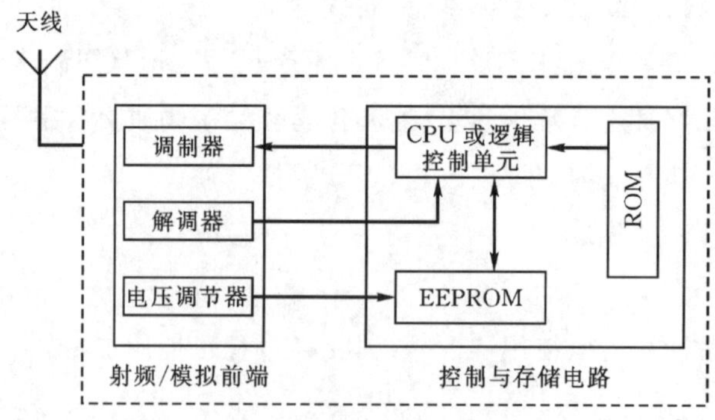

图 4-2　电子标签基本组成

天线负责与读写器进行通信,接收读写器发送的信号,并把要求的数据回传给读写器。无源标签还通过天线获得能量。

射频/模拟前端对接收或发送的数据进行放大整形、调制解调。无源标签还负责对天线的感应电压进行整流、滤波、稳压以获得工作电源。

控制与存储电路中，存储部分是各种类型的非易失性存储器，主要存储电子标签数据。控制部分分为使用CPU的电子标签和不使用CPU的电子标签。使用CPU的标签通过运行片内操作系统(Chip Operating System，COS)对相关读写过程和状态进行控制；不使用CPU的标签使用专用集成电路(Application Specific Integrated Circuit，ASIC)执行地址和安全逻辑，通过状态机对所有的过程和状态进行控制。

2.电子标签技术参数

电子标签的技术参数主要有标签激活的能量要求、标签信息的读写速度、标签的封装尺寸、标签信息的容量、标签的读写距离、标签信息的传输速率、标签的工作频率、标签的可靠性和标签的价格等。

(1)标签激活的能量要求。当电子标签进入读写器的工作区域后，受到读写器发出射频信号的激发，标签进入工作状态。标签的激活能量是指激活电子标签芯片电路所需要的能量范围，这要求电子标签与读写器在一定的距离内，读写器能提供电子标签足够的射频场强。

(2)标签信息的读写速度。标签信息的读写速度包括读出速度和写入速度，读出速度是指电子标签被读写器识读的速度，写入速度是指电子标签信息写入的速度，一般要求标签信息的读写速度为毫秒级。

(3)标签的封装尺寸。标签的封装尺寸主要取决于天线的尺寸和供电情况等，在不同场合对封装尺寸有不同要求，封装尺寸小的为毫米级，大的为分米级。

(4)标签信息的容量。标签信息的容量是指电子标签携带的可供写入数据的内存量。标签信息的容量大小，与电子标签是“前台”式还是“后台”式有关。“后台”式电子标签通过读写器采集到数据后，便可以借助网络与计算机数据库联系起来，内存一般为200 bit。如果需要物品更详尽的信息，这种电子标签需要通过后台数据库来提供。在实际应用中，现场有时不易于数据库联机，这必须加大电子标签的内存量，如加大到几千位到几十千位，这样电子标签可以独立使用，不必再查数据库信息，这种电子标签可称为“前台”式电子标签。一般情况下内存越大读取时间越长，“前台”式电子标签适合于在时间要求不高、信息比较详细的情况下使用。

(5)标签的读写距离。标签的读写距离是指标签与读写器的工作距离。标签的读写距离，近的为毫米级，远的可达20 m以上。另外，大多数系统的读取距离和写入距离是不同的，写入距离大约是读取距离的40％～80％。

(6)标签信息的传输速率。标签信息的传输速率包括两方面，一方面是电子标签向读写器反馈数据的传输速率，另一方面是来自读写器写入数据的速率。

(7)标签的工作频率。标签的工作频率是指标签工作时采用的频率，可以为低频、高频、超高频和微波。

(8)标签的可靠性。标签的可靠性与标签的工作环境、大小、材料、质量、标签与读写器的距离等相关。例如在传送带上时，当标签暴露在外，并且是单个读取时，读取的准确度接近

100%。但是许多因素都可能降低标签读写的可靠性,一次同时读取的标签越多,标签的移动速度越快,越有可能出现误读或漏读。

(9)标签的价格。目前,电子标签价格低于1元人民币。智能电子标签的价格较高,一般在10元以上。

3.电子标签分类

电子标签一般按以下几种方式分类:

(1)按照供电方式,可分为有源电子标签和无源电子标签。有源电子标签是指标签工作的能量由电池提供,主动发射射频信号,其作用距离较长,可达几十米甚至上百米,可靠性较高。常见的有源电子标签工作于433 MHz或2.4 GHz工作频段。无源电子标签没有内装电池,一般均采用反射调制方式完成电子标签信息向阅读器的传送,其作用距离相对有源式标签短,一般只有几十厘米,且需要有较大的读写器发射功率。

(2)按照工作频率,可分为低频电子标签(30～300 kHz)、高频电子标签(3～30 MHz)、超高频电子标签(860～960 MHz)和微波电子标签(2.45 GHz和5.8 GHz)。常见的低频电子标签的工作频率主要有125 kHz和134.2 kHz两种,主要用于门禁、校园卡等短距离、低成本的应用中。常见的高频电子标签的工作频率为13.56 MHz,超高频电子标签工作频率为915 MHz,主要用于高速路收费等需要较长读写距离和高读写速率的场合。微波电子标签工作频率为2.45 GHz以上,具有识别距离远、识读率高、防碰撞能力强、可扩展性好等特点,读卡距离为3～10 m,每秒可读100张卡。

(3)按照可读性,可分为只读标签、可读可写标签和一次写入多次读出标签。只读标签内部有只读存储器(ROM)、随机存储器(RAM)和缓冲存储器。ROM中存储发射器操作系统程序、安全性较高的数据以及标签的标识信息,这些信息只能一次写入、多次读出。可读可写标签除了存储数据外,还具备多次写入数据的功能。电可擦除可编程只读存储器(EEPROM)可实现对原有数据的擦除以及数据的重新写入。

(4)按照工作方式,可分为被动式标签、主动式标签和半主动式电子标签。一般来讲,有源标签为主动式,无源标签为被动式。半主动式类似于被动式,其区别在于半主动式标签多了一个小型电池,电力恰好可以驱动标签IC,使得IC处于工作状态。其优点是天线可以不用管接收电磁波的任务,充分作为回传信号之用。比起被动式,半主动式有更快的反应速度、更好的效率。

(5)按照封装形式,可分为信用卡标签、线形标签、纸状标签、玻璃管标签、圆形标签及特殊用途异形标签等。

4.2.2 读写器

读写器(Reader)是RFID系统中最重要的基础设施,具有通信、控制和计算功能的核心设备,属于射频识别系统中的感知设备。读写器硬件模块通常由发射机、接收机、微处理器、存储器、I/O接口、通信接口及电源组成,如图4-3所示。

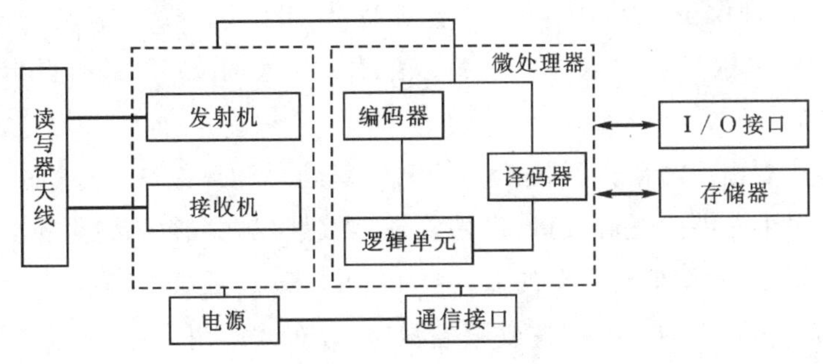

图 4-3 读写器的结构

读写器可以看成一个特殊的收发信机,通过天线与电子标签进行无线通信;同时,读写器也是电子标签与计算机主机的连接通道。接收机是一种能将接收到的电磁波转换成电信号或将电信号转换成电磁波发射出去的装置。微处理器是实现读写器和电子标签之间通信协议的部件,同时完成接收数据信号的译码和数据纠错功能。另外微处理器还有数据过滤和逻辑处理功能。存储器用于存储读写器的配置参数和阅读标签的列表。I/O 接口提供了读写器依靠外部事件开启和关闭的机制,主要是降低能耗。通信接口为读写器和外部实体提供通信指令,通过控制器传输数据和接收指令并作出响应,一般分为串口通信接口和网络接口。

读写器一般按以下几种方式分类:

(1)按频率可分为低频、高频和超高频。低频主要工作频率为 125～134 kHz,数据传输速度比较慢,主要应用在车辆管理、门禁、畜牧业动物管理等领域。高频主要工作频率 13.56 MHz,数据传输速度较快,可进行多标签识别,主要应用在图书管理、档案管理等。超高频工作频率为 860～960 MHz,超高频频段的电磁波不能通过许多材料,传输速度好、读取距离远,可一次读取多个标签,主要应用在物流与供应链管理、生产线管理、航空、智能货架、无人零售柜等领域。

(2)按 RFID 读写器形式分为手持式和固定式。手持式 RFID 读写器又称为 RFID 手持终端或 RFID 手持机,可携带至工作场所使用,比如车间、仓库。固定式 RFID 读写器在读取距离、读取范围上有一定优势。

(3)按通信方式,通信接口包括 RS232、TCP/IP、RS485、Wi-Fi 等,适用于不同场景的应用需求。

(4)按工作模式,可分为主从式、定时式和触发式。主从式工作方式下,RFID 读写器在 PC 机或其他控制器的控制下工作。读写器与控制机之间可通过 RS232、RS485 或以太网接口中的一种进行通信。定时式工作方式下,RFID 读写器以一定的周期(可配置)读取,读取到的数据通过指定的通信口输出。触发式工作方式下,当触发输入端口上输入低电平时,RFID 读写器开始周期性地读取,一段时间后关闭。

4.2.3 中间件

RFID 中间件(Middleware)是位于平台(硬件和操作系统)和应用之间的通用服务,是一种独立的实现 RFID 硬件设备与应用软件之间数据传输、过滤、数据格式转换的系统软件或服务程序，具有标准的程序接口和协议，为后台业务提供强大的支撑，驱动更丰富、更多领域的 RFID 应用。

RFID 中间件主要由读写器适配器、事件管理器和应用程序接口组成，如图 4－4 所示。其中，读写器适配器用于提供读写器接口；事件管理器按照规则取得指定数据，即是对数据的过滤；应用程序接口提供一个基于标准的服务接口，为 RFID 数据收集提供应用程序层语义。RFID 中间件作为一个独立的系统软件或服务程序，分布式应用软件，借助这些软件在不同技术之间共享资源，其主要功能是为了隔离应用层与设备接口、处理读写器与传感器捕获的原始数据、提供应用层接口用于管理读写器、查询 RFID 数据。

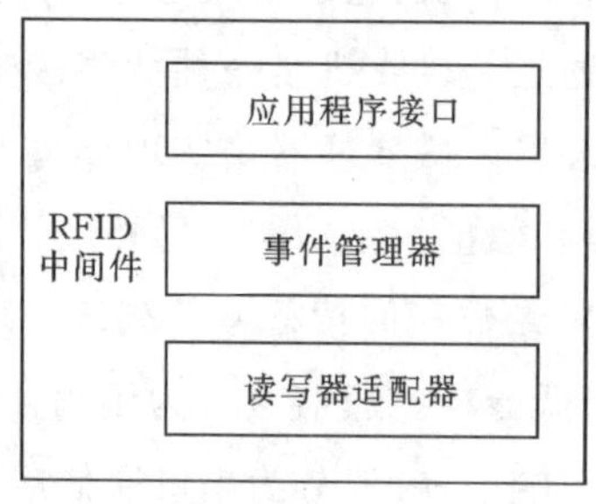

图 4－4　RFID 中间件组成示意图

RFID 中间件具有下列特色。

(1)独立于架构(Insulation Infrastructure)。RFID 中间件独立并介于 RFID 读写器与后端应用程序之间，并且能够与多个 RFID 读写器以及多个后端应用程序连接，以减轻架构与维护的复杂性。

(2)数据流(Data Flow)。RFID 的主要目的在于将实体对象转换为信息环境下的虚拟对象，因此数据处理是 RFID 最重要的功能。RFID 中间件具有数据的搜集、过滤、整合与传递等特性，以便将正确的对象信息传到企业后端的应用系统。

(3)处理流(Process Flow)。RFID 中间件采用程序逻辑及存储再转送(Store-and-Forward)的功能来提供顺序的消息流，具有数据流设计与管理的能力。

(4)标准(Standard)。RFID 为自动数据采样技术与辨识实体对象的应用。EPC Global 正在研究为各种产品的全球唯一识别号码提出通用标准，即 EPC(产品电子编码)。EPC 是在供应链系统中，以一串数字来识别一项特定的商品，通过无线射频辨识标签由 RFID 读写器读入后，传送到计算机或是应用系统中的过程称为对象命名服务(Object Name Service)。对象命名服务系统会锁定计算机网络中的固定点抓取有关商品的消息。EPC 存放在 RFID 标签中，被 RFID 读写器读出后，即可提供追踪 EPC 所代表的物品名称及相关信息，并立即识别及分享供应链中的物品数据，有效率地提供信息透明度。

4.2.4　应用软件(Application Software)

根据不同应用场景，设计了面向 RFID 终端用户的人机交互界面，目的是协助使用者完成对读写器的指令操作以及对中间件的逻辑设置，将 RFID 获取的原始数据转换成使用者可以理解的业务事件。

4.3 RFID 工作原理

RFID 系统工作原理如图 4-5 所示。读写器通过发射天线发送特定频率的射频信号，标签进入读写器有效磁场区域，利用射频信号的空间耦合(电磁感应或电磁传播)传输特性在其内部产生感应电流，激活并驱动无源电子标签将存在芯片内的信息进行调制后，通过内置天线发送给读写器，接收天线接收标签信号，传给读写器，读写器对接收信号解调和解码后送后台系统，计算机系统处理信号，发出指令。

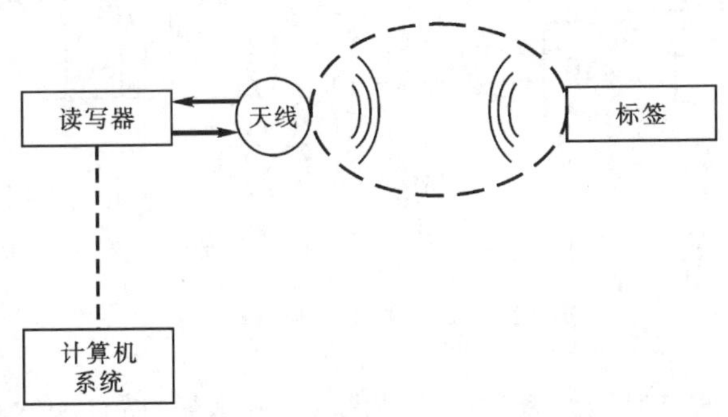

图 4-5　RFID 工作原理

读写器和电子标签之间的通信及能量感应方式主要有两种：电感耦合(Inductive Coupling)和电磁反向散射耦合(Back Scatter Coupling)。

电感耦合采用变压器模型，通过空间高频交变磁场实现耦合，如图 4-6 所示。电子标签由单个微芯片及大面积线圈制成的天线等组成。在电子标签中，芯片工作所需的全部能量由读写器发送的感应电磁能提供。高频的电磁场由读写器的天线线圈产生，并穿越线圈横截面和周围空间，使附近的电子标签产生电磁感应。电感耦合一般适合于中、低频工作的近距离射频识别系统，典型的工作频率有 125 kHz、225 kHz 和 13.56 MHz，识别作用距离小于 1 m。

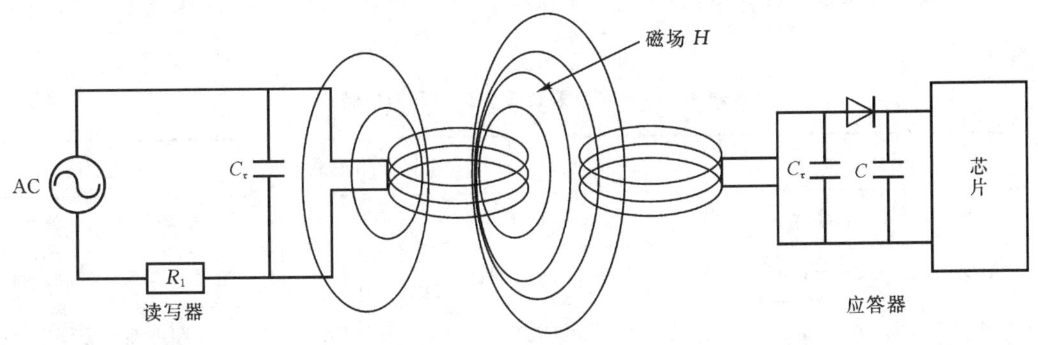

图 4-6　电感耦合模型

电磁反向散射耦合采用雷达模型，发射出去的电磁波，碰到目标后反射，同时携带回目标信息，如图 4－7 所示。该方式一般适合于超高频和微波频段的 RFID 系统，标签工作时离读写器较远，既可以采用无源电子标签也可以采用有源电子标签。雷达天线发射到空间中的电磁波会碰到不同的目标，到达目标后，一部分低频电磁波能量将被目标吸收，另一部分将以不同强度散射到各个方向，其中反射回发射天线的部分称为回波，回波中带有目标信息，可供雷达设备获知目标的距离和方位等。一般适合于高频、微波频段的远距离射频识别系统。典型的工作频率有 433 MHz、915 MHz、2.45 GHz、5.8 GHz。识别作用距离大于 1 m，典型作用距离为 3～10 m。

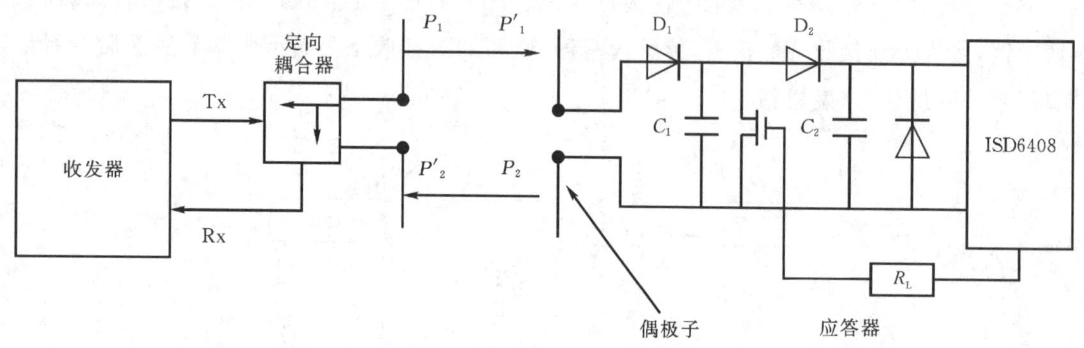

图 4－7　电磁反向散射耦合模型

电磁反向散射耦合的辐射能力强，制造工艺简单，成本低，而且能够实现全向性的方向图。微带贴片天线的方向图是定向的，适用于通信方向变化不大的 RFID 系统，但工艺较为复杂、成本也相对较高。

4.4　RFID 分类

依据电子标签供电方式的不同，RFID 可以划分为有源 RFID（有源电子标签）、无源 RFID（无源电子标签）和半有源 RFID（半有源电子标签）。无源 RFID 读写距离近，价格低；有源 RFID 可以提供更远的读写距离。

根据工作频率的不同，RFID 可以分为低频（135 kHz 以下）、高频（13.56MHz）、超高频（860～960 MHz）和微波（2.4 GHz 和 5.8 GHz）RFID。表 4－1 所示为 RFID 系统工作频率及对应特点。

表 4－1　RFID 系统工作频率及对应特点

描述	频段	作用距离	穿透能力
低频（Low Frequency）	135 kHz 以下	45 cm	能够穿透大部分物体
高频（High Frequency）	13.553～13.567 MHz	1～3 m	勉强能穿透金属和液体
超高频（Ultra-High Frequency）	860～960 MHz	3～9 m	穿透能力较弱
微波（Microwave）	2.4 GHz、5.8 GHz	3 m	穿透能力最弱

4.5 RFID核心技术

4.5.1 芯片

芯片是大部分电子信息产品中的核心技术之一。RFID芯片分为标签芯片和读写器芯片。芯片主要由数字电路和存储器组成。电源控制/整流器模块将读写器发出的天线电磁波交流信号经过整流转换为直流电源,为芯片和其他组件供电;时钟提取器从读写器的天线信号中提取时钟信号;调制器调制接收到的读写器信号,标签对接收的调制信号作出响应,然后传回读写器;逻辑单元负责标签和读写器之间通信协议的实施。存储器用于存储微处理器记忆数据,记忆体一般分为块或字段,寻址能力就是地址读写范围,不同的分块可以存储不同的数据类型,同时采用循环冗余校验CRC进行数据校验以保证发送数据的准确性。

RFID芯片设计与制造技术的发展趋势是芯片功耗更低,作用距离更远,读写速度更快,可靠性更高,并且成本不断降低。除增加标签的存储容量以携带更多的信息、缩小标签的体积以降低成本、提高标签的灵敏度以增加读取距离之外,当前研究的热点还包括超低功耗电路,安全与隐私技术、密码功能及实现,低成本芯片设计与制造技术,新型存储技术,防冲突算法及实现技术,射频芯片与传感器的集成技术,与应用系统紧密结合的整体解决方案。

4.5.2 天线

天线作为信号发送和接收设备,其重要性不言而喻。天线分为标签天线和读写器天线。根据应用场合的各有不同,RFID标签可能需要贴在不同类型、不同形状的物体上,甚至需要嵌入到物体内部。此外,标签天线和读写器天线还分别承担接收能量和发射能量的作用,这些因素对天线的设计提出了严格要求。

电子标签天线的设计目标是传输最大的能量进出标签芯片。这需要仔细设计天线和自由空间以及其相连的标签芯片的匹配。假设在零售商品中使用,如果频带是435 MHz、2.45 GHz和5.8 GHz,那么天线必须要做到体积足够小,才能够贴到物品上。天线有全向或半球覆盖的方向性,是能够提供最大可能的信号给标签的芯片。无论物品什么方向,天线的极化都能与读写机的询问信号相匹配,具有鲁棒性,最后还要求成本要足够低。

4.5.3 防碰撞技术

1.碰撞问题分类

RFID系统经常会出现多个读写器以及多个标签的应用场合,从而导致标签之间或读写器之间的相互干扰,这种干扰成为碰撞或冲突。RFID系统中主要有两类碰撞问题:多标签碰撞问题和多读写器碰撞问题。

(1)多标签碰撞问题。多标签碰撞问题是指读写器同时收到多个标签信号而导致无法正确读取标签信息的问题。如图4-8所示,读写器发出识别命令后,在标签应答过程中可能会两个或者多个标签同一时刻应答,或一个标签还没有完成应答时其他标签就作出应答。它会使得标签之间的信号互相干扰，从而造成标签无法被正常读取。

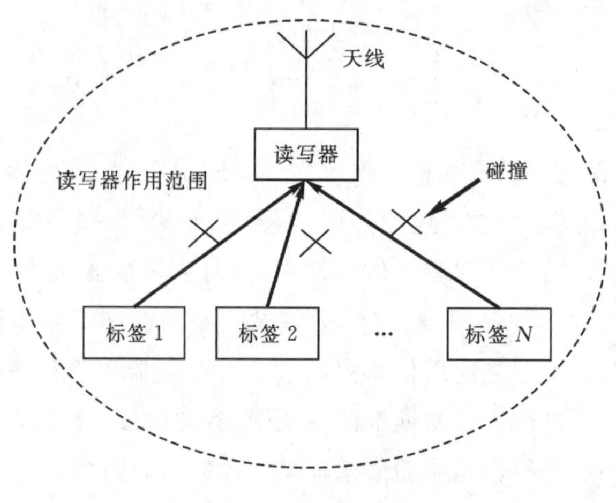

图 4-8　多标签碰撞

(2)多读写器碰撞问题。当相邻的读写器作用范围有重叠时，多个读写器同时读取同一个标签时可能会引起多读写器与标签之间的干扰。如图 4-9 所示，标签同时收到 3 个读写器的信号，标签无法正确解析读写器发来的查询信息。读写器自身有能量供应，能进行较高复杂度的计算，所以读写器能检测到碰撞产生，并通过与其他读写器之间的交流互通来解决读写器的碰撞问题，如读写器调度算法和功率控制算法。

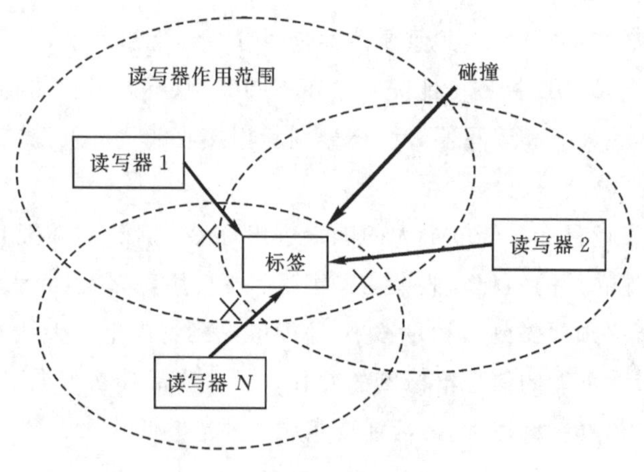

图 4-9　多读写器碰撞

2. RFID 防碰撞算法

RFID 防碰撞算法可以分为标签防碰撞算法和读写器防碰撞算法。标签冲突是因为标签的空间多路访问引起的。在无线通信领域，解决多路访问冲突所采用的主要方法是空分多路(SDMA)、频分多路法(FDMA)、码分多路(CDMA)和时分多路法(TDMA)。TDMA 是目前标签防冲突算法中最主要的解决方案，对阅读器和标签要求低，非常灵活，适合大规模推广和使用。在 RFID 系统中，基于 TDMA 技术的防冲突算法主要分为基于随机时隙分配的 ALOHA 算法(ALOHA 算法)和基于树形的防冲突算法(树形算法)。

1)ALOHA 算法

ALOHA 算法是一种最简单的多路访问方法。ALOHA 算法经历了纯 ALOHA(Pure ALOHA, PA)、时隙 ALOHA(Slotted ALOHA, SA)、帧时隙 ALOHA(Frame Slotted ALOHA, FSA)和动态帧时隙 ALOHA 算法(Dynamic Frame Slotted ALOHA, DFSA)四个阶段。

在应用 PA 算法的 RFID 系统中，通信是由标签发起的，标签进入阅读器的识别区域后，就会在一个随机时刻主动发送自己的信息给阅读器，阅读器被动接收信息。因此，共享信道会出现三种情况：无冲突正确传送、部分冲突以及完全冲突，如图 4 - 10 所示。该算法简单、容易实现，但冲突概率高，信道利用率低，只适合于少量标签、非实时性要求低的应用。

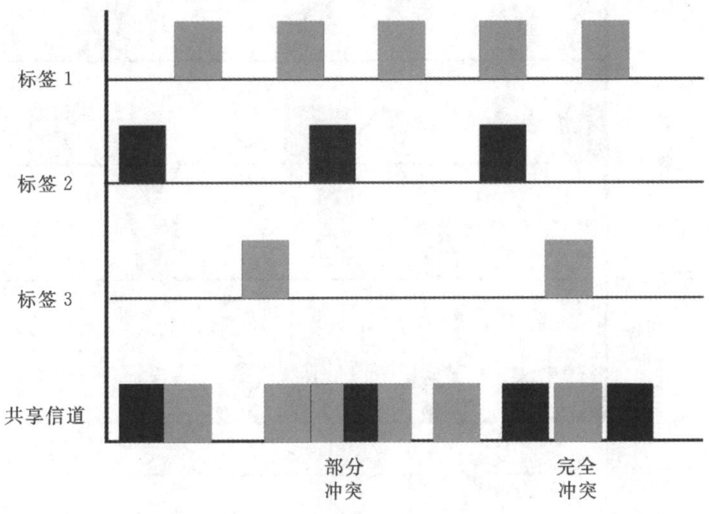

图 4 - 10　PA 算法标签冲突示意图

SA 算法将时间分割成多个等长时隙，长度略大于一个标签发送数据所需时间，如图 4 - 11 所示。该算法中，阅读器是主动设备，标签是被动设备，由阅读器在开始的时候发送同步命令，完成标签同步。标签只能在同步后每个时隙开始时发送消息，而不能在时隙的其他时间发送。该方法降低了 PA 算法中部分标签冲突，但仍然存在完全冲突现象。

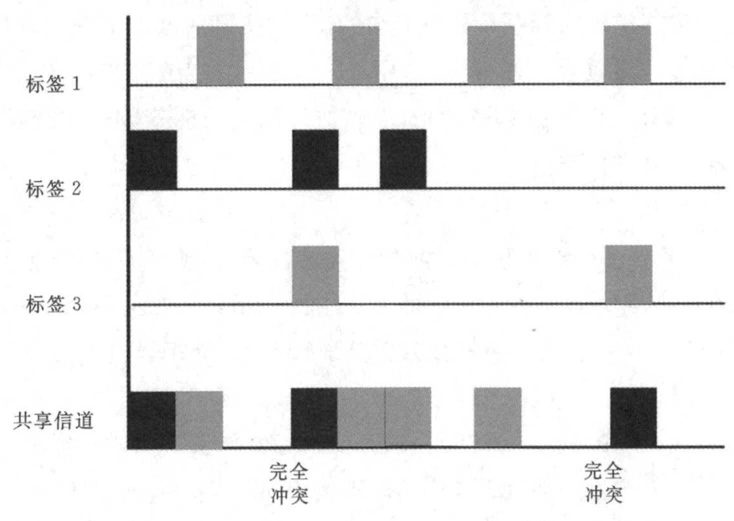

图 4 - 11　SA 算法标签冲突示意图

在 SA 算法基础上，为了控制多个标签发生冲突的范围，将多个时隙组成一个帧结构，时隙数量为帧长，即为 FSA 算法，如图 4－12 所示。阅读器以帧为单位对标签进行识别，每帧长度相同。如果标签在一个帧内的某个时隙由于冲突没有完成数据传输，则这个标签只能参加下一帧的读取，而不能在本帧的剩余时隙发送数据，这样就减少了本帧内再次发生冲突的可能。该算法优点是在同一帧内，一个标签信息只会出现在一个时隙内，降低了标签冲突概率，缺点是帧长在整个识别过程中不变，当标签数量远小于帧长时，空闲时隙增多，造成时间浪费，识别效率低；当标签数量远大于帧长时，标签冲突严重，识别效率也降低。

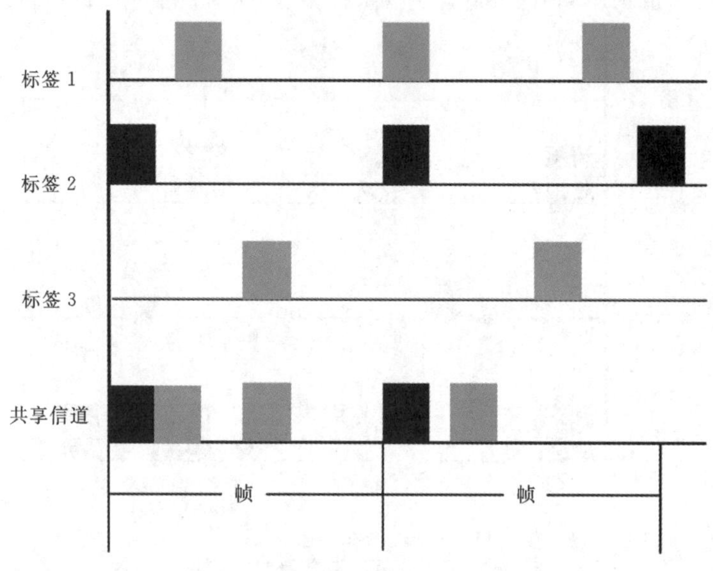

图 4－12　FSA 算法标签冲突示意图

FSA 算法中帧长在整个识别过程中是固定不变的，帧长过大或者过小都会降低系统效率，帧长是影响系统性能的最关键因素之一。在 DFSA 算法中，帧长可以随着识别区域内待识别标签的数量动态改变，从而减少空闲时隙和冲突时隙的数量，进而提高系统效率。DFSA 算法中，阅读器识别区域内待识别的标签数量是未知的，并且在识别过程中随着成功识别标签数量的增加，待识别的标签数量也会不断变化，如图 4－13 所示。当帧长等于待识别标签数量时，RFID 系统识别效率最高。该算法关键在于，准确估计识别的标签数量、合理调整阅读器帧长以及减少空闲时隙和冲突时隙时长。

2）树形算法

基于树的防冲突算法主要根据标签属性对标签进行分类，使得每个集合中仅剩 1 个标签，那么这个标签就可以被准确识别出来。树形算法主要包括树分裂算法（Tree-Splitting，TS）、查询树算法（Query-Tree，QT）和三进制搜索树算法（Binary-Search，BS）等。

TS 协议包括基本分类树协议（Basic Tree Splitting，BTS）和自适应二进制分裂树协议（Adaptive Binary Tree Splitting，ABTS）。BTS 要求标签能够产生随机数并且利用计数器记录当前时隙树，直到自己产生的随机数与当前时隙数相同时，标签响应阅读器质询，然后进入静默状态。ABTS 采用两个计数器实现降低碰撞和减少空闲时隙的目的。TS 协议需要标签具有随机数产生器和时隙跟踪的能力,复杂度和成本较高。

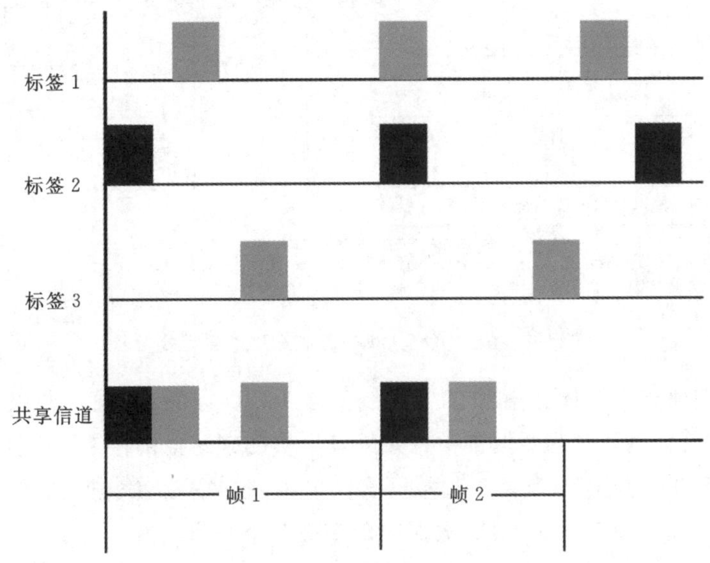

图 4-13 DFSA 算法标签冲突示意图

QT 协议中,阅读器存储树形结构,并向标签发送 ID 前缀匹配信息。阅读器首先发送长度为 k 的前缀信息。标签具有前缀匹配电路,当标签收到长度为 k 的前缀后与自身 ID 的前 k 位逐位比较,如果一致则向阅读器发送自己的 $k+1$ 位到最后一位。如果阅读器收到的信息没有冲突,则这个标签就被识别。如果有冲突,则阅读器将前缀代码增长 1 位(0 或 1)再发送,直到没有冲突,标签被识别。

BS 协议中,读写器发送一个指令 request,查寻所有阅读器识别区域内的标签。然后阅读器根据回送的标签信息利用曼彻斯特编码判断是否有冲突发生。如果发生冲突,则阅读器发送新的 request 指令,直到只有一个标签响应被识别。

4.6 RFID 应用案例

进入 21 世纪后,RFID 进入了快速增长期,各种新型产品形态不断涌现。同时,由于电子标签的成本不断降低,RFID 已经在物流、零售、制造、交通、医疗、图书、门禁等各行各业中得到广泛应用。

4.6.1 智能车间

随着用户个性化需求的增长,在制造企业的工业生产中选配和定制已经逐渐成为趋势,混流制造的混合流水线生产模式能很好地满足个性化的定制选配生产需求。通过在复杂零件和托盘上安装 RFID 标签,在加工设备和线体上安装工业读写器,实现产品和设备的智能通信,有效地避免因数据采集不及时导致工序管理混乱等诸多问题。图 4-14 所示为基于 RFID 的混流制造生产模式示意图。

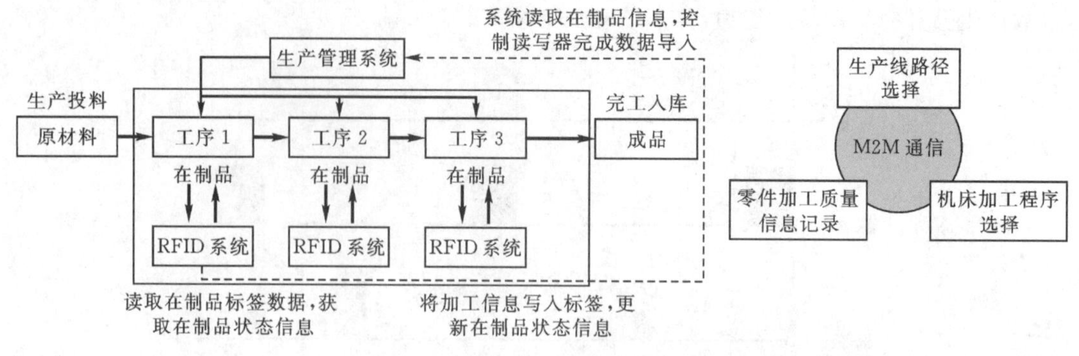

图 4-14　基于 RFID 的混流制造生产模式示意图

上汽通用五菱通过在缸体缸盖加工生产线安装 RFID 标签，实现 6 种以上的缸体混流生产，产线全过程质量数据和过程数据都被有效采集。美的家用空调在工厂柔性装配线、工序、工板上安装 RFID 标签，实现家电装配过程数据自动采集，数据采集率提升到 99%，每条线单件产品减少人工条码扫描时间 5 min，MES 数据准确率提升至 90%。

4.6.2　智慧物流

电商和物流行业的高速发展，将会使货物的仓库管理面临很大的压力，高效集中的货物分拣管理系统尤为重要。传统方式已经不能满足越来越多的物流货物集中仓库繁重复杂的分拣管理任务。RFID 技术可用于配送周转箱管理、供应链车辆引导与卸货管理等智慧物流中，可以大大提高物流体系作业效率，实现数字化仓储管理，如仓储货位管理、快速实时盘点等，使管理更加科学、及时、有效，确保供应链的高质量数据交流，提高物流效率、降低成本。图 4-15 所示为 RFID 自动分拣系统。

图 4-15　RFID 自动分拣系统

三一重工 18 号厂房采用高性能 RFID 技术对自动仓储出入库、小车引导、物料组盘、叉车调度等生产活动进行实时信息采集并传输至后台系统管控。实现配送过程透明化和智能引导，提高了生产和配送效率 30%以上，单批次物料配送时间缩短一半。

4.6.3　食品安全

近年来，国内外频频发生食品安全事件，从“变质牛肉”到“苏丹红”事件，从“农田”到“餐桌”，食品行业的生产经营环节众多，任何一个环节出现差错，都可能出现安全问题，影响百姓生活和健康。基于 RFID 技术的食品防伪和质量追溯管理系统，通过全球唯一 ID 号实现食品防伪功能，利用 RFID 读出设备，通过读取电子标签的信息，准确了解到该产品的市场流向。同时，消费者通过 RFID 读出设备可追溯到购买产品的详细信息，真正达到放心购买的消费需求。图 4-16 所示为基于 RFID 技术的食品安全溯源系统框架图。该系统具备信息录入、自动识别、数据通信、查询、统计、分析、防伪及溯源等功能。

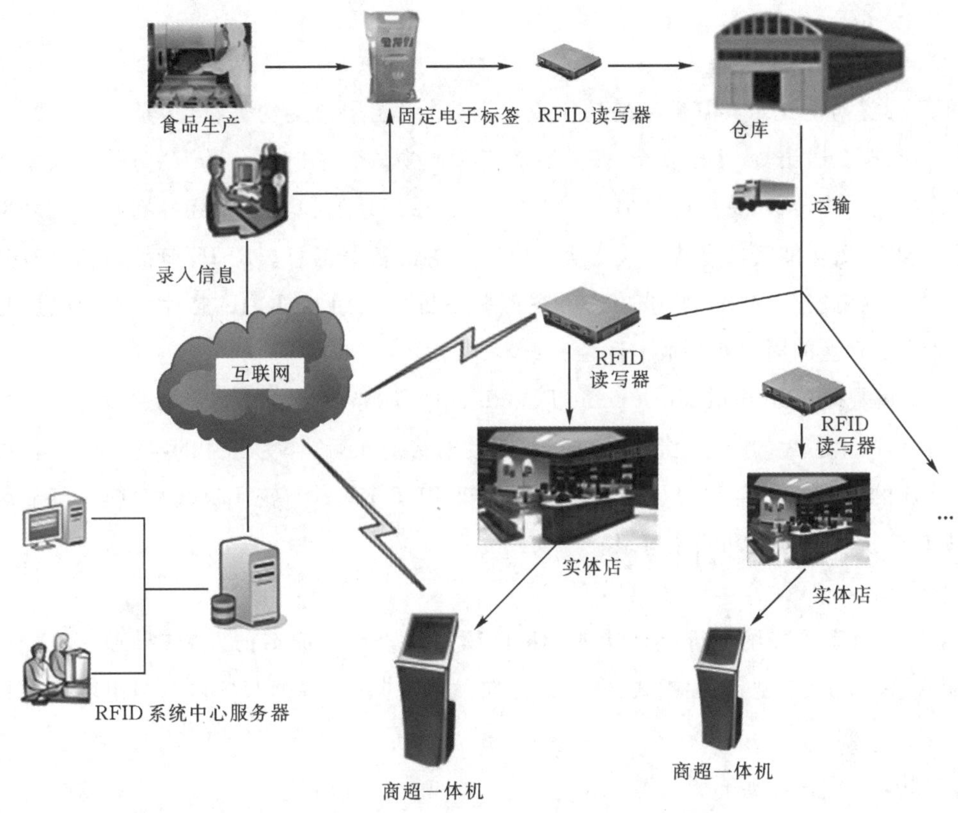

图 4-16　基于 RFID 技术的食品安全溯源系统框架图

4.6.4　RFID 定位与导航

RFID 的无线定位仍是通过测量其射频信号(电磁波)的传输时间、幅度(射频信号强度)、相位等参数推算待测物的空间位置信息的。按照定位的方法是否以测距为基础，目前可将基于 RFID 技术的定位算法分为基于测距算法定位和基于非测距算法定位两大类。常见的基于测距的算法是通过测量节点间的距离或角度信息并结合三边、多边测量或最大似然估计等进行定位计算的。而基于非测距算法一般是根据网络连通性、链路质量或场景分析等特征信息实现节点定位。

RFID 导航是指利用 RFID 导引机器人达到预定位置的技术。相比计算机视觉导航而言，RFID 导航具有传输范围大、成本较低等优点，近年来逐渐受到广大学者的关注。根据所利用射频信息的不同，RFID 导航分为基于 RSSI 和基于相位两大类，具体方法又分为参考标签法、旋转天线法、RSSI 梯度法、模糊控制法。

4.7 RFID 未来发展方向

随着 5G、云计算、大数据、传感器等数字化技术应用的高速发展，为 RFID 的规模化应用，以及不同场景下的应用方式创造了新的条件。此外，在制造产业不断推进智能升级的过程中，RFID 产业也将成为“中国制造 2025”的重要组成部分。RFID 技术发展呈现出如下几个方向。

1. 更好的加密能力

RFID 标签防伪技术具有较高的仿制成本、易于终端用户鉴伪等特性，是一种较好的防伪解决方案，已在交通出行、票务安全、商品防伪等领域中得到了应用。RFID 防伪方法主要包括防更改、防复制、防转移，每个标签都有一个全球唯一的 UID 号码，另外还拥有带加密功能的存储空间，可携带更多加密信息或存放与实际应用相关的数据信息。RFID 产品防伪具有广阔的市场，但并非绝对安全，被复制、被攻击的案例并不鲜见。因此，RFID 芯片面临的问题是如何在提高芯片安全性的同时兼顾成本和性能。

物理不可克隆(Physical Unclonable Function，PUF)技术利用了芯片制造过程中产生的随机工艺偏差，产生芯片的唯一“指纹”信息，经特定电路提取后，作为芯片的唯一标识信息，保证了防伪芯片的物理不可复制特征。将产生的随机 PUF KEY 与密码算法相结合，可显著提高 RFID 芯片的抗攻击性能和安全等级。

2. 集成化、小型化

随着 RFID 系统应用不断走向成熟，RFID 读写器设计与制造的发展趋势向多功能、多接口、多制式、模块化、小型化、便携式、嵌入式方向发展。同时，多读写器协调与组网技术将成为未来发展方向之一。

3. 新型 RFID 传感标签

近年来，越来越多的厂商开始将 RFID 技术与传感技术结合起来。新型 RFID 传感标签在标签原有的功能特性中融入了感知能力，使标签在功能和应用灵活性方面都有了更大提升。

目前，在 RFID 传感标签中应用最多的还是温度传感标签，比如监测轮胎温度和压力的传感标签，对于血液质量进行实时监控管理的标签，医药冷链物流的温度监控和追溯的标签等。此外，在仓储物流、电力、医疗、汽车、农业等领域也有应用。随着相关探索的增加，应用领域也会越来越多。

练习题

一、选择题

1. 在生产、加工及销售的各个环节中，对食品、饲料、食用性动物及有可能成为食品或饲料组成成分的所有物质的追溯或追踪能力，称为(　　)。

A. 食品跟踪性　　B. 食品可追溯性　　C. 食品控制性　　D. 食品监测性

2. 利用 RFID、传感器、二维码等随时随地获取物体的信息，指的是(　　)。

A. 可靠传递　　　B. 全面感知　　　C. 智能处理　　　D. 互联网

3. 2003年11月4日,沃尔玛宣布采用RFID技术追踪其供应链系统中的商品,所有沃尔玛的货盘和外包装箱贴有(　　)。

A. 全球定位系统　B. 电子标签　　　C. 条形码　　　D. 二维码

4. (　　)对接收的信号进行解调和译码,然后送到后台软件系统处理。

A. 射频卡　　　B. 读写器　　　C. 天线　　　D. 中间件

5. RFID电子标签(　　)可分为主动式标签、被动式标签和半主动标签。

A. 按供电方式　　B. 按工作频率　　C. 按工作方式　　D. 按标签芯片

二、简答题

1. 简述RFID系统的组成。

2. 简述RFID能量、信息传递的两种不同耦合方式。

3. 简述电子标签的基本组成。

参考文献

[1]许毅, 陈建军. RFID原理与应用[M]. 2版. 北京:清华大学出版社, 2020.

[2]罗志勇, 杨美美. 物联网射频识别原理及应用[M]. 北京：人民邮电出版社, 2019.

[3]陈又圣. 射频识别技术与应用[M]. 西安:西安电子科技大学出版社, 2021.

[4]沙尔克, 比奈特. 射频识别:应用中的MIFARE和非接触式智能卡[M]. 影印版. 南京:东南大学出版社, 2015.

[5]米志强. 射频识别(RFID)技术与应用[M]. 3版. 北京:电子工业出版社, 2020.

[6]谢良波,任彦,邵宇涛,等. 一种基于RFID标签阵列的室内定位方法[J]. 电讯技术,2022,3:1-8.

[7]张瑛琪,彭大卫,李森,等. 基于单标签RFID的唇语识别算法[J]. 计算机应用,2022:1762-1769.

[8]王楚豫,谢磊,赵彦超,等. 基于RFID的无源感知机制研究综述[J]. 软件学报,2022,33(1):297-323.

[9]张徐之,李康,王芳,等. RFID系统的标签天线设计与应用综述[J]. 电子元件与材料,2022,41(1):1-8.

[10]吴立辉,张金星,张中伟,等. 基于路径约束的RFID漏读数据补全方法[J]. 计算机工程与设计,2021,42(12):3438-3444.

[11]张莉涓,范明秋,雷磊,等. 捕获效应下基于比特检测的多分支树RFID标签识别协议[J]. 通信学报,2021,42(11):205-216.

[12]吴晗. 基于物联网RFID的智能仓储系统软件设计[D]. 南京:南京邮电大学,2021.

[13]耿莹洁. 基于RFID室内定位技术的研究与改进[D]. 南京:南京邮电大学,2021.

世博门票 RFID 技术:让“物联网”走进现实

上海世博会作为一场全球文化与科技的盛宴,汇聚了大量高新技术,其中具有射频识别(RFID)功能的世博门票和世博手机票即是体现科技世博的亮点之一。它使世博游客在享受到方便快捷的同时,也切身体会到了以 RFID 技术为代表的“物联网”的精彩魅力。

第 5 章 NFC 无线通信技术

随着 RFID 产品应用行业逐步扩大，标准化问题也日益严重。由于缺乏统一的标准，不同企业之间无法顺利进行数据交换与协同工作，严重阻碍了 RFID 的发展。2002 年，Philips 和 Sony 两大公司整合了相关技术，共同推出了短距离通信技术和应用的统一方案，即近场通信(Near Field Communication，NFC)技术，该技术融合了 Mifare 和 Felica，向下兼容 RFID，可以在移动设备、消费类电子产品、PC 和智能控件之间提供 M2M(Machine to Machine)的近距离无线通信。随着移动支付的火热，2016 年 NFC 市场也开始重燃新火。目前，NFC 已经成功应用于门禁、公交、各种 POS 终端、手机支付等领域。

5.1 NFC 技术概述

5.1.1 NFC 基本概念

NFC 是一种工作频率为 13.56 MHz，通信距离为 0～20 cm(大部分≤10 cm)的近距离无线通信技术，该技术允许电子设备之间进行非接触式点对点数据传输和数据交换。

相比 RFID，NFC 技术特点包括以下几点：

(1)采用独特的信号衰减技术，传输距离近。

(2)与现有非接触智能卡技术兼容，目前已经成为得到越来越多主要厂商支持的正式标准。

(3)采用私密通信方式，安全性更高。

因此，RFID 更多地被应用在生产、物流、跟踪、资产管理上，而 NFC 则在门禁、公交、手机支付等领域内发挥着巨大的作用。手机内置 NFC 芯片可作为 RFID 模块的一部分，当作 RFID 无源标签用来支付费用，也可以当作 RFID 读写器用作数据交换与采集。NFC 技术支持多种应用，主要可分为四个基本类型：付款和购票、电子票证、智能媒体及交换、传输数据。用户可以通过具有 NFC 功能的手机出示观看体育比赛的门票；可以获得海报上的广告信息；可以帮助两个电子设备快速建立连接；将照相机贴近打印机，照片会自动通过 NFC 传输给打印机完成打印；可以用 NFC 手机刷卡乘坐地铁和公交车；两部具有 NFC 功能的手机可以非接触完成名片、联系方式、图片、音乐等数据交换；NFC 手机在商场、零售店等用于进行移动支付购物。实际上，NFC 技术不仅仅局限于生活领域，还广泛应用于医疗、航空、汽车等领域。

5.1.2 NFC 发展历程

NFC 与 RFID 密不可分。伴随着 RFID 技术的广泛应用，其标准化问题也需要被解决。由于缺乏统一标准，当时各个公司所生产的 RFID 产品技术标准不统一，公司间的产品不能做到互相通信，这给当时发展火热的 RFID 技术带来很大的阻碍。后来由北美 UCC 产品统一编码组织和欧洲 EAN 产品标准组织联合成立了非营利性机构 EPC Global，该机构的目标是解决供应链的透明性。透明性是指供应链各环节中所有合作方都能够了解单件物品的相关信息，如位置、生产日期等信息。EPC Global 的成立同时也促进了 NFC 技术的发展。

2002 年，Sony 和 Philips 联合对外发布了一种兼容 ISO14443 非接触式卡协议的无线通信技术，取名为 NFC(Near Field Communication)。NFC 技术发布后不久，双方向欧洲计算机制造商协会(ECMA)提交标准草案，申请成为近场通信标准并很快被认可为 ECMA. 340 标准，紧接着借助 ECMA 向 ISO/ IEC 提交了标准申请并最终被认可为 ISO/IEC 18092 标准，并成立了 NFC FORUM 组织来共同发展 NFC 技术，如图 5-1 所示。

图 5-1　NFC FORUM

NFC 技术最大优点是方便易用。如果是换作蓝牙或是其他无线传输方式，两台设备间互相完成搜寻、识别、配对的过程十分烦琐，而 NFC 只需要靠近就能完成配对和传输全过程，大大节约了流程。在蓝牙技术还不易使用的时代，NFC 本来有机会替代相当一部分的工作，但自身缺陷影响其实际应用效果。NFC 需要专门设置天线，这对于当时的高端手机来说并不算难事，但对于其他设备来说增加了额外成本，阻碍了其生态发展。无法完成 NFC 应用生态，也就使得 NFC 在很长时间内缺乏存在感。Nokia 曾推出过一系列支持 NFC 的手机以及周边产品，但缺乏对第三方产品的支持，再加上 Nokia 日渐式微，没能在业界引领潮流。

而后多家安卓手机厂商尝试引入 NFC 技术，但实际功能依旧仅限于设备配对和小文件传输，没能得到太多市场的肯定与生态的支持。小米曾尝试过运用 NFC 作为公交卡的功能，却因为硬件开发难度、环境支持等因素的限制暂时放弃。

即使有激烈的市场竞争推动，当时的手机厂商也没能找到适合 NFC 的使用场景，一段时间内 NFC 依旧只是手机的选配规格，而且仅在少部分高端产品上出现，离真正被大众认识到还有距离。带宽也限制了 NFC 的推广，曾经力推这一技术的谷歌，也在 2019 年的 Android 10 系统中，取消了基于 NFC 的 Android Beam 数据传输功能，改用基于 Wi-Fi 的快速传输代替。主要原因是该功能上线 8 年间用户数量寥寥无几，配对后蓝牙传输的带宽也满足不了当下大文件分享需求。

可以说，NFC 原本定义的应用场景缺乏可行性，大多数时候也无法发挥应有的作用。NFC 最大的亮点是靠近就可配对进行数据传输，该特性让 NFC 成了高端手机配置清单中必不可少的一员。

苹果将过去仅存于NFC规划的无接触支付变成了现实，让手机能够像支持RFID支付的银行卡那样快速移动支付，不用在拿着手机的时候再单独掏出卡片进行付款。Apple Pay终于让NFC得到众多用户的使用。

万事达和Visa两家信用卡组织很早就加入了NFC论坛，但一直无法拿出足够安全同时便捷易用的刷卡方案，苹果打通了上下游的各种不便之处，最终带来了Apple Pay。到了这时，NFC才真正开始展现出它的消费市场价值。

而后便是在苹果作为业界巨头的强大号召力下，各家手机厂商纷纷跟进移动支付服务，推出了基于NFC的各种移动支付方式。虽然名字有所不同，不过本质上都是通过NFC模拟银行卡，最终完成支付的通信校验全流程。

NFC技术发展至今，正逐步形成一个完整的产业链，并涌现出大量的有价值的服务与应用。可以预见的是，NFC技术将在我们的生活中扮演更多的角色。

5.1.3 NFC技术特点

首先，NFC是一种提供轻松、安全、迅速通信的无线连接技术，其传输范围比RFID小，RFID的传输范围可以达到几米甚至几十米，但由于NFC采取了独特的信号衰减技术，相对于RFID来说NFC具有距离近、带宽高、能耗低等特点。其次，NFC与现有非接触智能卡技术兼容，目前已经成为得到越来越多厂商支持的正式标准。NFC智能芯片比原先仅作为标签使用的RFID增加了数据双向传送的功能，该功能使其更加适用于电子货币支付，特别是NFC能够实现相互认证、动态加密和一次性钥匙，这是RFID无法实现的。再次，NFC是一种近距离连接协议，提供各种设备间轻松、安全、迅速而自动的通信。与其他无线连接方式相比，NFC是一种近距离的私密通信方式。

NFC、红外和蓝牙同为非接触传输方式，它们具有各自不同的技术特征，可以用于各种不同的目的，其技术本身没有优劣差别，NFC与蓝牙、红外技术特点对比如表5-1所示。

表5-1 NFC与蓝牙、红外技术特点对比

项目	蓝牙	红外	NFC
网络类型	单点对多点	点对多点	点对点
使用距离	≤10 m	≤1 m	≤0.1 m
速度	2.1 Mb/s	1.0 Mb/s	106、212、424 kb/s
建立时间	6 s	0.5 s	<0.1 s
安全性	具备，软件实现	不具备，使用IrFM时除外	具备，硬件实现
通信模式	主动-主动	主动-主动	主动-主动/被动
成本	中	低	低

5.2 NFC工作原理

5.2.1 NFC工作原理

对于天线产生的电磁场,可以根据其特性不同划分为感应近场、辐射近场和辐射远场。感应近场指最靠近天线的区域。在此区域内,感应场分量占主导地位,电场和磁场的时间相位相差 90°,电磁场的能量是振荡的,不产生辐射。NFC 属于近场通信,其工作原理基于感应近场。在近场区域内,离天线或电磁辐射源越远,场强衰减越大,因此它只适合短距离通信,特别是与安全相关的应用。

NFC 是从射频识别技术演变而来的,是符合 ISO 14443 标准的高频 RFID 系统。NFC 技术在单一芯片上实现了读卡器、卡片和点对点的多重功能,即根据不同应用需求可在不同工作模式间转换,可以在短距离内与兼容设备进行相互识别和数据交换。

与 RFID 一样,近场通信中数据也是通过电感耦合方式传递的,即是一种变压器耦合系统。作为初级线圈的发起者和作为次级线圈的目标设备之间的耦合,只要线圈距离不大于 0.16 倍波长,该变压器模型就是有效的。NFC 工作频率为 13.56 MHz,波长为 22 m,因此只要 NFC 通信的发起者和目标设备之间的距离小于 3.52 m,即遵循电感耦合原理。

但近场通信由于采取了特殊的信号衰减技术,其传输范围比射频识别要小,相对于 RFID 来说,近场通信具有成本低、带宽高、功耗小等特点。与 RFID 不同的是,近场通信具有双向连接和识别的特点,且近场通信更安全,响应时间更短,更适合在移动支付等无线短距离传输环境下的应用。

5.2.2 NFC系统组成

NFC 系统硬件组成如图 5-2 所示,主要由 NFC 射频天线、NFC 控制器以及安全单元(Secure Element,SE)3 部分组成。

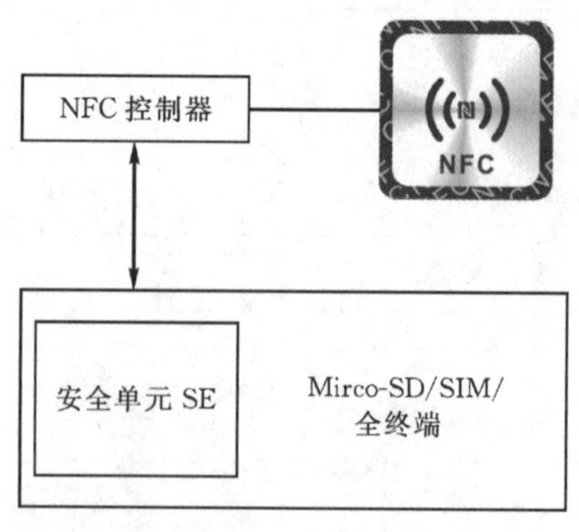

图 5-2 NFC 硬件系统组成

NFC 射频天线用于产生电磁场、发送射频消息或通过电磁感应原理接收来自无线信道内的射频信号，受 NFC 控制器管理调度。NFC 控制器用于射频信号的模数转换、调制解调以及关于 NFC 底层协议信息的处理工作。

安全单元可以帮助 NFC 实现可信的加解密结算、存储等功能。当 NFC 设备间要确认对方身份并实现相互认证时安全单元是必要的组成部分。对 NFC 手机而言，安全单元使得手机可以模拟银行卡、地铁卡进而进行与支付相关的敏感操作。依据安全单元所处的位置可以分为基于 Micro - SD 的安全单元、基于客户识别模块(Subscriber Indentification Module，SIM)卡的安全单元与基于安全芯片的安全单元。安全单元是 NFC 的安全核心，为了确保 NFC 通信的安全，移动终端平台上银行、运营商与终端厂商都推出了属于自己的安全单元。

NFC 通信技术基于法拉第电磁感应效应的工作原理，通过电感耦合的方式将两台无线信道内的设备建立通信连接。由于采用了特有的信号衰减技术，NFC 的工作半径限制在 10 cm 范围内，一定程度上降低了对资源的消耗，也提升了通信的私密性。NFC 传输速率分为 106 kb/s、212 kb/s和 424 kb/s 三种，由通信的发起者决定。按照参与 NFC 通信的设备是否主动产生射频电磁场，NFC 可以分为以下三种基本通信模式，即 NFC 被动通信、NFC 主动通信和 NFC 双向通信。

1. NFC 被动通信

图 5 - 3 所示为 NFC 被动通信。发起 NFC 通信的一方称为发起者，通信的接收方称为目标设备。被动通信是指在整个通信过程中，由发起方利用供电设备来提供射频场，并将数据发送到目标方，传输速率需选择 106 kb/s、212 kb/s 和 424 kb/s 其中一种；目标方无需产生射频场，而是利用发起方提供的射频场，使用负载调制技术，以相同的速率将数据回传给发起方。目标设备可以是有源设备，如处于卡模式或点对点通信模式的智能手机，或者是无源标签，如 NFC 标签、RFID 标签等。

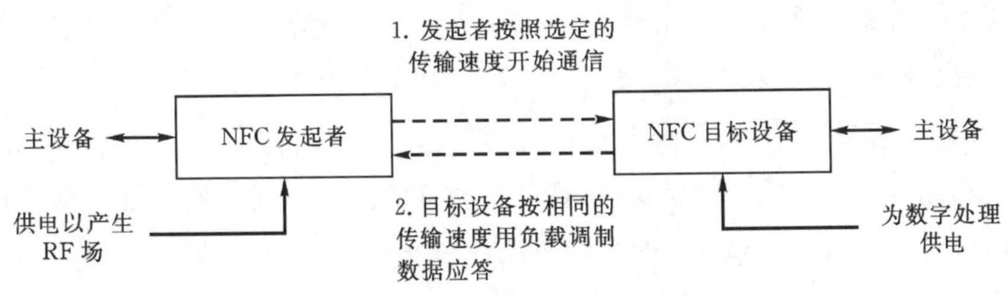

图 5 - 3　NFC 被动通信

在 NFC 被动通信中，通信的发起者产生射频场，而目标设备通过负载调制将数据发送给发起者。如果目标设备固有谐振频率与发起者的发送频率一致，那么把目标设备放入发起者天线的交变磁场中，目标设备就能从磁场中获取能量。目标设备天线的电阻成为发起者天线回路的负载。当负载电阻发生变化时，发起者天线的电流在内阻电压将产生变化。目标设备通过待发送的数据控制负载电阻的接通和断开，可以实现目标设备对发起者天线电压的振幅调制，数据就在 NFC 发起者和目标设备之间传输，即为负载调制。

2. NFC 主动通信

图 5 - 4 所示为 NFC 主动通信，通信的发起者和目标设备在进行数据传输时，都要产生自

己的射频场。当发起者发射数据时，它将产生自己的射频场，目标设备关闭自己的射频场，以侦听模式接收发起者传输的数据。当发起者完成发送数据任务后，将关闭自身的射频场并进入侦听模式等待目标设备发送数据。

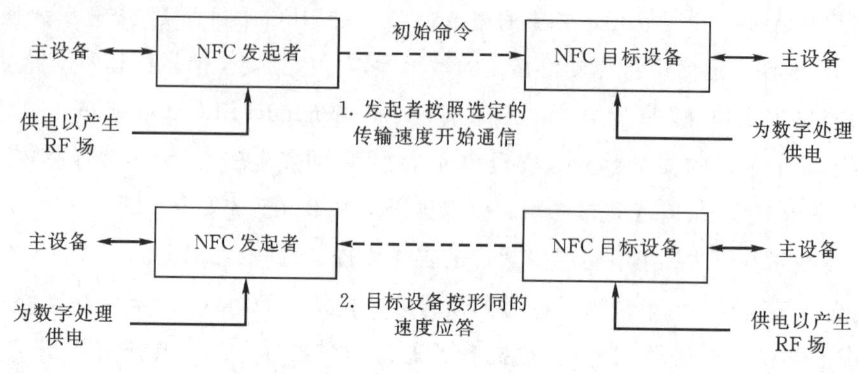

图 5-4　NFC 主动通信

主动通信与被动通信相比，由于主动通信的射频场分别由通信双方产生，因此通信距离比被动通信稍远。另外在被动通信方式下，射频场由发起者提供，如果通信双方均为移动设备，将导致电源消耗不均衡，因此主动通信可以解决移动设备 NFC 通信过程中电源消耗不平衡问题。

3. NFC 双向通信

NFC 终端双方都主动发出射频场来建立点对点的通信。相当于两个 NFC 设备都处于主动通信。

5.2.3　NFC 工作模式

NFC 标准为了和非接触式智能卡兼容，设计了一种灵活的工作方式，其支持三种工作模式：读写器模式、卡模拟模式和点对点模式。

1. 读写器模式(Reader/Writer Mode)

读写器模式对应于 NFC 被动模式下 NFC 发起者的工作方式。处于读写器模式下的设备会对外产生自己的射频场，发起对其他设备的认证或通信请求。这一模式下的 NFC 设备可以读取 NFC 标签设备上的内容，如果 NFC 标签可写，还可改变标签扇区上的内容。读写器模式下的设备都是有源设备，可以与 NFC 标签设备之间通过 NFC 进行通信。例如支持 NFC 的手机在与标签交互时扮演读写器的角色，开启 NFC 功能的手机可以读写支持 NFC 数据格式标准的标签。

2. 卡模拟模式(Card Emulation Mode)

卡模拟模式对应于 NFC 被动模式，其基本原理是将相应 IC 卡中的信息封装成数据包存储在支持 NFC 的手机中。处于卡模拟模式下的 NFC 设备不会产生自己的射频场，而是通过外部射频场为天线即运算模块供电。卡模拟模式下设备可以模拟常用的射频标签。带有安全单元硬件模块的 NFC 设备可以帮助 NFC 可信地模拟成一张非接触智能卡，如银行卡、公交卡、门禁卡等。对于不使用安全单元实现卡模拟的 NFC 物联网设备而言，其安全性依赖于软件加解密算法的安全。

3. 点对点模式(P2P Mode)

点对点模式对应 NFC 的主动通信模式,用于 NFC 设备之间进行数据共享与直接通信。即将两个具备 NFC 功能的设备连接,实现点对点数据传输,像两部具有 NFC 功能的手机靠近在一起,只要支持点对点模式,那么即可像蓝牙一样对手机里面的数据进行相互传输。该模式下数据传输速率最大仅有 424 kp/s,与之对应的蓝牙传输速率高达 24 Mb/s,因此 NFC 更加适合传输少量数据。在涉及数据的传输及身份认证时要充分考虑到计算开销与时间开销。点对点模式可以用于文件互传、名片互换、音乐分享与设备数据同步等多种场景。

5.3 NFC 协议规范

NFC 采用的标准是 NFCIP－1 和 NFCIP－2。NFCIP－1 整合了两个 RFID 通信协议:MiFare 和 FeliCa,扩充了新的通信可能性和传输协议。NFCIP－2 整合了 NFC 中 RFID 读取功能,实现了 NFC 与大多数 RFID 设备兼容。

RFID 有严格的一个或多个被动组件(Tags)和一个主动组件(Reader),NFC 与之不同的是,NFC 设备可以与其他每一个组件通信,包括标签和读/写者。为了保证这个方式,NFC FORUM 定义了 5.2.3 节中三种不同的工作模式,NFC 也对应着不同的协议架构。图 5－5 所示为 NFC 协议架构,可根据算法决定使用哪种模式,获取其在 NFCIP－2 中定义范围内的 NFC 设备信息。

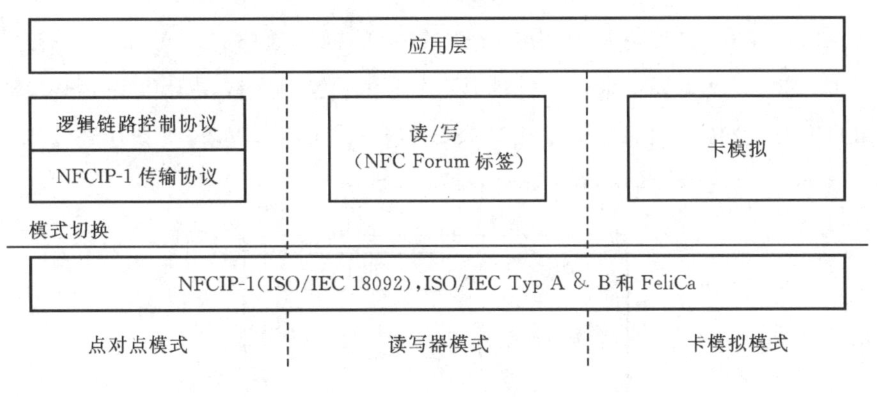

图 5－5 NFC 协议架构

按照 NFC FORUM 定义的 NFC 技术标准,NFC 可分为协议技术规范、数据交换格式技术规范、NFC 标签类型技术规范、记录类型定义技术规范和参考应用技术规范。

5.3.1 NFC 协议技术规范

NFC FORUM 定义的协议技术规范包含 3 个技术规范,分别为 NFC 逻辑链路控制协议技术规范、NFC 数字协议技术规范和 NFC 活动技术规范。

(1)NFC 逻辑链路控制技术规范。NFC 逻辑链路控制协议技术规范(NFC Logical Link Control Protocol,LLCP),定义了基于 OSI 模型第 2 层的协议,用来支持两个都具有 NFC 功能的设备间的对等通信。LLCP 基于 IEEE 802.2,既支持有限的数据传输要求又为应用程序提供可靠的服务环境,如小文件传输或网络协议。NFC LLCP 标准与 ISO IIEC 18092 标准相比,同样都是为对等应用提供了一个可靠的基础,但前者既能提供后者所提供的所有服务和支持,且不会影响原有的 NFC 应用或芯片组的互操作性。

(2)NFC 数字协议技术规范。本规范强调了用于 NFC 设备通信所使用的数字协议,提供了在 ISO IIEC 18092 和 ISO IIEC 14443 标准之上的一种规范。它还涵盖了 NFC 设备作为发起方、目标方、读写器和卡仿真器这四种角色所使用的数字接口以及半双工传输的协议。NFC 设备间按照该规范中给出的位级编码、比特率、帧格式、协议和命令集等来交换数据并绑定到 LLCP 协议。

(3)NFC 活动技术规范。该规范解释了如何使用 NFC 数字协议规范与另一个 NFC 设备或 NFC FORUM 的标签来建立通信协议。包括了 NFC 论坛连接切换技术标准(NFC Forum Connection Handover Technical Specification),其中定义了使两个 NFC 设备使用其他无线通信技术建立连接所使用的结构和交互序列。该规范一方面使开发人员可以选择交换信息的载体,如两个 NFC 手机之间选择蓝牙或 Wi-Fi 来交换数据;另一方面与 NFC 兼容的通信设备可以定义在连接建立阶段需要在 NFC 数据交换格式报文中承载的所需信息。

5.3.2 NFC 数据交换格式技术规范

两台 NFC 设备间的点到点通信是由近场通信接口和协议规范,即 NFCIP-1 定义的机制实现的。如图 5-6 所示,NFCIP-1 协议栈基于 ISO 14443,该协议包括两个通信模块使得 NFC 设备工作在点对点模式,也支持基于 NFCIP-1 的 NFC 标签通信。ISO 14443 最初是为非接触芯片卡片在 13.56 MHz 无线电通信设计的,定义了一个包括无线层 ISO 14443-2、框架和底层协议ISO 14443-3以及传输信息的命令接口 ISO 14443-4 的协议栈。无线层ISO 14443-2分为 Type A 和 Type B,具有不同的调制和 bit 编码方法。

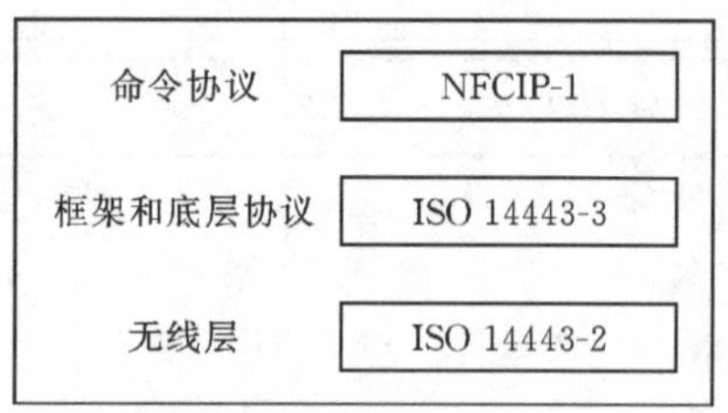

图 5-6 NFCIP-1 协议栈

NFCIP-1 标准详细规定 NFC 设备的传输速度、编解码方法、调制方案以及射频接口的帧格式,此标准中还定义了 NFC 的传输协议,其中包括启动协议和数据交换方法等。其中帧格式采用 NFC FROUM 制定的基于 NFCIP-1 标准的 NFC 数据交换格式(NFC Data Exchange Format,NDEF),用来支持应用层数据转换。NDEF 定义了用于信息交换的消息封装格式,是一种轻量级的紧凑二进制格式,可带有 URL、vCard 和 NFC 定义的各种数据格式。NDEF 消息(Message)由一个或多个记录(Record)组成。记录是 NDEF 消息的最小单元,由报头

(Header)和载荷(Payload)组成。为避免发送端发送数据过大导致接收端无法处理，需要对记录进行分块处理，并将第一个记录中的CF标记置1，中间的记录也要设置CF为1，且类型长度和ID长度都为0，TNF为0x6(固定值)，结束的记录中CF为0，且类型长度和ID长度都为0。NDEF消息结构如图5-7所示。

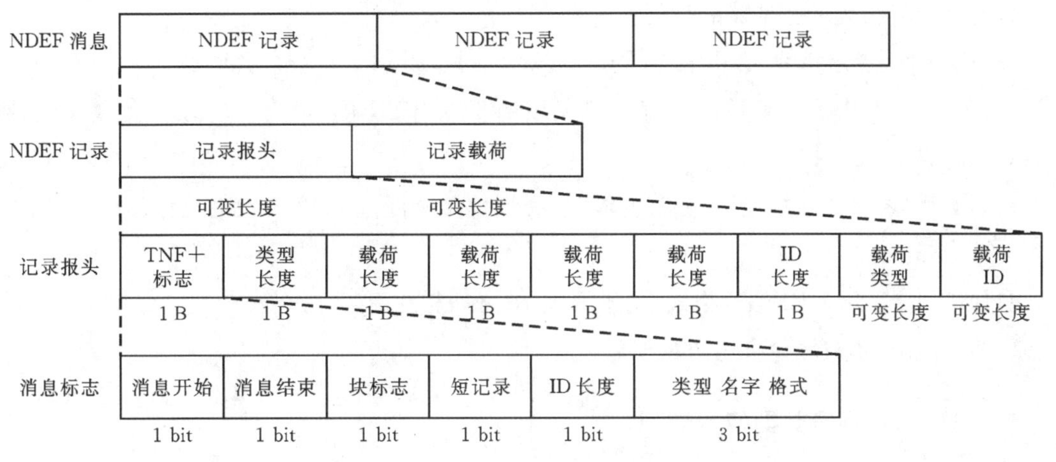

图5-7 NDEF消息结构

NDEF记录包含了多部头域和有效载荷域。Message flags包含了五个标志位(MB、ME、CF、SR、IL)、标签类型分类TNF、长度可变区域的长度信息、类型识别位、一个可选的记录标识符(ID)。图5-7中，NDEF Record可以有n个记录，即R_1至R_n，其中R_1的MB位值为1表示一个消息开始，R_n记录的ME位为1表示消息结束，中间的记录这两位值为0。

(1)MB(Message Begin)：MB是消息开始的标志，MB=1表明这是NDEF消息的第1个记录。

(2)ME(Message End)：ME是消息结束的标志，ME=1表明这是NDEF消息的最后一个记录，如果ME=0，则后面还有更多的记录。

(3)CF(Chunk Flag)：即块标志位。CF=1时，说明存在下一个记录；CF=0时，表明这不是分块消息。一个NDEF消息可以没有分块内容，也可以包含多个分块内容。每块可以被编码为结尾是0的首记录块，或多个中间记录块，最后是一个结束块。

(4)SR(Short Record)：短记录标志，定义了负载域载荷的长度。SR=0表示载荷长度域是一个4字节的无符号整数；SR=1表示载荷长度域是一个1字节的无符号整数。该标志位用于减少短记录的内存浪费。

(5)IL(Identification Length)：ID长度。如果IL=1，则ID长度域出现在头部，长度为1个八位组。如果IL=0，则ID长度域就从记录头部忽略，ID域自然也被忽略。

(6)TNF(Type Name Format)：用于指示Record类型域的类别，即类型，名字和格式。

设置为0x00h，表示Record中，没有类型域或者负载域，一般用于空的Record。

设置为0x01h，表示Record中类型域为NFC FORUM RTD规范定义的类型。

设置为0x02h，表示类型域符合RFC 2406定义的媒体类型。

设置为 0x03h,表示类型域符合 RFC 3986 定义的 URI 类型。

设置为 0x04h,表示类型域符合 NFC FORUM 定义的扩展类型。

设置为 0x05h,表示类型域为未知,此时类型长度域必须设置为 0。

设置为 0x06h,表示该 Record 为中间和最后的 Record Chunk。

(7)类型长度:表示类型域的长度。

(8)ID 长度:表示负载 ID 的长度。仅当 IL 为 1 时,Record 才会包含此域。

(9)负载长度:表示负载域的长度。负载域的长度由 SR 确定,为 1 时表示负载长度域为 1 B;为 0 时表示负载长度域为 4 B。

(10)类型域:类型域描述了负载的类型。类型域需要符合 TNF 规定的类型结构、编码以及格式。

(11)ID:ID 采用 URI 编码格式,用于 Record 之间相互引用。

(12)负载域:负载域包含用户数据。

5.3.3 NFC 标签类型技术规范

NFC 论坛目前提出的标签类型技术规范可兼容下面 4 类 NFC 标签。

(1)类型 1 标签基于 14443A 技术,标签内存最小为 96 个字节,可动态扩充。如果标签只涉及简单的读写存储,例如实现简单的智能海报功能,该类标签是完全可用的。此类标签主要用于实现读取信息,具有操作简单、成本小等优点。

(2)类型 2 标签同样基于 14443A 协议,但仅支持 Philips 公司提供 MIFARE UltraLight 类型卡。

(3)类型 3 标签是由 SONY 独家提供的 Fecila 技术类型。

(4)类型 4 标签兼容 14443A/B 协议,该类标签属于智能标签,接收应用协议数据单元(Application Protocol Data Unit,APDU)指令,拥有较大的存储空间,能完成一些认证或安全算法,可用于实现智能交互和双界面标签的相关操作。此类标签应用范围广泛,可以适应未来不断地研究开发。

5.3.4 记录类型定义技术规范

NFC FORUM 给出了 5 种不同类型的 RTD,分别是用 T 表示简单文本记录、U 表示 URI 记录、Sp 表示 Smart Poster 记录、Sig 表示 Signature 记录和 Gc 表示控制类型记录。

(1)简单文本记录(T, NFC Text RTD Technical Specification)。简单文本记录通过使用 RTD 机制和 NDEF 格式以多种语言存储字符串。它包含了描述性文本,以及语言和编码信息。该记录一般和别的记录一起使用,用于描述记录的内容或功能。

(2)URI 记录(U, NFC URI RTD Technical Specification)。URI 记录通过使用 RTD 机制和 NDEF 格式以多种语言存储统一资源描述符 URI (Uniform Resource Identifier)。该记录涵盖了 URL、E-mail 地址、电话号码以及 SMS 信息。

(3)Smart Poster 记录(Sp, NFC Smart Poster RTD Technical Specification)。Smart Poster 记录定义了一种用来在 NFC 标签上存放或是在设备之间传输 URL、SMS 或电话号码的类型。Smart Poster RTD 构建在 RTD 机制和 NDEF 格式的基础之上,并将 URI RTD 和 Text RTD 作为构建模块。

(4)Signature 记录(Sig, NFC Signature RTD Technical Specification)。Signature 记录规定了对单个或多个 NDEF 记录进行签名时所使用的格式,定义了需要的和可选的签名 RTD 域,并提供了一个合适的签名算法和证书类型以用来创建一个签名。该记录并没有定义或强制使用某个特定的 PKI 或证书系统,也没有定义 Signature RTD 使用的新算法。证书的验证和撤销过程超出了该规范的范围。

(5)控制类型记录(Gc, NFC Generic Control RTD Technical Specification)。控制类型记录提供了一个 NFC 设备、标签或卡(源设备)通过 NFC 通信以一种简单的方式向另一个 NFC 设备(目标设备)来请求一个特定动作(例如启动一个应用或设置一种模式)。

5.3.5 NFC 参考应用技术规范

参考应用技术规范主要包括智能卡模拟、阅读器模式和点对点数据传输。

(1)智能卡模拟。手机终端可以模拟成一张普通的非接触卡,主要用于支付、票务、门禁、考勤等场景。该应用装载在 NFC 安全模块中。

(2)阅读器模式。NFC 手机端可以读取非接触标签中的内容,例如虚拟书签、广告等。该应用装载在 NFC 手机客户端中。

(3)点对点数据传输。两个 NFC 设备可以近距离互相直接传递数据,例如文件、图片、音乐、视频、游戏等。该应用装载在 NFC 手机客户端中。

5.4 NFC 应用案例

5.4.1 NFC 移动支付

移动支付是互联网时代一种新型的支付方式。移动支付是指使用智能手机完成支付或者确认支付,而不是用现金、银行卡等传统意义上的购买手段。消费者可以使用移动手机购买一系列的服务、数字产品或者商品等。

NFC 移动支付可以说是近年来应用最广泛的方式之一,无论是公交地铁的刷卡乘车,还是手机的刷卡支付,都是运用了 NFC 移动支付技术。国内移动支付的发展主要依靠支付宝等软件的大力推广及近年来智能手机的普及,而后越来越多的公司加入移动支付领域,推出各自的软件和生态,促进了国内移动支付领域的繁荣发展。

NFC 移动支付的在线交易流程如图 5-8 所示。

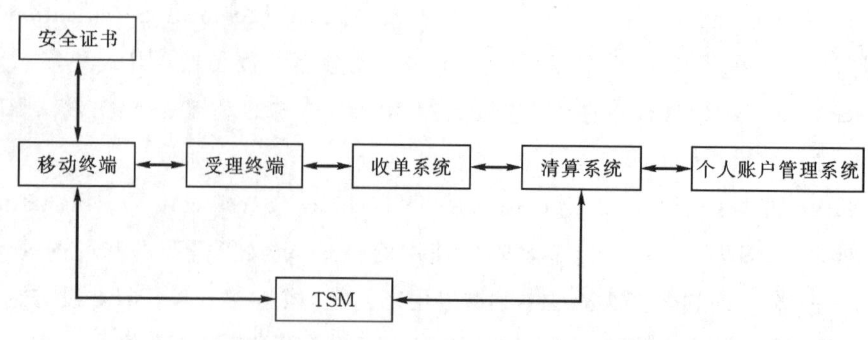

图 5-8　NFC 移动支付的在线交易流程

(1)移动终端:在移动支付过程中,用户所使用的移动支付终端设备,一般为支持 NFC 功能的智能手机。

(2)受理终端:通常是指参与移动支付交易的商家使用的终端设备,如 POS 机等。

(3)收单系统:一般负责产生和转发交易信息,收集、整理和提交结算数据等。

(4)清算系统:实现账务的转接和结算功能的系统。

(5)个人账户管理系统:提供资金管理和账务结算的系统,如银行等。

(6)TSM:第三方可信服务平台,如支付宝、微信等,可以实现移动支付安全管理。

(7)安全证书:用于存储安全敏感的数据或者用户的隐私数据等,如交易的关键数据,用户的银行卡信息等,确保敏感数据和用户隐私的安全性和交易的不可否认性。

NFC 移动支付的在线交易流程的详细步骤具体如下。

步骤 1:用户将移动终端放置于受理终端无线射频场中,受理终端向安全单元发送命令,以获取发起交易所需的数据信息。

步骤 2:安全单元响应由受理终端发起的交易命令,并将处理结果返回受理终端。

步骤 3:客户端提示用户本次交易的结果(此步骤可选)。

步骤 4:受理终端向收单系统发起交易请求,收单系统请求账户管理系统获取交易结果。

步骤 5:收单系统向受理终端返回交易结果,然后受理终端就可以显示交易结果。

5.4.2　NFC 无线充电

NFC 无线充电是近年来提出的新技术,目前 NFC 充电功率仅为 1 W,只能满足小设备的需求。但对于部分常见设备来说,NFC 无线充电技术带来了一些全新的发展方向,比如在农田中使用 NFC 无线充电技术的传感器,每天利用携带 NFC 无线充电技术的智能小车定时读取数据,同时为传感器设备提供电力,由于单传感器的功耗小,使用 NFC 无线充电技术可以快速补充消耗的电能。NFC 无线充电技术虽然仍在实验阶段,但其带来的全新思路可以更好地帮助现实社会进行发展。

由于 NFC 无线通信技术的缺点是传输功率很小,在充电应用中存在劣势,因此 NFC 无线充电技术稍滞后于 NFC 技术的发展。在 NFC 技术早期的摸索起步阶段,标准尚未统一,专利申请数量不大。索尼为早期申请量最多的公司,其次是松下和诺基亚。2010年底,谷歌发布支持NFC功能的Android 2.3操作系统,各大运营商公开承诺表示将支持NFC技术的发展,NFC技术由此进入了快速发展的时期。2014—2015年,苹果公司和三星公司的基于NFC的支付系统陆续上线,NFC技术再次成为行业焦点。

随着NFC技术的商用,可以预见未来几年到几十年,NFC技术仍将处于快速发展阶段。实际上在NFC技术发展过程中,最主要且专利最多的研究方向为移动支付安全相关。无线终端的电源续航特性也属于研究的一大重点,而在此基础上无线充电技术应运而生。NFC无线充电技术的发展,一方面跟NFC技术自身特性所衍生的有关签名、鉴权、电源效率方面的改进有关;另一方面是由于现有的其他无线充电技术,例如基于电磁感应以及磁共振的技术,发展得相对较为成熟和完善,其他无线充电研究领域的改进也在NFC充电技术上有所应用,例如天线形式的调整,电磁屏蔽问题的研究。目前NFC无线充电技术主要用于确定无线充电协议,并不直接参与无线充电过程。NFC充电技术的发展方向大致是朝着降低干扰、增大通信距离、小型化的方向发展。

针对终端设备多频段的需求,天线在形状的改进上出现了双结构的环形NFC天线,然而对此问题,更多采用了匹配电路来进行调整,匹配电路的调整方向较为多样化,同时可以起到减小天线尺寸、增强信号、减小干扰的作用。早期管理策略基本是针对降低电源功耗而设计的,然而随着NFC充电技术的出现,其中对于电源监控的各项策略被转用到NFC充电策略中。在对终端设备的电特性进行监测从而合理安排充电的技术中,监测残余电量的技术方案被很快提出,基于终端设备距离充电器距离来启动充电的技术方案出现稍晚,并且两者在2011年被扩展到了多终端的领域。这与其他无线充电技术横向比较时,步伐相对一致。而针对可以监测的电流、温度等其他技术参数,提出了对终端进行一定保护的技术方案。

NFC无线充电技术在国内市场的未来很诱人,而近距离无线充电技术虽然存在传输功率较小的问题,但凭借着其出色的安全特性以及不错的传输距离,传输功率小的这一弱势也能够得到一定程度的弥补,NFC充电技术截至目前虽然还尚未实现广泛商用,但随着设备制造商、运营商的支持,以及消费者市场的需求,NFC无线充电技术势必也会顺着NFC技术发展的态势而高速发展。

练习题

一、选择题

1. NFC系统组成不包括(　　)。

A. 射频天线　　B. NFC控制器　　C. SE　　D. 终端

2. NFC通信技术基于法拉第电磁感应效应的工作原理,通过(　　)的方式将两台无线信道内的设备建立通信连接。

A. 电感耦合　　B. 电磁反向散射耦合

C. 雷达　　D. RS485

3. 下面(   )不属于 NFC 技术特点。

A. 短距离　　B. 点对点　　C. 点对多点　　D. 低速率

4. NFC 标准为了和非接触式智能卡兼容，设计了一种灵活的工作方式，下列选项中(   )工作模式不属于 NFC 支持的。

A. 读写器模式　　B. 卡模拟模式　　C. 点对点模式　　D. 点对多点模式

5. 两台 NFC 设备间的点到点通信所采用的数据交换格式技术规范，是由近场通信接口和协议规范，即(   )定义的机制实现的。

A. IEEE 802.2　　B. IEEE 802.15.4　　C. NFCIP-1　　D. ISO 14442

二、简答题

1. 简述 NFC 的系统组成及工作原理。

2. 简述 NFC 的技术特点。

参考文献

[1]王淼. NFC 技术原理与应用[M]. 北京:化学工业出版社，2014.

[2]张新程，付航，李天璞，等. 物联网关键技术[M]. 北京:人民邮电出版社，2011.

[3]张梦飞. NFC 移动支付的安全威胁和安全技术研究[J]. 智能计算机与应用，2020，10(3):367-370.

[4]戴尔俶. 基于 NFC 技术的移动支付系统设计与实现[D]. 成都:电子科技大学，2013.

[5]张帆. NFC 无源无线测量系统及穿戴式即时检测应用[D]. 太原:中北大学，2021.

[6]杨涵. 面向物联网节点的 NFC 防伪传感标签芯片基带设计与验证[D]. 西安:西安电子科技大学，2021.

[7]万昊. 基于 NFC 的无源无线可穿戴式体温监测系统[D]. 南京:东南大学，2020.

[8]许金雷. 基于 NFC 的手机支付关键技术研究与实现[D]. 南宁:广西大学，2019. DOI:10.27034/d.cnki.ggxiu.2019.000387.

[9]张梦飞. NFC 移动支付的安全技术和认证方案研究[D]. 哈尔滨:哈尔滨工业大学，2019. DOI:10.27061/d.cnki.ghgdu.2019.003604.

[10]余浩. 面向 NFC 移动支付的安全技术研究[D]. 广州:广东工业大学，2019.

[11]张晨. 物联网下 NFC 轻量级安全认证方法研究[D]. 西安:西安电子科技大学，2019.

[12]陈俊达. NFC 卡模拟平台的设计与实现[D]. 北京:北京邮电大学，2019.

拓展阅读

从未消亡的移动 NFC 支付的励志发展史

作为一项便捷的通信技术，NFC 其实已经默默为大家服务了很多年，比如人们熟悉的公交卡、门禁卡。现在人们对于 NFC 依旧比较陌生，其实它一直就在我们的身边，最近火爆的银联“碰一碰”想必大家也有所耳闻，它就是基于 NFC 技术的一种新型便捷安全的支付方式。

而NFC支付在历经数载的交替变迁中，无论是技术方案还是应用形式都发生了很大的变化，尽管不温不火或面对强敌，但仍然持之以恒地一路坚持着。NFC支付磕磕绊绊的十几载，究竟经历了什么？

截至目前NFC支付的发展主要经历了三个阶段。

第一阶段(2005—2013年)：银联与移动的标准之争。NFC技术2004年诞生，自此，NFC这个小婴儿，就开始了其可谓是艰难的成长历程，其中日本是NFC这个小婴儿早期最主要的推广地区，并且发展得还不错。

2005年，中国银联设立了一个专门NFC研究团队，采用13.56 MHz的通信频率。中国移动于2009年正式提出全面推进手机近场支付，使用2.4 GHz的通信频率，能够较好地穿透手机后盖，有效作用距离也会较远。直到2012年12月，央行发布了金融行业支付标准，确定统一采用13.56 MHz，NFC标准之争就此平静。不过此时，二维码支付已经在市场上遍地开花了！到2013年，第三方支付已经迎来了截至目前的最高增长率。不得不说NFC支付在此“错过了一个亿”。当然，不只是由于标准不统一的原因导致了NFC的没落。

第二阶段(2014—2017年)：银联与手机厂商联手。2014年9月，iPhone 6上市，带着新武器NFC和指纹识别Touch ID，正式介入移动支付市场。2014年12月Apple Pay与中国银联达成合作，2016年2月登陆中国市场。重点是它是基于NFC功能而实现的支付方式，支持北京一卡通和上海交通卡，带来了新一代的搭乘公交体验。2016年3月，三星与银联召开发布会正式在中国国内上线了Samsung Pay移动支付业务。早在2006年，诺基亚就发布了首款NFC手机，并且支持了电子支付，但是没有激起任何水花。2016年8月，华为在国内正式发布Huawei Pay。2016年9月，小米宣布与中国银联合作，正式推出“小米支付”(MI Pay)。打这时起，手机厂商纷纷加入NFC战队。尤其是小米、华为等国内手机厂商，更是将NFC功能当作一个卖点。

第三阶段(2018年至今)：银联联合华为推出银联“碰一碰”。2018年12月4日，沉寂许久的NFC支付披着它的新铠甲上战场了，不在沉默中爆发，就在沉默中灭亡！这一次，它重获新生，武威归来！Huawei Pay联合银联推出了“碰一碰”支付黑科技，用户亮屏解锁后将华为手机靠近NFC标签，输入金额并验证指纹就能完成支付，整个过程不需打开任何App，也不需扫码操作，可谓比之前的扫码还要方便快捷，高效安全。可以说是继支付宝、微信、传统POS等更新迭代出的一个新的支付方式的升级和诠释。

第 6 章 蓝牙通信技术

蓝牙技术是一种无线数据和语音通信开放的全球规范，它是一种低成本的近距离无线通信技术，可为固定或移动设备建立通信环境。蓝牙能在设备间实现方便快捷、灵活安全、低成本、低功耗的数据通信和语音通信，因此它是实现无线个域网通信的主流技术之一。2022 年，世界蓝牙设备出货量已超过 50 亿部。蓝牙核心技术规范经历了 V1.0—V5.3 的技术变迁，从音频传输、图文传输、视频传输再到以低功耗为主的物联网传输。蓝牙作为一种短距离无线通信技术，正有力地推动着低速率无线个人区域网络的发展。

6.1 蓝牙技术概述

蓝牙是一种支持设备短距离通信（一般 10 m 内）的无线电技术，可实现包括移动电话、PDA、无线耳机、笔记本电脑、相关外设等众多设备之间进行无线信息交换。利用蓝牙技术，能够有效地简化移动通信终端设备之间的通信，也能够成功地简化设备与 Internet 之间的通信，从而使数据传输变得更加迅速高效，为无线通信拓宽道路。

蓝牙技术是一种无线数据与语音通信的开放性全球规范，它以低成本的近距离无线连接为基础，为固定与移动设备通信环境建立一个特别连接。其实质是为固定设备或移动设备之间的通信环境建立通用的无线电空中接口（Radio Air Interface），将通信技术与计算机技术进一步结合起来，使各种 3C 设备在没有电线或电缆相互连接的情况下，能在近距离范围内实现相互通信或操作。简单地说，蓝牙技术是一种利用低功率无线电在各种 3C 设备间彼此传输数据的技术。蓝牙工作在全球通用的 2.4 GHz ISM（Industrial Scientific Medical）频段，使用 IEEE 802.15 协议。作为一种新兴的短距离无线通信技术，蓝牙正有力地推动着低速率无线个域网的发展。

6.1.1 发展历史

蓝牙（Bluetooth）一词取自于 10 世纪丹麦国王 Harald Bluetooth。而将蓝牙与无线电通信技术标准关联在一起的是一位来自英特尔的工程师 Jim Kardach。他在一次无线通信行业会议上，提议将 Bluetooth 作为无线通信技术标准名称。

蓝牙的历史可追溯到第二次世界大战。蓝牙核心是短距离无线电通信，基础是跳频扩频技术（Frequency-Hopping Spread Spectrum, FHSS），该技术由 Hedy Lamarr 和 George Antheil 在 1942 年 8 月申请的专利中提出。他们从钢琴的按键数量得到启发，通过使用 88 种不同载波频率的无线电控制鱼雷,由于传输频率是不断跳变的,因此具有一定的保密和抗干扰能力。起初,该技术并没有引起美军军方的重视,直到20世纪80年代才被军方用于战场上的无线通信系统,FHSS技术后来在解决包括蓝牙、Wi-Fi、3G移动通信系统在无线数据收发问题上发挥着关键作用。

蓝牙技术开始于爱立信在1994年创制的方案,该方案旨在研究移动电话和其他配件间进行低功耗、低成本无线通信连接的方法。发明者希望为设备间的无线通信创造一组统一规则(标准化协议),以解决用户间互不兼容的移动电子设备的通信问题,用于替代RS-232串口通信标准。解决兼容问题的方法是将各种不同的通信设备通过移动电话接入到蜂窝网上,而这种连接的最后一段就是短距离的无线连接。随着项目的推进,爱立信把大量资源投入短距离无线通信技术的研发上。

1998年5月20日,爱立信(Ericsson)联合诺基亚(Nokia)、东芝(Toshiba)、国际商用机器公司(IBM)和英特尔(Intel)创立了蓝牙特别兴趣组(Special Interest Group, SIG),即蓝牙技术联盟前身,目标是开发一个成本低、效率高、可以在短距离范围内随意无线连接的蓝牙技术标准。当年推出V0.7,支持Baseband与LMP通信协议两部分。1999年先后推出V0.8、V0.9、V1.0 Draft,完成了SDP(Service Discovery Protocol)协议和TCS(Telephony Control Specification)协议。

1999年7月26日正式公布1.0A版,确定使用2.4 GHz频段。和当时流行的红外技术相比,蓝牙有着更高的传输速度,而且不需要像红外那样进行接口对接口的连接,所以蓝牙设备基本上只要在有效通信范围内使用就可以进行随时连接。1999年下半年,微软、摩托罗拉、三星、朗讯与蓝牙特别兴趣组的五家公司共同发起了蓝牙技术推广组织,从而在全球范围内掀起了一股蓝牙热潮。早期蓝牙1.0A和1.0B版本存在多个问题,比如产品互不兼容、安全性低、具有蓝牙功能的电子设备少、蓝牙装置昂贵等。因此,蓝牙并未立即受到广泛应用。

2001年,蓝牙1.1正式列入IEEE 802.15.1标准,该标准定义了物理层(PHY)和媒体访问控制(MAC)规范,用于设备间的无线连接,传输率为0.7 Mb/s。该版本抗干扰能力较差,影响通信质量。

2003年,蓝牙1.2针对1.0版本暴露出的安全问题,完善了匿名方式,新增屏蔽设备的硬件地址(BD_ADDR)功能,保护用户免受身份嗅探攻击和跟踪,同时向下兼容1.1版。此外,该版本还增加了四个功能:①增加AFH(Adaptive Frequency Hopping)适应性调频技术,减少了蓝牙产品与其他无线通信装置之间所产生的干扰问题;②eSCO(Extented Synchronous Connection-Oriented links)延伸同步连结导向信道技术,用于提供QoS的音频传输,进一步满足高阶语音与音频产品的需求;③Faster Connection快速连接功能,可以缩短重新搜索与再连接的时间,使连接过程更为稳定快速;④支持Stereo音效的传输要求,但只能以单工方式工作。

2004年,蓝牙2.0是1.2版本的改良版,引入EDR(Enhanced Data Rate)技术通过提高多任务处理和多种蓝牙设备同时运行的能力,使蓝牙传送速率从1 Mb/s提升到3 Mb/s。该版本支持双工模式，可以一边进行语音通信，一边传输文档或高像素图片。同时，EDR 技术通过减少工作负债循环来降低功耗，由于带宽的增加，使得连接设备数量也增加。

2007 年，蓝牙 2.1 新增了 Sniff Subrating 省电模式，将设备间互相确认的信号发送时间间隔从 0.1 s 延长至 0.5 s，从而大幅度降低了蓝牙芯片的工作负载。另外新增 SSP(Secure Simple Pairing)简单安全配对功能，改善了蓝牙设备的配对体验，同时提升了使用和安全强度。支持 NFC 近场通信，只要将两个内置有 NFC 芯片的蓝牙设备相互靠近，配对密码将通过 NFC 进行传输，无需手动输入。

2009 年，蓝牙 3.0 增加了可选技术 High Speed，使蓝牙调用 IEEE 802.11 协议，传输速率高达 24 Mb/s，是蓝牙 2.0 的 8 倍，轻松实现了录像机与高清电视、PC 与 PMP、UMPC 与打印机之间的资料传输。该版本的核心是 AMP(Generic Alternate MAC/PHY)，这是一种全新的交替射频技术，允许蓝牙协议栈针对任一任务动态地选择正确射频。功耗方面，蓝牙 3.0 引入了 EPC(Enhanced Power Control)增强电源控制技术，再辅以 802.11，实际空闲功耗明显降低。还加入了 UCD(Unicast Connectionless Data)单向广播无连接数据技术，提高了蓝牙设备的响应能力。

2010 年，发布的 4.0 版本是迄今为止第一个蓝牙综合协议规范，将三种规格集合在一起。其中最重要的变化就是 BLE(Bluetooth Low Energy)低功耗功能，提出了低功耗蓝牙、传统蓝牙和高速蓝牙三种模式。低功耗蓝牙以不需占用大多带宽的设备连接为主，功耗较之前版本降低了 90%；传统蓝牙则以信息沟通、设备连接为重点；高速蓝牙主攻数据交换与传输。三种模式相互组合，实现更广泛的应用模式。蓝牙 4.0 芯片模式分为 Single Mode 和 Dual Mode。Single Mode 只能与蓝牙 4.0 互相传输，无法向下兼容，主要应用于使用纽扣电池的传感器设备，如对功耗要求较高的心率检测器和温度计；Dual Mode 可以向下兼容 3.0、2.1、2.0 版本，主要应用于传统蓝牙设备，兼顾低功耗需求。蓝牙 4.0 传输距离在低功耗模式下已提升到 100 m，拥有更快的响应速度，最短可在 3 ms 内完成连接设置并开始传输数据。采用 AES-128 CCM 加密算法进行数据包加密和认证，安全性更高。

2013 年，蓝牙 4.1 在软件方面有着明显改进，目的是让 Bluetooth Smart 技术最终成为物联网发展的核心动力。

①支持与 LTE 无缝协作，当蓝牙与 LTE 无线电信号同时传输数据时，蓝牙 4.1 可以自动协调两者的传输信息，以确保协同传输，降低相互干扰。

②设备重新连接间隔允许自定义设置，为开发人员提供了更高的灵活性和掌控度。

③支持云同步。蓝牙 4.1 加入了专用的 IPv6 通道，只需要连接到可以联网的设备就可以通过 IPv6 与云端数据进行同步，满足物联网应用需求。

④支持扩展设备与中心设备互换角色。支持蓝牙 4.1 版本的耳机、手表、鼠标、键盘，可以不用通过 PC、PAD、手机等数据枢纽，实现自主收发数据。例如智能手表和计步器可以绕过智能手机，直接实现通信。

2014 年，蓝牙 4.2 传输速度更快，比 4.1 提高了 2.5 倍，因为 Bluetooth Smart 数据包容量相比之前提高约 10 倍。改善了传输速度和隐私保护，蓝牙信号想要连接或者追踪用户设备，必须经过用户许可。支持基于 IPv6 的低速无线个域网标准 6LoWPAN，蓝牙 4.2 设备可以直接通过 IPv6 和 6LoWPAN 接入互联网。该技术允许多个蓝牙设备通过一个终端接入互联网或者局域网，即大部分智能家居产品可以抛弃相对复杂的 Wi-Fi 连接，改用蓝牙传输，让个人传感器和家庭设备之间的互联更加便捷快速。

2016 年，蓝牙 5.0 在低功耗模式下具备更快更远的传输能力，传输速率是蓝牙 4.2 的 2 倍，有效传输距离是蓝牙 4.2 的 4 倍，理论可到 300 m，数据包容量是蓝牙 4.2 的 8 倍；支持室内定位导航功能，结合 Wi-Fi 可以实现精度小于 1 m 的室内定位；针对物联网进行了底层优化，力求以更低功耗和更高的性能为智能家居服务。

2021 年 7 月 13 日正式发布了最新蓝牙核心规范 5.3，其对低功耗蓝牙中的周期性广播、连接更新、频道分级进行了完善，进一步提高了低功耗蓝牙的通信效率、降低了功耗并提高了蓝牙设备的无线共存性。蓝牙核心规范 5.3 也通过引入新功能进一步完善，包括周期性广告增强、加密密钥大小控制增强、连接降级、频道分类增强及删除备用 MAC 和 PHY(AMP)扩展。

随着蓝牙 5.0 技术的出现和蓝牙 Mesh 技术的成熟，大大降低了设备之间的长距离、多设备通信门槛，为未来的 IoT 带来了更大的想象空间。这项 20 余年前问世的技术，未来还会焕发出蓬勃的生命力。

6.1.2 技术特点与系统指标

蓝牙是一种短距离无线通信技术规范，设计初衷是取代计算机外设、笔记本电脑、移动电话、耳机、可穿戴医疗设备等各种数字设备上的有线电缆连接。从目前应用来看，蓝牙技术自身的特点和优势让其可以集成到任何数字设备之中，特别是对数据传输速率要求不高的移动设备和便携设备。

蓝牙技术及蓝牙产品的特点主要有以下几方面。

(1)无线连接。无需电缆，通过无线使多个设备之间进行通信。

(2)低功耗。蓝牙设备大部分都会处于休眠状态，当活动发生时，设备被唤醒开始工作，工作结束后又进入休眠状态，因此蓝牙技术功耗更低。

(3)全球通用频段。蓝牙工作于 2.4 GHz ISM 频段，ISM 频段范围是 2.4～2.4835 GHz，该频段无需付费、无需向各国无线电资源管理部门申请许可。蓝牙使用频段如图 6-1 所示，各国蓝牙使用频段范围与信道频率如表 6-1 所示。

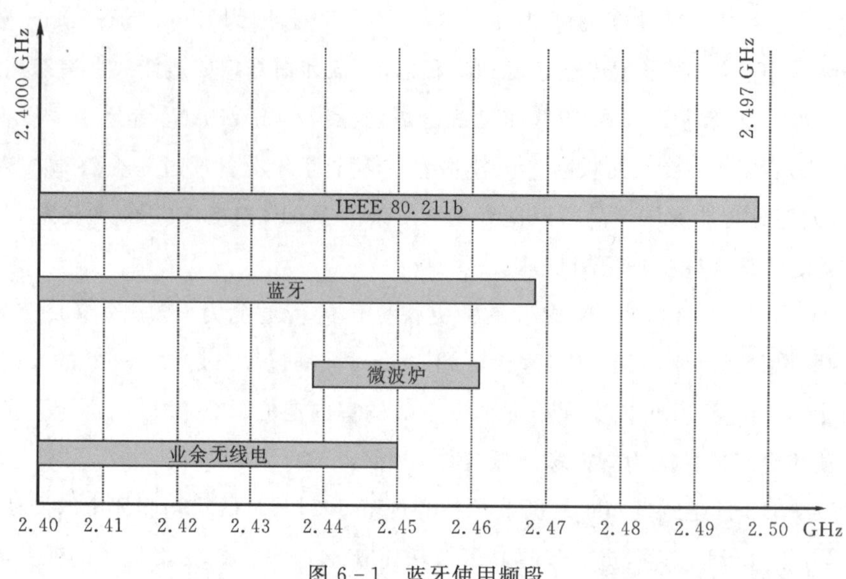

图 6-1 蓝牙使用频段

表 6-1 各国蓝牙频段范围与信道频率

地理位置	ISM 频段范围/MHz	射频信道频率/MHz
中国、美国、欧洲部分国家	2 400.0～2 483.5	f=2402+k，k 在 0,1,…,78 中随机取值
法国	2 446.5～2 483.5	f=2454+k，k 在 0,1,…,22 中随机取值
日本	2 471.0～2 497.0	f=2473+k，k 在 0,1,…,22 中随机取值
西班牙	2 445.0～2 475.0	f=2449+k，k 在 0,1,…,22 中随机取值

(4)成本低。随着市场需求扩大，各个厂商纷纷推出蓝牙芯片和模块，蓝牙产品价格也飞速下降。目前市场上蓝牙模块价格低至几元钱。

(5)抗干扰能力强。采用跳频技术(Frequency Hopping)、自适应跳频技术(Adaptive Frequency Hopping，AFH)、TDD 全双工方式、FEC 编码技术、FM 调制方式等技术，降低设备的复杂性、组网方式灵活，进一步提高了抗衰减和抗干扰性能，提高了数据传输可靠性。

(6)兼容性较好。目前，蓝牙技术已经发展成为独立于操作系统的一项技术，实现了各种操作系统中良好的兼容性能。

(7)传输距离较短。蓝牙技术的主要工作范围在 10 m 左右，经过增加射频功率后的蓝牙技术可以在 100 m 的范围进行工作，保证蓝牙数据传输质量与效率，提高传输速度。目前通过不同调制方式以 10 dBm 的无线芯片组可实现高达 300 m 的连接范围。蓝牙技术不仅有较高的传播质量与效率，同时还具有较高的传播安全性。

(8)开放的接口标准。SIG 于 2012 年度会员会议中，推出了蓝牙开发者入口网站(Bluetooth Developer Portal)，协助开发者和工程师迅速学习有关蓝牙装置和应用设计的基础知识，让开发者拓展采用蓝牙低功耗技术硬件装置开发庞大的应用。只要开发的产品最终通过 SIG 蓝牙产品的兼容性测试就可推向市场。

目前，蓝牙技术制定的各项标准规范主要是为了满足美国 FCC 要求，如果其他国家需要利用这些标准，只需在其基础上做些适应本国要求的调整。蓝牙技术 1.0 版本的标准规范所公布的蓝牙主要系统参数和技术指标如表 6-2 所示。

表 6-2 蓝牙主要系统参数和技术指标

参数类型	具体指标	参数类型	具体指标
双工方式	全双工，时分双工(TDD)	工作状态	PARK/HOLD/SNIFF
业务类别	支持电路交换和分组交换业务	数据连接方式	面向连接业务(SCO) 无连接业务(ACL)
数据速率	1 Mb/s	纠错方式	1/3 前向纠错(FEC) 2/3 前向纠错(FEC) 自动重传请求(ARQ)
工作频段	ISM 频段，2.402～2.480 GHz	调频速率	连接状态 1 600 跳/秒 寻呼和查询状态 3 200 跳/秒
非同步信道速率	非对称连接 271 kb/s、57.5 kb/s 对称连接 432.6 kb/s	鉴权	质询一响应
同步信道速率	64 kb/s	信道加密	采用 0 位、40 位、60 位密钥
功率	美国 FCC 要求小于 0 dBm(0 mW)； 其他国家可以扩展到 100 mW	语音编码方式	连续可变频率 CVSD
调频频率数	79 个频点/MHz	发射距离	一般可达 10 m，增加功率情况可达 100 m

蓝牙跳频速率为 1600 次/秒，每个时间为 625 μs(1/1600 s)称为一个时隙，如图 6-2 所示。

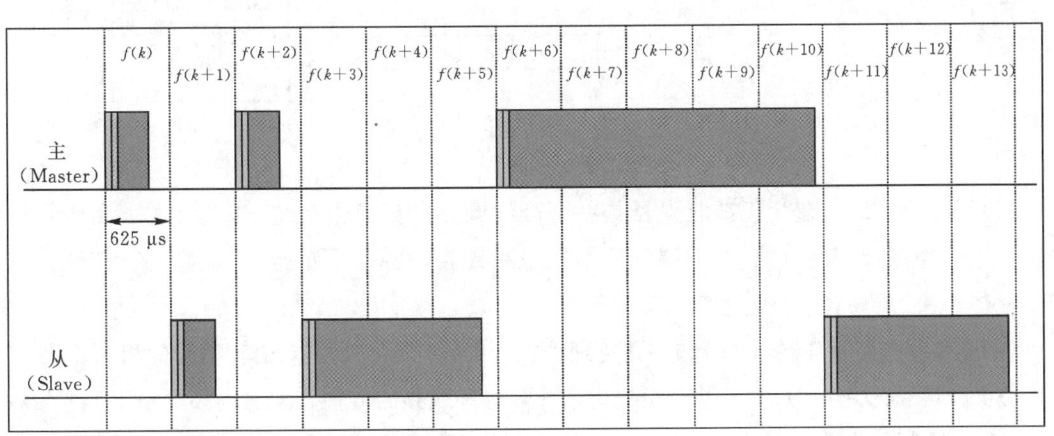

图 6-2 蓝牙一个时隙

6.2 蓝牙系统组成

蓝牙系统工作原理是把一块小且功耗低的无线电收发芯片嵌入到传统电子设备中。蓝牙系统一般由无线收发器、基带和链路控制器(LC)、链路管理器(LM)和主机 I/O 接口以及主机四个功能单元组成，如图 6-3 所示。蓝牙芯片包括无线电收发器和链路控制器(LC)。无线收发器是蓝牙设备的核心，使用的无线电频段在 ISM 2.4 GHz～2.48 GHz。LM 执行链路设置、监权、配置；负责连接、建立和拆除链路并进行安全控制。LC 实现数据发送和接受。逻辑 LC 和适应协议具有完成数据拆装、控制服务质量和复用协议的功能，该层协议是其他各层协议实现的基础。图 6-3 显示了无线收发器的主要操作和功能。蓝牙链路控制器执行基带通信协议和相关的处理过程。图 6-3 也概括了基带的主要功能，即负责跳频以及蓝牙数据和信息帧的传输。

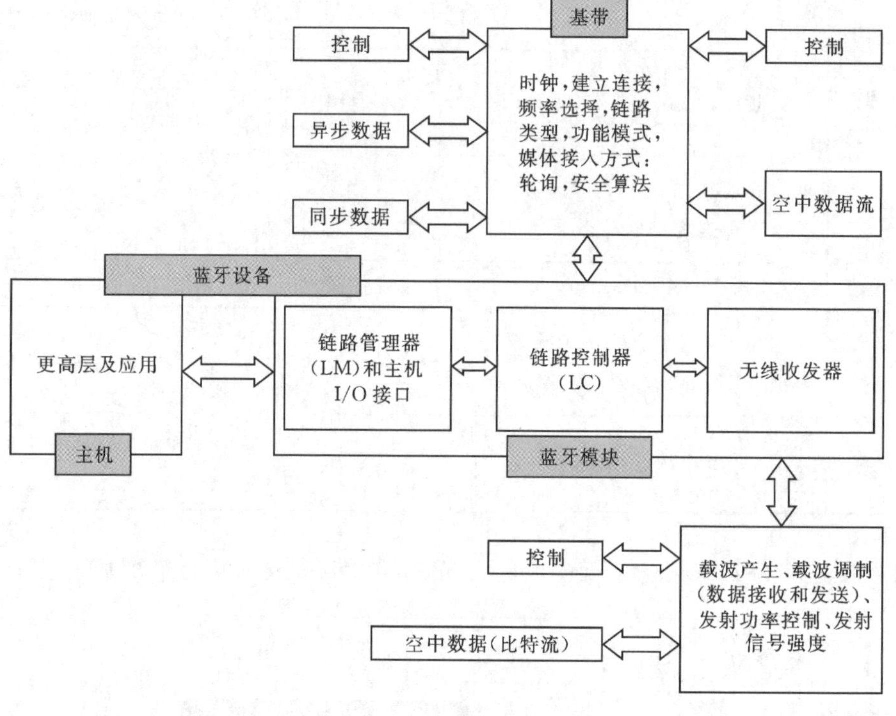

图 6-3 蓝牙系统组成

(1)无线收发器。蓝牙无线收发器是一个微波调频扩频通信系统，该单元主要负责数据和语音信息分组在指定的时隙，指定调频频率发送和接收。特点是短距离、低功耗。蓝牙天线体积一般体积小、重量轻，属于微带天线。

(2)基带和链路管理器。基带和链路管理器进行射频信号与数字或语音信号的相互转化，实现基带协议和其他底层连接规程。基带是完成蓝牙数据和跳频的传输。无线调频层是不需要授权的 2.4 GHz ISM 频段的微波，数据流传输和过滤是在无线调频层实现的，主要定义了蓝牙收发器在此频带正常工作所需要满足的条件。链路管理实现了链路建立、连接和拆除的安全控制。

(3)链路管理器与主机 I/O 接口。链路管理单元即完整的蓝牙协议，包括核心协议和协议子集。其中核心协议包括基带协议、链路管理协议、逻辑链路控制和适配协议以及业务搜寻协议。业务搜寻协议为上层应用程序提供一种机制以便于使用网络中的服务。逻辑链路控制和适配协议是负责数据拆装、复用协议和控制服务质量，是其他协议层作用实现的基础。主机 I/O 接口为了使不同厂商生产的蓝牙模块和主机都能够互相通信，蓝牙协议栈定义一个蓝牙模块和主机之间的标准接口，称为主机控制接口(Host Control Interfere, HCI)。

(4)主机。蓝牙主机主要包括高层协议(Higher Layer)和应用程序(Application)，高层协议栈通常设计成一个软件，运行在主机设备上，因此又称为主机栈(Host Stack)。

6.2.1 无线收发器

无线收发器即蓝牙的无线射频单元，它是任何蓝牙设备的核心，包含中频振荡器、中频滤波器、调制解调器、压控振荡器、频率合成器以及天线控制开关等电路，完成基带数据分组的调频扩频与解扩功能。

蓝牙系统天线发射功率分为 3 级:100 mW(20 dBm)，2.5 mW(4 dBm)和 1 mW(0 dBm)，一般发射功率按标称 0 dBm 设计。连接状态下系统调频速率为 1 600 跳/秒，寻呼和查询状态下系统调频速率为 3 200 跳/秒;传输距离为 10 cm 到 10 m，增大发射功率，通信距离可以扩展到 100 m。

6.2.2 基带与链路控制器

基带控制器包括基带数字信号处理的硬件部分，完成基带协议和其他底层链路规程。蓝牙基带是蓝牙协议最核心、最稳定的部分。

蓝牙基带主要完成编码、解码、加密、分组处理和调频频率的生成和选择，同时管理同步和异步链路、处理数据包、寻呼、查询、连接蓝牙设备、鉴权等。蓝牙基带协议是电路和分组交换的结合。图 6-4 所示为蓝牙 4.0 基带架构图。

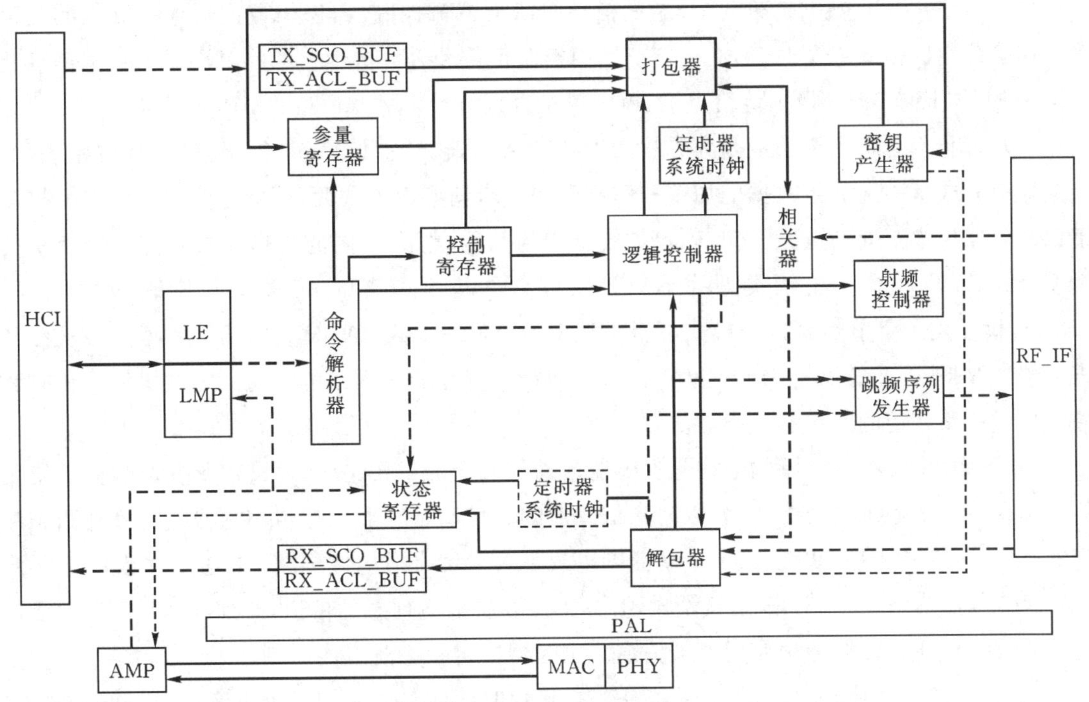

图 6-4 蓝牙 4.0 基带架构图

(1)打包器:将上层数据按格式组合后通过物理层(PHY)发送出去,是蓝牙的核心部件。打包器工作原理如下:①逻辑控制器根据不同情况控制打包流程。根据不同的通信需求,数据包的类型大体分为链路控制分组、ACL 分组、SCO 分组,分别传送控制信息、异步通信数据、同步通信数据。定时器是逻辑控制器的辅助模块,控制数据的处理次序按照基带分组,如图 6-5 所示,即接入码、分组头、有效载荷各部分数据处理和融合的时间;EDR 分组含有同步系列,FHS 分组也含时钟信息。②包的数据信息来源有两个。主机地址、包类型、上次分组接收的状态、接收方微微网内地址等信息从参量寄存器中取得,这些信息主要含在接入码和包头中。发送缓存器(TX_BUF)存储等待发送的数据,这些数据来源于上层。③为了防止信息在传输过程中泄露,需要对信息进行加密,密钥产生器生成加密密钥,净荷和加密密钥在相关器中完成加密操作。

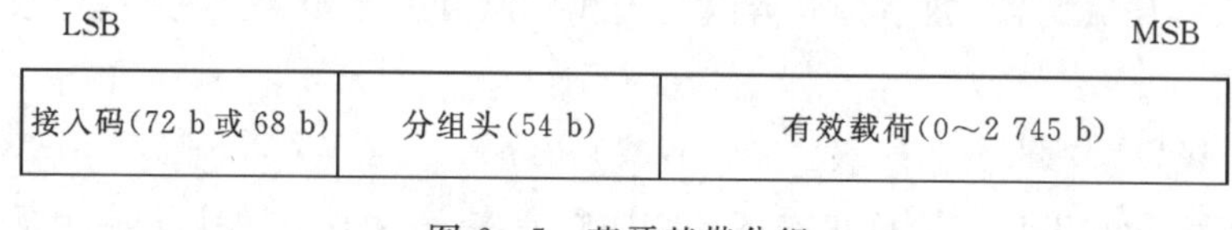

图 6-5　蓝牙基带分组

(2)解包器:主要工作有检验接收到的数据是否已损坏,把信息从接收到的分组中提取出来。解包器及相关模块的协同的工作原理:①逻辑控制器控制解码主体流程。参量寄存器提供相关工作信息,例如微微网的主机地址以确认信息发送方为网内成员,链路建立阶段也需要向参量寄存器写入随机数、扫描间隔等信息;定时器控制解码流程;密钥产生器提供解密密码。②解码器首先检测接入码以确认接收信息是否为网内成员发送,然后进行 CRC 校验、BCH 解码以检测分组是否已损坏,其次检测分组头信息以判断分组的状态。如果检测到分组已经损坏,将状态信息写入状态寄存器中,上层管理器和控制器通过检查寄存器信息,决定重传或放弃分组(主要针对 ACL 数据传输)。分组的信息回馈给逻辑控制器,逻辑控制器根据分组的类型确定回复分组的格式以及时刻,在一定范围内控制重传和丢弃分组。③将解码后的数据信息写入 RX_BUF(接收缓冲器)中传给主机,控制信息直接传给 LM、LE 和 AMP 管理器。

(3)密钥产生器:主要功能是为鉴权产生各种密钥,包括初始密钥、组合密钥、临时密钥,在相关器中完成密钥和分组数据的加密和解密操作。启动鉴权模式后,根据通信双方的状况控制密钥产生器生成不同的链路密钥,确定加密密钥的长度;根据不同的工作模式确定加密密钥的类型,BR/EDR 模式下密钥类型为 SAFER+,它是基于现有的 64 位分组密码的 SAFER-SK128,仅使用了字节运算,LE 模式下密钥类型为 AES-128。ADDR、PIN 等数据信息从参量寄存器中取得,生产链路密钥或更换密钥时需向参量寄存器写入新的密钥。定时器和系统时钟控制生成链路密钥的时序和速率。

(4)调频序列发生器:调频通信是保障蓝牙通信安全的重要手段,通过控制发送数据所使用的频率在一个伪随机序列中跳变,以防止信息泄露。控制寄存器和逻辑控制器共同控制调频序列的模式是 23 跳还是 79 跳、频率改变速率以及是否采用自适应性调频。在蓝牙协议的不断演进中,V2.0 版本增加了 AHS 调频模式,摒弃了传输质量不理想的信道,新加入的 LE 模式规定使用 40 跳,广播和数据传送使用不同信道。定时器决定频率跳变的时刻。

(5)相关器:主要功能是进行相关操作。在鉴权时检验链路密钥是否正确,在打包解包时完成密钥和有效载荷数据的加解密操作。时钟信号控制相关运算的速率。参数寄存器中存有查询/扫描间隔,和定时器一起决定鉴权时的相关启动时刻。逻辑控制器决定加解码的相关时刻。相关器将相关后的结果或送往底层发送出去或进行后续处理,并将相关结果反馈给逻辑控制器处理或写入状态控制器中。

(6)命令解析器、控制寄存器:命令解析器是基带和上层管理模块实现通信的部件,担当着翻译器的角色。它将LM、LE、AMP管理器的控制信息解析出来,并将控制信息和参数分别输入逻辑控制器和控制寄存器。控制寄存器里面存有分组的类型、管理器的种类等控制信息,它是逻辑控制器工作不可或缺的一部分,也减轻了逻辑控制器的负担。

(7)缓存器:基带和主机或上层管理器交换数据是通过缓存器实现的,使数据不会因为传送速率过快或过慢而丢失。缓存器有接收和发送两种类型,每类又各有同步和异步两种。定时器和系统时钟控制缓存器的切换和数据的移入或移出。缓存器连接的两端分别是打包解包器和LM/LE/AMP管理器或更上层接口。逻辑控制器控制数据的写入、清空和暂停接收。当缓冲器写满时,它通过将状态寄存器中相关标志位置位,通知控制器控制暂停接收或传送。

(8)标志状态寄存器:用来向上层管理器描述基带模块工作状态的部件,其主要作用有3个:①标志缓存器的存储状态。管理器在缓存器满时,发送消息给信息发送设备或主机,通知对方减慢发送速度或通知主机暂缓传送数据。②在ARQ模式下,标注传送数据是否已超时。管理器将根据情况控制重发、放弃分组或断开连接。③标志接收到的分组状态,解包器检测到分组已经被污染或损坏,将置位标志寄存器的相关状态位。

(9)逻辑控制器:基带工作的中心控制部件,在定时器、控制寄存器的配合下,控制协调整个基带芯片的工作,可以看出它几乎参与各模块的控制工作。控制打解包的次序、密钥的类型、调频策略及模式、缓存器的开始接收数据和暂定、相关器处理数据的来源等。

6.2.3 链路管理器

链路管理器对本地或远端蓝牙设备的链路性能进行设置和管理。蓝牙链路管理器接收到高层的控制信息后,不是向自身的基带部分分发控制信息,就是与另一台设备的链路管理器进行协商管理。这些控制信息封装在链路管理协议数据单元(LMP-PDU)中。LMP-PDU由ACL分组的有效载荷携带,通过单时隙DM1分组或DV分组传输。蓝牙链路管理器协议规范包括以下四种。

(1)设备功率管理。蓝牙设备可以根据接收信号强度指示判断链路的质量,从而请求对方调整发射功率。处于连接状态的设备可以调节自己的功率模式以节省功耗。蓝牙设备有三种节能模式:保持模式、呼吸模式与休眠模式。

(2)链路质量管理。链路主要分为ACL(Asynchronous Connectionless)链路和SCO(Synchronous Connection Oriented)链路。ACL主要用于分组数据传送,SCO主要用于同步话音传送。ACL链路就是定向发送数据包,既支持对称连接,也支持不对称连接(既可以一对一,也可以一对多),主要用于主单元与网中的所有从单元之间实现一点多址的连接方式。主设备负责控制链路带宽,并决定微微网中的每个从设备可以占用多少带宽和连接的对称性。从设备只有被选中时才能传送数据。ACL链路也支持接收主设备发给微微网中所有从设备的广播消息。

ACL 链接提供在主单元与所有网中活动从单元的分组交换链接，异步和等时两种服务方式均可采用。在主—从之间，若仅是单个 ACL 链接存在时，对大多数 ACL 分组来说，分组重传是为确保数据的完整性而设立。在从—主时隙里，当且仅当先前的主—从时隙已被编址，则从单元允许返回一个 ACL 分组。如果在分组头的从单元地址解码失败，它就不允许传输。ACL 分组未编址作为广播分组的指定从单元且各从单元可读分组。如果在 ACL 链接上没有传输数据及没有轮询申请，那么在 ACL 链接上就不存在发生传输过程。SCO 连接为对称连接，利用保留时隙传送数据包，主要用于主单元和从单元之间实现点到点链接。连接建立后，主设备和从设备可以不被选中就发送 SCO 数据包。SCO 数据包既可以传送话音，也可以传送数据，但在传送数据时，只用于重发被损坏的那部分的数据。另外 SCO 主要用来传输对时间要求很高的数据通信。SCO 链接由主单元发送 SCO 建立消息，经链接管理（LM）协议来确立。该消息分组含定时参数（如 SCO 间隔 Tsco 和规定保留时隙补偿 Dsco）等。

（3）链路控制管理。链路控制管理主要负责设备寻呼模式、设备角色转换、时钟计时设置、信息交换、版本信息、支持特性、设备名称；建立连接、链路释放。

（4）数据分组管理。

6.2.4 主机

蓝牙主机包括主机控制接口（HCI）、高层协议（Higher Layer）和应用程序（Application）。

目前蓝牙技术普遍采用“主机＋主机控制器”的模式，HCI 通过对链路管理器、硬件状态注册器、控制注册器、事件注册器等的访问来执行蓝牙硬件的基带命令。因而 HCI 对于在硬件基础上自主灵活地构建面向应用的蓝牙协议栈和开发蓝牙起着重要作用。在蓝牙协议栈中，底层模块为上层的软件模型提供了不同的访问入口，但两者之间的消息和数据的传送必须通过 HCI 解释才能实现，也即 HCI 是蓝牙系统中软硬件之间的接口，是蓝牙技术得以实现的基础。

HCI 由基带控制器、连接管理器、控制和事件寄存器等组成，可分为用来连接蓝牙模块和主机的物理硬件、实现命令接口的软件两部分，是蓝牙协议中软硬件之间的统一接口，提供了一个调用下层 BB、LM、状态和控制寄存器等硬件的统一命令，上下两个模块接口之间的消息和数据的传递必须通过 HCI 解释才能进行。它是实现蓝牙设备所要接触的第一个蓝牙协议，起着承上启下的作用。蓝牙规范定义了三个 HCI 传输层，即 USB、RS232 和 UART 传输层。HCI 软件主要包括主机方 HCI 驱动程序和主机控制器一方的 HCI 固件。具体运行时由主机调用 HCI 驱动程序中提供的一系列命令来控制主机控制器，并通过主机控制器中的链路管理器发送链路管理协议分组（LMP）实现对本地端和远端蓝牙设备的管理。蓝牙规范定了 HCI 固件产生的事件用以回送到主机以指示主机控制器状态的变化。连接建立之后，HCI 命令和事件与来自异步无连接链路（ACL）和同步面向连接链路（SCO）的数据一起通过 HCI 硬件进行传输。

6.3 BLE 协议体系

蓝牙技术规范的目的是使符合该规范的各种应用之间能够实现互操作。互操作的远端设备需要使用相同的协议栈，不同的应用需要不同的协议栈。并不是任何应用都必须使用全部协议，而是可以只使用其中的一层或多层。因此从 OSI（Open System Interconnection）模型的角度看，蓝牙是一个比较简单的协议，它仅仅提供了物理层和数据链路层。但由于蓝牙协议的特殊性、历史演化因素等原因，其协议层次又显得不简单，甚至晦涩难懂。

设计蓝牙协议栈的主要原则是尽可能地利用现有的各种高层协议，保证现有协议与蓝牙技术的融合以及各种应用之间的互通性以及充分利用兼容蓝牙技术规范的软硬件系统。蓝牙技术规范的开放性保证了设备制造商可自由地选用其专利协议或常用的公共协议，在蓝牙技术规范基础上开发新的应用。蓝牙技术规范包括 Core 和 Profiles 两大部分。Core 是蓝牙的核心，主要定义了蓝牙的技术细节；Profiles 部分定义了在蓝牙的各种应用中的协议栈组成，并定义了相应的实现协议栈。

图 6-6 所示为蓝牙协议栈体系结构，按照各层协议在整个蓝牙协议体系中所处的位置，蓝牙协议可分为底层协议、中间层协议和高层协议三大类。

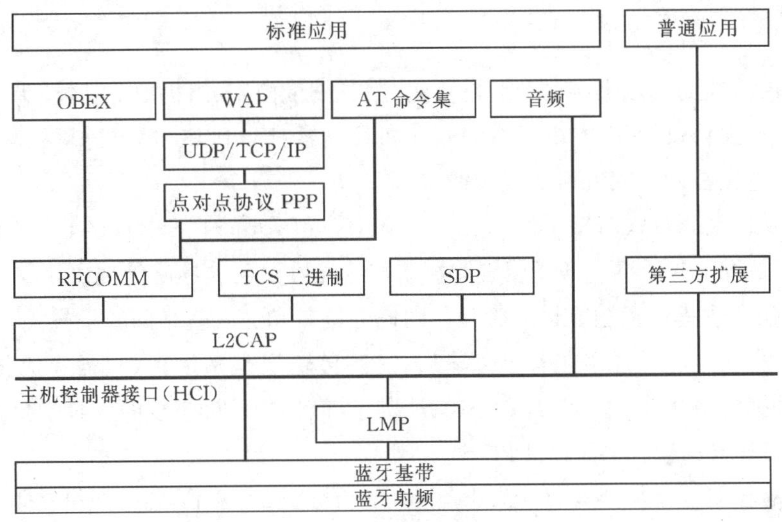

图 6-6 蓝牙协议栈体系结构

6.3.1 蓝牙底层协议

蓝牙底层协议实现蓝牙信息数据流的传输链路，是蓝牙协议体系的基础，它包括射频协议、基带协议和链路管理协议。

1. 射频协议(Radio Frequency Protocol)

蓝牙射频协议处于蓝牙协议栈的最底层，主要包括频段与信道安排、发射机特性和接收机特性等，用于规范物理层无线传输技术，实现空中数据的收发。蓝牙工作在 2.4 GHz ISM 频段，此频段在大多数国家无须申请运营许可，使得蓝牙设备可工作于任何不同的地区。

信道安排上，系统采用跳频扩频技术，其抗干扰能力强、保密性好。蓝牙 SIG 制定了两套跳频方案，其一是分配 79 个跳频信道，每个频道的带宽为 1 MHz，其二是 23 信道的分配方案，1.2 版本以后的蓝牙规范目前已经不再推荐使用第二套方案。

2. 基带协议(Base Band Protocol)

基带层在蓝牙协议栈中位于蓝牙射频层之上，同射频层一起构成了蓝牙的物理层。

基带层的主要功能：链路控制，比如承载链路连接和功率控制这类链路级路由；管理物理链路，SCO 链路和 ACL 链路；定义基带分组格式和分组类型，其中 SCO 分组有 HV1、HV2、HV3 和 DV 等类型，而 ACL 分组有 DM1、DH1、DM3、DH3、DM5、DH5、AUX1 等类型；流量控制，通过 STOP 和 GO 指令来实现；采用 13 比例前向纠错码、23 比例前向纠错码以及数据的自动重复请求 ARQ(Automatic Repeat Request)方案实现纠错功能；另外还有处理数据包、寻呼、查询接入和查询蓝牙设备等功能。

3. 链路管理协议(Link Manager Protocol，LMP)

链路管理协议(LMP)是蓝牙协议栈中的一个数据链路层协议。LMP 执行链路设置、认证、链路配置和其他协议。链路管理器发现其他远程链路管理器(LM)并与它们通过链路管理协议(LMP)进行通信。

6.3.2 蓝牙中间层协议

蓝牙中间层协议完成数据帧的分解与重组、服务质量控制、组提取等功能，为上层应用提供服务，并提供与底层协议的接口，此部分包括主机控制器接口协议、逻辑链路控制与适配协议、串口仿真协议、电话控制协议和服务发现协议。

1. 主机控制器接口协议(Host Controller Interface Protocol，HCI)

蓝牙 HCI 是位于蓝牙系统的逻辑链路控制与适配协议层和链路管理协议层之间的一层协议。HCI 为上层协议提供了进入链路管理器的统一接口和进入基带的统一方式。在 HCI 的主机和 HCI 主机控制器之间会存在若干传输层，这些传输层是透明的，只需完成传输数据的任务，不必清楚数据的具体格式。蓝牙的 SIG 规定了四种与硬件连接的物理总线方式，即四种 HCI 传输层：USB、RS232、UART 和 PC 卡。

2. 逻辑链路控制与适配协议(Logical Link Control and Adaptation Protocol，L2CAP)

逻辑链路控制与适配层协议(L2CAP)是蓝牙系统中的核心协议，它是基带的高层协议，可以认为它与链路管理协议(LMP)并行工作。L2CAP 为高层提供数据服务，允许高层和应用层协议收发大小为 64 kB 的 L2CAP 数据包。L2CAP 只支持基带面向无连接的异步传输(ACL)，不支持面向连接的同步传输(SCO)。L2CAP 采用了多路技术、分割和重组技术、组提取技术，主要提供协议复用、分段和重组、认证服务质量、组管理等功能。

L2CAP 支持协议复用，因为基带协议不支持任何类型域，而这些类型域则用于标识要复用的更高层协议。L2CAP 必须能够区分高层协议，例如，服务搜索协议 SDP、RFCOMM 和电话控制等。

与其他有线物理介质相比，由基带协议定义的分组在大小上受到限制。输出与最大基带有效载荷(DH5 分组中的 341 字节)关联的最大传输单位(MTU)限制了更高层协议带宽的有效使用，而高层协议要使用更大的分组。大 L2CAP 分组必须在无线传输前分段成为多个小基带分组。同样，收到多个小基带分组后也可以重新组装成大的单一的 L2CAP 分组。在使用比基带分组更大的分组协议时，必须使用分段与重组(SAR)功能。

L2CAP 连接建立过程，允许交换有关蓝牙单元之间服务质量的信息。每个 L2CAP 设备必须监视由协议使用的资源并保证服务质量(QoS)的完整实现。

3. 串口仿真协议(RFCOMM)

串口仿真协议在蓝牙协议栈中位于L2CAP协议层和应用层协议层之间,基于ETSI标准TS 07.10,在L2CAP协议层之上实现了仿真9针RS232串口的功能,可实现设备间的串行通信,从而对现有使用串行线接口应用提供了支持。

4. 电话控制协议(Telephony Control Protocol Spectocol,TCS)

电话控制协议位于蓝牙协议栈的L2CAP层之上,包括电话控制规范二进制(TCS BIN)协议和一套电话控制命令(AT Commands)。其中,TCS BIN定义了在蓝牙设备间建立话音和数据呼叫所需的呼叫控制信令;AT Commands则是一套可在多使用模式下用于控制移动电话和调制解调器的命令,它在ITU. TQ. 931的基础上开发而成。TCS层不仅支持电话功能(包括呼叫控制和分组管理),同样可以用来建立数据呼叫,呼叫的内容在L2CAP上以标准数据包形式运载。

5. 服务发现协议(Service Discovery Protocol,SDP)

服务发现协议(SDP)是蓝牙技术框架中至关重要的一层,它是所有应用模型的基础。任何一个蓝牙应用模型的实现都是利用某些服务的结果。在蓝牙无线通信系统中,建立在蓝牙链路上的任何两个或多个设备随时都有可能开始通信,仅仅是静态设置是不够的。蓝牙服务发现协议就确定了这些业务位置的动态方式,可以动态地查询到设备信息和服务类型,从而建立起一条对应所需要服务的通信信道。

6.3.3 蓝牙高层协议

蓝牙高层协议包括对象交换协议、无线应用协议和音频协议。

1. 对象交换协议(Object Exchange Protocol,OBEX)

OBEX是由红外数据协会(IrDA)制定用于红外数据链路上数据对象交换的会话层协议。蓝牙SIG采纳了该协议,使得原来基于红外链路的OBEX应用有可能方便地移植到蓝牙上或在两者之间进行切换。OBEX是一种高效的二进制协议,采用简单和自发的方式来交换对象。它的功能类似于HTTP(超文本传输)协议,但它不需要HTTP服务器所需要的资源,因此OBEX非常适用于资源有限的低端设备。在假定传输层可靠的基础上,采用客户机一服务器模式。它只定义传输对象,而不指定特定的传输数据类型,可以是从文件到商业电子贺卡、从命令到数据库等任何类型,从而具有很好的平台独立性。

2. 无线应用协议(Wireless Application Protocol,WAP)

无线应用协议(WAP)由无线应用协议论坛制定,是由移动电话类设备使用的无线网络定义的协议。WAP融合了各种广域无线网络技术,其目的是将互联网内容和电话债券的业务传送到数字蜂窝电话和其他无线终端上。选用WAP可以充分利用为无线应用环境开发的高层应用软件。

3. 音频协议(Audio)

音频协议(Audio)是通过在基带上直接传输SCO分组实现的,目前蓝牙SIG并没有以规范的形式给出此部分。虽然严格意义上来讲它并不是蓝牙协议规范的一部分,但也可以视为蓝牙协议体系中的一个直接面向应用的层次。

6.4 蓝牙拓扑结构

蓝牙设备根据其在网络中的角色，可以分为主设备(Master)与从设备(Slave)。蓝牙设备建立连接时，主动发起连接请求的为主设备，响应方为从设备。在蓝牙基带协议中，蓝牙系统有两种连接方式:点对点和点对多点，如图 6-7 所示。

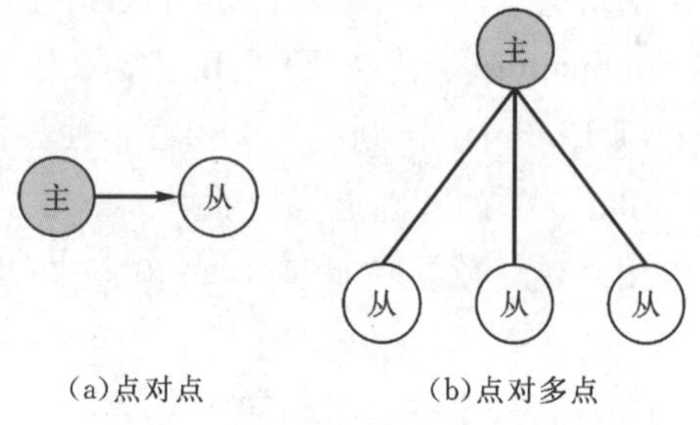

图 6-7　蓝牙设备连接方式

6.4.1　微微网(Piconet)

微微网是蓝牙最基本的一种网络，由 1 个主设备和 1 个从设备所组成的点对点通信是最简单的微微网，如图 6-8 所示。当几个蓝牙设备连接成一个微微网时，其中 1 个为主设备提供微微网共用时钟，其他已同步的设备都称为从设备。一个微微网中处于激活状态的从设备数量最多为 7 个。在一个地理位置中可能存在多个独立的微微网。每个微微网都有各自的物理信道，即各自的微微网主设备、独立的微微网时钟和跳频序列。

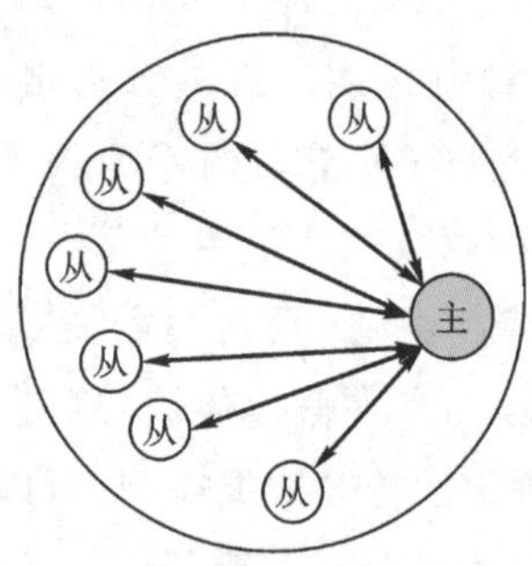

图 6-8　微微网

6.4.2　散射网(Scatter)

为了连接 8 个以上活跃的设备，必须建立多个微微网，然后连接每个微微网的主设备，这个结构就是散射网，如图 6-9 所示。散射网在空间和时间上交叠。一个微微网中的从设备可以是多个微微网的从设备，也可以是另一个微微网的主设备，这样就使微微网之间通信成为可能。因为只有 79 个频点，所以一个散射网最多只有 10 个微微网。当几个微微网在时间和空间上相互重叠，形成灵活的多重微微网的拓扑结构，即散射网。一个蓝牙是可能存在于两个或多个微微网中，可以成为多个独立微微网的从设备。但无法同时成为多个微微网主设备，因为微微网是按照主设备时钟定义的。

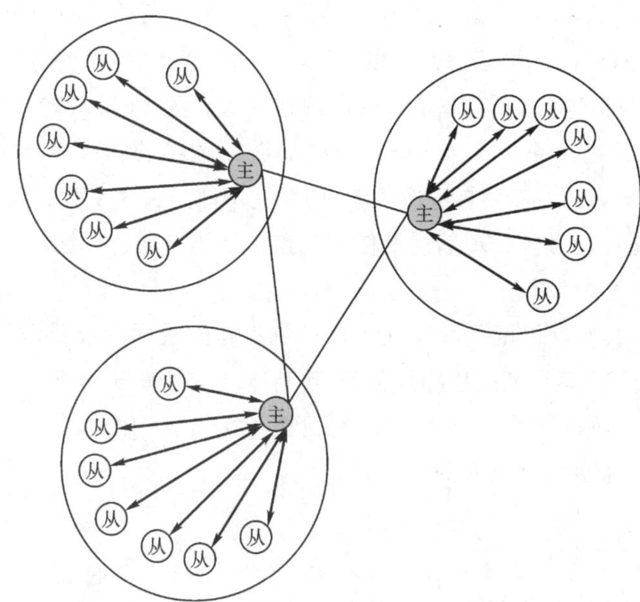

图 6-9　散射网

图 6-10 显示了一个多架构蓝牙拓扑结构示例。

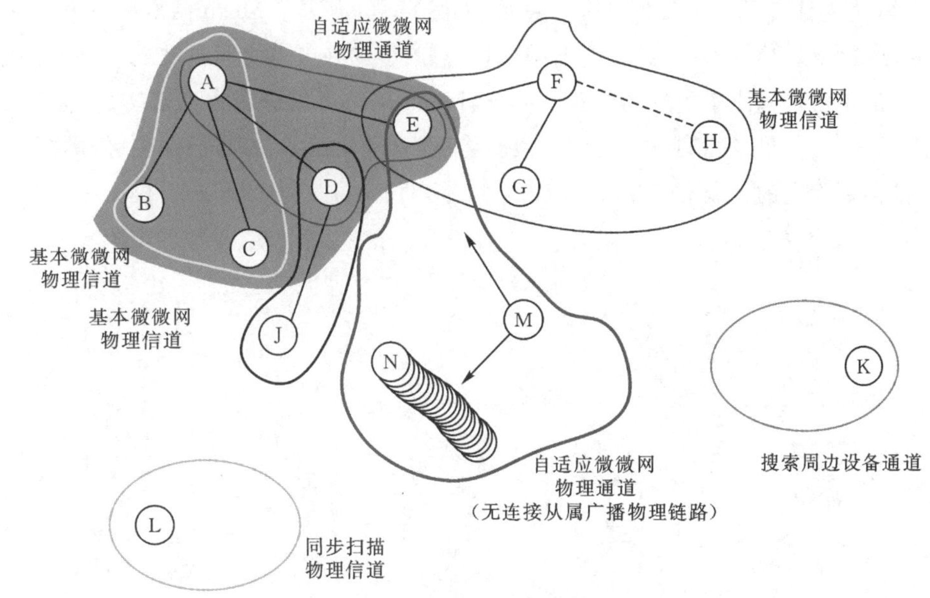

图 6-10　多架构蓝牙拓扑结构示例

微微网 A：设备 A 是主设备（由灰色阴影区域表示），设备 B、C、D 和 E 为从设备。

微微网 F：其中设备 F 为主设备，设备 E、G 和 H 为从设备。

微微网 D：设备 D 为主设备，设备 J 为从设备。

微微网 M：设备 M 作为主设备，设备 E 和许多设备 N 作为从设备。

在微微网 A 中有两个物理信道。设备 B 和 C 使用基本微微网物理信道，因为它们不支持自适应跳频。设备 D 和 E 能够支持自适应跳频，并且正在使用适应的微微网物理信道。设备 A 能够自适应跳频并且在两个物理信道上以 TDM 为基础操作，根据该物理信道寻址从设备。

微微网 D 和微微网 F 都仅使用基本微微网物理信道。微微网 D 的情况是因为设备 J 不支持自适应跳频模式。虽然设备 D 支持自适应跳频，但它不能在微微网中使用。

在微微网 F 中，设备 F 不支持自适应跳频，因此它不能用在这个微微网中。

微微网 M 在自适应微微网物理信道上使用无连接从属广播物理链路，以向包括 E 和 N 的许多从设备发送简单广播数据。

设备 K 显示在与其他设备相同的位置。它目前不是微微网的成员，但它提供给其他蓝牙设备的服务。它正在侦听其查询扫描物理信道，等待来自其他设备的查询请求。

设备 L 显示在与其他设备相同的位置。它目前不是微微网的成员，但目前正在监听其同步扫描物理信道，等待来自其他设备的同步列。

6.4.3 网状网(Mesh)

Mesh 网状网络是一项独立研发的网络技术，能够将蓝牙设备作为信号中继站，将数据覆盖到非常大的物理区域，兼容蓝牙 4.0 和 5.0 系统，是实现物联网的关键。传统的蓝牙连接是通过一台设备到另一台设备的配对实现的，建立一对一或一对多的微型网络关系。

Mesh 网络能够使设备实现多对多的关系，如图 6－11 所示。Mesh 网络中每个设备节点都能发送和接收信息，只要有一个设备连上网关，信息就能够在节点之间被中继，从而让消息传输至比无线电波正常传输距离更远的位置。因此，Mesh 网络可以分布在制造工厂、办公楼、购物中心、商业园区以及更广的场景中，为照明设备、工业自动化设备、安防摄像机、烟雾探测器和环境传感器提供更稳定的控制方案。

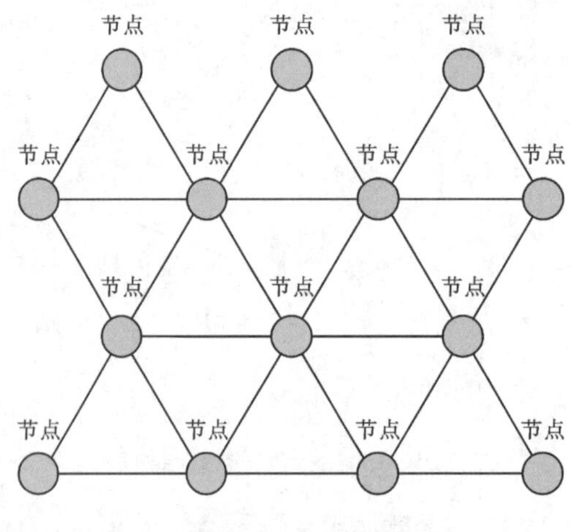

图 6－11　网状网

6.5 蓝牙网络状态

蓝牙设备在建立连接以前，通过在固定的一个频段内选择跳频频率或由被查询的设备地址决定，迅速交换握手信息时间和地址，快速取得设备的时间和频率同步。建立连接后，设备双方根据信道跳变序列改变频率，使跳频频率呈现随机特性。蓝牙系统定义了 3 个主状态，即待机(Standby)状态、连接(Connection)状态和节能状态。从待机状态到连接状态，要经历 7 个子状态，即寻呼(Page)/寻呼扫描(Page Scan)状态、查询(Inquiry)/查询扫描(Inquiry Scan)状态、主响应(Master Response)、从响应(Slave Response)、查询响应(Inquiry Response)。图 6－12 所示为蓝牙网络状态转换图。

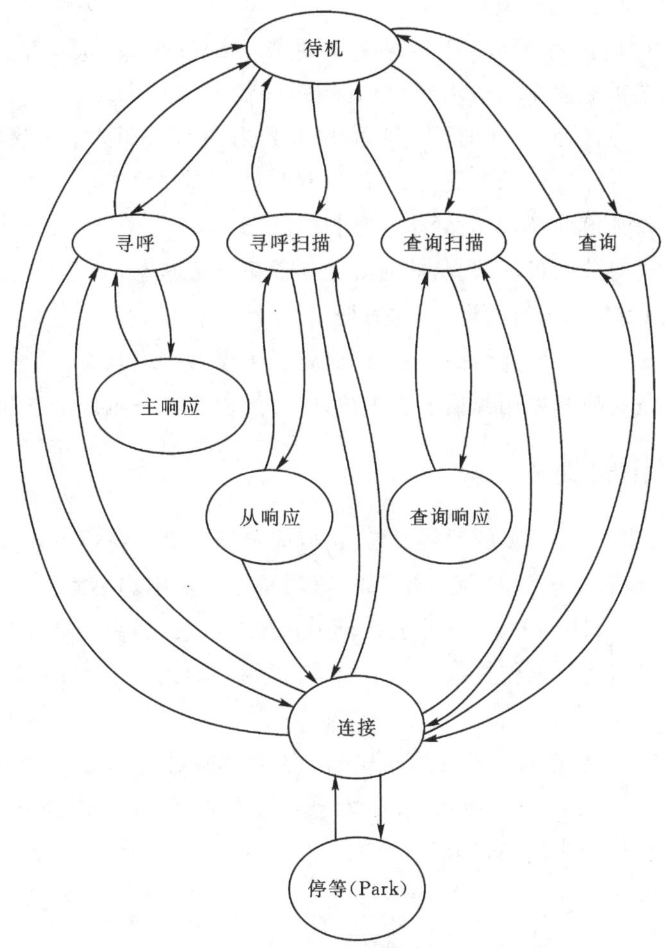

图 6－12 蓝牙网络状态转换图

从图 6－12 中可以看出，Standby 状态是蓝牙设备的默认状态，该模式下设备处于低功耗状态。

Page 子状态通常称为连接(寻呼)，进行连接/激活对应的 Slave 的操作就称为 Page。它是指发起连接的设备(主设备)知道要连接设备的地址，所以可以直接传呼。

Page scan 子状态和 Page 对应，它就是等待被 Page 的 Slave 所处的状态，换句话说，若想被 Page 到，就要处于 Page scan 状态。

Inquiry 扫描状态，这个状态的设备就是去扫描周围的设备。它是不知道周围有什么设备，要去查询，类似于广播。处于 Inquiry scan 的设备可以回应这个查询。再经过必要的协商之后，它们就可以进行连接了。Inquiry 之后，不需要进入 Page 就可以连接上设备。

Inquiry scan 是看到的可被发现的设备。体现在上层就是在 Android 系统中点击设备可被周围什么发现，那设备就处于这样的状态。

Slave response 是在 Page 的过程中，Slave 收到了 Master 的 Page msg，它会回应对应的 page response msg，同时自己就进入 Slave response 状态。

Master response：Master 收到 Slave response 的 msg 后，就会进入到 Master response 的状态，同时会发送一个 FHS 的 packet。

Inquiry response：Inquiry scan 的设备在收到 Inquiry 的 msg 后，就会发送 Inquiry response 的 msg，在这之后它就会进入 Inquiry response 状态。

以上各种状态可以总结到下面的寻呼过程中，即寻呼过程按照如下步骤进行：

(1)一个设备(源)寻呼另外一个设备(目的)，此时处于寻呼状态。

(2)目的设备接收到该寻呼，此时处于寻呼扫描状态。

(3)目的设备发送对源设备的回复，此时处于子设备响应状态。

(4)源设备发送 FHS 包到目的设备，此时处于主设备响应状态。

(5)目的设备发送第二个回复给源设备，此时处于子设备响应状态。

(6)目的和源设备切换并采用源信道的参数，此时处于主设备响应状态和子设备响应状态。

6.6 蓝牙路由机制

蓝牙技术提供低成本、短距离的无线通信，构成固定和移动设备通信环境中的个人网络，使得近距离内各种信息设备的资源共享得以实现。但是，蓝牙技术仍不完善。如蓝牙的传输距离短，要突破目前蓝牙 10 m 距离的限制，使通话范围在整个大楼、整个厂区还比较困难，且 2 个移动电话之间的传输问题，蓝牙未作规范。为了加快蓝牙技术的商用化进程，对蓝牙技术的研究与完善十分重要。

蓝牙路由机制(BRS)是在目前蓝牙最新规范 1.1 版本基础上提出的，并考虑了以后版本的升级性。蓝牙路由机制如图 6－13 所示，包括 3 个主要的功能模块，即信息交换中心(MSC)、固定蓝牙主设备(FM)和移动终端(MT)。

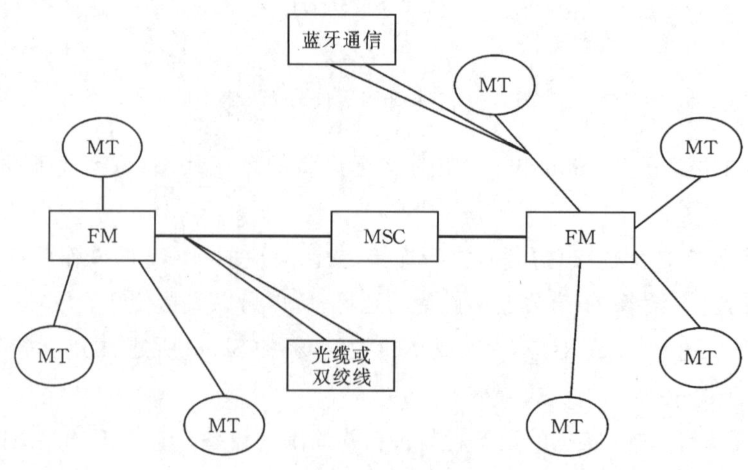

图 6－13　蓝牙路由机制

(1)信息交换(MSC)。MSC负责跟踪系统内各蓝牙设备的漫游,并在数据包路由过程中充当中继器作用,它通过光缆或双绞线直接与固定蓝牙主设备(FM)连接。

(2)固定蓝牙主设备(FM)。其位置是间隔固定的,在信息交换中心(MSC)与其他蓝牙设备如移动终端(MT)之间提供接口。

(3)移动终端(MT)。MT是普通的蓝牙设备,与其他普通的蓝牙设备或更大的蓝牙系统之间进行通信。MT是FM的从设备,FM是MSC的从设备。在MT与FM进行连接建立过程中,FM是主设备,当连接建立完成后,MT与FM之间要进行主从转换。

在蓝牙路由机制中,链路管理协议(LMP)被用来传输路由协议数据单元(PDU);此外,在FM与MSC链路之间使用了一种修改的蓝牙基带连接,且不使用蓝牙跳频技术。

6.6.1 信息交换中心(MSC)

信息交换中心是整个蓝牙路由机制的核心部分。没有信息交换中心,一个区域的蓝牙设备就不能够与10 m外的其他蓝牙设备进行通信。MSC应放置在相对于各固定蓝牙主设备FM的中心位置,如建筑物的中心位置或Internet的接口处。MSC通过光缆或双绞线直接与固定蓝牙主设备FM进行连接,所以理论上MSC与FM之间没有距离的约束。但MSC不直接与蓝牙移动终端MT进行连接通信,而是通过FM与MT进行连接通信。

MSC有3个主要的功能:通过路由表,跟踪和定位本系统内所有蓝牙设备;在2个属于不同微微网的蓝牙设备之间建立路由连接,并在设备之间交流路由信息;在需要的情况下帮助完成系统的切换功能。此外,如果MSC连接到一个Internet端口外,则对BRS系统外,MSC起到一个网关的作用。这就使得蓝牙信息流可以出入该BRS系统或进入其他蓝牙系统。

(1)路由表。MSC路由表包含了所有的固定蓝牙主设备FM及其从设备(移动终端MT)的地址。路由表分2层,每当有MT进入/离开一个FM微微网或每当一个FM被激活/使不活动时,路由表就更新一次。一个MT可以有多个入口(即可以属于多个FM的从设备),但在一个FM微微网中只有代表一个入口。

(2)路由的建立。通常情况下,蓝牙设备会向MSC发出路由连接请求,该请求信息包含被请求连接蓝牙设备的地址BD_ADDR(设备号)。发出连接请求的蓝牙设备可能是固定蓝牙主设备FM或蓝牙移动终端MT。在路由连接中,发出连接请求的蓝牙设备是源端,被请求连接的蓝牙设备是目的端。当MSC收到该路由连接请求时,它将会通知目的端。如果目的端是固定蓝牙主设备FM,MSC将直接把路由连接请求信息发给FM;如果目的端是MT,MSC将通过路由表找到该MT所属的FM微微网,进而通过此FM转发路由连接请示信息至目的端MT。

当目的端收到路由请求信息时,将通过MSC,然后MSC通知源端可以进行通信。源端的基带数据包通过MSC、FM时要进行包头和接入码的检测,然后修改包头或接入码路由到下一代链路。当路由链路出错或链路中有一蓝牙设备发出特殊链路管理信息来终止链路时,路由链路会被终止。

(3)切换。信息交换中心 MSC 可以帮助并加速完成蓝牙移动终端 MT 从一个 FM 微微网切换到另一个 FM 微微网。当一个蓝牙移动终端 MT 需要信息交换中心 MSC 来帮助完成切换时,它会通过当前的主设备 FM 向 MSC 发送切换请求信息。切换请求信息包含发出请求的 MT 蓝牙地址,新的主设备 FM 的地址,及 MT 与新的主设备 FM 之间的时钟偏移量。信息交换中心 MSC 收到 MT 的切换请求后,会把 MT 的蓝牙地址及 MT 与新的主设备 FM 之间的时钟偏移量发送给新的主设备 FM,并通知该新的主设备 FM 对 MT 进行寻呼。这样会减少新的主设备 FM 进行寻呼的时间,并在新的主设备 FM 与 MT 之间不再进行主从转换,从而使整个切换时间快 7 倍(相对于信息交换中心 MSC 没有参与切换的情况下)。

6.6.2 固定蓝牙主设备(FM)

FM 在位置上是固定的,通常是在房间里或走廊里以覆盖最大范围。FM 是移动终端 MT 到信息交换中心 MSC 的接口,并负责 MT 与 MSC 之间信息的转换。此外,FM 也实现正常的蓝牙功能。固定蓝牙主设备 FM 通过光缆或双绞线与信息交换中心 MSC 进行连接,二者之间使用了一种修改的蓝牙基带连接,且不使用蓝牙跳频技术。FM 与移动终端 MT 之间进行正常的蓝牙通信。2 个 FM 之间不能够直接通信,需要信息交换中心 MSC 作中介。

固定蓝牙主设备 FM 除了具有正常的蓝牙功能外,还有许多其他功能。如接收新的蓝牙从设备进入整个 BRS 系统;通知 MSC 本 FM 微微网的变化;到其他 FM 微微网路由信息;在本 FM 微微网和 MSC 之间充当中继器的角色。

6.6.3 蓝牙移动终端(MT)

蓝牙移动终端 MT 是普通的蓝牙设备,此外还附加一些特殊的功能。MT 直接与固定蓝牙主设备 FM 进行通信,或通过 FM、MSC 与 BRS 系统内的其他蓝牙设备进行通信。当与信息交换中心 MSC 进行通信的时候,FM 起中继器的作用。当与超出本 FM 微微网范围的其他 FM 或 MT 进行通信时,必须通过信息交换中心 MSC,即 MT—FM—MSC—FM(—MT)。相对于 FM、SMC、MT 的附加功能要少些,但共享 FM 的一些特殊功能。MT 的主要特点包括:进出一个 FM 微微网;当从一个 FM 微微网漫游到另一个 FM 微微网时,可以发出切换帮助信息;可以与本 FM 微微网外的其他蓝牙设备建立连接进行通信。

6.6.4 BRS 系统与外部的路由连接

当 BRS 系统与外部进行路由连接时,信息交换中心 MSC 起到网关的作用。路由的源端/目的端可能是蓝牙设备,也可能不是蓝牙设备。

在 BRS 系统之间,各 BRS 系统的信息交换中心 MSC 通过以太网连接构成一个非面向连接的系统。各信息交换中心 MSC 对从其他 MSC 传送过来的蓝牙数据包,进行接入码中蓝牙地址的检测,只有与路由表相匹配的包才被转发,否则拒绝该包。

BRS 与 LAN/WAN 之间的路由:源端的 MSC 在发送蓝牙数据包时,加上 TCP/IP 包头,然后通过 LAN/WAN 路由到目的端，目的端的 MSC 收到包后再去掉的 TCP/IP 包头。

蓝牙路由机制 BRS 基于现行最新蓝牙协议规范，并作了适量的修改，具有一定的灵活性和可升级性。此外，本节介绍的蓝牙路由机制 BRS 也考虑到网络的扩展，如 BRS 系统之间的路由、BRS 与局域网 LAN/广域网 WAN 之间的路由等。

相信随着蓝牙技术及其协议的不断完善，路由机制将成为蓝牙技术的一个重要方面。

6.7 蓝牙技术应用

1. 汽车领域

(1)蓝牙免提通信。将蓝牙技术应用到车载免提系统中，是最典型的汽车蓝牙应用技术。利用手机作为网关，打开手机蓝牙功能与车载免提系统，只要手机在距离车载免提系统的 10 m 之内，都可以自动连接，控制车内的麦克风与音响系统，从而实现全双工免提通话。利用车载免提应用框架作为蓝牙免提通信技术的基础，可以很好地规范蓝牙设备，并且汇集蓝牙功能集，这样就可以控制蓝牙技术。

(2)车载蓝牙娱乐系统。车载蓝牙娱乐系统将 USB、音频解码、蓝牙等技术相融合，利用汽车内部麦克风、音响等，播放储存在 U 盘中的各种音频以及电话簿等，还增添了流行音乐等播放功能。以 CAN 为基础连接车载系统中的网络，可以实现车载信息娱乐系统的运行，同时也为系统保留了可扩展性。

(3)蓝牙车辆远程状况诊断。车载诊断系统主要依靠蓝牙远程技术，及时进行车辆检修，尤其对汽车发动机进行实时监测，帮助车辆时刻掌握不同功能模块的具体运行情况，一旦发现系统运行不正常，利用设定好的计算方法准确判断出现故障的原因与故障类型，将故障诊断代码上传到车载运行系统存储器中，更加方便快捷。

(4)汽车蓝牙防盗技术。随着相关技术的逐渐成熟，蓝牙在应用广泛性、使用安全性、传输准确性、传输高效性等方面会有更进一步的改善。尤其是蓝牙防盗器的应用，如果汽车处于设防状态，蓝牙感应功能将会自动连接汽车车主手机，一旦车辆状态出现变化或者遭受盗窃，将会自动报警，蓝牙防盗技术的应用，为汽车提供更安全环境。

2. 工业生产

(1)数控机床无线监控。蓝牙技术在数控机床中的应用，主要体现在无线监控方面，利用蓝牙技术安装相应的监控设施，为数控机床用户生产提供方便，同时也维护了数控机床生产的安全。技术人员根据携带的蓝牙监控设备，随时监控与管理机床运行，发现数控机床生产问题及时治理。尤其是无线数据链路下实现的自动监控能力，可以适当干预机床运行，比如停止主轴或者系统停机等。

(2)零部件磨损程度检测。蓝牙检测功能还体现在工业零部件磨损方面，利用蓝牙检测软件结合磨损检测材料进行实验研究，可以具体到耐磨性优劣，及时利用蓝牙无线传输将磨损检测程度数据传输到相关设备中，相关设备进行智能分析，并将结果告知技术人员。

(3)功率输出标准化。蓝牙技术在工业生产的功率输出方面也十分重要。调节设备利用蓝牙技术传输生产功率变化，将其与标准运行功率对比，如果存在功率变化异常，便会及时调整，并将调整数据上传。

3. 医药领域

随着现代医疗事业的蓬勃发展，医院监护系统和医疗会诊系统的出现为现代医疗事业的发展作出突出贡献，但在实际应用过程中也存在一些问题，例如当前对重症病人的监护设备都采用有线连接，当病人有活动需求时难免会影响监控仪器的正常运行，但是蓝牙技术的出现可以有效改善上述情况，不仅如此，蓝牙技术还在诊断结果传输与病房监护方面起到了重要作用。

(1)诊断结果输送。以蓝牙传输设备为依托，将医院诊断结果及时输送到存储器中。蓝牙听诊器的应用以及蓝牙传输本身耗电量较低，传输速度更加快速，所以利用电子装置及时传输诊断结果，提高医院诊断效率，确保诊断结果数据准确。

(2)病房监护。蓝牙技术在医院病房监护中的应用主要体现在病床终端设备与病房控制器上，利用主控计算机，上传病床终端设备编号以及病人基本住院信息，为住院病人在配备病床终端设备，一旦病人有什么突发状况，利用病床终端设备发出信号，蓝牙技术以无线传送的方式将其传输到病房控制器中。如果传输信息较多，会自动根据信号模式划分传输登记，为医院病房管理提供了极大的便利。

4. 信息位置服务

随着物联网技术日新月异，位置信息服务领域的需求和实际应用飞速增长。由于人们日常生活大约百分之八十的时间在室内活动，比如机场、高铁、医院、养老院、地下停车场、矿井等，位置信息服务技术的空间对象由户外转移到室内，室内定位技术对人们日常生活具有非常重要的作用，特别是在发生重大安全事故时。蓝牙室内定位技术通过采集信号强度进行测距并进一步实现定位，如图 6－14所示。

图 6－14　蓝牙室内定位

智能蓝牙(Smart Bluetooth)防丢器是典型的一种应用，是采用蓝牙技术专门为智能手机设计的防丢器。其工作原理主要是通过距离变化来判断物品是否还控制在安全范围，在手机和蓝牙之间建立连接，每 15 秒自动检测一次连接状态，将蓝牙放在小孩、宠物的身上，或贵重物品内，一旦蓝牙离开手机的距离超过一定范围，手机即发出报警声。智能蓝牙防丢器适用于手机、钱包、钥匙、行李等贵重物品的防丢，也可用于防止儿童、老人或宠物的走失。

练习题

一、单选题

1. 蓝牙技术最初由电信巨头(　　)公司于1994年创制。

A. 爱立信　　B. 诺基亚　　C. 东芝　　D. Intel

2. 蓝牙(Bluetooth)技术,实际上是一种(　　)距离无线电技术。

A. 短　　B. 中　　C. 远　　D. 超远

3. 1998年5月,五家著名厂商,在联合开展短程无线通信技术的标准化活动时提出了蓝牙技术,以下(　　)公司没有参与其中。

A. 爱立信　　B. 诺基亚　　C. 东芝　　D 联想

4. Bluetooth 无线技术是在两个设备间进行无线短距离通信的最简单、最便捷的方法。以下(　　)不是蓝牙的技术优势。

A. 全球可用　　B. 易于使用

C. 自组织和自愈功能　　D. 通用规格

5. 蓝牙由几大关键技术支持,(　　)应排除在外。

A. IEEE 802.11b 局域网协议　　B. 调制方式

C. 跳频技术　　D. 网络拓扑结构

6. 蓝牙支持点到点和点到多点的连接,可采用无线方式将若干蓝牙设备连成一个微微网(Piconet)。每个微微网有且只能有(　　)个活跃的从设备。

A. 1　　B. 12　　C. 7　　D. 24

7. 蓝牙支持点到点和点到多点的连接,可采用无线方式将若干蓝牙设备连成一个微微网(Piconet)。每个微微网有且只能有7个活跃的从设备,一个散射网最多只有(　　)个微网。

A. 10　　B. 12　　C. 7　　D. 24

8. 蓝牙系统的网络拓扑结构有微微网和(　　)。

A. 树状网络　　B. 网状网络　　C. 星形网络　　D. 散射网

9. 蓝牙技术中,采用了(　　)方式来扩展频谱,具有很好的抗干扰能力。

A. 超宽带　　B. 超窄带　　C. 扩频　　D. 跳频

10. 蓝牙设备在通信连接状态下,有4种工作模式:激活模式、呼吸模式、保持模式和(　　)。其中激活模式是正常的工作状态,另外三种模式是为了节能所规定的低功耗模式。

A. 识别模式　　B. 休眠模式　　C. 卡模式　　D. 读卡器模式

二、简答题

1. 简述蓝牙系统组成及工作原理。

2. 简述蓝牙路由机制。

3. 简述蓝牙、ZigBee 和 Wi-Fi 技术的主要差别。

4. 简述蓝牙技术采用的主要协议。

参考文献

[1]谭康喜. 低功耗蓝牙智能硬件开发实战[M]. 北京:人民邮电出版社,2018.

[2]万青. 低功耗蓝牙 5.0 开发与应用[M]. 北京:北京航空航天大学出版社, 2021.

[3]严紫建,刘元安. Bluetooth 蓝牙技术[M]. 北京:北京邮电大学出版社,2001.

[4]廖建尚,周伟敏, 李兵. 物联网短距离无线通信技术应用与开发[M]. 北京:电子工业出版社, 2019.

[5]董健. 物联网与短距离无线通信技术[M]. 2 版. 北京:电子工业出版社, 2016.

[6]马培兴,王玫,周陬,等. 基于行人航迹推算的蓝牙峰值检测方法[J]. 计算机应用研究,2022,39(3):851-856.

[7]代阳. 基于低功耗蓝牙 5.0 技术的物联网室内定位算法研究[D]. 南昌:东华理工大学,2021.

[8]刘荣亮. 应用于蓝牙耳机智能充电仓芯片的关键技术研究[D]. 北京:北方工业大学,2021.

[9]谢庆博. 基于 Wi-Fi 和蓝牙融合的室内定位技术研究[D]. 桂林:桂林电子科技大学,2021.

[10]李振荣. 基于蓝牙的无线通信芯片关键技术研究[D]. 西安:西安电子科技大学,2010.

拓展阅读

从《瓦森纳协定》到"中兴事件"

《瓦森纳协定》又称瓦森纳安排机制,它是世界主要的工业设备和武器制造国在巴黎统筹委员会解散后于 1996 年成立的一个旨在控制常规武器和高新技术贸易的国际性组织。"瓦森纳协定"虽然允许成员国在自愿的基础上对各自的技术出口实施控制,但实际上成员国在重要的技术出口决策上受到美国的影响。中国、伊朗、利比亚等均在这个被限制的国家名单之中。"瓦森纳协议"严重影响着我国与其成员国之间开展的高技术国际合作。在中美高技术合作方面,美国总是从其全球安全战略考虑,并以出口限制政策为借口,严格限制高技术向我国出口。中美两国虽然在能源、环境、可持续发展等领域科技合作比较活跃,但是在航空、航天、信息、生物技术等高技术领域几乎没有合作。在半导体领域,受限于"瓦森纳协议",从芯片设计、生产等多个领域,中国都不能获取到国外的最新科技。

2018 年 4 月 16 日晚,美国商务部发布公告称,美国政府在未来 7 年内禁止中兴通讯向美国企业购买敏感产品。经过长达三个月的交涉,2018 年 7 月 2 日,美国商务部发布公告,暂时、部分解除对中兴通讯公司的出口禁售令。7 月 12 日,据《美国之音》发布的消息,美国商务部表示,美国已经与中国中兴公司签署协议,取消近三个月来禁止美国供应商与中兴进行商业往来的禁令,中兴公司将能够恢复运营,禁令将在中兴向美国支付 4 亿保证金之后解除。

中兴事件只是一起企业违规的个案。中兴事件对中国企业是个镜鉴,中国企业必须进一步提高创新，尽快把核心技术掌握在自己手中，尤其是“卡脖子”技术。

2022 年 3 月 22 日，中兴通讯收到了美国得克萨斯北区联邦地区法院判决，裁定不予撤销中兴通讯的缓刑期且不附加任何处罚，并确认监察官任期将于原定的美国当地时间 2022 年 3 月 22 日结束，这意味着美国对中兴通讯的“7 年观察期”终于结束。

第 7 章 WLAN 接入技术

7.1 WLAN 发展概况

WLAN 全称是 Wireless Local Area Networks，即无线局域网，是一种利用射频（Radio Frequency，RF）技术进行数据传输的系统，该技术的出现绝不是用来取代有线局域网的，而是用来弥补有线局域网之不足，以达到网络延伸之目的，使得无线局域网能利用简单的存取架构让用户通过它，实现无网线、无距离限制的通畅网络。

WLAN 使用 ISM 无线电广播频段通信。WLAN 的 802.11a 标准使用 5 GHz 频段，支持的最大速度为 54 Mb/s，而 802.11b 和 802.11g 标准使用 2.4 GHz 频段，分别支持最大 11 Mb/s 和 54 Mb/s的速度。目前 WLAN 所包含的协议标准有 IEEE 802.11b 协议、IEEE 802.11a 协议、IEEE 802.11g 协议、IEEE 802.11E 协议、IEEE 802.11i 协议、无线应用协议（Wireless Application Protocol，WAP）。

7.2 WLAN 主流协议标准

IEEE 802.11 系列标准是 1997 年 6 月 IEEE 制定的无线局域网标准，工作频段为 2.4 GHz。主要规定网络的物理层和介质访问控制层，重点是对介质访问控制层的规定，物理层采用红外、调频扩频(Frequency Hopping Spread Spectrum，FHSS)或直接序列扩频技术(Direct Sequence Spread Spectrum，DSSS)，数据传输速率可达 2 Mb/s，主要应用于解决办公室局域网和校园网中用户终端等的无线接入问题。使用 FHSS 技术时，2.5 GHz 频道被划分为 75 个 1 MHz 的子频道，当接收方和发送方协商一个调频的模式，数据则按照这个序列在各个子频道上进行传送，每次在 IEEE 802.11 网络上进行的会话都可能采用了一种不同的调频模式。FHSS 技术通过不断地变换频率，需要发送端和接收端同步，导致效率低下，已经不常用了。DSSS 技术将 2.4 GHz 的频段划分成 14 个 22 MHz 的子频段，数据就从 14 个频段中选择一个进行传送而不需要在子频段之间跳跃。由于临近的频段互相重叠，此 14 个子频段中只有 3 个频段是互不覆盖的。扩频技术将用户窄频率信号扩展成更宽频率的信号，接收端只需要用反向操作就可以收集到原本的信号，而这时候干扰信号只能干扰某段频率，对整体干扰并不大。

IEEE 802.11 由于数据传输速率限制，2000 年也紧跟着推出了改进版 IEEE 802.11b。随着网络的发展，特别是 IP 语音、视频数据流等高宽带网络应用的需要，IEEE 802.11b 只有 11 Mb/s的数据传输率不能满足实际需要。于是，陆续推出传输速率高达 54 Mb/s 的 IEEE

802.11a 和 IEEE 802.11g。

7.2.1 IEEE 802.11b

IEEE 802.11b 是目前最普及、应用最广泛的无线标准。IEEE 802.11b 工作频段为 2.4 GHz,物理层支持的速率为 5.5 Mp/s 和 11 Mp/s。IEEE 802.11b 传输速率会因环境干扰或传输距离而变化,其速率在 1 Mb/s、2 Mb/s、5.5 Mb/s、11 Mb/s 之间切换,而且在 1 Mb/s、2 Mb/s速率时 IEEE 802.11 兼容。IEEE 802.11b 采用 DSSS 技术,并提供数据加密,使用的高达 128 位的有效保密协议(Wired Equipment Privacy, WEP)。IEEE 802.11b 与之后推出的工作在 5G 频段的 IEEE 802.11a 标准不兼容。Wi-Fi 最早是出现在 1999 年,最开始是遵从 IEEE 802.11b 标准的一种通信技术,但同时也是一个商标。

IEEE 802.11b 有两种工作模式,即点对点和基本模式。点对点模式是指无线网卡和无线网卡之间的通信方式;基本模式是 IEEE 802.11b 最常用的连接方式,即无线网络的扩充或无线和有线网络并存的通信方式。802.11b 是所有 WLAN 标准演进的基石,许多系统大都需要与工作在 2.4 GHz 的协议向后兼容。

7.2.2 IEEE 802.11a

IEEE 802.11a 协议是 IEEE 802.11 工作组为 5 GHz ISM 频段定义的 WLAN 物理层协议,采用 OFDM 方式。802.11a 中定义的 OFDM 方式支持 20 MHz、10 MHz 和 5 MHz 的信道带宽,其中 20 MHz 信道带宽时,子载波数为 52,数据载波为 48,OFDM 符号持续时间为 4 μs,保护间隔为 0.8 μs,占用带宽 16.6 MHz;10 MHz 信道带宽时,子载波数为 52,数据载波为 48,OFDM 符号持续时间为 8 μs,保护间隔为 1.6 μs,占用带宽 8.3 MHz;5 MHz 信道带宽时,子载波数为 52,数据载波为 48,OFDM 符号持续时间为 16 μs,保护间隔为 3.2 μs,占用带宽4.15 MHz。

在 802.11a 标准中,数据速率可以达到 54 Mb/s。在干扰方面,它要优于 802.11b 标准,这是因为 802.11a 提供更多的可用信道,并且 802.11b 和各种各样的家用器具及医疗设备的使用频率是共享的。

7.2.3 IEEE 802.11g

IEEE 802.11 工作组 2003 年开始定义新的物理层标准 IEEE 802.11g。与以前的 IEEE 802.11 协议标准相比,IEEE 802.11g 有以下两个特点:在 2.4 GHz 频段使用正交频分复用(OFDM)调制技术,使数据传输速率提高到 54 Mb/s 以上;能够与 IEEE 802.11b 的 Wi-Fi 系统互联互通,可共存于同一 AP 的网络里,从而保障了后向兼容性。

IEEE 802.11 三种协议对比如表 7-1 所示。

表 7-1　IEEE 802.11 三种协议对比

标准系列	802.11a	802.11b	802.11g
频段	5.8 GHz	2.4 GHz	2.4 GHz
容量	物理层速率达到 54 Mb/s 应用速率达到约 20 Mb/s	物理层速率达到 11 Mb/s 应用速率达到约 5～6 Mb/s	物理层速率达到 54 Mb/s 应用速率达到约 20 Mb/s
兼容性	802.11a 与 802.11b	与 DSSS 系统后向兼容	向后兼容 802.11b
覆盖范围	较小	较大	较大
缺点	公共频段，信号干扰带来的影响不确定。当前终端普及性低，成本较高	公共频段，信号干扰带来的影响不确定	公共频段，信号干扰带来的影响不确定。802.11b 和 802.11g 混合接入时，性能降低到 802.11b
优势	技术成熟，信道多，干扰少，速率高	技术成熟、成本低、终端支持普及	技术成熟，兼容性好；成本接近 802.11b，终端支持普及

7.3　Wi-Fi 技术

Wi-Fi(Wireless Fidelity)是一种可以将个人电脑、手持设备(如 Pad、手机)等终端以无线方式互相连接的技术，事实上它是一个高频无线电信号。无线保真是一个无线网络通信技术的品牌，由 Wi-Fi 联盟所持有。目的是改善基于 IEEE 802.11 标准的无线网络产品之间的互通性。

Wi-Fi 技术主要优势体现在以下几个方面：

(1)无线电波的覆盖范围广，半径可达到 100 m，约为蓝牙的 10 倍。

(2)根据无线网卡使用的标准不同，Wi-Fi 速度也有所不同。其中 IEEE 802.11b 最高为 11 Mb/s，部分厂商在设备配套的情况下可以达到 22 Mb/s。IEEE 802.11a 和 IEEE 802.11g 高达 54 Mb/s。能够满足个人和社会信息化的需求。

(3)不受布线条件的限制，因此非常适合移动办公用户的需要，具有广阔的市场前景。

7.3.1　Wi-Fi 协议架构

无线局域网 IEEE 802 标准遵循 ISO/OSI 参考模型的最低两层，即物理层和数据链路层。物理层是介质访问控制层 MAC 与无线介质之间的接口，它传输和接收共享无线介质上的两种类型数据，即跳频展频(Frequency Hopping Spread Spectrum，FHSS)和直接序列展频(Direct Sequence Spread Spectrum，DSSS)。数据链路层分为两个子层，即媒体访问控制层(Media Access Control，MAC)和逻辑链路控制层(Logical Link Control，LLC)。图 7-1 所示为 WLAN 架构参考模型。Wi-Fi 使用了 IEEE 802.11 的媒体访问控制层(MAC)和物理层(PHY)，但是两者并不完全一致。

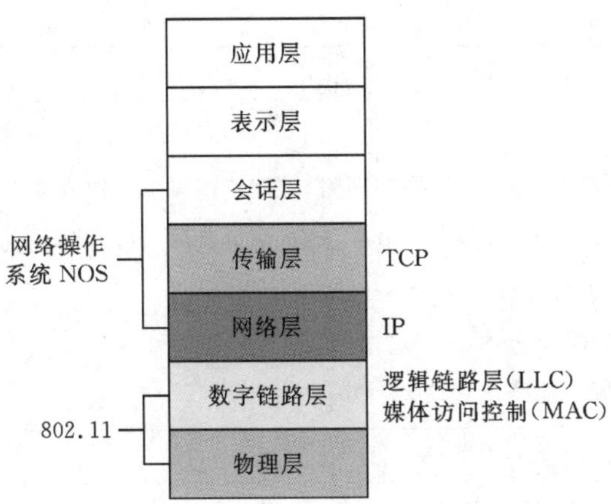

图 7-1 WLAN 架构参考模型

802.11a 所规范的物理层，主要是以正交频分复用(orthogonal frequency division multiplexing，OFDM)技术为基础。802.11 将物理层进一步划分为两个组成元件：一是物理汇聚子层(Physical Layer Convergence Procedure，PLCP)，负责将 MAC 映射到传输介质；另一是物理介质依赖子层(Physical Medium Dependent，PMD)，负责传送这些帧。

IEEE 802.11 MAC 帧的最大长度 2 346 个字节，包括三部分：MAC 头(MAC Header)、帧体(Frame body)、FCS。IEEE 802.11 MAC 层的帧结构如图 7-2 所示。

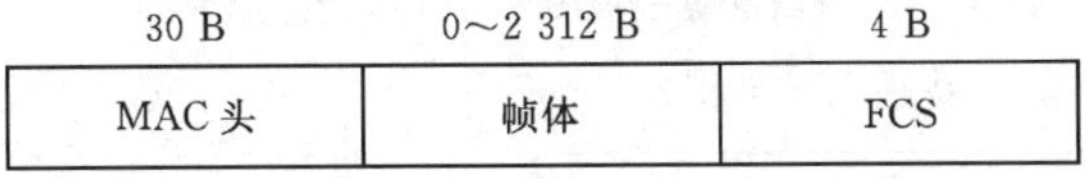

30 B	0～2 312 B	4 B
MAC 头	帧体	FCS

图 7-2 IEEE 802.11 MAC 层帧结构

MAC Header 是 MAC 帧信息，包括 Frame Control、Duration/ID、Address 1、Address 2、Address 3、Sequence Control、Address 4。其中 Frame Control 是帧控制域，占 2 字节，如图 7-3 所示。帧控制域说明见表 7-2。

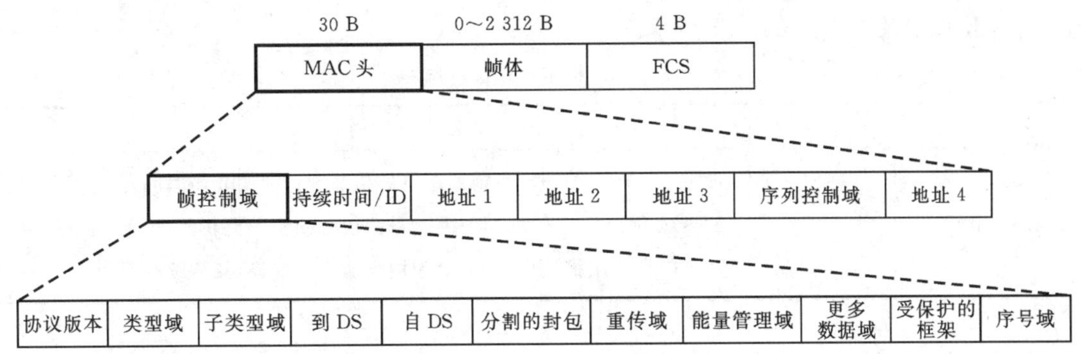

图 7-3 Frame Control 帧控制域

表 7-2　帧控制域说明

域	说明
Protocol Version	表示 MAC 协议版本,默认为 0
Type	表示帧类型 00 管理帧,负责终端网络,处理终端设备的加入或退出,设备关联 01 控制帧,负责区域的清空、信道获取、载波监听维护、数据确认 10 数据帧,负责设备间数据传输 11 保留不使用 应用速率达到约 20 Mb/s
Subtype	表示帧的详细类型
To DS/From DS	表示帧的源地址和目标地址 To DS=0, From DS=0;所有管理帧,控制帧 To DS=1, From DS=0;基础网络中,STA 发送的数据帧 To DS=0, From DS=1;基础网络中,STA 接收的数据帧 To DS=1, From DS=1;无线桥接器的数据帧
More Fragments	表示 MAC 帧是否分段;如果进行分段,除了最后一个片段,其他片段均置为 1。通过分段,MAC 层会对数据进行分块传输,避免冲突
Retry	如果该位设置为 1,表示为重传的帧
Power management	表示 STA 完成当前的帧交换后是否进入省点模式。0 表示 STA 会一直保持清醒状态;1 表示将进入省电模式
More data	如果 STA 处于省电模式,AP 将会缓存发送到该 STA 的数据帧。AP 如果将此为设置为 1,表示该 STA 有帧在 AP 中被缓存
Protect Frame	表示是否收到链路层安全协议的保护,加密标志,若为 1 表示数据内容加密,否则为 0
Order	表示帧或者帧片段是否按顺序传输,一般用于 PCF 模式下

Duration/ID 表示持续时间/标识,16 位,2 字节,根据 Type 和 Subtype 的不同而取不同的值。标志位取值及作用如表 7-3 所示。

表 7-3　标志位取值及作用

0～14 位	15 位	作用
0～32 767	0	设定 NAV,数值表示目前所进行的传输预计使用介质时间。 STA 必须监听所有的 MAC 帧,根据接收的帧来更新 NAV。 对于广播或组播地址的帧,应为接收端不会应答,其持续时间为 0

Frame Body:帧主体,2 个字节,来自网络层的数据,负责在 STA 间传输上层数据。

FCS:Frame Check Sequence,采用 CRC 校验,32 位循环冗余码,通过完整性检验的帧,需接收端发送应答帧。

7.3.2 Wi-Fi 频谱划分

Wi-Fi 总共有 14 个信道,如图 7－4 所示。IEEE 802.11b/g 标准工作在 2.4 GHz 频段,频率范围为 2.402～2.483 GHz,共 83.5 MHz 带宽;被划分为 14 个子信道,每个子信道宽度为 22 MHz,相邻信道的中心频点间隔 5 MHz;相邻的多个信道存在频率重叠(如 1 信道与 2、3、4、5 信道有频率重叠);整个频段内只有 3 个(1、6、11)互不干扰信道。

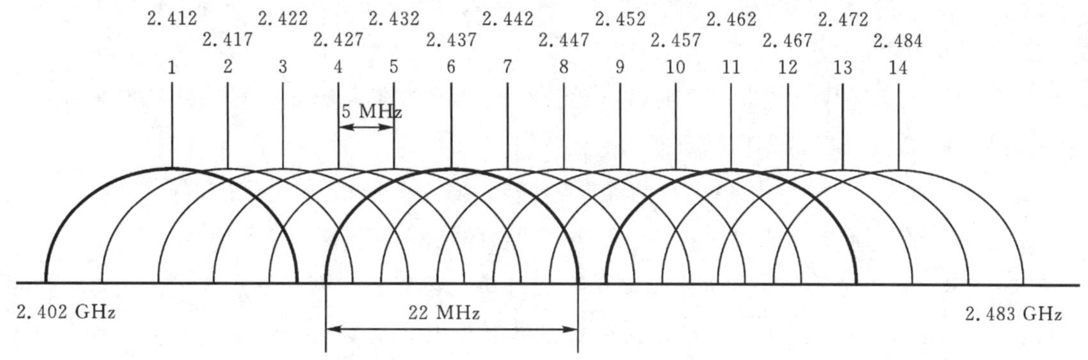

图 7－4 Wi-Fi 信道划分

7.4 WLAN 系统组成

无线局域网是由站点(Station, STA)、无线接入点(Access Point, AP)、接入控制单元(Access Control Unit, ACU)、Portal 服务器、AAA 服务器、Internet、移动网络单元等组成的一种无线分布式系统(Distribution System, DS)。AAA 服务器是提供 AAA 服务的实体,在模型中,AAA 服务器支持 Radius 协议,Portal 服务器适用于门户网站推送的实体,在 Web 认证时,辅助完成认证功能。WLAN 系统组成如图 7－5 所示。

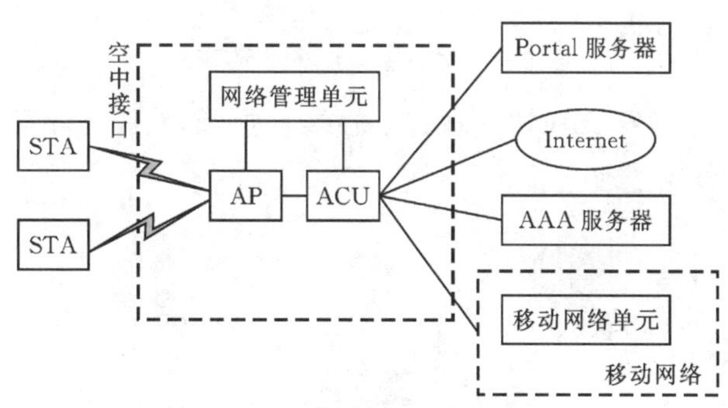

图 7－5 WLAN 系统组成

1. 站点(STA)

站点是无线局域网最基本的组成部分,也称为主机(Host)或终端(Terminal)。站点之间通过网络传输数据,站点在无线局域网中通常作为客户端,是一种具有无线网络接口的设备。站点主要由终端用户设备、无线网络接口、网络软件组成。终端用户设备是站与用户之间进行交互的设备,可以是台式计算机、笔记本电脑、手机等智能终端。无线网络接口是站点的主要组成部分,负责处理从终端用户到无线介质间的数字通信,可以是无线网卡或调制解调器。网络软件包括网络操作系统、网络通信协议等,可以在不同无线网络设备运行。

2. 无线接入点(Access Point, AP)

AP既有普通站点的身份,又有接入到分布式系统的功能,类似蜂窝结构中的基站,是无线局域网的重要组成部分。无线接入点是具有无线网络接口的网络设备,主要包括与分布式系统之间的接口、无线网络接口和相关软件、桥接软件、接入控制软件、管理软件等。作为无线接入点,其基本功能包括:

(1)作为接入点完成其他非AP的站点对分布式系统的接入访问和同一种基本服务单元(Basic Service Set, BSS)的不同站点间的通信连接。

(2)作为无线网络和分布式系统DS的桥节点实现无线局域网与分布式系统间的桥接功能。

(3)作为BSS的控制中心完成对其他非AP站点的控制和管理。

BSS是网络最基本的服务单元。最简单的服务单元可以只由两个站点组成。站点可以动态地连接到基本服务单元中。Ad Hoc无线自组网属于独立基本服务单元(Independent BSS, IBSS),该网络中无接入点AP,站点间直接通信。图7-6为独立基本服务单元IBSS示意图。

图7-6 独立基本服务单元IBSS

基础设施网有接入点AP,无线站点通信首先要经过AP,然后进行间接通信。图7-7为有AP的基本服务单元BSS示意图。

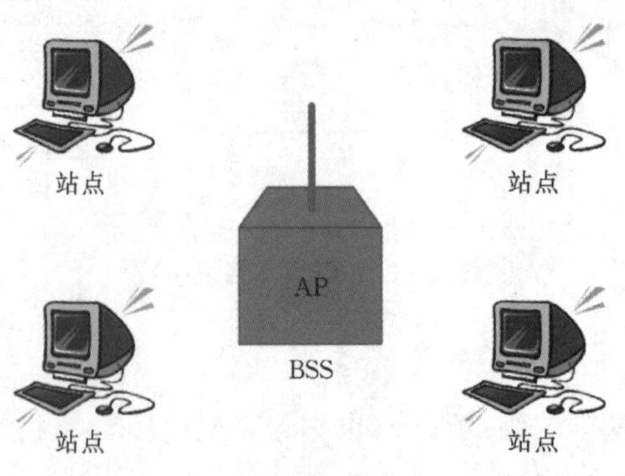

图7-7 有AP的基本服务单元BSS

3. 接入控制单元(Access Control Unit, ACU)

ACU是用户与无线接入网之间的接入设备。在集中式网络架构中,ACU对无线局域网中的所有AP进行控制和管理。例如,AC可以通过与认证服务器交互信息来为WLAN用户提供认证服务。

4. Portal服务器

Portal服务器是接收客户端认证请求的服务器系统,提供门户服务和认证界面,与接入设备交互客户端的认证信息。Portal服务器的作用相当于网桥。DS中的Portal服务器如图7-8所示。

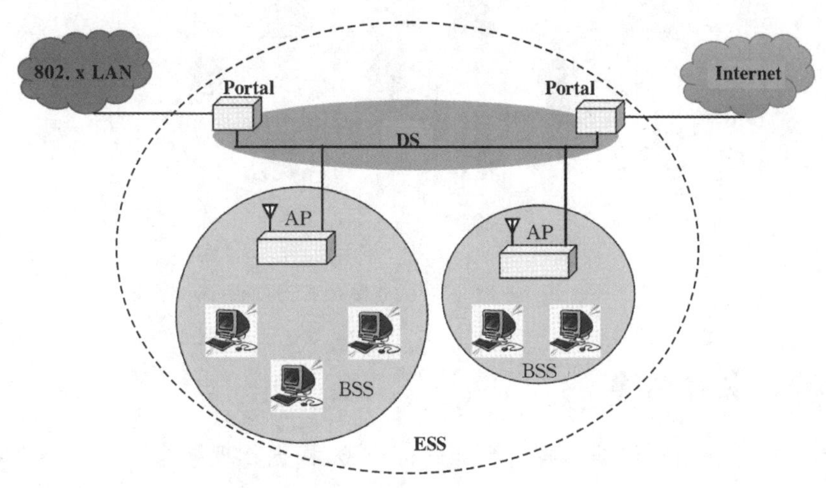

图7-8 DS分布式系统中的关口

5. AAA服务器

AAA是Authentication、Authorization、Accounting的简称,AAA服务器是一个能够处理用户访问请求的服务器程序,提供验证授权以及账户服务,主要目的是管理用户访问网络服务器,对具有访问权的用户提供服务。AAA服务器通常同网络访问控制、网关服务器、数据库以及用户信息目录等协同工作。

6. 分布式系统(Distribution System, DS)

一个基本服务区(Basic Service Area, BSA)是构成无线局域网的最小单元,其覆盖的区域通常会受到环境和收/发信机制的限制。为了覆盖更大的区域,可采用分布式系统DS将多个BSA连接起来,形成一个扩展业务区(Extended Service Area, ESA),通过DS互相连接起来的属于同一个ESA的所有主机组成一个扩展业务组(Extended Service Set, ESS)。无线分布式系统通过AP间的无线通信,通常是无线网桥取代有线电缆来实现不同BSS的连接。分布式系统通过关口(Portal)与骨干网相连。数据在无线局域网和骨干网之间传输时必须经过关口。

如图7-9所示,ESS由DS和BSS组合而成。这种组合是逻辑上而非物理上的。不同的基本服务单元有可能在地理位置上相距较远。ESS属于基础设施网,其中DS是分布式系统,AP是接入点,SSID是ESS扩展服务集标识符。一个移动节点使用某ESS的SSID加入该扩展服务集中,一旦加入 ESS,移动节点便可实现从该 ESS 的一个 BSS 到另一个 BSS 的漫游。

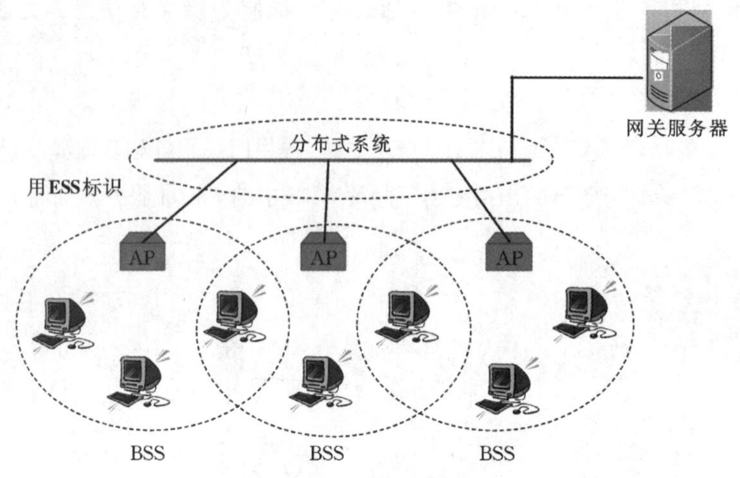

图 7-9　扩展服务单元 ESS

7.5　Wi-Fi 拓扑结构

无线局域网的拓扑结构根据不同的标准进行分类:根据物理结构可以分为单区网和多区网;根据逻辑结构可以分为对等式、基础结构式和总线型、星形、环形等;根据控制方式可分为无中心分布式和有中心分布式;根据与外网之间的连接性可分为独立式和非独立式。

7.5.1　分布对等式拓扑

分布对等式网络是一种独立的基本业务组(Independent Basic Service Set, IBSS)。它至少有两个站点。IBSS 是一种典型的、以自发方式构成的单区网。在可以直接通信的范围内,IBSS 中任意站点之间可以直接通信而不需要 AP 连接。由于没有 AP,站点之间的关系是对等的、分布式的和无控制中心的。由于 IBSS 网络不需要预先计划,可以随时需要随时建立,因此,这种工作模式被称为自组织网络(Ad-hoc Network)。

采用这种拓扑结构的网络,各站点竞争公用信道,当站点数量较多时,信道竞争将成为影响网络性能的关键因素。因此,IBSS 仅适合于小规模、小范围的 WLAN 系统。IBSS 网络的典型特点是受时间和空间的限制,而这些限制使得 IBSS 的建立和拆除十分简单,使 IBSS 网络中的用户可以很方便地操作,也就是说,除了网络中必备的站点外,用户不需要专业的网络技术知识和操作技能,就可以使用 IBSS 网络。因此,IBSS 结构简单、组网灵活、使用方便,多用于临时组建的小型无线局域网。

7.5.2 基础结构集中式拓扑

图 7-10 所示为基础结构集中式拓扑示意图。

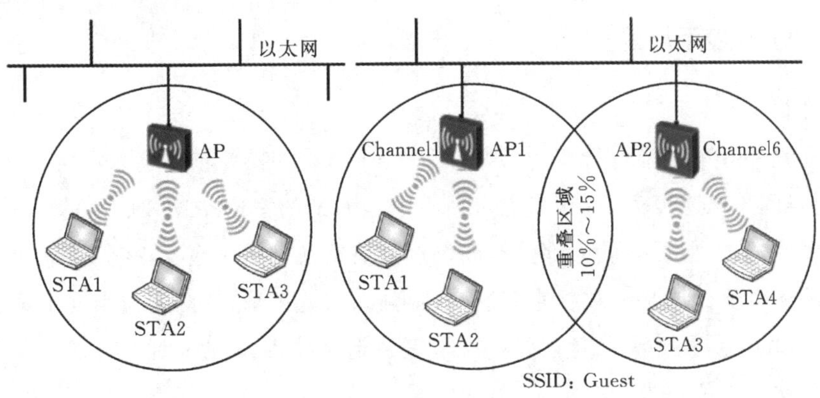

图 7-10 基础结构集中式拓扑示意图

图 7-10 中，基础结构集中式网络通过 AP 控制各站间的通信，抗毁性较差，AP 复杂度较大。但具有站点布局限制小、路由复杂性低、便于管理、易伸缩等优点。不能直接通信，需要引入一个 AP 提供中继和链接至有线的服务。AP 之间使用互相不重叠的信道，AP 之间信号覆盖重叠区域为 10%～15%。

7.5.3 ESS(扩展业务组)网络拓扑

图 7-11 所示为扩展业务组(ESS)网络拓扑示意图，该网络是由多个 AP 以及连接它们的分布式系统(DS)组成的基础架构模式网络，也称为扩展服务区(ESS)。扩展服务区内的每个 AP 都是一个独立的无线网络基本服务区(BSS)，所有 AP 共享同一个扩展服务区标示符(ESSID)。相同 ESSID 的无线网络间可以进行漫游，不同 ESSID 的无线网络形成逻辑子网。

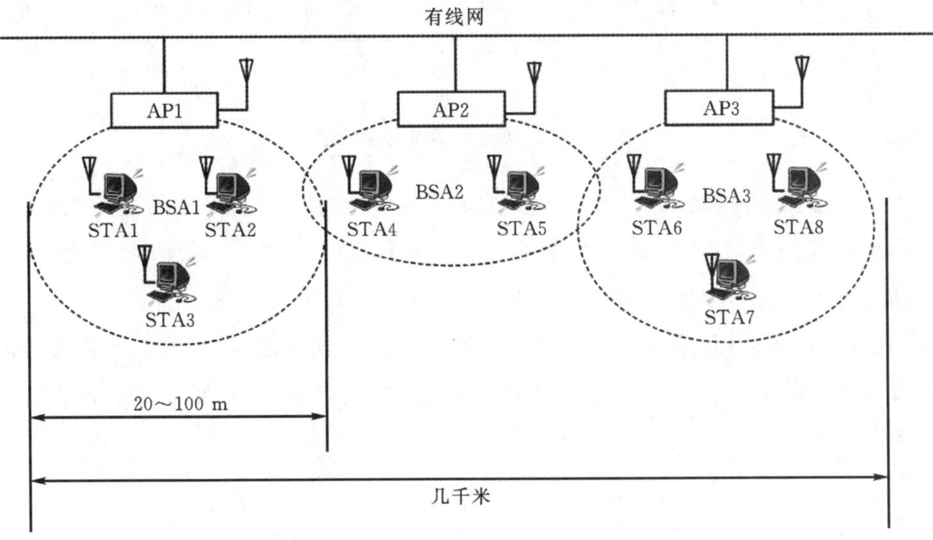

图 7-11 扩展业务组(ESS)网络拓扑示意图

7.6 Wi-Fi 应用场景与未来发展

7.6.1 Wi-Fi 应用场景

1. 室内定位

当人们在室外开车或骑自行车时，现已习惯运用 GPS 来实现导航和定位。在高度城市化的今天，室内空间越来越庞大复杂，当进入到一个较大型的室内空间，比如在医院，即使有楼层分布图以及引导标志，但看病的大部分时间仍然会浪费在寻找科室上；在停车场，找不着停车位而四处乱转的人也比比皆是。在越来越迫切的需求下，近年来，室内定位引起了高度的关注。

与室外卫星定位一统天下的情况不一样，室内定位技术呈现出百花齐放的场景，图 7－12 所示为现有的室内定位技术。

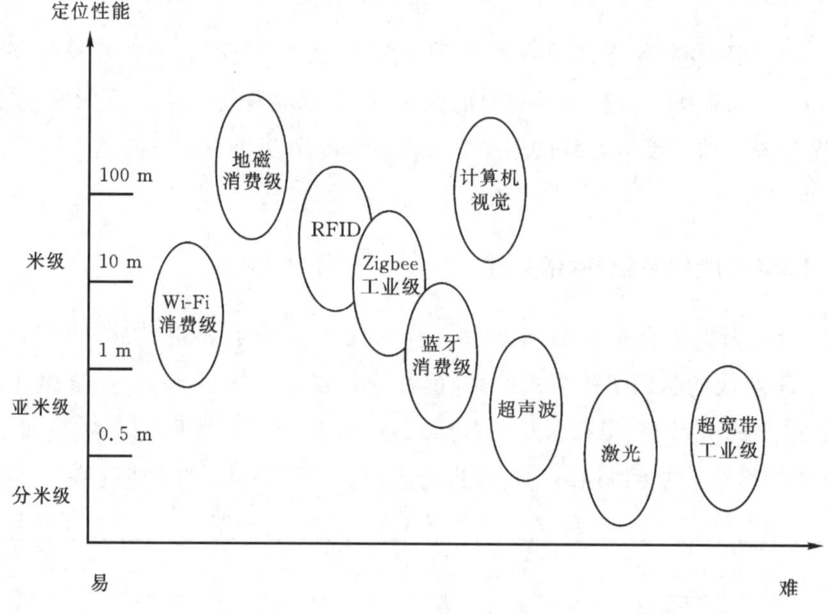

图 7－12　现有的室内定位技术

由于 Wi-Fi 已普及，因此不需要再铺设专门的设备用于定位。用户在使用智能手机时开启过 Wi-Fi、移动蜂窝网络，就可能成为数据源。该技术具有便于扩展、可自动更新数据、成本低的优势，因此 Wi-Fi 是相对成熟且应用较多的技术，最先实现了规模化。

Wi-Fi 定位一般采用“近邻法”判断，即最靠近哪个热点或基站，即认为处在什么位置，如附近有多个信源，则可以通过交叉定位，又称三边定位，提高定位精度。三边定位法原理如图 7－13 所示。

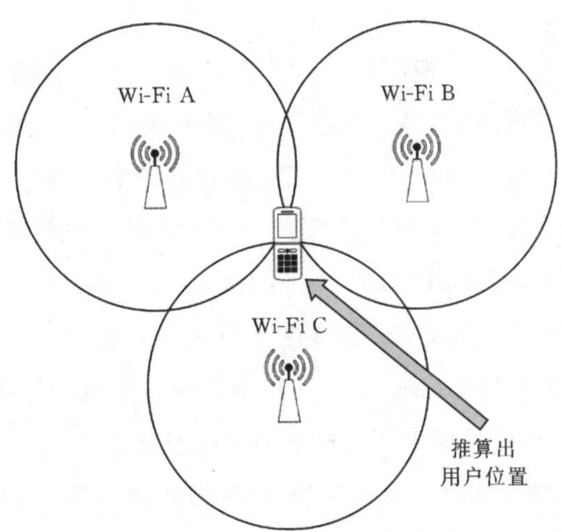

图 7-13 三边定位法原理

但是，Wi-Fi 热点受周围环境的影响会比较大、精度较低。为了做得更加精准，Wi-Fi 指纹采集技术可事先记录巨量的确定位置点的信号强度，通过用新加入的设备的信号强度对比拥有巨量数据的数据库，来确定位置。由于采集工作需要大量的人员来进行，并且要定期进行维护，技术难以扩展，很少有公司能对国内的这么多商场定期地更新指纹数据。Wi-Fi 指纹定位如图 7-14 所示。

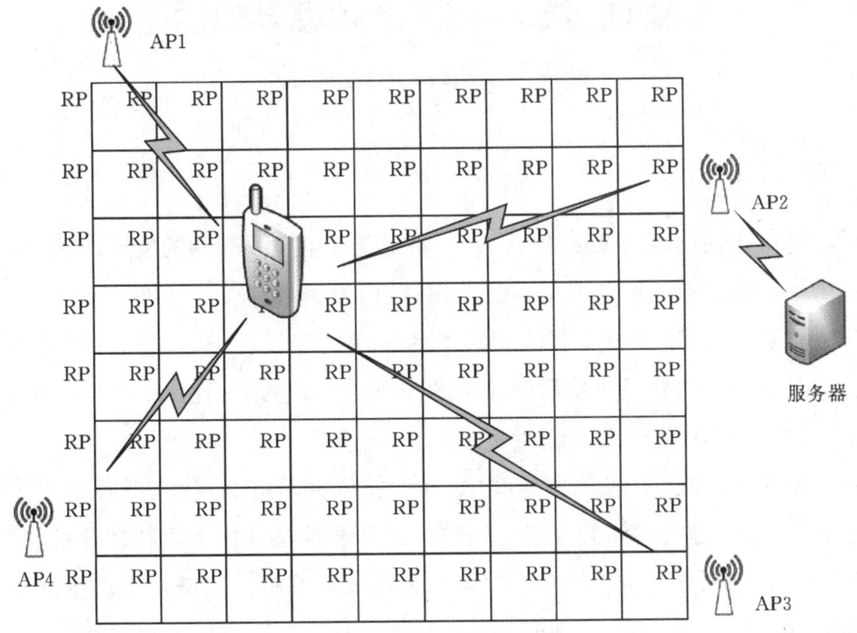

图 7-14 Wi-Fi 指纹定位

Wi-Fi 定位可以实现复杂的大范围定位，但精度只能达到 2 m 左右，无法做到精准定位。因此适用于对人或者车的定位导航，可用于医疗机构、主题公园、工厂、商场等各种需要定位导航的场合。

2. 雷达 Wi-Fi

将雷达和 Wi-Fi 结合起来可实现高精度的感知环境。雷达 Wi-Fi 是一款能够随时随地连接Wi-Fi的安全上网工具，具有增强信号、网络测速、保护 Wi-Fi 安全等功能，能够一键查询附近的共享热点、自动安全连接，操作简单高效。MIT 研发的 WiTrack3D 动作追踪技术如图 7-15 所示，它不仅不再需要借助摄像头，同时还能“看”到墙的背后。此种效果源于核心技术的不同。不依赖于摄像头对室内画面的捕捉，WiTrack 依赖无线电通信，该信号携带的能量非常低，是 Wi-Fi 信号的 1/100，是手机信号的 1/1 000。它通过接收从空间移动人体反射回的信号进行 3D 建模，从而判断人体位置，精度在 10～21 cm。由于电磁波可以穿墙的性质，WiTrack 也因此能够捕捉墙背后的动作。WiTrack 现已可作为配件植入消费级电子产品内。在智能家居领域，WiTrack 可用于判断主人进出门的动作，从而自动开关灯；判断起床动作，从而自动打开浴室热水。另外，WiTrack 在侦测跌倒的问题上，准确率高达 96.9%，从而可用于保护老人/小孩的安全。

图 7-15　WiTrack3D 追踪技术

7.6.2　Wi-Fi 未来发展

Wi-Fi 作为物联网最重要的连接方式之一，将优先受益于物联网的发展。Wi-Fi MCU 从家电应用向非家电应用加速渗透，包括灯、插座、窗帘、门锁、智能穿戴产品等。在物联网芯片应用方面，Wi-Fi MCU 主要应用分布于智能家居中的家用电器设备、家庭物联网、工业物联网等。根据调查显示，家用 Wi-Fi 产品占物联网应用的 69%，工业应用占比 17%。

1. Wi-Fi 6 将与 5G 技术形成互补共存关系

5G 和 Wi-Fi 6 为通信领域两大前沿技术，两种技术同具有高速率、低时延等优势，均可应用于物联网、虚拟现实、超高清视频等应用领域。而从两种技术的本质特性分析，5G 为广域网授权频谱技术，重点面向户外应用场景，Wi-Fi 6 为局域网非授权频谱技术，重点面向户内应用场景，两者的应用优势各不相同。Wi-Fi 6 可改善 5G 通信在户内场景穿透性差、覆盖率低、功耗高等问题，5G 可改善 Wi-Fi 6 在户外场景无法实现大量设备远距传输的问题，两者将逐步形成互补共存关系。

2. 新兴应用场景不断增多

相比 Wi-Fi 4、Wi-Fi 5 等历代 Wi-Fi 技术标准，Wi-Fi 6 在带宽、网络速率、网络时延、功耗等方面实现提升，从而进一步拓展 Wi-Fi 技术应用场景。从 Wi-Fi 技术的应用发展情况分析，第一阶段以手机、平板电脑、笔记本电脑等消费级电子终端为驱动，第二阶段以智能家居、智慧城市等物联网应用为驱动，第三阶段以虚拟现实、超高清视频应用等新一代高速率应用为驱动，而在 Wi-Fi 6 技术标准发展推动下，Wi-Fi 技术向第三阶段迈进的步伐日益加快。

3. Wi-Fi 7 蓄势待发

第七代 Wi-Fi 无线网络，速度可高达 30 Gb/s，是 Wi-Fi 6 最高 9.6 Gb/s 速率的三倍之多。相比于 Wi-Fi 6，Wi-Fi 7 将引入 CMU-MIMO 技术，最多可支持 16 条数据流，8 车道变 16 车道，堪称星际高速公路，其次 Wi-Fi 7 除了支持传统的 2.4 GHz 和 5 GHz 两个频段，还将新增支持 6 GHz 频段，并且三个频段能同时工作。Wi-Fi 6(802.11 ax)使用的是 1024 - QAM 信号调制方式，而采用 802.11 be 标准的 Wi-Fi 7 则会升级到 4096 - QAM 信号调制方式。

2021 年 12 月，联发科宣布 2022 年初将推出 Wi-Fi 7 网络，此前数据显示其网速是 Wi-Fi 6 的 3 倍多。2022 年 1 月，联发科官方宣布，已经成功完成了 Wi-Fi 7(802.11be)技术的现场演示，预计 2023 年发布全新的 Filogic Wi-Fi 7 无线连接平台产品。

2022 年 3 月 1 日，高通在 MWC2022 世界移动通信大会上发布了 Wi-Fi 7 解决方案——FastConnect 7800。

2022 年 3 月 4 日，在 2022 年世界移动通信大会(MWC2022)上，中兴推出了 Wi-Fi 7 标准的 5G CPE 产品 MC888 Flagship。

2022 年 6 月 14 日，新华三智能终端 Wi-Fi 7 家用路由器 H3C Magic BE18000 亮相。

练习题

一、选择题

1. 无线局域网(WLAN)相比有线网络优势在于(　　)。

A. 可移动性　　B. 成本高　　C. 覆盖范围小　　D. 传输速度快

2. 以下协议中，(　　)工作频段不是 2.4 GHz。

A. 802.11　　B. 802.11a　　C. 802.11b　　D. 802.11g

3. IEEE 802.11 定义了三种帧类型，不包括(　　)。

A. 数据帧　　B. 控制帧　　C. 管理帧　　D. 码片速率帧

4. 下面(　　)不属于 Wi-Fi 拓扑结构。

A. 分布式对等拓扑　　B. 基础结构集中式拓扑

C. ESS 网络拓扑　　D. 星状轮询

5. 一个无线 AP 以及关联的无线客户端被称为一个(　　)。

A. IBSS　　B. BSS　　C. ESS　　D. AC

二、简答题

1. 简述 WLAN 系统组成。

2. 简述 Wi-Fi 的拓扑结构。

参考文献

[1]刘克生. 零基础 Wi-Fi 模块开发入门与应用实例[M]. 北京:化学工业出版社,2020.

[2]孙秀英. WLAN 技术与应用[M]. 北京:机械工业出版社,2017.

[3]陈丽娜. 基于 WLAN 的位置指纹室内定位技术[M]. 北京:科学出版社, 2021.

[4]刘杰. 基于 Wi-Fi 通信技术的矿井通风监测系统设计应用[J]. 机械研究与应用,2021,34(6):156 - 158.

[5]秦正泓,刘冉,肖宇峰,等. 基于 Wi-Fi 指纹序列匹配的机器人同步定位和地图构建[J]. 计算机应用,2022,7:1 - 9.

[6]谢世成,余学祥,赵佳星,等. 一种改进的 Wi-Fi 位置指纹室内定位算法[J]. 合肥工业大学学报(自然科学版),2021,44(6):753 - 757.

[7]杨旭. 基于 Wi-Fi 的室内人员非接触式感知方法研究[D]. 徐州:中国矿业大学,2021.

[8]王博远. 基于 Wi-Fi 和惯性传感器的智能手机室内定位方法研究[D]. 哈尔滨:哈尔滨工程大学,2020.

拓展阅读

Wi-Fi 7 真的来了,可你真的需要吗?

随着中兴在 MWC2022 推出了全球第一台 CPE(客户驻地设备)形态的 Wi-Fi 7 终端 MC888 Flagship,标志着 Wi-Fi 7 终于走进了消费者的视线,开始进入实用阶段了。那么,相比 Wi-Fi 6,Wi-Fi 7 带来了什么?我们什么时候能用上 Wi-Fi 7 的设备?我们真需要吗?

MC888 是一个 5G CPE 设备,通俗地说,就是可以把 5G 移动信号转换为 Wi-Fi 7 信号,并通过设备的路由交换功能,供所在场所的各种 Wi-Fi 设备使用。

Wi-Fi 7 的确是快得没谱,MC888 最大并发速率可以达到 19 Gb/s,估计是将 2.4 GHz、5 GHz、6 GHz(Wi-Fi 6E 和 Wi-Fi 7 专有频段)加在一起计算的并发总带宽。那么从技术规范上讲,它到底比 Wi-Fi 6 增加了什么新特性呢?实际上 IEEE 组织在制订 802.11be 规范的时候,对 802.11be 这个 Wi-Fi 7 标准的初版还有一个全称:IEEE 802.11be - EHT(Extremely High Throughput,也就是“极高吞吐量”的意思),可以说是面向元宇宙时代的无线标准。

Wi-Fi 6 可以说是依然在家庭和办公组网范畴内打转,主要是为了满足更多的用户终端接入和并发,从而将 OFDMA、MU - MIMO、Mesh 等作为协议的核心技术。而 Wi-Fi 7 则是为了满足未来更大的海量无线网络数据阐述场景的极高吞吐量要求,主要针对近年来出现对吞吐率和时延要求更高的应用,比如 4K 和 8K 视频(传输速率可能会达到 20 Gb/s)、元宇宙应用中的 VR/AR(头显双目渲染)、大型网络和电竞游戏(时延要求低于 5 ms)、远程办公、在线视频会议和云计算等。

Wi-Fi 7 在 Wi-Fi 6 的基础上引入了众多新技术特性,使得 Wi-Fi 7 相较于 Wi-Fi 6 将提供更高的数据传输速率和更低的时延。Wi-Fi 7 能够支持高达 30 Gb/s 的吞吐量,大约是Wi-Fi 6的 3 倍。

第 8 章 ZigBee 技术

ZigBee 技术是一种应用于短距离和低速率下的无线通信技术，ZigBee 过去又称为 Home RF Lite、EasyLink 或 FireFly 技术，现统一称为 ZigBee 技术，作为新一代无线通信技术的命名。ZigBee 技术主要用于距离短、功耗低且传输速率不高的各种电子设备之间的数据传输，以及典型的有周期性数据、间歇性数据和低反应时间数据的传输。

8.1 ZigBee 技术概况

8.1.1 起源与发展

传统的无线协议很难适应无线传感器的低花费、低能量、高容错性等要求，在此情况下，ZigBee 协议应运而生。ZigBee 名字来源于蜂群使用的赖以生存和发展的通信方式，由于蜜蜂(Bee)是靠飞翔和嗡嗡(Zig)地抖动翅膀的八字形状舞蹈(Zag)与同伴分享发现的食物位置、距离、方向等信息，也就是说蜜蜂靠这样的方式构成了群体中的通信网络。

ZigBee 的基础是 IEEE 802.15.4。但 IEEE 仅处理低级 MAC 层和物理层协议，因此 ZigBee联盟扩展了 IEEE，对其网络层协议和 API 进行了标准化。ZigBee 是一种新兴的短距离、低速率的无线网络技术，主要用于近距离无线连接。

ZigBee 的前身是 1998 年由 Intel、IBM 等产业巨头发起的 Home RF Lite 技术。2000 年 12 月 IEEE 成立了工作小组起草 IEEE 802.15.4 标准，该标准是一种经济、高效和低数据速率、工作频率为 2.4 GHz 和 868/928 MHz 的无线通信技术，可用于个域网和对等网状网络。

ZigBee 联盟(http://www.ZigBee.org)成立于 2001 年 8 月。2002 年下半年，英国 Invensys公司、日本三菱电气公司、美国摩托罗拉公司以及荷兰飞利浦半导体公司四大巨头共同宣布加盟 ZigBee 联盟，以研发名为 ZigBee 下一代无线通信标准，该事件是 ZigBee 技术发展过程中的里程碑。经过长期努力，ZigBee 协议在 2003 年于美国正式问世。

2004 年 12 月 ZigBee 1.0 标准(又称为 ZigBee 2004)敲定，这使得 ZigBee 有了自己的发展基本标准。

2005 年 9 月公布 ZigBee 1.0 标准并提供下载。同年，华为技术有限公司和 IBM 公司加入了 ZigBee 联盟。但是基于该版本的应用很少，与后面的版本也不兼容。

2006 年 12 月进行标准修订，推出 ZigBee 1.1 版(又称为 ZigBee 2006)。该协议虽然命名为 ZigBee 1.1，但是与 ZigBee 1.0 版是不兼容的。

2007 年 10 月完成再次修订，称为 ZigBee2007/Pro，它能够兼容之前的 ZigBee 2006 版本，并且加入了 ZigBee Pro 部分，此时 ZigBee 联盟更加专注于家庭自动化、建筑商业大楼自动化、先进抄表基础建设。

目前，ZigBee 联盟已有包括芯片、IT、电信和工业控制等领域内约 500 家世界著名企业加入。

ZigBee 技术标志如图 8-1 所示。

图 8-1　ZigBee 技术标志

8.1.2　技术特点

1. ZigBee 技术的特点

自从马可尼发明无线电以来，无线通信技术一直向着不断提高数据速率和传输距离的方向发展。例如：广域网范围内的 3G 网络目的是提供多媒体无线服务，局域网范围内的标准提供从 IEEE 802.11 的 1 Mb/s 到 IEEE 802.11g 的 54 Mb/s 的数据速率。而 ZigBee 技术则致力于提供一种用于固定、便携或者移动设备的低复杂度、低成本、低功耗和低速率的无线通信技术。这种无线通信技术具有如下特点。

(1)功耗低。工作模式情况下，ZigBee 技术传输速率低，传输数据量很小，因此信号的收发时间很短，其次在非工作模式时，ZigBee 节点处于休眠模式。设备搜索时延一般为 30 ms，休眠激活时延为 15 ms，活动设备信道接入时延为 15 ms。由于工作时间较短、收发信息功耗较低且采用了休眠模式，使得 ZigBee 节点非常省电，ZigBee 节点的电池工作时间可以长达 6 个月到 2 年左右。同时，由于电池时间取决于很多因素，例如：电池种类、容量和应用场合，ZigBee 技术在协议上对电池使用也作了优化。对于典型应用，碱性电池可以使用数年，对于某些工作时间和总时间(工作时间＋休眠时间)之比小于 1%的情况，电池的寿命甚至可以超过 10 年。

(2)数据传输可靠。ZigBee 的媒体接入控制层(MAC 层)采用 talk-when-ready 碰撞避免机制。在这种完全确认的数据传输机制下，当有数据传送需求时则立刻传送，发送的每个数据包都必须等待接收方的确认信息，并进行确认信息回复，若没有得到确认信息的回复就表示发生了碰撞，将再传一次，采用这种方法可以提高系统信息传输的可靠性。同时为需要固定带宽的通信业务预留了专用时隙，避免了发送数据时的竞争和冲突。ZigBee 针对时延敏感的应用作了优化，通信时延和休眠状态激活的时延都非常短。

(3)网络容量大。ZigBee 低速率、低功耗和短距离传输的特点使它非常适宜支持简单设备。ZigBee 定义了两种设备：全功能设备(FFD)和简化功能设备(RFD)。对全功能器件，要求它支持所有的 49 个基本参数。而对简化功能设备，在最小配置时只要求它支持 38 个基本参数。一个全功能设备可以与简化功能设备和其他全功能设备通信,可以按3种方式工作,分别为个域网协调器、协调器或终端设备。而简化功能设备只能与全功能设备通信,仅用于非常简单的应用。每个ZigBee网络最多包括255个ZigBee网络节点,其中一个是主控设备(Master),其余则是从属设备(Slave)。若是通过网络协调器(Network Coordinator),整个网络最多可以支持65 535个ZigBee网络节点,再加上各个Network Coordinator可互相连接,整个ZigBee网络节点的数目将十分可观。

(4)兼容性。ZigBee技术与现有的控制网络标准无缝集成。通过网络协调器(Coordinator)自动建立网络,采用载波侦听/冲突检测(CSMA-CA)方式进行信道接入。为了可靠传递,还提供全握手协议。

(5)安全性。ZigBee提供了数据完整性检查和鉴权功能,在数据传输中提供了三级安全性。第一级实际是无安全方式,对于某种应用,如果安全并不重要或者上层已经提供足够的安全保护,器件就可以选择这种方式来传输数据。对于第二级安全级别,器件可以使用接入控制清单(ACL)来防止非法器件获取数据,在这一级不采取加密措施。第三级安全级别在数据传输中采用属于高级加密标准(AES)的对称密码。AES可以用来保护数据净荷和防止攻击者冒充合法器件,各个应用可以灵活确定其安全属性。

(6)实现成本低。ZigBee协议简单,成本不到蓝牙的1/10,降低了对通信控制器的要求;而且ZigBee免协议专利费。每块芯片的初始成本约6美元,很快就降到低于1美元。目前低速低功率UWB芯片组价格至少为20美元,而ZigBee的价格目标仅为几美分。因此低成本对于ZigBee也是一个关键的因素。

(7)时延短。ZigBee响应速度快,通信时延和从休眠状态激活的时延都非常短,典型的搜索设备时延为30 ms,休眠激活时延为15 ms,活动设备信道接入时延为15 ms,进一步节省了能耗。相比而言,蓝牙时延为3～10 s,Wi-Fi时延为3 s。因此ZigBee技术更适用于对时延要求苛刻的无线控制应用,如工业控制等场合。

(8)传输速率低。ZigBee传输速率较低。868 MHz时原始数据吞吐率为20 kb/s,915 MHz时原始数据吞吐率为40 kb/s,2.4 GHz时原始数据吞吐率为250 kb/s,适合低速率传输数据应用需求。

2. ZigBee与Wi-Fi技术的异同点

(1)相同点。

①二者都是短距离的无线通信技术。

②都使用2.4 GHz频段。

③都采用DSSS技术。

(2)不同点。

①传输速度不同。ZigBee传输速度不高(小于250 kb/s),但是功耗很低,使用电池供电一般能用3个月以上;Wi-Fi传输速率高(11 Mb/s),功耗也大,一般需外接电源。

②应用场合不同。ZigBee用于低速率、低功耗场合,比如无线传感器网络,适用于工业控

制、环境监测、智能家居控制等领域。Wi-Fi 一般是用于覆盖一定范围(如 1 栋楼)的无线网络技术(覆盖范围 100 m 左右)。表现形式就是常用的无线路由器。在一栋楼内布设 1 个无线路由器,楼内的笔记本电脑(带无线网卡),基本都可以无线上网了。

③市场现状不同。ZigBee 作为一种新兴技术,自 2004 年发布第一个版本的标准以来,正处在高速发展和推广当中;目前因为成本、可靠性方面的原因,还没有大规模推广;Wi-Fi 技术成熟很多,应用也很多。总体上说,二者的区别较大,市场定位不同,相互之间的竞争不是很大。只不过二者在技术上有共同点,二者的相互干扰还是比较大的,尤其是 Wi-Fi 对于 ZigBee 的干扰。

④二者硬件内存需求对比。ZigBee:32～64 KB+;Wi-Fi:1 MB+。ZigBee 硬件需求低。

⑤二者电池供电上电可持续时间对比。ZigBee:100～1 000 天;Wi-Fi:1～5 天。ZigBee 功耗低。

⑥传输距离对比。ZigBee:1～1 000 m;Wi-Fi:1～100 m。ZigBee 传输距离长。

⑦网络带宽对比。ZigBee:20～250 kb/s;Wi-Fi:11 000 kb/s。ZigBee 带宽低、传输慢。

8.1.3 技术原理

ZigBee 是一个由可多达 65 535 个无线数传模块组成的一个无线数传网络平台,十分类似现有的移动通信的 CDMA 网或 GSM 网,每一个 ZigBee 网络数传模块类似移动网络的一个基站,在整个网络范围内,它们之间可以进行相互通信;每个网络节点间的距离可以从标准的 75 m,到扩展后的几百米,甚至几千米;另外,整个 ZigBee 网络还可以与现有的其他各种网络连接。例如,可以通过互联网在北京监控云南某地的一个 ZigBee 控制网络。

ZigBee 网络主要是为自动化控制数据传输而建立,而移动通信网主要是为语音通信而建立;每个移动基站价值一般都在百万元人民币以上,而每个 ZigBee 基站却不到 1 000 元人民币;每个 ZigBee 网络节点不仅本身可以作为监控对象,例如对其所连接的传感器直接进行数据采集和监控,它还可以自动中转别的网络节点传过来的数据资料;除此之外,每一个 ZigBee 网络节点(FFD)还可在自己信号覆盖的范围内,和多个不承担网络信息中转任务的孤立的子节点(RFD)无线连接。

每个 ZigBee 网络节点(FFD 和 RFD)可以支持多到 31 个传感器和受控设备,每一个传感器和受控设备可以有 8 种不同的接口方式;可以采集和传输数字量和模拟量。

8.2 ZigBee 协议栈

协议是一系列的通信标准,通信双方需要按照同一标准进行正常的数据发射和接收。协议栈是协议的具体实现形式,即是协议和用户之间的一个接口,开发人员通过使用协议栈来使用协议,进而实现数据收发。

图 8-2 所示为 ZigBee 协议栈架构图。如图 8-2 所示,ZigBee 协议分为两部分,IEEE 802.15.4 定义了 PHY(物理层)和 MAC(介质访问控制层)技术规范;ZigBee 联盟定义了

NWK(网络层)、APS(应用支持子层)、APL(应用层)技术规范。ZigBee协议栈就是将各个层定义的协议都集合在一起,以函数的形式实现,并给用户提供APL(应用层),用户可以直接调用。

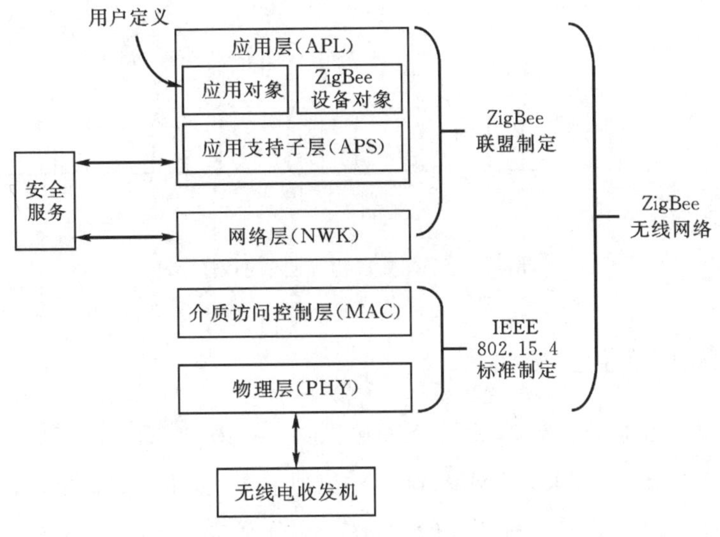

图8-2 ZigBee协议栈架构图

8.2.1 物理层(PHY)

物理层定义了物理无线信道和MAC子层之间的接口,提供物理层数据服务和管理服务。

IEEE 802.15.4标准定义了两个物理层标准,对应频率范围分别为868 MHz、915 MHz和2.4 GHz。两者均基于直接序列扩频(DSSS),数据包格式相同,区别在于工作频率、调制技术、扩频码片长度和传输速率等,具体见表8-1。

表8-1 ZigBee不同频段物理层区别

工作频率/MHz	频段/MHz	数据速率/(kb/s)	调制方式	采用地区
868/915	868~868.6	20	BPSK	欧洲
	902~928	40	BPSK	美国
2450	2400~2483.5	250	O-QPSK	全球

图8-3所示为不同频段物理层信道划分。868 MHz支持1个数据速率为20 kb/s的信道,即通道0。915 MHz支持10个数据速率为40 kb/s的信道,即通道1~10。2.4 GHz可以提供数据速率为250 kb/s的16个不同信道,即通道11~26。

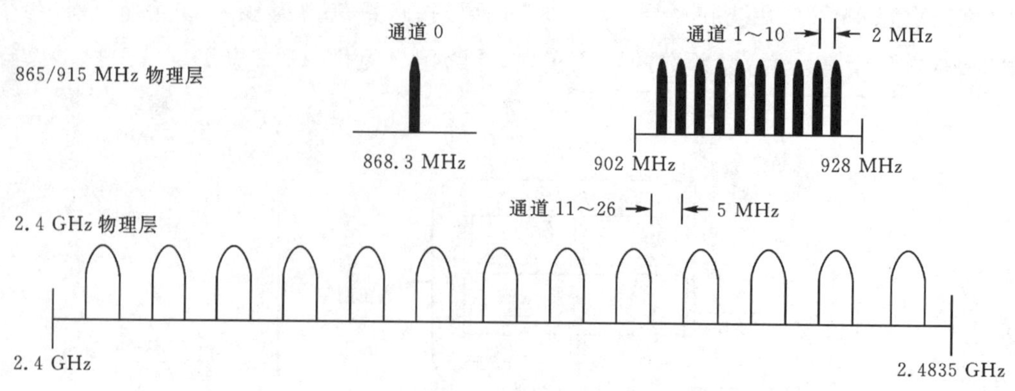

图 8-3　不同频段物理层信道划分

8.2.2　介质访问控制层(MAC)

IEEE 802.15.4 标准为低速率无线个人域网(Low Rate Wireless Personal Areas Networks，LR-WPAN)定义了 OSI 模型最低的两层，即 PHY 层和 MAC 层。PHY 层定义了无线射频应该具备的特征，它支持二种不同的射频信号，分别位于 2 450 MHz 波段和 868 MHz、915 MHz 波段。2 450 MHz 波段射频可以提供 250 kb/s 的数据速率和 16 个不同的信道；868 MHz 支持 1 个数据速率为 20kb/s 的信道，915 MHz 支持 10 个数据速率为 40 kb/s 的信道。

MAC 层负责相邻设备间的单跳数据通信，它负责建立与网络的同步，支持关联和去关联以及 MAC 层安全，能提供二个设备之间的可靠链接。

MAC 子层通过 CSMA/CA 机制控制无线电信道，解决信道访问时的冲突，它的职责还包括发送信标帧或检测、跟踪信标，处理和维护保护时隙，实现设备间链路连接的建立及断开，提供可靠的传输机制。

8.2.3　网络层(NWK)

网络层提供相应的功能以确保 MAC 子层的正确操作并为应用层提供合适的服务接口。为了给应用层提供接口，网络层在概念上包括两个提供必要功能的服务实体——NWK 层数据实体(NLDE)和 NWK 层管理实体(NLME)。NLDE-SAP 提供数据传输服务，NLME-SAP 提供管理服务。NLME 利用 NLDE 来实现一些管理任务，并且还维护一个称为网络信息库(NIB)的托管对象数据库。图 8-4 所示为 NWK 层参考模型，描述了 NWK 层的组件和接口。

NWK 支持星形、树形和网状拓扑。星形网络由单一设备 Coordinator 控制。Coordinator 的职责主要是在网络中初始化和维护设备。其他装置都称为 End device，直接与 Coordinator 通信。树形和网状网络中，Coordinator 负责创建网络并选择一些关键网络参数。网络可通过 Router 进行扩展。在树形网络中，Router 通过分层路由策略传递数据和控制信息。树形网络可以采用信标定向通信，如 IEEE 802.15.4 规范中所描述。网状网络允许对等实体间的通信，

Router 当前不发射常规 IEEE 802.15.4 信标。该规范只描述 Intra-PAN Networks，即通信在同一网络内开始和终止的网络。

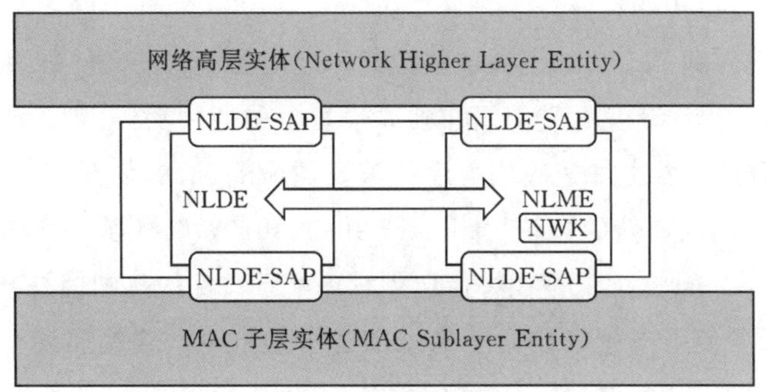

图 8-4　NWK 参考模型

8.2.4　应用层(APL)

应用层为体系结构的顶层，包括应用支持子层(APS)、制造商所定义的应用对象(在应用框架层)以及 ZigBee 设备对象(ZDO)。

1. 应用支持子层(Application Support SubLayer，APS)

应用支持子层介于网络层和应用层之间，指定了应用层提供服务规范和接口的部分，该规范定义了允许应用对象传输数据的数据服务，以及提供绑定的管理服务，如图 8-5 所示。

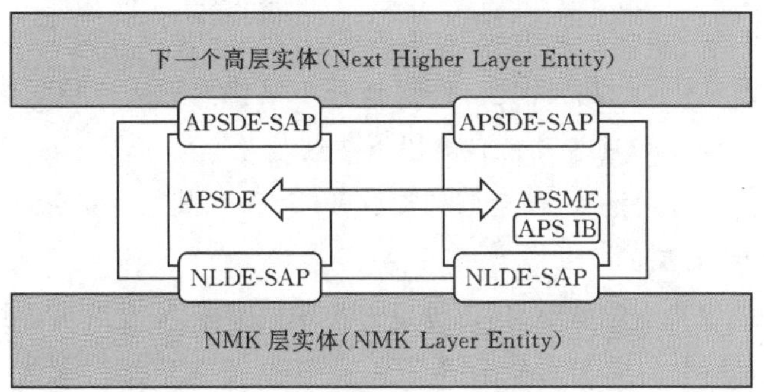

图 8-5　APS 子层参考模型

APS 数据实体(APSDE)通过 APSDE 服务接入点(APSDE-SAP)。APSDE 在同一个网络中的两个或多个应用实体之间提供数据传输服务。APS 管理实体(APSME)通过 APSME 服务接入点(APSME-SAP)。APSME 给应用对象提供一系列服务，包括安全服务和设备绑定。它还维护被管理对象的数据库，称为 APS 信息库(AIB)。此外，它还定义了该子层帧格式和帧类型规范。

2. 应用框架(Application Framework)

ZigBee 中的应用框架是应用对象在 ZigBee 设备上存在的环境。应用框架最多可以定义 254个不同的应用对象，每个对象由 1 到 254 的端点地址标识。与 APS 之间的接口

APSDE-SAP为 Endpoint 1～254，ZDO 和 APS 之间接口是 Endpoint 0，广播数据到所有应用对象的接口是 Endpoint 255。Endpoint 241～254 未经 ZigBee 联盟允许不能使用。GreenPower cluster 的接口是 Endpoint 242。

应用程序配置文件和 Clusters 也在该层定义。应用程序配置文件是消息、消息格式和处理动作的协议，这些协议允许开发人员使用在独立设备上的应用实体，创建可互操作的分布式应用程序。这些应用程序配置文件使应用程序能够发送命令、请求数据和处理命令和请求，是在 ZigBee 网络上进行设备间通信的关键。Cluster 由 Cluster 标识符标识，该标识符与流出或进入设备的数据相关联。Cluster 标识符在特定应用程序配置文件的范围内是唯一的。

此外，ZigBee 设备使用描述符数据结构来描述它们自身。这些描述符中包含的实际数据是在各个设备描述中定义的。ZigBee 描述符共分为五种，如表 8-2 所示。

表 8-2 描述符类型

描述符名称	状态	描述
Node	M	节点的类型和能力
Node power	M	节点电源特性
Simple	M	包含在节点里的设备描述
Complex	O	设备描述的进一步信息
User	O	定义的使用者的描述符

注：M，Mandatory 强制性的；O，Optional 可选择的。

3. ZigBee 设备对象(ZigBee Device Objects，ZDO)

ZDO 提供应用程序对象、设备配置文件和 APS 三者之间的接口和基本功能。ZDO 在应用框架和 APS 子层之间。ZDO 主要功能包含以下两点。

(1)初始化 APS 子层、网络层、安全服务提供者(SSP)和其他除了驻留在端点 1～254 上的终端应用程序以外的设备层。

(2)从终端应用程序集合配置信息，以确定并实现"发现"、安全管理、网络管理和绑定管理。

ZDO 向应用框架层中的应用对象公开公共接口，以通过应用对象控制设备和网络功能。ZDO 与 ZigBee 协议栈较低层的接口在 Endpoint 0 上，通过 APSDE-SAP 进行数据传输，并通过 APMES-SAP 和 NLME-SAP 进行控制消息。公共接口在 ZigBee 协议栈的应用框架层内提供设备的地址管理、发现、绑定和安全功能。

设备发现是 ZigBee 设备可以发现其他 ZigBee 设备的过程。有两种形式的设备发现请求，即 IEEE 地址请求和 NWK 地址请求。IEEE 地址请求是单播到特定设备并且假定 NWK 地址是已知的。NWK 地址请求被广播并携带已知的 IEEE 地址作为数据有效载荷。

服务发现是指由其他设备发现给定设备的过程。服务发现可以通过对给定设备上的每个端点发出查询或使用匹配服务特征(广播或单播)来完成。服务发现定义并使用各种描述符来概述设备的能力。服务发现信息也可以在网络中缓存，当"发现"服务操作进行时，提供该服务的设备可能不可访问。

8.3 ZigBee 网络

ZigBee 是一种基于 802.15.4 物理层协议、支持自组网、多点中继，可实现网状拓扑的复杂的组网协议，加上其低功耗的特点，使得网络间的设备必须各司其职，有效地协同工作。

8.3.1 设备类型及功能特点

ZigBee 规范定义了三种类型的设备，即协调器(Coordinator)、路由器(Router)和终端设备(End-Device)。ZigBee 网络由一个协调器(Coordinator)、多个终端设备(End-Device)以及多个路由器(Router)组成。每种设备都有自己的功能要求。

(1)ZigBee 协调器。ZigBee 协调器是整个网络的中心，它的功能包括建立、维持和管理网络、分配网络地址等，可以认为是整个网络的"大脑"。协调器可以保持间接寻址用的绑定表格，支持关联，同时还能设计信任中心和执行其他活动。协调器负责网络正常工作以及保持同网络其他设备的通信。一个 ZigBee 网络只允许有一个 ZigBee 协调器。其功能特点包括以下几方面。

①选择一个信道和 PAN ID，组建网络。

②允许路由和终端节点加入这个网络。

③对网络中的数据进行路由。

④必须常电供电，不能进入睡眠模式。

⑤可以为睡眠的终端节点保留数据，至其唤醒后获取。

(2)ZigBee 路由器。ZigBee 路由器是一种支持关联的设备，能够将消息发到其他设备，主要负责路由发现、消息传输、允许其他节点通过它接入到网络。ZigBee 网络或属性网络可以有多个 ZigBee 路由器。ZigBee 星形网络不支持 ZigBee 路由器。其功能特点包括以下几个方面。

①在进行数据收发之前，必须首先加入一个 ZigBee 网络。

②本身加入网络后，允许路由和终端节点加入。

③加入网络后，可以对网络中的数据进行路由。

④必须常电供电，不能进入睡眠模式。

⑤可以为睡眠的终端节点保留数据，至其唤醒后获取。

(3)ZigBee 终端设备。ZigBee 终端设备通过协调器或路由器接入到网络可以执行它的相关功能，并使用 ZigBee 网络到达其他需要与之通信的设备，主要负责数据采集或控制功能，但不允许其他节点通过它加入网络中。它的存储器容量要求最少，可以用于 ZigBee 低功耗设计。其功能特点包括以下几方面。

①在进行数据收发之前，必须首先加入一个 ZigBee 网络。

②不能允许其他设备加入。

③必须通过其父节点收发数据，不能对网络中的数据进行路由。

④可由电池供电，进入睡眠模式。

上述三种设备根据功能完整性可分为全功能(Full Function Device,FFD)和简化功能(Reduced Function Device,RFD)设备。其中FFD可作为协调器、路由器和终端设备,而RFD只能用于终端设备。一个FFD可与多个RFD或多个其他FFD通信,而一个FFD只能与一个FFD通信。

协调器在选择频道和PAN ID组建网络后,其功能将相当于一个路由器。协调器或者路由器均允许其他设备加入网络,并为其路由数据。

终端设备通过协调器或者某个路由器加入网络后,便成为其"子节点";对应的路由器或者协调器即成为"父节点"。由于终端设备可以进入睡眠模式,其父节点便有义务为其保留其他节点发来的数据,直至其醒来,并将此数据取走。

8.3.2 设备寻址

1. ZigBee设备的地址类型

PAN的全称为Personal Area Networks,即个域网。每个个域网都有一个独立的ID号,即称为PAN ID。整个个域网中的所有设备共享同一个PAN ID。ZigBee设备的PAN ID可以通过程序预先指定,也可以在设备运行期间,自动加入一个附近的PAN中。

ZigBee设备有两种不同的地址:16位短地址和64位IEEE地址。其中64位地址是全球唯一的地址,在设备的整个生命周期内都将保持不变,它由IEEE组织分配,在芯片出厂时已经写入芯片中,并且不能修改。而短地址是在设备加入一个ZigBee网络时分配的,它只在这个网络中唯一,用于网络内数据收发时的地址识别。但由于短地址有时并不稳定,由于网络结构的变化会发生改变,所以在某些情况下必须以IEEE地址作为通信的目标地址,以保证数据有效送达。

2. FBee的地址分配方法

FBee采用最新的ZigBee Pro协议栈,在此版本协议栈中,首先,在任何一个PAN中,短地址0x0000都是指协调器。而其他设备的短地址是随机生成的。当一个设备加入网络之后,它从其父节点获取一个随机地址,然后向整个网络广播一个包含其短地址和IEEE地址的"设备声明"(Device Announce),如果另外一个设备收到此广播后,发现与自己地址相同,它将发出一个"地址冲突"(Address Conflict)的广播信息。有地址冲突的设备将全部重新更换地址,然后重复上述过程,直至整个网络中无地址冲突。

1)FBee设备的短地址变化说明

在FBee的"透传""采集"与"控制"几大功能中,设备地址是至关重要的一个参数,只有地址设置正确,通信才能按照预期进行。

2)协调器和路由器的短地址

协调器的短地址为0x0000,不会发生变化。而FBee的路由器短地址,是在其第一次上电时,由其父节点成功分配一次之后,保存在内部Flash中,以后无论如何开关机都将保持不变。

值得一提的是,正是由于这种简单的网络结构,用户可以选择一个协调器$+n$个路由器的方式来组成一个无“低功耗”需求的网络，进行“无线透传”等应用，简单地使用短地址即可保证数据送达正确的设备。

3)终端设备的短地址

上述协调器+路由器的方式可以满足部分应用，但无法体现 ZigBee 自组网与低功耗的优势，这时就要发挥终端设备的特点。FBee 终端设备的使用，将在后续章节中详细说明，此处仅介绍其短地址变化规律与长地址的使用。

FBee 终端设备可实现 ZigBee 的“自组”“自愈”功能。每次打开终端设备的电源，它将自动检查其附近的路由器/协调器与其连接的信号质量，选择信号质量最好的路由为其父节点加入网络。在加入网络之后，它将周期性地发送数据请求(MAC Data Requests)，如果其父节点没有对其请求进行响应，并且重试几次后，仍无响应，则判定为父节点丢失，此时终端设备将重复上述过程，重新寻找并加入网络。需要注意的是，由于 FBee 遵循的是 ZigBee Pro 的规范，重新加入新的父节点后，其短地址将保持不变。但在 ZigBee 2007 协议中，采用树形网络的固定地址方式，在更换父地址后，节点短地址会发生变化。

4)利用节点的长地址进行寻址

由于短地址的可变性，在具备可移动节点(End Device)的网络中，最好使用长地址进行通信，以确保数据送到正确的设备中。FBee 模块可实现设备的长地址寻址，仅需一个简单的 ATDL指令即可。具体的操作将在后续章节进行介绍。

8.3.3 数据发送方式

ZigBee 数据发送方式主要有三种：点播、组播和广播。

(1)点播。点播也叫点对点，是网络中任意一节点对另一个已知网络地址(即短地址)的节点进行数据发送的过程。点播方式下，数据由源设备发出，直接或者经过几级中转后，发送至目的地址。加入 ZigBee 网络的所有设备之间都可以进行单播传输，可用 16 位短地址或者 64 位长地址进行寻址。

(2)组播。组播(也叫组网)是网络中所有节点设备被分组后，网络中任意组的任意一节点都可以对某一已知组号(包括自身所属的组号)的组进行数据发送的过程。

(3)广播。提到广播，可能不少人会认为 ZigBee 的广播就像村里的大喇叭，一个人讲一遍，所有的人竖着耳朵听一次，就完成任务了。其实并不是这样的，ZigBee 的广播更像是“传悄悄话”，一传十、十传百，一点点“蔓延”出去的。

广播就是网络中任意一节点设备发出广播数据，网络中其他的任意节点都能收到。广播方式的目标短地址使用 0xFFFF。另外，0xFFFD 与 0xFFFC 也可作为广播地址。其区别如下。

0xFFFF：广播数据发送至所有设备，包括睡眠节点；

0xFFFD：广播数据发送至正在睡眠的所有设备；

0xFFFC：广播数据发送至所有协调器和路由器。

8.3.4 拓扑结构

ZigBee 网络目前有星形、树形和网状三种网络拓扑结构，可以根据实际项目需要选择合适的 ZigBee 网络结构，三种 ZigBee 网络结构各有优势。

1. 星形拓扑

星形拓扑是最简单的一种拓扑形式，如图 8－6 所示，包含一个 Coordinator（协调者）节点和一系列的 End Device（终端）节点。每一个 End Device 节点只能和 Coordinator 节点进行通信。如果需要在两个 End Device 节点之间进行通信，必须通过 Coordinator 节点进行信息的转发。

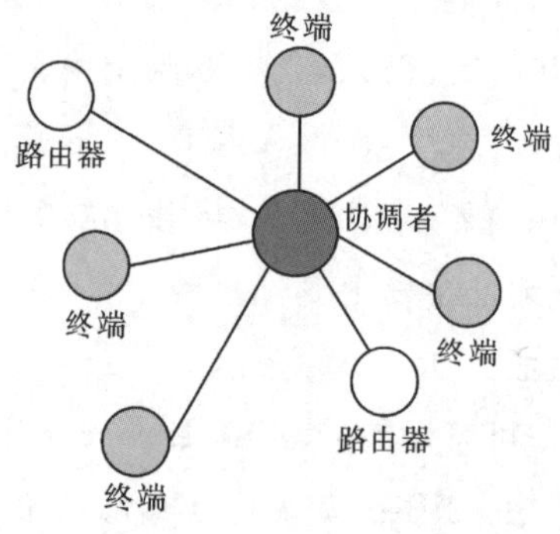

图 8－6　星形拓扑结构

2. 树形拓扑

树形拓扑包括一个 Coordinator（协调者）以及一系列的 Router（路由器）和 End Device（终端）节点。Coordinator 连接一系列的 Router 和 End Device，其子节点的 Router 也可以连接一系列的 Router 和 End Device。这样可以重复多个层级。树形拓扑结构如图 8－7 所示。

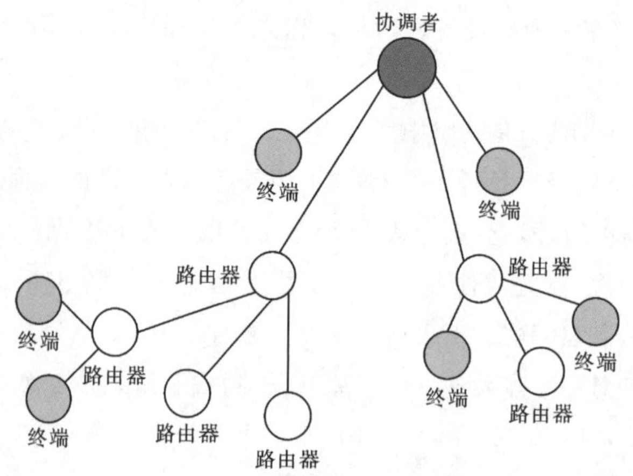

图 8－7　树形拓扑结构

注意：

①Coordinator 和 Router 节点可以包含自己的子节点。

②End Device 不能有自己的子节点。

③有同一个父节点的节点之间称为兄弟节点。

④有同一个祖父节点的节点之间称为堂兄弟节点。

树形拓扑结构中的通信规则：

①每一个节点都只能在它的父节点和子节点之间通信。

②如果需要从一个节点向另一个节点发送数据，那么信息将沿着树的路径向上传递到最近的祖先节点然后再向下传递到目标节点。

这种拓扑方式的缺点就是信息只有唯一的路由通道。另外信息的路由是由协议栈层处理的，整个的路由过程对于应用层是完全透明的。

3. 网状拓扑

Mesh 拓扑（网状拓扑）包含一个 Coordinator 和一系列的 Router 和 End Device。这种网络拓扑形式和树形拓扑相同，可参考上面所提到的树形网络拓扑。但是，网状网络拓扑具有更加灵活的信息路由规则，在可能的情况下，路由节点之间可以进行直接的通信。这种路由机制使得信息的通信变得更有效率，而且意味着一旦一个路由路径出现了问题，信息可以自动沿着其他的路由路径进行传输。网状拓扑结构如图 8-8 所示。

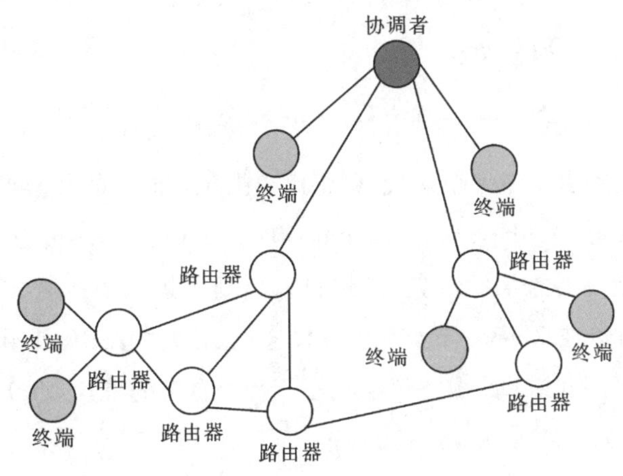

图 8-8　网状拓扑结构

通常在支持网状网络的实现上，网络层会提供相应的路由探索功能，这一特性使得网络层可以找到信息传输的最优化路径。需要注意的是，以上所提到的特性都是由网络层来实现，应用层不需要进行任何参与。

Mesh 网状网络拓扑结构的网络具有强大的功能，网络可以通过"多级跳"的方式来通信。该拓扑结构还可以组成极为复杂的网络。网络还具备自组织、自愈功能。

8.4　ZigBee 路由机制

路由主要作用是为数据以最佳路径通过通信子网到达目的节点提供服务。在传统 OSI 参考模型中，路由功能由网络层实现。路由协议是自组网体系结构中不可或缺的重要组成部分，主要作用是发现和维护路由，具体包括监控网络拓扑结构的变化，交换路由信息，确定目的节点的位置，产生、维护以及取消路由，选择路由并转发数据。

8.4.1 路由协议分析及算法

为了达到低成本，低功耗，可靠性高的设计目标，ZigBee 协议采用以下两种算法的结合体作为路由算法。

1. Cluster-Tree algorithm（树形网络结构路由）

Cluster-Tree 算法包括地址的分配（Configuration of Addresses）与寻址路由（Addresses Routing）两部分，包括子节点的 16 位网络短地址的分配，以及根据目的节点的网络地址来计算下一跳的算法。假设一个路由器要发送数据包到目标地址 D。这个路由器的网络地址和网络深度为 A 和 d。它首先会判断目标地址设备是否是它的子设备，应当满足公式(8-1)：

$$A < D < A + C_{skip}(d-1) \tag{8-1}$$

如果确定目标设备是路由器的一个子设备，就将数据包发送给子设备，此时如果满足公式(8-2)，则说明目标设备是它的一个终端子节点，这时下一跳地址 $N=D$。

$$D > A + R_m \times C_{skip}(d-1) \tag{8-2}$$

否则下一跳地址由公式(8-3)表示：

$$N = A + 1 + C_{skip}(d) \times \frac{D-(A+1)}{C_{skip}(d)} \tag{8-3}$$

如果目标设备不是路由器的一个后代，则将此数据包发向它的父节点。

2. 按需距离矢量路由（Ad-Hoc On-Demand Distance Vector，AODV）

AODV 路由协议是一种按需距离矢量路由协议，利用扩展环搜索方法限制已搜索目的节点的范围，支持组播，可以在 ZigBee 节点间实现动态的、自发的路由，使节点很快获得通向所需目的地址的路由，这也是 ZigBee 路由协议的核心。针对自身的特点，ZigBee 网络中使用一种简化版本的 AODV 协议（AODV Junior，AODVjr）。

AODVjr 路由是一种按需分配的路由协议，只有在路由节点接收到网络数据包，并且网络数据包的目的地址不在节点的路由表中时才会进行路由发现过程。也就是说，路由表的内容是按照需要建立的，而且它可能仅仅是整个网络拓扑结构的一部分。AODVjr 一次路由建立包括三个步骤，如图 8-9 所示。

(1)路由发现。对于一个具有路由能力的节点，当接收到一个从网络层的更高层发出的发送数据帧的请求，且路由表中没有和目的节点对应的条目时，它就会发起路由发现过程。源节点首先创建一个路由请求分组（RREQ），并使用多播（Multi. Broadcast）的方式向周围节点进行广播。

如果一个节点发起了路由发现过程，它就应该建立相应的路由表条目和路由发现表条目，状态设置为路由发现中。任何一个节点都可能从不同的邻居节点处接收到广播的 RREQ。接收到后节点将进行如下分析。

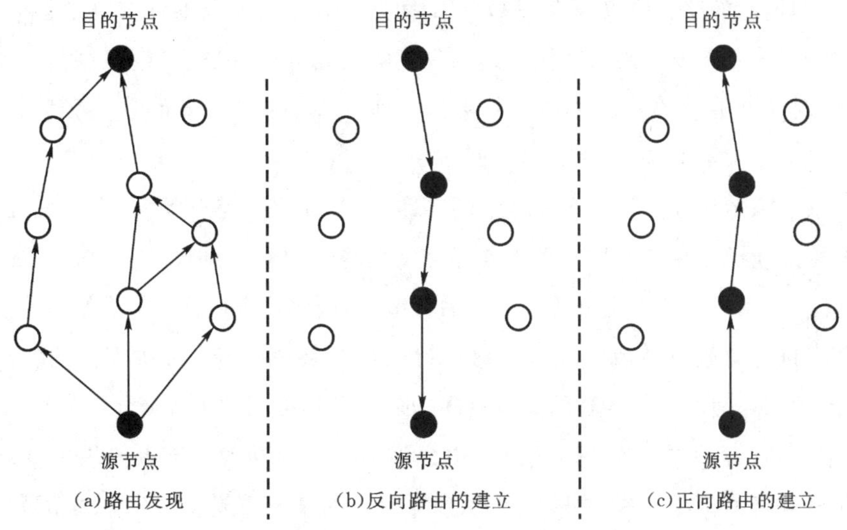

图 8-9 AODVjr 路由建立步骤

①如果是第一次接收到这个 RREQ 消息,且消息的目的地址不是自己,则节点会保留这个 RREQ 分组的信息用于建立反向路径,然后将这个 RREQ 消息广播出去。

②如果之前已经接收过这个 RREQ 消息,表明这是由于网络内多个节点频繁广播产生的多余消息,对路由建立过程没有任何作用,则节点将丢弃这个消息。

(2)反向路由的建立。当 RREQ 消息从一个源节点转发到不同的目的地时,沿途所经过的节点都要自动建立到源节点的反向路由,即记录当前接收到的 RREQ 消息是由哪一个节点转发而来的。通过记录收到的第一个 RREQ 消息的邻居地址来建立反向路由,这些反向路由将会维持一定时间,该段时间足够 RREQ 消息在网内转发以及产生的 RREP 消息返回源节点。

当 RREQ 消息最终到达了目的节点,节点验证 RREQ 中的目的地址为自己的地址之后,目的节点就会产生 RREP 消息,作为一个对 RREQ 消息的应答。由于之前已经建立了明确的反向路由,因此 RREP 无需进行广播,只需按照反向路由的指导,采取单播的方式即可把 RREP 消息传送给源节点。

(3)正向路由的建立。在 RREP 以单播方式转发回源节点的过程中,沿着这条路径上的每一个节点都会根据 PREP 的指导建立到目的节点的路由,也就是说确定到目的地址节点的下一跳(Next-Hop)。方法就是记录 RREP 是从哪一个节点传播而来,然后将该邻居节点写入路由表中的路由表项。一直到 RREP 传送到源节点。至此,一次路由建立过程完毕。源节点与目标节点之间可以开始数据传输。可以看出,AODV 是按照需求驱动的、使用 RREQ、RREP 控制实现的、先广播后单播的路由建立过程。

经过这三个步骤,即可建立起一条路由节点到目的节点的有效传输路径。在这个路由建立过程中,AODVjr 使用 3 种消息作为控制信息:路由请求 Route Request(RREQ)、路由回复 Route Replies(RREP)、路由错误 Route Error(RERR)。

相对于有线网络的路由协议而言,AODVjr 优点是它不需要周期性的路由信息广播,节省了一定的网络资源,并降低了网络功耗。缺点是在需要时才发起路由寻找过程,会增加数据到达目的地址的时间。由于 ZigBee 网络中对数据的实时性要求不大,而更重视对网络能量的节省,因此 AODVjr 非常适合应用在 ZigBee 网络中。

ZigBee 网络中采用两种算法的结合体,节点可以按照网络树状结构的父子关系使用 Cluster-Tree算法选择路径。即每一个节点都会试图将收到的信息包转发给自己的后代节点,如果通过计算发现目的地址不是自己的一个后代节点,则将这个数据包转发给自身上一级的父节点,由父节点进行类似的判断处理,直到找到目的节点。Cluster-Tree 算法的特点在于使不具有路由功能的节点间通过与各自的父节点间的通信仍然可以发送数据分组和控制分组,但它的缺点是效率不高。为了提高效率,ZigBee 中允许具有路由功能的节点使用 AODVjr 算法去发现路由,让具有路由功能的节点可以不按照父子关系而直接发送信息到其通信范围内的其他节点。

8.4.2 网络层次结构及地址分配机制

ZigBee 网络中的所有节点都有两个地址:一个 16 位网络短地址和一个 64 位 IEEE 扩展地址。其中 16 位网络地址仅仅在网络内部使用,用于路由机制和数据传输。这个地址是在节点加入网络时由其父节点动态分配的。当网络中的节点允许一个新节点通过它加入网络时,它们之间就形成了父子关系。所有加入 ZigBee 网络的节点一同组成一棵逻辑树,逻辑树中的每一个节点都拥有以下 2 个参量。

(1)16 位的网络地址。该地址只负责节点之间数据传输。

(2)网络深度。即从该节点到根节点协调器的最短跳数,标识了该节点在网络拓扑图中的层次位置。当协调器(Coordinator)建立了一个新的网络后,首先将 16 位网络地址初始化为 0,同时将网络深度初始化为 0。

ZigBee 组网过程中最重要的环节是地址分配。获得有效的网络地址是设备成功入网的标志。ZigBee 有两种地址分配方式:分布式分配机制和随机分配机制。目前,分布式地址分配机制是 ZigBee 主要分配方式,TI 协议栈默认采用分布式地址分配算法,该机制中为每一个父设备分配一个有限的网络地址段,这些地址在一个特殊的网络中是唯一的,并且由父设备分配给它的子设备。ZigBee 协调器决定其网络中允许连接的子设备的最大个数。每一个设备具有一个连接深度,表示仅仅采用父子关系的网络中,一个传送帧传送到 ZigBee 协调器所传递的最小跳数。

每个 ZigBee 设备应该拥有一个唯一的 MAC 地址。协调器(Coordinator)在建立网络以后使用 0x0000 作为自己的短地址。在路由器(Router)和终端(End Device)加入网络以后,使用父设备给它分配的 16 位的短地址来通信。那么这些短地址的分配原则:16 位的地址意味着可以分配给 65536 个节点之多,地址的分配取决于整个网络的架构,整个网络的架构由三个值决定。

图 8－10 所示为是 ZigBee 树形结构视图。C_m表示每个父设备可以容纳的子设备数量的最大值(Max Children)，R_m表示在 C_m 中，每个父设备可以容纳的路由器数量的最大值(Max Router)，$R_m \leqslant C_m$。L_m表示整个网络的最大深度，协调器决定网络的最大深度，其自身连接深度为 0，它的子设备连接深度为 1。

这三个参数的值在 Z－stack 中分别由变量 CskipChldrn、CskipRtrs、MAX_NODE_DEPTH 决定，这三个变量可以在 NWK 中的 nwk_globals.c 和 nwk_globals.h 两个文件中查找。

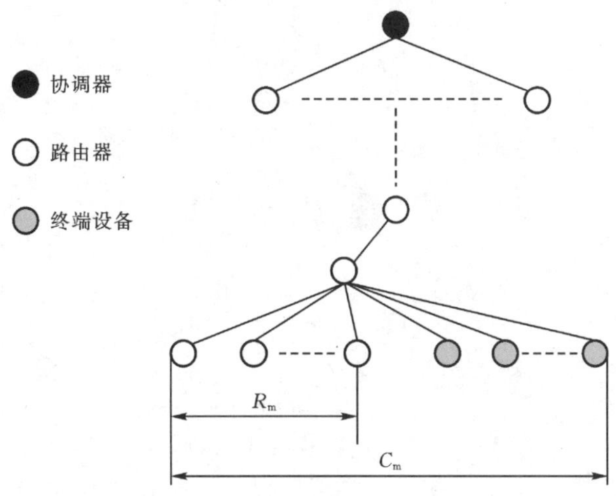

图 8－10　ZigBee 树形结构视图

根据公式(8－4)计算某父设备的路由器子设备之间的地址间隔 $C_{skip}(d)$，该函数表示在给定网络深度 d 和路由器以及子设备个数的条件下，父设备所能分配子区段地址数。

$$C_{skip}(d)=\begin{cases}1+C_m(L_m-d-1),\ R_m=1\\ \dfrac{1+C_m-R_m-C_m\cdot R_m^{\ L_m-d-1}}{1-R_m},\text{其他}\end{cases}\tag{8-4}$$

如果一个设备 $C_{skip}(d)$的值为 0，则没有路由能力，即不接受子设备的能力，该设备为 ZigBee 网络中的终端设备；如果一个设备 $C_{skip}(d)$的值大于 0，则有路由能力，即可以接受子设备，并且根据子设备是否具有路由能力给其分配不同的地址。

利用 $C_{skip}(d)$作为偏移，向具有路由能力的子设备分配网络地址。父设备为它的第一路由子设备分配一个比自己大 1 的地址，随后分配给路由子设备的地址将以 $C_{skip}(d)$为间隔，以此类推为所有路由器分配地址。第 n 个终端设备的网络地址按照公式(8－5)进行分配：

$$A_n=A_{parent}+C_{skip}(d)\cdot R_m+n,\ 1\leqslant n\leqslant C_m-R_m\tag{8-5}$$

式中，A_{parent}为父设备地址。

表 8－3 给出了一个具有最大子设备数 C_m为 4，最大路由数 R_m 为 4，网络最大深度为 4 的 ZigBee 网络，利用公式(8－5)计算出 $C_{skip}(d)$的值。图 8－11 所示为地址分配示例。

表 8-3 ZigBee 网络深度与偏移

网络深度 d	偏移 $C_{skip}(d)$
0	21
1	5
2	1
3	0

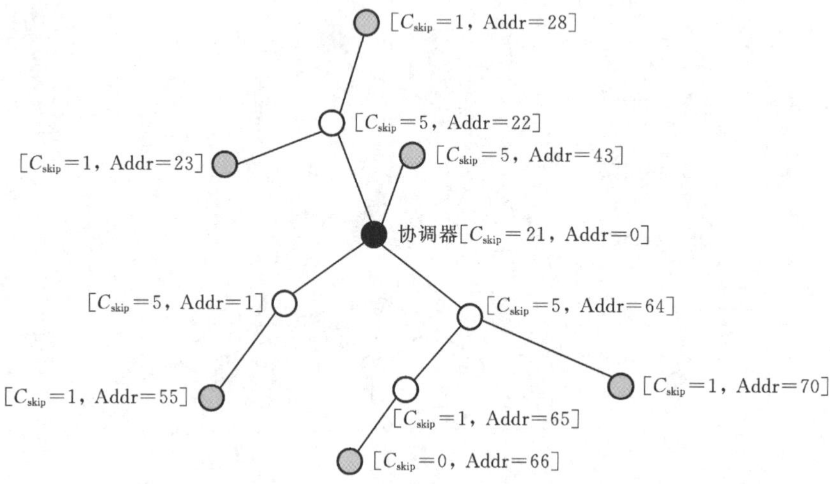

图 8-11 地址分配示例

8.5 ZigBee 技术应用及瓶颈

8.5.1 ZigBee 应用场景

作为一种低速率的短距离无线通信技术，ZigBee 有其自身的特点，因此有为它量身定做的应用，尽管在某些应用方面可能和其他技术重叠。ZigBee 可能的一些应用，包括智能家庭、工业控制、自动抄表、医疗监护、传感器网络应用和电信应用。

(1)智能家居。家里可能都有很多电器和电子设备，如电灯、电视机、冰箱、洗衣机、电脑、空调等，可能还有烟雾感应、报警器和摄像头等设备，以前我们最多可能就做到点对点的控制，但如果使用了 ZigBee 技术，可以把这些电子电器设备都联系起来，组成一个网络，甚至可以通过网关连接到 Internet，这样用户就可以方便地在任何地方监控自己家里的情况，并且省却了在家里布线的烦恼。

(2)工业控制。工厂环境当中有大量的传感器和控制器，可以利用 ZigBee 技术把它们连接成一个网络进行监控，加强作业管理，降低成本。

(3)自动抄表。抄表可能是大家比较熟悉的事情，像煤气表、电表、水表等，每个月或每个季度可能都要统计读数，报给煤气、电力或者供水公司，然后根据读数来收费。现在在大多数地方还使用人工的方式来进行抄表，挨家挨户地敲门，很不方便。而ZigBee可以用于这个领域，利用传感器把表的读数转化为数字信号，通过ZigBee网络把读数直接发送到提供煤气或水电的公司。使用ZigBee进行抄表还可以带来其他好处，比如煤气或水电公司可以直接把一些信息发送给用户，或者和节能相结合，当发现能源使用过快的时候可以自动降低使用速度。

(4)医疗监护。电子医疗监护是最近的一个研究热点。在人体身上安装很多传感器，如测量脉搏、血压，监测健康状况，还有在人体周围环境放置一些监视器和报警器，如在病房环境，这样可以随时对人的身体状况进行监测，一旦发生问题，可以及时做出反应，比如通知医院的值班人员。这些传感器、监视器和报警器，可以通过ZigBee技术组成一个监测的网络，由于是无线技术，传感器之间不需要有线连接，被监护的人也可以比较自由地行动，非常方便。

(5)传感器网络应用。传感器网络也是最近的一个研究热点，在货物跟踪、建筑物监测、环境保护等方面都有很好的应用前景。传感器网络要求节点低成本、低功耗，并且能够自动组网、易于维护、可靠性高。ZigBee在组网和低功耗方面的优势使得它成为传感器网络应用的一个很好的技术选择。

(6)电信应用。2006年初，意大利电信宣布研发了一种集成了ZigBee技术的SIM卡，命名为ZSIM。其实这种SIM卡只是把ZigBee集成在电信终端上的一种手段。ZigBee联盟在2007年4月发布新闻，说联盟的成员在开发电信相关的应用。如果ZigBee技术真的可以在电信领域开展起来，那么将来用户就可以利用手机来进行移动支付，并且在热点地区可以获得一些感兴趣的信息，如新闻、折扣信息，用户也可以通过定位服务获知自己的位置。虽然现在的GPS定位服务已经做得很好，但却很难支持室内的定位，而ZigBee的定位功能正好弥补这一缺陷。

8.5.2 ZigBee技术瓶颈

尽管ZigBee技术在2004年，就被列为当今世界发展最快，最具市场前景的十大新技术之一。关于ZigBee技术的优点，大家也进行了许多讨论，到目前为止，国内外许多厂商也都开发生产了各种各样的ZigBee产品，并在应用推广上做了大量的工作。

ZigBee作为一种新技术，它本身需要有一个技术改进和成熟，以及市场培育的过程，而且在长期应用ZigBee技术来解决实际问题的实践中，还发现如下几个十分重要，而在短期内我们认为难以解决的问题。

(1)ZigBee的核心技术之一，是动态组网和动态路由，即ZigBee网络考虑了网络中的节点增减变化，网络中的每个节点相隔一定时间，需要通过无线信号交流的方式重新组网，并在每一次将信息从一个节点发送到另一个节点时，需要扫描各种可能的路径，从最短的路径尝试起，这就涉及无线网络的管理问题。而这些，都需要占用大量的带宽资源，并增加数据传输的时延。特别是随着网络节点数目的增加和中转次数增多。因而，尽管ZigBee的射频传输速率是250 kb/s,但经过多次中转后的实际可用速率将大大降低,同时数据传输时延也将大大增加,无线网络管理也就变得越麻烦。这也就是目前 ZigBee 网络在数据传输时的主要问题。

(2)ZigBee 这个字,从英语的角度来分析,它是由 Zig 和 Bee 两个字组成。前者 Zig 中文的意思是"之"字形的路径,后面一个英文单词 Bee 就是蜜蜂的意思。ZigBee 网络技术,就是模仿蜜蜂信息传递的方式,通过网络节点之间信息的互传,来将一个信息从一个节点传输到远处的另外一个节点。如果按一般标准 ZigBee 节点,在开阔空间每次数据中转平均增加 50 m 直线传输距离计算,传输 500 m 直线距离需要中转十次;在室内,由于 ZigBee 所使用的 2.4 GHz 的传输频率,一般是通过信号反射来进行传输的,由于建筑物的遮挡,要传输一定的距离,往往需要使用较多的网络节点来进行数据中转,如上述第一条中的分析,这对一个 ZigBee 网络来讲,并不是一件简单的事情。当然,我们也可使用放大器来增加 ZigBee 网络节点的传输距离,然而,这必然要大大增加网络节点的功耗和成本,失去了 ZigBee 低成本低功耗的本来目的。而且,在室内使用这种方法来增加传输距离,效果也有限。显然,一种通过中心点在室外,终端模块在室外的星形网网络通信结构更加合理。

(3)ZigBee 的核心技术之一,是每一个网络节点,除了自身作为信息采集点和执行来自中心的命令外,它还承担着随时来自网络的数据中转任务,这样,网络节点的收发机必须随时处于收发接收状态,这就是说它的最低功耗至少在 20 mA 左右,一般使用放大器的远距离网络节点,其耗电量一般在 150 mA 左右。这显然很难使用电池驱动来保证网络节点的正常工作。

(4)由于 ZigBee 中的每一个节点,都参与自动组网和动态路由的工作,因而每个网络节点的单片机也就相对复杂一些,成本自然也就高一些。另外,在 ZigBee 网络的基础上进行一些针对具体应用的开发工作的量也就大一些。

综上所述,实际上在许多情况下,ZigBee 网络牺牲了网络传输效率,带宽以及节点模块的功耗,来换取在许多实际应用中,并不重要的动态组网和动态路由的功能,因为,在一般情况下,我们的网络节点和数据传输途径往往都是固定不变的。因此,当前 ZigBee 技术尚未解决的节点耗电问题,网络数据传输的效率较低时延较长的问题,以及数据传输距离有限的问题,是当前 ZigBee 技术难于得到很好推广的根本原因。

练习题

一、选择题

1.(　　)属于 ZigBee 技术优点。

A. 距离远　　B. 功耗高　　C. 网络容量大　　D. 数据传输速率高

2. ZigBee 使用的三个频段共定义了(　　)个信道。

A. 10　　B. 12　　C. 16　　D. 26

3. ZigBee 网络短地址是(　　)位。

A. 10　　B. 12　　C. 16　　D. 64

4. ZigBee 技术的物理层和 MAC 层使用的标准协议是(　　)。

A. IEEE 802.15.4　　B. IEEE 802.11

C. IEEE 802.11a　　D. IEEE 802.11g

5. ZigBee 网络典型的休眠激活时延是(　　)ms。

A. 30　　B. 10　　C. 15　　D. 20

6. RFD 通常智能用作 ZigBee 网络中的(　　)设备。

A. 协调器　　B. 路由器　　C. 网关　　D. 终端

7. 根据 IEEE 802.15.4 标准协议,ZigBee 网络工作频段分为(　　)三种。

A. 868 MHz、915 MHz、2.4 GHz　　B. 868 MHz、918 MHz、2.4 GHz

C. 868 MHz、915 MHz、2.5 GHz　　D. 815 MHz、968 MHz、2.4 GHz

8. 根据 IEEE 802.15.4 标准协议,ZigBee 网络中物理信道为 2.4 GHz 时数据传输速率为(　　)。

A. 250 kb/s　　B. 40 kb/s　　C. 20 kb/s　　D. 140 kb/s

9. ZigBee 网络中具有信标管理、信道接入、时隙管理、发送确认帧、发送连接及断开请求的特征是(　　)。

A. 物理层　　B. MAC 层　　C. 应用框架层　　D. 网络/安全层

10. ZigBee 网络中新节点加入时,其短地址由(　　)分配。

A. 自己获取　　B. 协调器节点　　C. 路由器节点　　D. 父节点

11. ZigBee 技术中,每个协调器节点最多可连接(　　)个节点。

A. 7　　B. 254　　C. 255　　D. 126

12. 一个 ZigBee 网络最多可容纳(　　)个节点。

A. 1 025　　B. 254　　C. 65 535　　D. 516

二、简答题

1. 简述 FFD 与 RFD 之间的异同。

2. 简述 ZigBee 网络拓扑结构及各自的优缺点。

3. 简述 ZigBee 短地址分配及路由机制。

三、计算题

计算图 8-12 中各个节点的网络地址。其中 1 号节点为协调器,与协调器相连的其他节点为路由器和终端。假设在当前的网络结构中,每个父节点最多可连接 4 个子节点,子节点最多可以有 4 个路由器节点,当前网络的最大深度为 3。

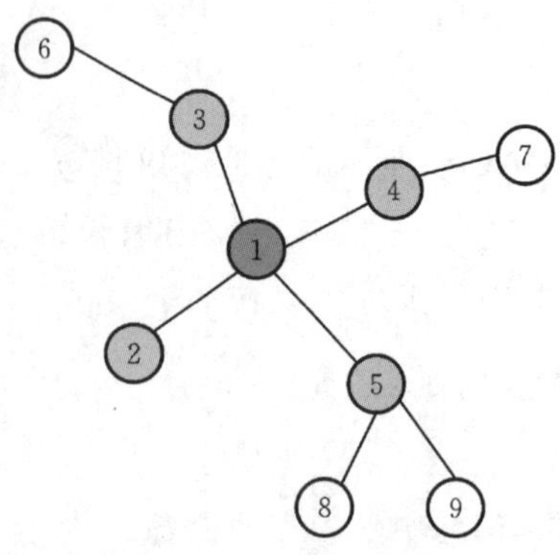

图 8-12　ZigBee 网络节点结构图

参考文献

[1]胡瑛. ZigBee 无线通信技术应用开发[M]. 北京：电子工业出版社，2020.

[2]梁文祯，王欢娥，龚兰芳，等. 基于 CC2530 的 ZigBee 应用技术项目教程[M]. 广州：华南理工大学出版社，2019.

[3]杜军朝. ZigBee 技术原理与实战[M]. 北京：机械工业出版社，2015.

[4]廖建尚. 物联网开发与应用[M]. 北京：电子工业出版社，2017.

[5]何鼎升. 面向 Wi-Fi 与 ZigBee 的抗干扰跨协议通信技术研究[D]. 西安：西北大学，2021.

[6]刘悦沆. 基于 ZigBee 的智能滴灌系统[D]. 成都：四川大学，2021.

[7]张强. 基于 ZigBee 网络的大规模物联网错峰研究[D]. 成都：电子科技大学，2021.

[8]谷渊. 面向物联网的无线传感器网络综述[J]. 信息与电脑（理论版），2021，33(1)：194-196.

[9]张东阳. 基于 ZigBee 的无线传感器网络定位技术研究[D]. 长春：吉林大学，2020.

[10]王海珍，廉佐政，谷文成，等. 基于 ZigBee 的智能家居系统安全通信研究[J]. 电子测量技术，2021，44(18)：78-84.

[11]叶贵，张林静. 基于 ZigBee 的室内空气质量感知系统的设计[J]. 计算机测量与控制，2021，29(12)：161-165.

拓展阅读

中国空间站机械臂

自古以来，自然界就是人类各种技术思想、工程原理及重大发明的源泉。从仿生学的诞生、发展，到现在短短几十年的时间内，它的研究成果已经非常可观。仿生学的问世开辟了独特的技术发展道路，也就是向生物界索取蓝图的道路，它大大开阔了人们的眼界，显示了极强的生命力。

机器人已进入太空。从月球上的着陆器到火星上的火星车等，机器人是太空探索的最佳选手：它们能承受极端环境，同时不知疲倦地以完全相同的方式不断重复同样的任务。随着太空任务越来越多，科学研究领域越来越广，对设备的需求越来越多，因此需要一种能够在人类难以操纵的环境中进行操作的轻型机器人手臂。

我国空间站机械臂在 2009 年开展工程样机研制，2012 年正式立项初样研制，2021 年随核心舱发射，历时十余年。在一项项技术成果的支撑下，终于成功。中国天宫空间站核心舱的主机械臂长为 10.2 m，总质量 738 kg，有 7 个关节和 7 个自由度，不仅比人的手臂灵活，它还能够对接并移动重达 25 t 的物体。该机械臂已经在太空协助航天员圆满完成两次出舱任务，是中国空间站工程的关键设备。我国空间站所使用的机械臂操控更便捷、智能，机械臂没有“手”，它通过三根钢丝和卡扣来捕获和锁定飞船，只要机械臂保持轻柔与缓慢的运动速度，它就能拖动庞大沉重的飞船。

“当看到空间站机械臂助力航天员两次完成出舱任务时，我特别激动，也回想起这十几年来团队每个人的辛苦付出。”中国空间站机械臂主任设计师王友渔说。2021 世界机器人大会上，神舟十二号飞行乘组三位航天员聂海胜、刘伯明、汤洪波在中国空间站发来一段祝福：“机器人技术正在深刻改变着人类的生产和生活方式，中国空间站机械臂也助力我们完成了两次出舱任务，在 2021 年世界机器人大会即将召开之际，神舟十二号飞行乘组在中国空间站预祝大会、博览会、大赛取得圆满成功！”

第 9 章 LoRa 技术

现如今正处于快速发展的物联网时代，无线通信技术也同样受到了高度的重视，在各种的无线通信技术中，我们不仅仅需要速率和稳定性更高的 5G 技术，同样的我们也需要功耗低、距离远、连接大的低功耗广域网络(Low Power Wide Area Network, LPWAN)技术，多样性的发展才能使我们根据各自不同的情况选择适合的通信技术。

在 LPWAN 产生之前，似乎远距离和低功耗两者之间只能二选一。当采用LPWAN技术之后，设计人员可做到两者兼顾，最大程度地实现更长距离通信与更低功耗，同时还可节省额外的中继器成本。

9.1 LoRa 技术概述

物联网应用中的无线技术有多种，可组成局域网或广域网。组成局域网的无线技术主要有 2.4 GHz 和 5 GHz 的 Wi-Fi、蓝牙、ZigBee 等，组成广域网的无线技术主要有 2G/3G/4G 等。这些无线技术的优缺点非常明显，如图 9-1 所示。

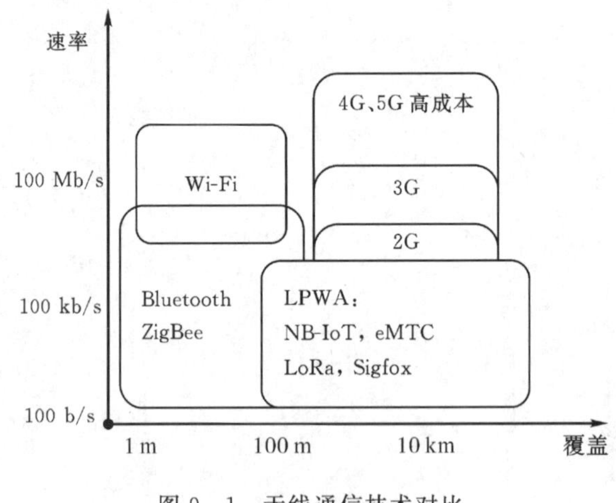

图 9-1　无线通信技术对比

9.1.1 LoRa 简介

LoRa(Long Range Radio)是 LPWAN 通信技术中的一种，是美国 Semtech 公司采用和推广的一种基于扩频技术的超远距离无线传输方案。这一方案改变了以往关于传输距离与功耗的折中考虑方式，为用户提供一种简单的能实现远距离、长电池寿命、大容量的系统，进而扩展传感网络。LoRa 基于 chirp 调频扩频调制方式，其维持了与频移键控（Frequency-shift Keying，FSK）调制相同的低功耗特性的同时，增加了通信距离。线性调频扩频在数十年内被用在军事和航空通信领域，归功于其远距离通信能力和抗干扰的鲁棒性，LoRa 是这种技术的第一个商用领域的低功耗应用。

Semtech 公司和多家业界领先的企业，如 Cisco、IBM 及 Microchip 发起建立了 LoRa 联盟，致力于推广其联盟标准 LoRaWAN 技术，以满足各种需要广域覆盖和低功耗的 M2M 设备应用要求。LoRaWAN 技术标准目前已有成员 150 多家，也有数家中国公司参与其中，并且在欧洲数个国家进行了商业部署，国内也开始有了应用。

LoRa 常采用星形网络，网关以星形连接终端节点，但终端节点并不绑定唯一网关，相反，终端节点的上行数据可发送给多个网关。理论上来说，用户可以通过 Mesh、点对点或者星形的网络协议和架构实现灵活组网。LoRa 是常见的长距离通信连接的物理层无线调制技术，属于线性调制扩频技术（Chirp Spread Spectrum，CSS）的一种，也叫宽带线性调频（Chirp Modulation）技术。相较于传统的 FSK 技术以及其他稳定性和安全性不足的短距离射频技术，LoRa 在保持低功耗的同时极大地增加了通信范围，且 CSS 技术在军事和空间通信的使用比较成熟，具有传输距离远、抗干扰性强等特点。近年来，LoRa 在智慧城市、智能园区、智慧建筑、智慧安防等垂直领域也有了大量落地的行业应用。目前全球大量的垂直行业中已形成 300 多个成熟应用场景。

LoRa 网络主要由终端（可内置 LoRa 模块）、网关（或称基站）、Server 和云四部分组成，可用于数据双向传输。目前，LoRa 主要在全球免费频段运行，包括 433、868、915 MHz 等，而在国内授权使用的频段为 433 MHz 与 470～510 MHz。LoRa 因其功耗低、传输距离远、组网灵活等诸多特性，与物联网碎片化、低成本、大连接的需求十分的契合，因此被广泛部署在智慧社区、智能家居、楼宇、智能表计、智慧农业、智能物流等多个垂直行业，应用前景广阔。

LoRa 技术具有以下几种特性。

（1）传输距离：城镇可达 2～5 km，郊区可达 30 km。

（2）工作频率：ISM 频段包括 433 MHz、868 MHz、915 MHz 等。

（3）标准：IEEE 802.15.4g。

（4）调制方式：基于扩频技术，线性调制扩频（CSS）的一个变种，具有前向纠错（FEC）能力，Semtech 公司私有专利技术。

（5）容量：一个 LoRa 网关理论上可以连接成千上万个 LoRa 节点，网关接入终端数量最终与网关信道数量、扩频因子、发包字节数和终端发包频率相关。

（6）电池寿命：极限条件下可使用长达 10 年。

（7）安全：AES128 加密。

（8）传输速率：速率低，几百到几十 kb/s。

9.1.2 LoRa 发展现状

LoRa 最早由法国几位年轻人创立的 Cycleo 公司推出。2012 年 Semtech 收购了这家公司,并将这一调制技术封装到芯片中,开发出一整套 LoRa 通信芯片解决方案,包括用于网关和终端上不同款的 LoRa 芯片,开启了 LoRa 芯片产品化之路。

2018 年 Semtech 开始改变传统的产品营销模式,授权 IP 给一些公司做 LoRa 产品,形成了多供应商的市场供应局面,LoRa 芯片供应厂家通过走差异化路线,融合不同功能的芯片,满足更多差异化应用的需求,如 LoRa+GPS 获取位置信息,LoRa+BLE 与本地近场设备连接通信,LoRa+安全芯片增强设备的安全性等,来共同做大市场。

2015 年,国内首批企业开始研发 LoRa 相关产品。目前 LoRa 已经从一个小范围使用的无线技术成长为物联网领域无人不晓的通信标准。

2017 年底,工信部无线电管理局发布《微功率短距离无线电发射设备技术要求(征求意见稿)》,其中提到了 470~510 MHz 频段的使用允许用于无线传声器,明确用于传送声音的无线电设备,而非数据;同时强调“限单频点使用,不能用于组网应用”。针对 LoRa 组网应用的征求意见稿受到行业人士的广泛关注,使得 LoRa 网络在国内的发展一度面临困境。

最终在 2019 年 11 月,工信部发布了 52 号公告规定,470~510 MHz 使用频率就是 LoRa 的使用频段。虽然这段频率 LoRa 不会在中国进行运营商的网络覆盖,但如果有需要,LoRa 仍可和其他通信方式如 4G 等接入互联网,将多个 LoRa 小网,连接成互联互通的物联网应用,自此解决了 LoRa 在国内发展的不确定性问题。另一方面,随着几大互联网巨头——腾讯、谷歌以及阿里相继加入 LoRa 联盟,为 LoRa 的生态圈引入了强援,一起应对 LoRa 发展过程中所面临的难题。

随着科技巨头纷纷入局 LoRa、加入 LoRa 联盟,可以看出各企业都希望借助 LoRa 这个切入点来确立自身在物联网和产业互联网领域的地位。阿里和腾讯两大互联网巨头将 LoRa 作为其物联网布局的重要入口,主推的 LinkWAN 平台和 TTN 平台对于产业链上下游的带动作用非常明显。另外,铁塔、联通以及广电等群体也开始针对 LoRa 产业进行布局,进一步促进其在各行业应用的落地。国内已有上千家企业参与到 LoRa 产业生态中,呈现出大中小型企业、传统企业与互联网企业共同参与的格局。国内提供给 LoRa 发展的产业大环境不断向好,LoRa 联盟自身力量也在不断壮大。

据资料统计,2018 年国内 LoRa 芯片出货量达到数千万片,其中,模组和表计厂商占据大部分采购份额,基站厂商采购量位居其次。除此之外,国内还有大量分散的模组、终端厂商也会直接采购 LoRa 芯片,整体规模还算可观。

对于大部分模组、终端、系统和应用厂商来说,它们对于各种技术是中立的,选择何种技术路线大部分是一种纯市场化行为。LoRa 芯片是支持整个产业的重要底层元器件,但整个产业结构的形成还要靠多种力量共同努力,这种力量在国内已经形成。LoRa 相关产品灵活性较强已成业界共识,不仅仅在于能够在各种环境下自主部署网络,还在于各类开发者能够选择多个平台,快速得到开发支持。

近一年来,LoRa 在智慧城市、智能园区、智慧建筑、智慧安防等垂直领域也有了大量落地的行业应用。Semtech 物联网业务总监 Vivek Mohan 曾表示,目前全球大量的垂直行业中已形成

300 多个应用场景。

从需求角度上看:国内的 LoRa 芯片需求呈现分散化的状态。一方面,由于参与 LoRa 产业生态的行业较多,很难形成垄断性的需求方;另一方面,相应模组、终端的进入门槛不高,很多中小型团队和终端厂商也可以快速推出 LoRa 硬件产品,这是一个充分竞争性的市场。

从技术生态上看:LoRa 是一种物理层的调制技术,可将其用于不同的协议中,比如 LoRaWAN 协议、CLAA 网络协议、LoRa 私有网络协议、LoRa 数据透传。随着使用协议的不同,最终的产品和业务形态也会有所不同。其中,LoRaWAN 协议是由 LoRa 联盟推动的一种低功耗广域网协议,同时 LoRa 联盟将 LoRaWAN 进行了标准化,以确保不同国家的 LoRa 网络是可以互操作的。截至目前,LoRaWAN 标准已建立起“LoRa 芯片—模组—传感器—基站或网关—网络服务—应用服务”的完整生态链。

从数据结果上看,Semtech 提供的数据表明,在网络部署方面,70 多个国家,100 多家网络运营商部署了 LoRa 网络,并且最近几年 LoRa 的市场体量一直保持着高速增长。同时,其部署的 LoRa 基站,则从 7 万台增加到 20 多万台,能支持约 12 亿个节点,实际部署的节点超过 9 000 万个。

从规模程度上看,美国 Semtech 公司是全球 LoRa 技术应用的主要推动者,Semtech 为促进其他公司共同参与到 LoRa 生态中,于 2015 年 2 月联合 Actility、Cisco 和 IBM 等多家厂商共同发起创立 LoRa 联盟。经过四年的时间发展,目前 LoRa 联盟在全球拥有超过 500 个会员。

中国市场是 LoRa 全球生态建设中非常重要的部分。2018 年,阿里巴巴、腾讯、京东等互联网巨头均以最高级别会员身份加入 LoRa 联盟,同时,克拉科技、地方广电、浙江联通、联通物联网公司等 LoRa 生态伙伴也开始在各地积极部署 LoRa 网络。

从政策导向上看,尽管工信部发布了《微功率短距离无线电发射设备技术要求(征求意见稿)》,一时之间使得 LoRa 的商用前景变得不够明朗,但是并没有让 LoRa 销声匿迹。2019 年 11 月,工信部发布了《中华人民共和国工业和信息化部公告 2019 年第 52 号》,这给 LoRa 定了一个频段、一个规范,是提供理性发展的路径。最终在业界生态伙伴的大力支持下,反而生命力愈加顽强,产业生态不断壮大。

综上所述,可以看到,不论从技术、供应链体系、产业结构还是生态建设,LoRa 依然是一个市场化行为为主导的技术选项,大国之间政治经济博弈对于 LoRa 供求各方产生的影响很小。采用 LoRa 通信的物联网项目中包含非常多的技术和元素,很多价值远远超过通信本身,未来发展中,业界应该更多聚焦于应用价值的创造,聚焦于市场化行为和商业模式,以求在物联网时代赢得先机。

9.2 LoRa 网络架构

LoRa 是一种物理层的调制解调无线通信技术。LoRa 网络架构主要分为三大类 LoRaWAN、LinkWAN、私有协议。LoRaWAN 是由 LoRa 联盟制定的基于 LoRa 的网络通信协议和系统架构;LinkWAN 出自阿里巴巴,网络架构与 LoRaWAN 一致,仅在 LoRaWAN 的基础进行了修改，支持 470～510 MHz 频段；不符合上面两种的都归类为私有协议，例如市面上一些点对点通信、LoRaMesh 网络等。

中国 LoRa 生态中有大量的用户使用私有协议，而在欧美等发达国家的 LoRa 市场上绝大多数是 LoRaWAN 协议，这与 LoRa 推广初期不同地区的国情相关。国内表计、停车等应用的公司为了方便和快速上线 LoRa 产品，网络结构系统架构都保持原样，只是使用 LoRa 替代原来的通信芯片，仅作了物理层的升级。由于原有的这些应用没有统一的行业协议标准，所以至今国内多数的 LoRa 应用依然是私有协议。随后，大家逐渐发现使用统一协议的好处，越来越多的人加入 LoRaWAN 产品的开发中。随着 LoRaWAN 的推广和协议更新，其市场影响力也不断扩大，市场占有率也在不断攀升。

9.2.1 网络结构

LoRa 网络结构可以分为终端节点、网关、网络服务器和应用服务器几个部分，如图 9-2 所示。一般 LoRa 终端和网关之间可以通过 LoRa 无线技术进行数据传输，而网关和核心网或广域网之间的交互可以通过 TCP/IP 协议，也可以是有线连接的以太网，亦可以为 3G/4G 类的无线连接，保证了数据的安全性、可靠性。

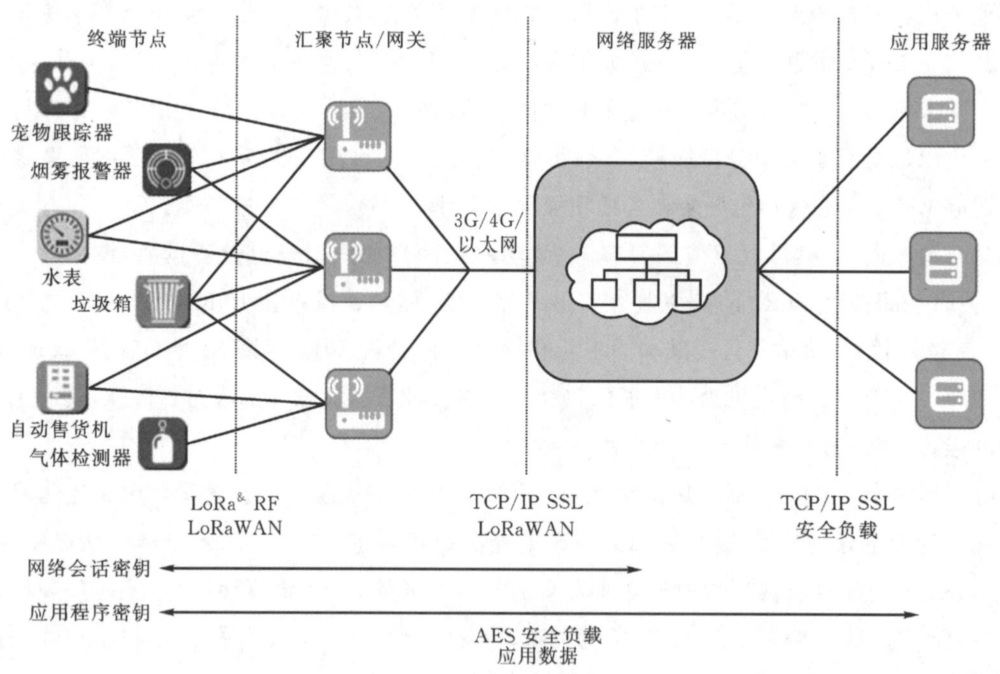

图 9-2 LoRa 网络结构

终端节点一般是各类传感器，进行数据采集、开关控制等。LoRa 汇聚节点/网关负责对收集到的节点数据进行封装转发。网络服务器是 LoRa 的核心网，用于管理 LoRa 网络中所有的 LoRa 节点，主要负责上下行数据包的完整性校验。应用服务器由不同业务领域的服务器组成，并通过 Web 或手机接入的方式向用户提供业务服务，主要负责 OTAA(Over-The-Air Activation)设备的入网激活、应用数据的加/解密。服务器和终端用网络会话密钥(NwkSKey)来进行消息完整性检查(Messages Integrity Check, MIC),以确保收发数据的一致性,也可以用来对负载的消息进行加/解密。每个设备特有的应用程序密钥(AppSKey)被服务器和终端节点用来加密和解密负载部分的应用相关数据,也可以用来计算和校验应用层消息的完整性。

9.2.2 LoRa协议

LoRa网络协议层次如图9-3所示,该协议主要包括射频(RF)底层、LoRa调制与编码(Modulation)层、LoRa媒体访问控制(MAC)层和应用层(Application)。射频底层规定了LoRa支持的频段,包括欧洲433/868 MHz、美国915 MHz,亚洲430 MHz。LoRa调制与编码层实现对数字信号的无线编码调制,包括扩频编码调制与移频键控编码调制。上述两层的协议通常是由Semtech公司的RFIC芯片实现的。常见的LoRaWAN协议为LoRa MAC层,该层实现LoRa终端的无线链路管理,定义终端三种工作模式Class A、Class B、Class C和MAC层数据封装格式。终端三种工作模式的主要差别在于:Class A上行触发下行接收窗口,只有在上行发送了数据的情形下才能打开下行接收窗口;Class B定义ping周期,周期性进行下行数据监测;Class C尽可能多地监测下行接收,基本只有在上行发送时刻停止下行接收。

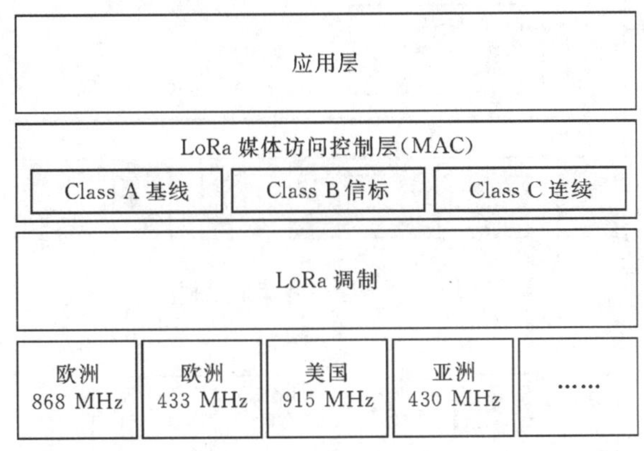

图9-3 LoRa网络协议层

LoRaWAN协议终端类型的Class A、Class B、Class C传输过程分别如图9-4、图9-5和图9-6所示。

Class A属于双向(双工)通信终端设备。终端设备允许双向通信,即可以理解成全双工通信。每个终端设备的上行传输会伴随到两个下行接收窗口。终端设备的传输通道是基于其自身通信要求,微调是基于一个随机的时间基准(ALOHA协议)。Class A所属的终端设备在应用时功耗最低。

Class B是具有预设接收通道的双向通信终端设备。这类设备会在预设时间中开放剩余的接收窗口,为了实现该目的,终端设备会同步从网关接收一个信标(Beacon),通过信标将基站与模块的时间进行同步。通过该方式使服务器知道终端设备正在接收数据。

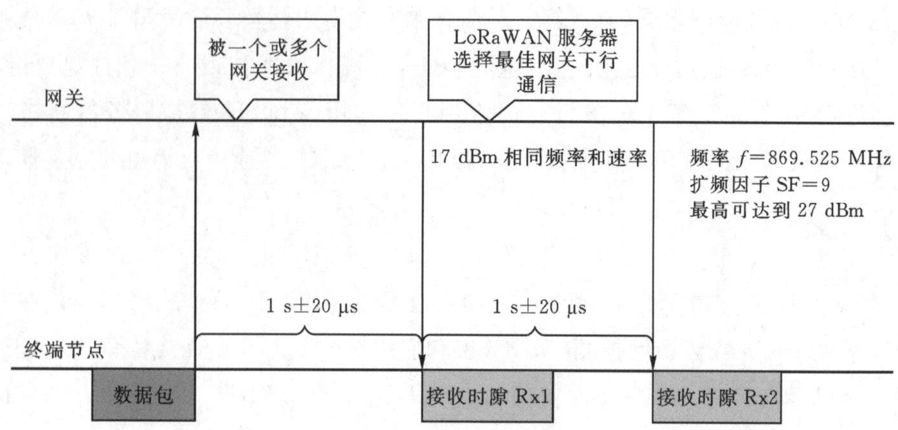

图 9-4　Class A 传输过程

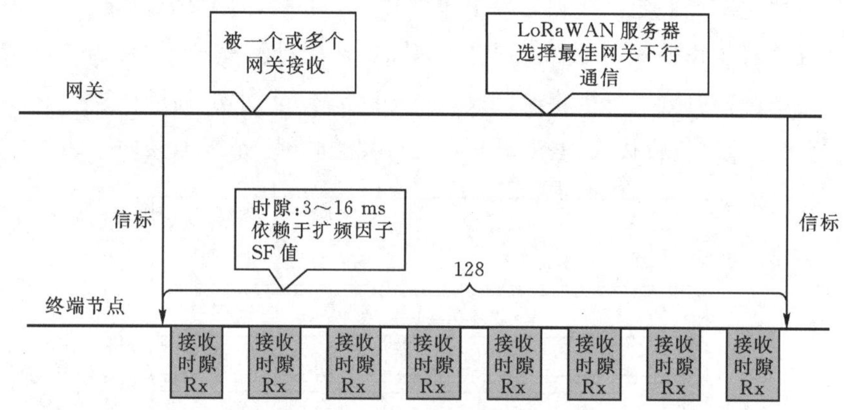

图 9-5　Class B 传输过程

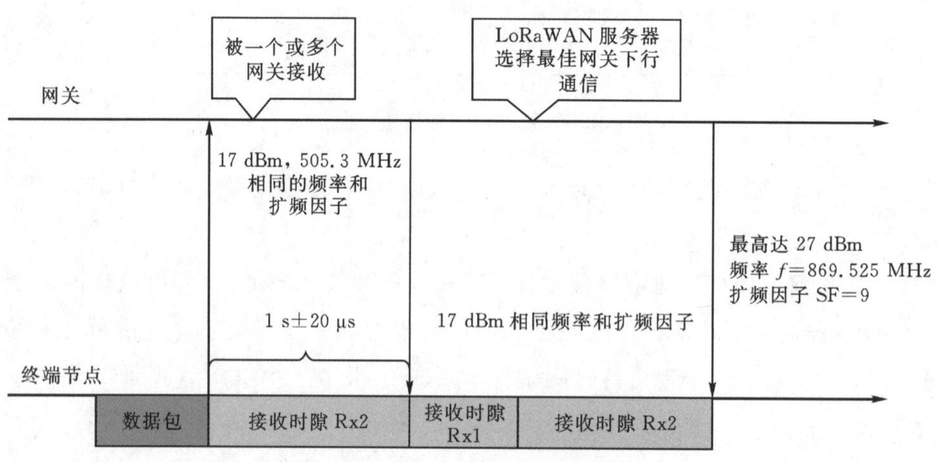

图 9-6　Class C 传输过程

当需要节点去响应实时性问题的时候，首先网关会发送一个信标，告诉节点要加快通信、快速工作，节点收到信标之后，会在 128 s 内去打开多个事件窗口，每个窗口在 3～160 ms 内可以实时对节点进行监控。

Class C 是具有最大接收通道的双向通信终端设备。如果不发送数据的情况下,节点一直打开接收窗口,既保证了实时性,也保证了数据的收发,但是功耗非常高。

9.3 LoRa拓扑结构

1. 点对点拓扑结构

点对点(Point to Point, P2P)的通信方式在无线通信中是最早出现也是最常见的技术之一,如图9-7所示。比如早期的无线门铃、无线开关、无线对讲机等。LoRa技术应用于点对点通信时,规定主机和从机即可,不需要分为网关和节点。

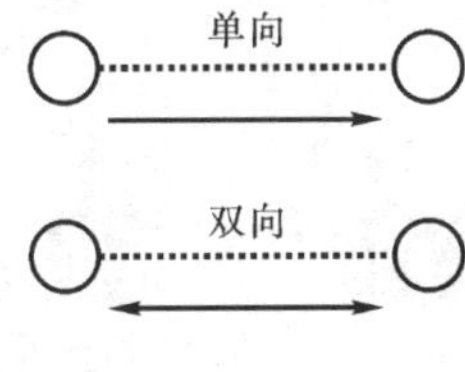

图9-7 点对点拓扑

点对点通信时,一般会由主机主动发起命令和任务,从机负责响应;主机和从机是可以互换身份的,LoRa的节点芯片支持半双工通信,可以很好地支持这类应用。

LoRa点对点通信的优点是架构简单,采用点对点通信的方式时,通过调节扩频因子、带宽等参数来观察灵敏度和信噪比的变化。在实际的LoRa应用中,点对点通信并不多,主要原因是市场应用都在升级,原有的按键门铃等应用随着智能家居的发展,都可以通过网关联网,变为星形网络结构;而许多对讲机原来的点对点网络也变成了广播式的网状网络结构,有的对讲机应用还增加了Mesh结构。当你仅有一对LoRa收发机的时候才是真正的P2P网络形式。

LoRa对讲机应用于P2P网络主要利用了远距离、抗干扰、低功耗的优势。许多大尺寸如5 W、10 W输出功率的非标商用对讲机,现在都换成了小功率LoRa对讲机。LoRa对讲机功耗只有原来的十分之一,且通信距离更远,信号抗干扰能力增强。从整体成本分析,原有对讲机大电池和大功率发射机的成本大于LoRa的通信模组的成本。

除了对讲还有一类常用的LoRa点对点应用是测距,例如SX1280芯片的测距是在两点之间通信实现的,即通过飞行时间(TOF)测算两点之间的距离。

点对点网络作为通信网络的基础拓扑结构,为复杂网络拓扑提供系统验证和维护检测支持。

2. 星形拓扑结构

采用星形结构的LoRa私有协议网络一般不采用SX130X系列网关芯片,而是采用节点芯片作为网关。虽然SX130X网关芯片有很好的上行容量,但是其灵活性较差,需要配合网络服务器才能工作,且一般的小型应用中上行数据量比较小,节点芯片足够完成数据接收。虽然采用节点芯片开发的网关信道少(对比SX1301网关),扩频因子固定,但是对比原有FSK技术有大幅提升。在下行控制的应用中,SX1301网关和单信道网关功能完全相同,SX1301网关的整体成本远大于单信道网关。大量的小型物联网应用,从性价比考虑最终都选择SX127X或

SX126X 芯片为核心的网关。

针对不同的应用，星形网络的 LoRa 网关配置和使用方式不同。由于使用节点芯片，网关的接收只能是一种固定频率、扩频因子、带宽的参数组合，针对多路信道和下行控制，衍生出了多种不同的网关形式和网络应用形态。

LoRaWAN 网络架构是一个典型的星形拓扑结构，如图 9-8 所示，在这个网络架构中，LoRa网关是一个透明传输的中继，连接终端设备和后端网络服务器。终端设备采用单跳与一个或多个网关通信。所有的节点与网关之间均是双向通信。

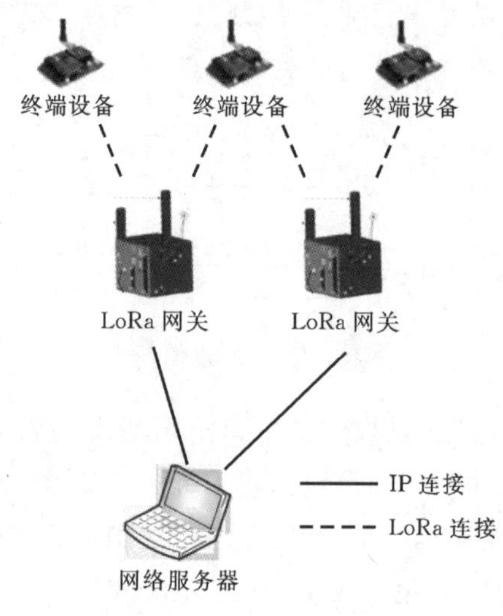

图 9-8 星形拓扑

3. 网状拓扑结构

相比于传统 LoRaWAN 组网方式，LoRaMesh 采用混合网络拓扑结构，节点支持掉线重连，多种智能重连机制保证网络的稳定性。目前市场上已有的 LoRaMesh 网络属于单频 Mesh 网络，即所有的数据通信、协议通信都在单一的频道进行，通过严格的时间管理来协调数据的流动。优势在于，不可直接通信的节点可以通过中继数据的方式绕过盲区；实现 LoRaMesh 网关从节点到云端的数据传输，无需自己搭建服务器。LoRaMesh 网络的缺点是不能很好地平衡传输速度和连接可靠性。图 9-9 所示为网状 Mesh 拓扑。在图 9-9 中，由于建筑物的遮挡，导致协调器与终端设备节点之间无法直接通信，可以使用路由器节点绕过障碍物，自动中继数据。

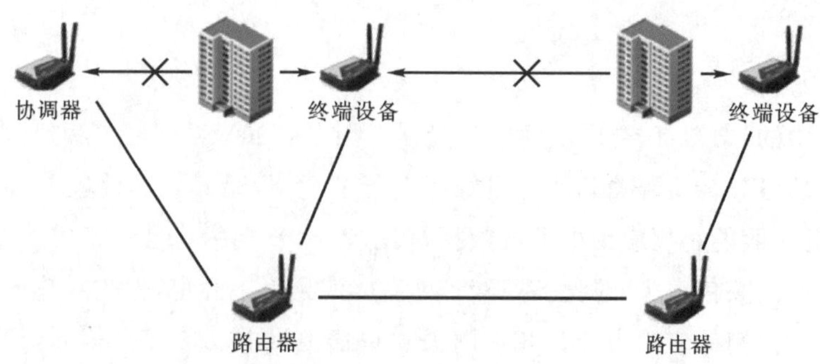

图 9-9 网状 Mesh 拓扑

9.4 LoRa关键技术

9.4.1 扩频调制技术

扩频通信(SSC),即扩展频谱通信技术(Spread Spectrum Communication),它的基本特点是其传输信息所用信号的带宽远大于信息本身的带宽。增加信号带宽可以降低对信噪比的要求,当带宽增加到一定程度,允许信噪比进一步降低。

根据香农(C. E. Shannon)在信息论研究中总结出的信道容量公式,即香农公式:

$$C = W \times \log_2(1 + S/N) \tag{9-1}$$

式中,C为信息的传输速率;S为有用信号功率;W为频带宽度;N为噪声功率。由式(9-1)可以看出,为了提高信息的传输速率C,可以从两种途径实现,即加大带宽W或提高信噪比S/N。换句话说,当信号的传输速率C一定时,信号带宽W和信噪比S/N是可以互换的,即增加信号带宽可以降低对信噪比的要求,当带宽增加到一定程度,允许信噪比进一步降低,有用信号功率接近噪声功率甚至淹没在噪声之下也是可能的。

扩频通信系统由于在发送端扩展了信号频谱,在接收端解扩还原了信息,这样的系统大大提高了抗干扰容限。理论分析表明,各种扩频系统的抗干扰性能与信息频谱扩展后的扩频信号带宽比例有关。一般把扩频信号带宽W与信息带宽ΔF之比称为处理增益G_P,即

$$G_P = \frac{W}{\Delta F} \tag{9-2}$$

G_P表明了扩频系统信噪比改善的程度。除此之外,扩频系统的其他一些性能也大都与G_P有关。因此,处理增益是扩频系统的一个重要性能指标。

系统的抗干扰容限M_J定义如下:

$$M_J = G_P - \left[\left(\frac{S}{N}\right)_0 + L_S\right] \tag{9-3}$$

式中,$\left(\frac{S}{N}\right)_0$为输出端的信噪比;$L_S$为系统损耗。由此可见,抗干扰容限$M_J$与扩频处理增益$G_P$成正比,扩频处理增益提高后,抗干扰容限大大提高,甚至信号在一定的噪声淹没下也能正常通信。通常的扩频设备总是将用户待传输信息的带宽扩展到数十倍、上百倍甚至千倍,以尽可能地提高处理增益。

CSS技术是用线性调频的Chirp脉冲调制发送信息来达到扩频效果的。Chirp脉冲是正弦信号,在一定时间段内,其频率随时间线性增加或减小。与DSSS、FHSS、THSS相似,CSS利用了它的整个带宽去扩展信号的频谱,不同的是CSS不需要加入任何伪随机序列,它利用了Chirp脉冲自身的频率线性特征,其频率是连续变化的。图9-10(a)所示为Chirp信号时域图,图9-10(b)所示为Chirp信号频谱图。

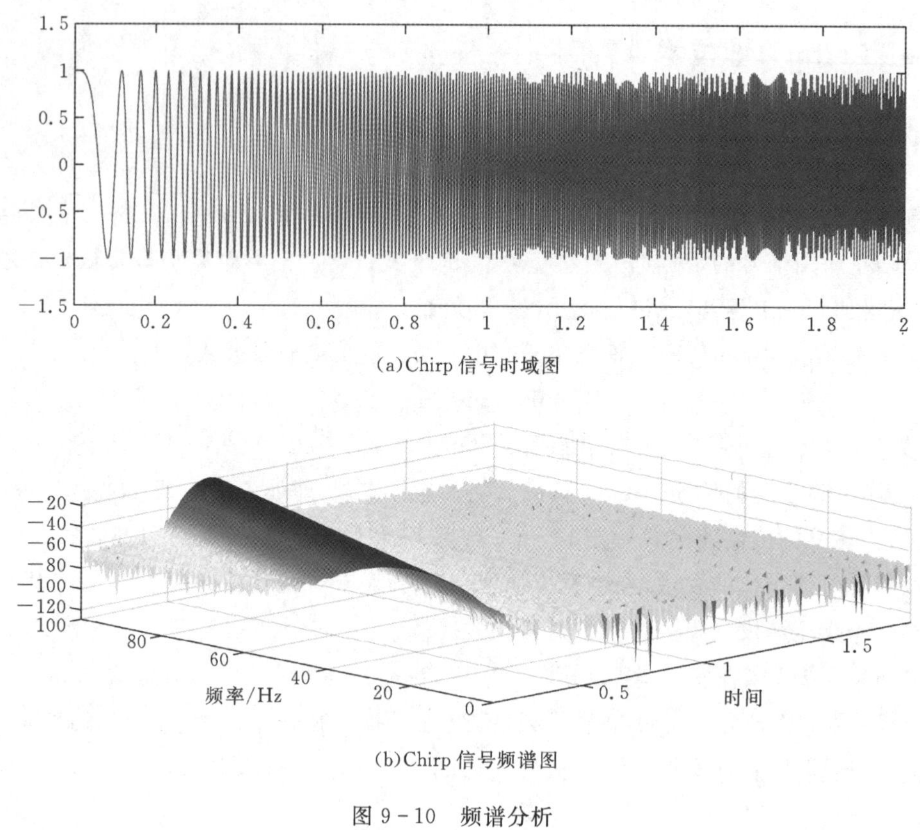

(a)Chirp 信号时域图

(b)Chirp 信号频谱图

图 9-10　频谱分析

LoRa 调制的核心思想是使用这种频率的变化模式来调制基带信号，Chirp 变化的速率也就是所谓的"Chirpness"，称之为扩频因子(Spread Factor)。扩频因子越大，传输距离越远。当然这是以牺牲数据速率为代价，因为要用更长的 Chirp 来表示一个 Symbol。

与传统的扩频技术相比，Chirp 扩频有其独特的优点：Chirp 扩频的处理增益由信号的时间带宽积决定，而 Chirp 信号的时间带宽积远大于 1，所以利用 Chirp 脉冲传送数据，有较强的抗干扰能力。Chirp 扩频利用了非常宽的频带，即使在非常低的发射功率下，仍然可以抗多径衰落。同时 Chirp 扩频还能抗移动通信中常见的多普勒频移。

9.4.2　前向纠错编码技术

前向纠错编码技术(FEC)是给待传输数据序列中增加固定数量的冗余信息，这样数据传输进程中注入的错误码元在接收端就会被及时纠正。该技术减少了以往创建"自修复"数据包来重发的需求，且在解决由多径衰落引发的突发性误码中表现良好。

前向纠错编码技术是一种广泛应用于通信系统中的编码技术。以典型的分组码为例，其基本原理是，在发送端，通过将 k bit 信息作为一个分组进行编码，加入 $(n-k)$ bit 的冗余校验信息，组成长度为 n bit 的码字。码字经过信道到达接收端之后，如果错误在可纠范围之内，通过译码即可检查并纠正错误 bit，从而抵抗信道带来的干扰，提高通信系统的可靠性。在光通信系统中，通过 FEC 的处理，可以以很小的冗余开销代价，有效降低系统的误码率，延长传输距离，实现降低系统成本的目的。

FEC 的使用可以有效提高系统的性能，根据香农定理可以得到噪声信道无误码传输的极限性能(香农限)，FEC 方案的性能主要由编码开销、判决方式、码字方案这三个主要因素决定。

9.5 LoRa 物联网应用

9.5.1 传输数据

(1)智慧农业。对农业来说，低功耗低成本的传感器是迫切需要的。温湿度、二氧化碳、盐碱度等传感器的应用对于农业提高产量、减少水资源的消耗等有重要的意义，这些传感器需要定期上传数据，而且很多偏远的农场或者耕地并没有覆盖蜂窝网络，更不用说 4G/LTE 了，而通过 LoRa 技术搭建私有物联网十分适用此类场景。

(2)智慧工厂。采用 LoRa 网关/基站进行工厂无线信号全覆盖，同时在工厂各个数据采集节点安装 LoRa 模块，实现对生产周期的数据动态全采集，根据工厂的实际需求实时采集信息。信息传输到系统管理平台后进行数据系统分析和优化，然后准确传输到 Web 服务系统或者手机 App 系统，实现生产管理人员同步了解生产过程中需要的信息，做到信息存储的高度安全，信息获取的灵活及时。

(3)物品追踪。物品追踪系统成本以及终端电池续航都非常重要，因此适合利用 LoRa 技术进行追踪。企业可以根据定位需要在场所部署网络，LoRa 可以提供快速便捷的部署方案。例如，在运送过程中，货品有大部分的时间被放置在仓库，或是通过卡车分送至各地，只需要在仓库、物流网涵盖区，甚至是卡车上装备 LoRa 网关，就能让货品上的追踪器连至网络。企业加强了管理与效率，并能避免货品遗失，消费者也能掌握货品流向以及时程。共享单车企业将 LoRa 器件和无线射频技术装备进其单车中，以补充其授权频谱连接选项来实现完整的网络连接，从而实现在偏远地区和密集建筑群中的覆盖，实现有效定位单车。

(4)智能建筑。对于建筑的改造，加入安全管理、环境监测、设备管控等传感器并且定时地将监测的信息上传，方便了管理者的监管和运维。通过 LoRa 基站与窄带物联网智能门禁终端进行连接，实现门禁的实时管控、人工管控、时段管控、一键锁定、一键开门等智能管控模式，物联网门禁将人防与技防相结合，实时掌控人员通行信息，为安全防范把控好第一道门。通过窄带物联网智能管控终端与物联网智能照明开关进行连接，实现定时管控、智能管控等，窄带物联网照明将分离式与集中式控制模式二合一，灵活应用节省用电量。一台 LoRa 基站具备最高控制上万台门禁/灯具，无线支持可视 10 km 的范围。

(5)环境监测。采用 LoRa 技术的环境探测智能终端(温湿度、火灾烟感、水位、有害气体等)进行连接，可灵活布置终端报警点，实现区域报警，遇到警情时可快速反应上报。该技术适用在不便于施工的历史古建筑、临时大型活动场所监测等场景中应用。

(6)停车管理。停车管理针对城市道路/停车场停车难、乱收费、上下信息不对称等管理问题，通过窄带物联网技术，在停车位上布设 LoRa 传感器时，安装过程不用考虑线路问题，节省大量施工成本。1 个 LoRa 网关即可管理数百个车位的 LoRa 传感器，实时监控车位状况，全面控管车位使用情形。

(7)燃气无线抄表。LoRa 扩频技术在民用燃气无线抄表的应用，由公司主站管理系统、小区集中器及手持机和用户端扩频表组成，扩频无线表可提供主动与被动两种唤醒抄表模式，满足燃气企业不同的业务需求。这种方案有效解决无线表必须采用燃气表具间组网或外挂中继器来延长传输距离的技术短板，打通了智能抄表应用“最后一千米”的数据通道。

9.5.2 LoRa 定位

LoRa 定位的前提是所有的基站或网关共享一个共同的时基，这一点非常重要。当任何一个 LoRaWAN 终端设备发送一个数据包时，会被其所在网络范围内的所有网关接收，并且每个报文都将会报告给网络服务器。所有的网关都是一样的，它们一直在所有信道上接收所有数据速率的信号。这意味着在 LoRa 终端设备上没有开销，因为它们不需要扫描和连接到特定的网关。传感器被简单地唤醒，发送数据包，网络范围内的所有网关都可以接收它。

所有网关都会将接收到的相同数据包发到网络服务器，使用内置于最新一代网关中的专用硬件和软件捕获高精度的到达时间。网络服务器端的算法比较到达时间、信号强度、信噪比和其他参数来计算终端节点最可能的位置。未来，我们期待混合数据融合技术和地图匹配增强来改善到达时间差，提高定位精度。

为了使地理位置更准确，至少需要三个网关接收数据包。更多网关、更密集的网络会提高定位精度和容量。这是因为当更多的网关接收到相同的数据包时，服务器计算算法会得到更多信息，从而提高了地理位置精度。

通过在所有可用信道上重复发送一条消息，平均来看地理位置结果有 50％的改善。一个工作在 8 通道网络上的静态终端节点在 8 个不同信道上发送 8 个数据包后，其结果将提高 50％。

部署网关网格的形状。网关部署网格的影响约为 25％。一个长的细网格将比一个方格网格差 25％。因此，网络部署应尽可能侧重于以方形模式部署网关。

网关分集：一般来说，接收信号的网关越多，结果越准确。然而，超过 6 个网关，地理位置改善开始变得不明显；3 到 4 个网关，大概有 25％的改善；超过 4 个网关地理位置改善开始减少。

天线分集对最弱的信号影响最大。因此，如果设备在 3 个网关上处于接收良好的位置，增加一个弱的第四个网关，天线分集通常会改变在第四个网关上接收到的数据包从不可用到可用。在这种情况下，它可以提供 25％的地理位置改善。

练习题

一、选择题

1.(　　)是 LoRa 网络体系架构组成部分。

A.终端　　B.基站　　C.IoT 平台　　D.应用服务器

2. LoRa 的组网结构有(　　)。

A. 一对多　　B. 多对一　　C. 点对点　　D. 多对多

3. 关于 LoRa 技术,以下说法正确的是(　　)。

A. 相同功耗下,能比 Wi-Fi 传输更远距离

B. 发射功率一定时,带宽越宽传输距离越远

C. 发射功率一定时,带宽越宽传输距离越近

D. 其他参数相同,扩频因子越大,传输速率越高

4. 下列关于 LoRa 技术的说法正确的有(　　)。

A. LoRaC 采用的调制方式为扩频调制

B. LoRa 数据包包含前导码、可选报头、数据有效负载

C. 扩频因子取值为 7～14

D. 带宽越小则距离越近

5. LoRa 协议中定义的终端类型有(　　)种。

A. 1　　B. 2　　B. 3　　B. 4

二、简答题

1. 简述 LoRa 调制原理。

2. 什么是 LoRaWAN?

3. LoRa 的拓扑结构有哪些?

参考文献

[1]甘泉. LoRa 物联网通信技术[M]. 北京:清华大学出版社,2021.

[2]房华,彭力. NB-IoT/LoRa 窄带物联网技术[M]. 北京:机械工业出版社,2019.

[3]ZHANG C W, WANG L K,JIAO L B,et al. A Novel Orthogonal LoRa Multiple Access Algorithm for Satellite Internet of Things[J]. China Communications,2022,19(3):279-289.

[4]张晨光,黄兆波,范世达,等. 基于嵌入式 LoRa 集成网关的温室测控系统的设计与实现[J]. 现代电子技术,2022,45(4):61-67.

[5]徐尚瑜,张燕,陈文君,等. LoRa 低功耗农业传感终端的设计与研发[J]. 传感技术学报,2021,34(12):1690-1696.

[6]王世鹏. 多路频移 Chirp 调制及其干扰抑制研究[D]. 哈尔滨:哈尔滨工业大学,2021.

[7]杨轩. 城市环境中基于 LoRa 的移动定位方法研究与实现[D]. 成都:电子科技大学,2021.

[8]原家豪. 基于 LoRa 的智能抄表系统设计[D]. 哈尔滨:哈尔滨理工大学,2021.

拓展阅读

阿里云“天空物联网”

2018 杭州云栖大会，一艘名为“天空物联网”的飞艇倍受关注。“天空物联网”由飞艇、地下基站共同组成，连接着分布在云栖小镇各处的 277 个传感器，所有传感器同时发送“心跳信号”，记录着温度、湿度、人流、车辆等信息。

阿里云首席智联网科学家丁险峰进行了现场实验，关掉地面网关，开启飞艇上的 LoRa 物联网关，现场的物联网设备快速被飞艇上的信号连接，传感器的心跳包也开始恢复到 LoRa 网关，数据被重新计算，物质被重新连接。天空物联网将 LoRa 网关放在飞艇上，连接范围的机动性大大提高，可以让信号覆盖实现最大化。

LoRa 网关提供了近似广域网络的连接能力，且阿里云 IoT 已提供桌上型路由大小的微基站设备，人人都可以搭建自有的 LoRa 网络，如同使用 Wi-Fi 连接一样便利。阿里云把 LoRa 网关设在飞艇上，让其收送范围远至 15 km 外，服务范围突破 700 km^2，上至 40 000 m 高空，下至 20 m 地库，可谓“上天入地无所不连”。

第 10 章

NB - IoT 技术

NB - IoT 全称是 Narrow Band IoT,也称窄带物联网,是由 3GPP 组织开发的为大范围蜂窝与设备服务的低功耗 LPWAN 广播技术。根据网络数据传输速率不同,对物联网业务进行高速、中速和低速区分。低速率业务市场其实是最大的市场,低速率业务急需开拓,NB - IoT 作为一种新的窄带蜂窝通信 LPWAN 技术,可以解决低速率市场应用的问题。作为一项应用于低速率业务的关键技术,NB - IoT 技术具有低成本、低功耗、高覆盖和强连接等优势。因此,NB - IoT 面向低端物联网终端,更适合广泛部署,在以智能抄表、智能停车、智能追踪为代表的智能家居、智能城市、智能生产等领域的应用将大放异彩。

10.1 NB - IoT 技术概述

10.1.1 NB - IoT 简介

NB - IoT 指窄带物联网(Narrow Band - Internet of Things)技术。2016 年 6 月 16 日,NB - IoT 技术协议获得了全球第三代合作伙伴计划(3GPP)无线接入网(RAN)技术规范组会议通过。从立项到协议冻结仅用时不到 8 个月,成为史上建立最快的 3GPP 标准之一。同年,在 9 月完成性能标准制定和 12 月完成一致性测试后,NB - IoT 即进入商用阶段。

NB - IoT 技术是一种 3GPP 标准定义的 LPWAN(低功耗广域网)解决方案。NB - IoT 协议栈基于 LTE 设计,但是根据物联网的需求,去掉了一些不必要的功能,减少了协议栈处理流程的开销。因此,从协议栈的角度看,NB - IoT 是新的空口协议。

长距离通信技术 NB - IoT 是一种革新性的技术,是由华为主导,由 3GPP 定义的基于蜂窝网络的窄带物联网技术。它支持海量连接、有深度覆盖能力、功耗低,这些与生俱来的优势让它非常适合于传感、计量、监控等物联网应用,适用于智能抄表、智能停车、车辆跟踪、物流监控、智慧农林牧渔业以及智能穿戴、智慧家庭、智慧社区等领域。这些领域对广覆盖、低功耗、低成本的需求非常明确,目前广泛商用的 2G/3G/4G 及其他无线技术都无法满足这些挑战。

从解决方案/芯片方面看,对华为来说,NB - IoT 是该公司的一个大战略,所有部门都积极参与其中。作为主导者华为提供端到端的解决方案,包括基站、核心网、芯片、操作系统以及数据管理平台。据悉爱立信、高通都在积极研发生产该类芯片,很多芯片原厂和模块厂家也计划支持 NB - IoT。

从运营商对 NB - IoT 响应和投入看,NB - IoT 标准得到了许多主流运营商的响应,中国移动、中国联通、中国电信、沃达丰、德国电信、阿联酋电信、意大利电信、AT&T 等全球顶尖运营商都已围绕 NB-IoT 发布了各自的发展方略,展开实验。

从实际应用案例方面看,华为已经与多个运营商合作完成了智能抄表、智能停车系统演示和验证。

电信业内人士普遍认为,NB-IoT 相较传统物联网技术有着自身的优势。不过,其仍旧有着自身的局限性,成本价格、功耗都可能成为 NB-IoT 发展的阻碍。在成本方面,NB-IoT 模组成本未来有望降至 5 美元之内,但目前支持蓝牙、Thread、ZigBee 三种标准的芯片价格仅在 2 美元左右,仅支持其中一种标准的芯片价格不到 1 美元。巨大的价格差距无疑将让企业部署 NB-IoT产生顾虑。

通常物联网设备分为三类:

①无需移动性,大数据量(上行),需较宽频段,比如城市监控摄像头;

②移动性强,需执行频繁切换,小数据量,比如车队追踪管理;

③无需移动性,小数据量,对时延不敏感,比如智能抄表。

NB-IoT 正是为了应对第③种物联网设备而生。

三类物联网设备对应三种业务需求:

①高速率业务,主要使用 3G、4G 技术,例如车载物联网设备和监控摄像头,对应的业务特点要求实时的数据传输;

②中等速率业务,主要使用 GPRS 技术,例如居民小区或超市的储物柜,使用频率高但并非实时使用,对网络传输速度的要求远不及高速率业务;

③低速率业务,业界将低速率业务市场归纳为 LPWAN(Low Power Wide Area Network)市场,即低功耗广域网到目前还没有对应的蜂窝技术,多数情况下通过 GPRS 技术勉力支撑,从而带来了成本高、速率低、业务普及度低等问题。

目前低速率业务市场急需开拓,而低速率业务市场其实是最大的市场,如建筑中的灭火器、科学研究中使用的各种监测器,此类设备在生活中出现的频次很低,但汇集起来总数却很可观,这些数据的收集用于各类用途,比如改善城市设备的配置等。那么 3GPP 是怎样设计 NB-IoT 的呢? NB-IoT,甚至说目前低功耗广域网(LPWAN),其设计原则都是基于“妥协”的态度。比较传统 2/3/4G 网络,NB-IoT 物联网主要有三大特点。

①懒。终端都很懒,大部分时间在睡觉,每天传送的数据量极低,且允许一定的传输延迟(比如智能水表)。

②静止。并不是所有的终端都需要移动性,大量的物联网终端长期处于静止状态。

③上行为主。与“人”的连接不同,物联网的流量模型不再是以下行为主,可能是以上行为主。

这三大特点支撑了低速率和传输延迟上的技术“妥协”,从而实现覆盖增强、低功耗、低成本的蜂窝物联网。自 2014 以来,3GPP 发布的 NB-IoT 技术相关版本的改进与研究如表 10-1 所示。

表 10 - 1 NB - IoT 技术相关版本的改进与研究

版本	标准号	开始时间	技术领域
R13	33.889	2014	组功能增强、增强型监控、开放服务能力
R13	23.769	2014	组功能增强
R13	23.789	2014	增强型监控
R13	23.770	2014	扩展的非连续接收
R13	43.869	2014	典型使用案例和服务模型、无人接入网的终端功率消耗优化设计增强
R13	45.820	2014	增强室内覆盖、支持大规模小型数据终端、更低的终端复杂性和成本、更高的功率利用率、支持各种延迟功能、现有系统兼容性、网络系统结构
R14	22.861	2016	典型使用案例和 mMTC 的服务要求
R14	22.862	2016	典型使用案例和 mMTC 的服务要求

R13 仅为 NB - IoT 技术的长期视角提供了初步的原则框架,许多功能仍需要改进。根据服务特征的典型用途和差异,R14 提出了支持本地化、多播、移动性、更高的数据速率和链路自适应等方面的功能要求,以使蜂窝网拥有更加合适的对象和应用范围。

10.1.2 NB - IoT 特性

NB - IoT 架构具有以下几种特性。

(1)强连接。在同一基站的情况下,NB - IoT 可以比现有无线技术提供 50～100 倍的接入数。一个扇区能够支持 10 万个连接,支持低延时敏感度、低设备功耗和优化的网络架构。

(2)覆盖广。NB - IoT 室内、地下室覆盖能力强,相比 LTE 提升 20 dB 增益,相当于提升了 100 倍覆盖区域能力。不仅可以满足农村这样的广覆盖需求,对于厂区、地下车库、井盖这类对深度覆盖有要求的应用同样适用。以井盖监测为例,过去 GPRS 方式需要伸出一根天线,车辆来往极易损坏,而 NB - IoT 只要部署得当,就可以很好地解决这一难题,NB - IoT 模块在智能井盖监测有解决方案,并为多个城市提供设备和解决方案。

(3)低功耗。低功耗特点是物联网应用的一项重要指标要求,特别是对于一些不能经常更换电池的设备及场合,比如安置于高山荒野偏远地区中的各类传感监测设备,和电力电压监测设备,它们不可能像智能手机一样一天一充电,因此长达几年的电池使用寿命是最基本的需求。NB - IoT 聚焦小数据量、小速率应用,因此 NB - IoT 设备功耗可以做到非常小,设备续航工作时间可以从过去的几个月大幅提升到几年。

(4)低成本。与 LoRa 相比,NB - IoT 无需重新建网,射频和天线基本上都是复用的。以中国移动为例子,900 MHz 里面有一个比较宽的频带,只需要清出来一部分 2G 的频段,就可以直接进行 LTE 和 NB - IoT 的同时部署。低速率、低功耗、低带宽同样给 NB - IoT 芯片以及模块带来低成本优势。模块预期价格不超过 5 美元,每片 NB - IoT 模组含税售价为 36 元。

10.1.3 NB-IoT 部署方式

NB-IoT 支持独立(Stand Alone)、保护带(Guard Band)以及带内(In-Band)三种部署方式。

1. 独立部署(Stand Alone Operation)

图 10-1 所示为 NB-IoT 独立部署示意图。独立部署(Stand Alone Operation)简称 ST，基于 LTE 带外或 GSM 频段选取 200 kHz 作为主载波进行部署，频率资源丰富、覆盖性好。上行功率谱密度比 GSM 最多提升 16.8 dB。第一阶段 900 MHz FDD 已经部署。

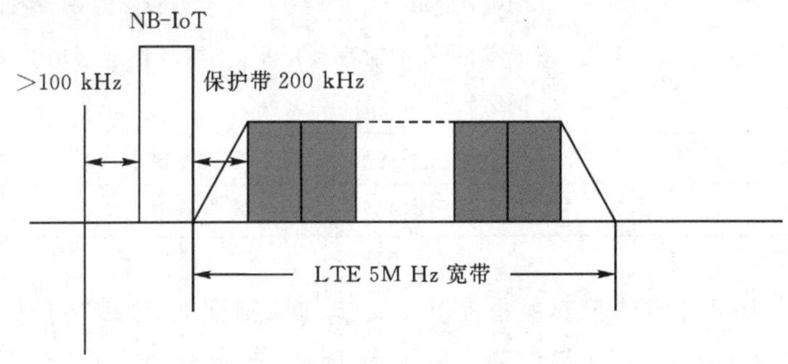

图 10-1 NB-IoT 独立部署示意图

2. 保护带部署(Guard Band Operation)

图 10-2 为 NB-IoT 保护带部署示意图。保护带部署(Guard Band Operation)简称 GB，利用 LTE 边缘保护频带中未使用的 200 kHz 带宽作主载波进行部署，频带资源少、覆盖一般。目前基本不考虑使用。

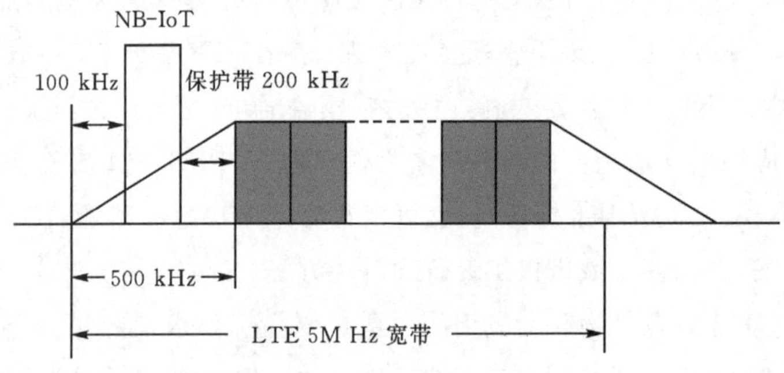

图 10-2 NB-IoT 保护带部署示意图

3. 带内部署(In Band Operation)

图 10-3 所示为 NB-IoT 带内部署示意图。带内部署(Guard band operation)简称 IB，利用 LTE 载波中间的任何资源块进行部署。NB-IoT 占用 180 kHz 带宽，这与在 LTE 帧结构中一个资源块的带宽是一样的。其频率资源丰富，覆盖较差。上行功率谱密度比 LTE 提升 6 dB，后期会考虑商用。

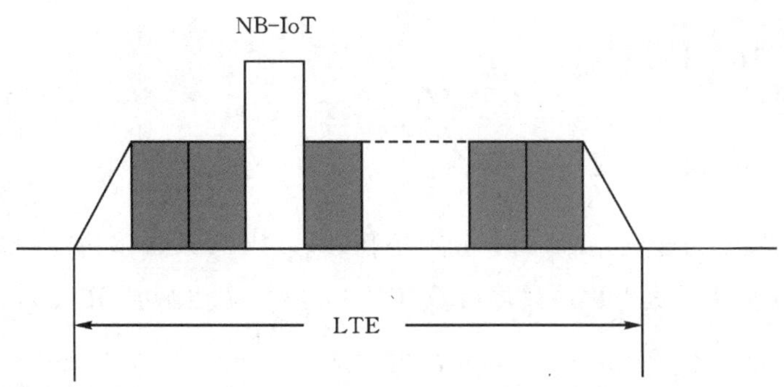

图 10-3 NB-IoT 带内部署示意图

表 10-2 从频谱、带宽、兼容性、基站发射功率、覆盖、容量、传输时延、终端能耗、产业情况等方面来对三种部署方式进行比较。

表 10-2 三种部署方案对比

方面	独立部署	保护带部署	带内部署
频谱	频谱上 NB-IoT 独占，不存在与现有系统共存现象	需要考虑与 LTE 系统共同存在问题，如干扰规避、射频指标更严苛等问题	需要考虑与 LTE 系统共存问题，如干扰消除、射频指标等
带宽	限制比较少，单独扩容	未来发展受限，保护带可用频点有限	可用在 NB-IoT 的频点有限，且扩容意味着占用更多的 LTE 资源
兼容性	下配资源限制较少	需要考虑与 LTE 兼容	需考虑与 LTE 兼容，如避开 PDCCH 区域、LTE 同步信道和 PBCH、CRS 等
基站发射功率	需要使用独立功率，下行功率较高，可达 20 W	同带内	借用 LTE 功率，无需独立的功率，下行功率较低，约 2×1.6 W (假设 LTE 5 MHz 20 W)
覆盖	满足覆盖要求，覆盖略大，PBCH 可达到 167.3 dB，有 3 dB 余量	满足覆盖要求，覆盖略小，同带内	满足覆盖要求，覆盖最小，PBCH 受限，为 161.1 dB
容量(接入终端数量)	综合下行容量约 5 万个/天，容量最优	综合下行容量约 2.7 万个/天	综合下行容量约 1.9 万个/天
传输时延	满足时延要求、时延略小，传输效率略高	满足时延要求、时延略大	满足时延要求、时延最大
终端能耗	满足能耗目标、差异不大	满足能耗目标、差异不大	满足能耗目标、差异不大
产业情况	国际运营商 Vodafone 在无 LTE 的国家使用，比例较小	全球运营商仅 KT 考虑测试验证保护带部署方案，方案较小众	欧洲 LTE FDD 运营商均采用该方案

10.2　NB-IoT 协议栈

10.2.1　NB-IoT 协议栈基础

NB-IoT 协议栈分为五层，从下到上分别是物理层(PHY)、媒体访问控制层(MAC)、无线链路控制层(RLC)、分组数据汇聚协议层(PDCP)和无线资源控制层(RRC)，如图 10-4 所示。

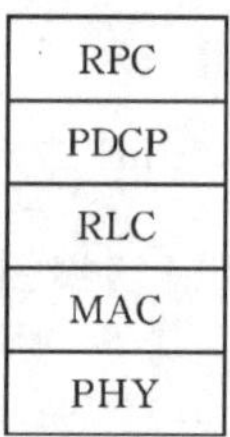

图 10-4　NB-IoT 协议栈

1. NB-IoT 物理层(PHY)

NB-IoT 沿用 LTE 定义的频段号，Release13 为 NB-IoT 指定了 14 个频段，如表 10-3 所示。NB-IoT 物理层的带宽为 200 kHz，下行链路采用 QPSK 调制解调器和 OFDMA 技术，子载波宽度为 15 kHz。上行链路采用 BPSK 和 QPSK 调制解调器和包括单个子载波和多个子载波的 SC-FDMA 技术，子载波间隔为 3.75 kHz 和 15 kHz。

表 10-3　NB-IoT 14 个上下频段

信道编码	上行链路频率范围/MHz	下行链路频率范围/MHz
1	1 920～1 980	2 110～2 170
2	1 850～1 910	1 930～1 990
3	1 710～1 785	1 805～1 880
5	824～849	869～894
8	880～915	925～960
12	699～716	729～746
13	777～787	746～756
17	704～716	734～746
18	815～830	860～875
19	830～845	875～890
20	832～862	791～821
26	814～849	859～894
28	703～748	758～803
66	1 710～1 780	2 110～2 200

(1)下行物理层结构。根据 NB－IoT 的系统需求，终端的下行射频接收带宽是 180 kHz。由于下行采用 15 kHz 的子载波间隔，因此 NB 系统的下行多址方式、帧结构和物理资源单元等设计尽量沿用了原有 LTE 的设计。

频域上：NB 占据 180 kHz 带宽(1 个 RB)，12 个子载波(Subcarrier)，子载波间隔(Subcarrier Spacing)为 15 kHz，如图 10－5 所示。

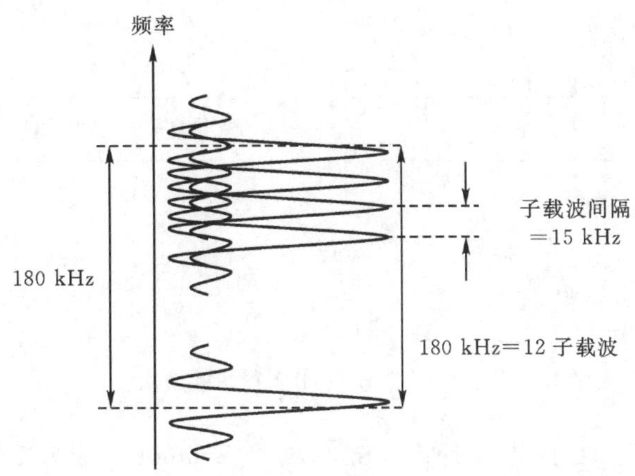

图 10－5　NB 系统下行带宽及子载波(频域)

时域上：NB 一个时隙(Slot)长度为 0.5 ms，每个时隙中有 7 个符号(Symbol)，如图 10－6 所示。

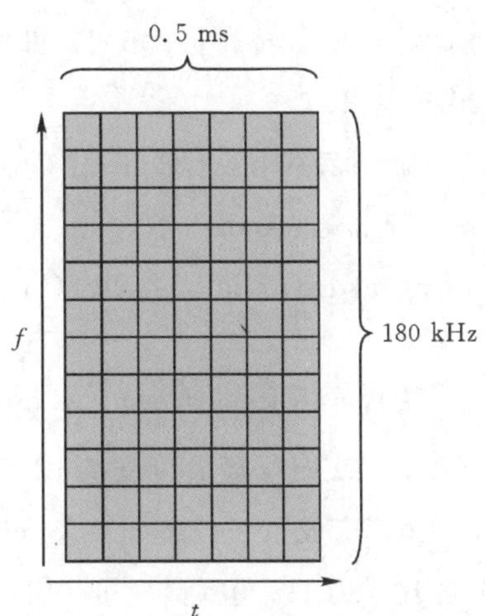

图 10－6　NB 系统下行带宽及时隙(时域)

不同于 LTE，NB 中引入了超帧的概念。NB 基本调度单位为子帧，每个子帧 1 ms(2 个 Slot)，每个系统帧包含 1 024 个子帧，每个超帧包含 1 024 个系统帧。NB－IoT 下行超帧结构如图 10－7 所示。

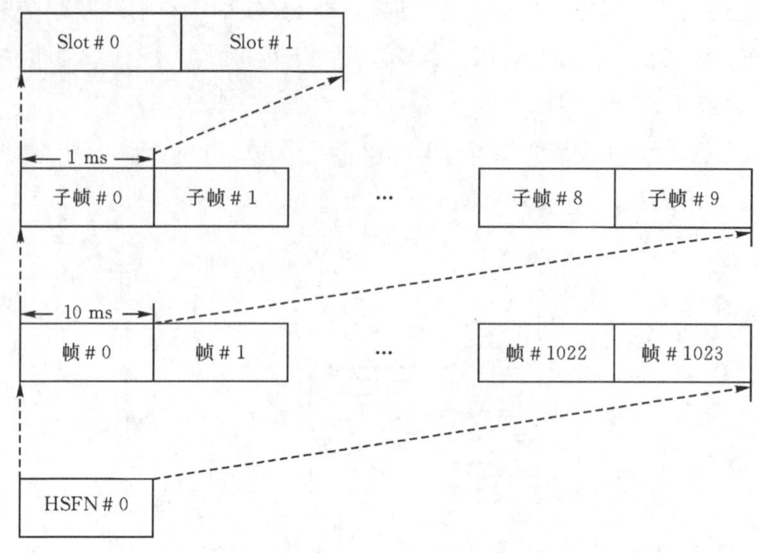

图 10－7　NB－IoT 下行超帧结构

图 10－7 中，1 个 Signal 封装为 1 个 Symbol，7 个 Symbol 封装为 1 个 Slot，2 个 Slot 封装为 1 个子帧，10 个子帧组合为 1 个无线帧，1 024 个无线帧组成 1 个系统帧，LTE 到此为止。NB－IoT 增加了由 1 024 个系统帧组成 1 个超帧。1 024 个超帧的总时间＝(1 024×1 024×10)/(3 600×1 000)＝2.9 h。

NB－IoT 的下行物理信道包括三种类型：

①NPBCH(Narrow-band Physical Broadcast Channel)，即窄带物理广播信道，负责广播必需的网络和小区专属配置信息(MIB 消息)；

②NPDCCH(Narrow-band Physical Downlink Control Channel)，即窄带物理下行控制信道，用于传输 DCI(Downlink Control Information)；

③NPDSCH(Narrow-band Physical Downlink Shared Channel)，即窄带物理下行共享信道，用于传输下行数据。

(2)上行物理层结构。频域上：占据 180 kHz 带宽(1 个 RB)，可支持 2 种子载波间隔，即 15 kHz和 3.75 kHz，如图 10－8 所示。15 kHz 最大可支持 12 个子载波，帧结构与 LTE 保持一致，只是频域调度的颗粒由原来的 PRB 变成了子载波。3.75 kHz 最大可支持 48 个子载波，该设计有两个好处，一是 3.75 kHz 相比 15 kHz 功率谱密度 PSD 增益、覆盖能力增大；二是在仅有的 180 kHz 的频谱资源里，将调度资源从原来的 12 个子载波扩展到 48 个子载波，能带来更灵活的调度。

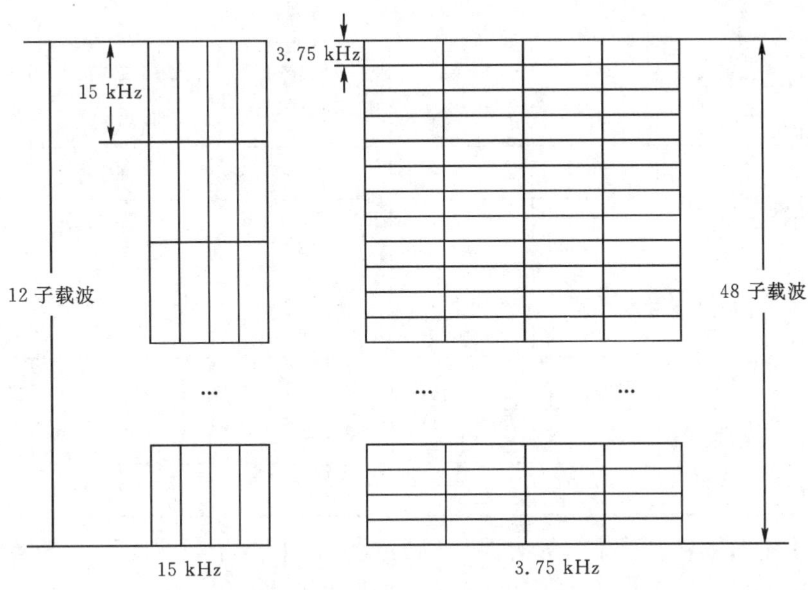

图 10-8 NB-IoT 上行带宽及子载波(频域)

上行物理层结构支持两种模式。单频(Single-Tone)即 1 个用户使用 1 个载波。针对 15 kHz和 3.75 kHz 的子载波都适用,特别适合 IoT 终端的低速应用。多频(Multi-Tone)即 1 个用户使用多个载波,仅针对 15 kHz 子载波间隔,如果终端支持 Multi-Tone 的话必须给网络上报终端支持的能力,适合高速物联网应用。无论是 Single-Tone 还是 Multi-Tone 的发送方式,NB 在上行都是基于 SC-FDMA 的多址技术。NB-IoT 两种模式与两种子载波间隔的关系如图 10-9 所示。

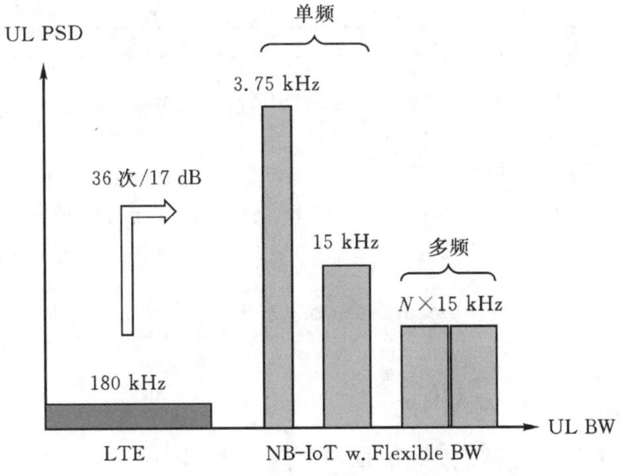

图 10-9 NB-IoT 两种模式与两种子载波间隔的关系

NB-IoT 上行信道的基本调度资源单位为 RU(Resource Unit),各种场景下的 RU 持续时长有所不同,如表 10-4 所示。

表 10-4 各种场景 RU 持续时长

NPUSCH 格式	子载波间隔/kHz	子载波个数	每 RU Slot 数	每 Slot 持续时长/ms	每 RU 持续时长/ms	场景
1（普通数传）	3.75	1	16	2	32	Single-Tone
	15	1	16	0.5	8	
		3	8		4	Multi-Tone
		6	4		2	
		12	2		1	
2(UCI)	3.75	1	4	2	8	Single-Tone
	15	1	4	0.5	2	

时域上：基本时域资源单位都为时隙(Slot)，对于 15 kHz 子载波间隔，1 Slot=0.5 ms，与 LTE 保持一致。但是对于 3.75 kHz 子载波间隔，1 Slot=2 ms，图 10-10 所示为 NB-IoT 上行时隙。

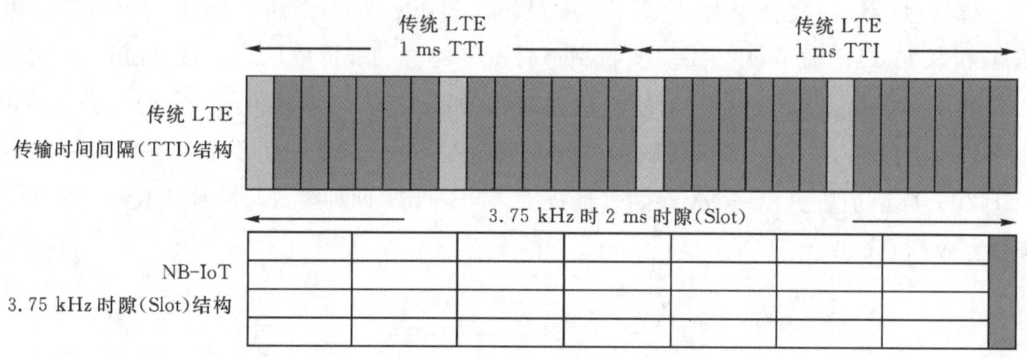

图 10-10 NB-IoT 上行时隙(时域)

NB-IoT 的上行物理信道包括两种类型：

①NPUSCH(Narrow-band Physical Uplink Shared Channel)，即窄带物理上行共享信道，用于传输上行数据；

②NPRACH(Narrow-band Physical Random Access Channel)，即窄带物理随机接入信道，用于 UE 发送接入消息。

2. NB-IoT 媒体访问控制(MAC)层

NB-IoT 物理信道与 MAC 层传输信道对应关系如图 10-11 所示。

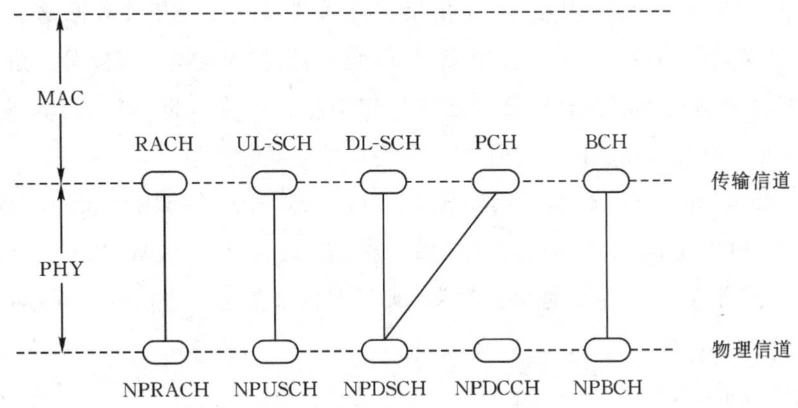

图10-11　NB-IoT物理信道与MAC层传输信道对应关系

RACH(Random Access Channel)即随机接入信道，是一种上行传输信道，RACH逻辑信道直接映射到PRACH信道。在任何情况下，如果终端需要同网络建立通信，都需通过RACH向网络发送一个报文来向系统申请一条信令信道，网络将根据信道请求需要来决定所分配的信道类型。这个在RACH发送的报文被称作“信道申请”(Channel Request)，有用信令消息只有8 bit，其中有3 bit用来提供接入网络原因的最少指示，如紧急呼叫、位置更新、响应寻呼或是主叫请求等。

UL-SCH(Uplink Shared Channel)即上行共享信道。如果UE成功探测到上行资源且在UL-SCH信道上分配到这些资源。UE开机入网的最后一步是随机接入，随机接入RRC信令流程如图10-12所示。

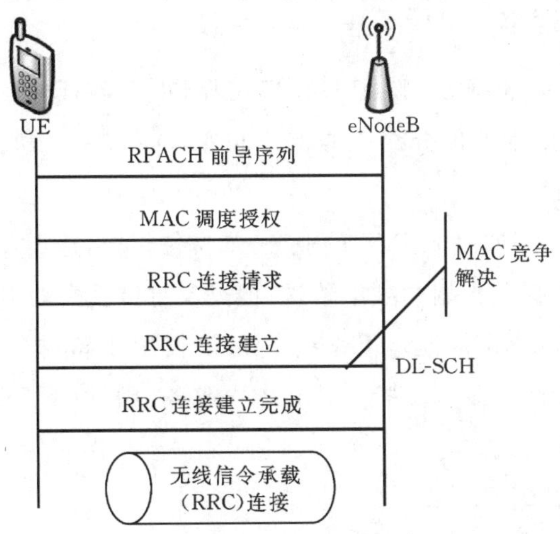

图10-12　随机接入RRC信令流程

DL-SCH(Downlink Shared Channel)即下行共享信道，也就是业务甚至一些控制消息都是通过共享空中资源来传输的，它会指定MCS、空间复用等方式，也就说是告诉物理层如何去传这些信息。

PCH(Paging Channel)即寻呼信道,是指用于传送与寻呼过程相关数据的下行传输信道,它用于基站寻呼移动台,由卷积编码、分组交织、码元重复、扩频及调制等部分组成,输入速率为16 kb/s,主要传送系统的公用信息和移动台的特定消息。最简单的一个例子是向终端发起语音呼叫,网络将使用终端所在小区的寻呼信道向终端发送寻呼消息。

BCH(Broadcasting Channel)即广播信道,是通过广播的方式传输信息的信息通道。广播信道包括 BCCH、FCCH、SCH,它们都是单向的下行信道。也就是说从 BTS 到手机,BCCH 主要用于发送系统消息,FCCH 主要是校正频率,SCH 是同步信道。它们都是采用点对多点的方式传送的。

3. 无线链路控制(RLC)层

无线链路控制(Radio Link Control, RLC)协议的主要目的是将数据交付给对端的 RLC 实体。NB-IoT 保留了 RLC 的重排序功能,但进行了简化。在 NB-IoT 中,对于定时器 t-Reordering 和 t-Status Prohibit 仅支持取值为 0,不需要在 RRC 信令中配置相应的定时器长度,表示一旦满足相应的触发条件,这两个定时器超时的操作立即发生。

LTE RLC 提出了 3 种模式:透明模式(Transparent Mode,TM)、非确认模式(Unacknowledged Mode, UM)和确认模式(Acknowledged Mode, AM)。

TM 模式最简单,它对于上层数据不进行任何改变,这种模式典型地被用于 BCCH 或 PCCH 逻辑信道的传输,该方式不需对 RLC 层进行任何特殊的处理。RLC 的透明模式实体从上层接收到数据,然后不作任何修改地传递至下面的 MAC 层,这里没有 RLC 头增加、数据分割及串联。

UM 模式可以支持数据包丢失的检测,并提供分组数据包的排序和重组。UM 模式能够用于任何专用或多播逻辑信道,具体使用依赖于应用及期望 QoS 的类型。数据包重排序是指对不按顺序接收到的数据进行排序。

AM 模式是一种最复杂的模式。除了 UM 模式所支持的特征外,AMRLC 实体能够在检测到丢包时要求它的对等实体重传分组数据包,即 ARQ 机制。因此,AM 模式仅仅应用于 DCCH 或 DTCH 逻辑信道。

一般来讲,AM 模式典型地用于 TCP 的业务,如文件传输,这类业务主要关心数据的无错传输。UM 模式用于高层提供数据的顺序传送,但是不重传丢失的 PDU,典型地用于如 Voip 业务,这类业务主要关心传送时延。TM 模式则仅仅用于特殊的目的,如随机接入。在 NB-IoT中,由于当前 Rl3 版本不支持 Voip 这类业务,因此为了简化 RLC 层的复杂度,NB-IoT不支持 RLCUM 模式。

4. 分组数据汇聚协议(PDCP)层

分组数据汇聚协议(Packet Data Convergence Protocol, PDCP)是分组数据汇聚协议。它是 UMTS 中的一个无线传输协议栈,负责将 IP 头压缩和解压、传输用户数据并维护为无损的无线网络服务子系统(SRNS)设置的无线承载的序列号。

NB-IoT 系统继续支持 LTE 系统的 PDCP 功能,即头压缩与解压缩,只支持一种压缩算法,即 ROHC 算法。NB-IoT 中,对于仅仅支持控制(CP)面优化方案的终端,由于加密和完整性保护等安全功能由NAS完成，不支持AS层安全，所以不使用PDCP协议子层，这样可以节省PDCP header和MAC-I的开销。对于同时支持控制面(CP)优化方案和用户面(UP)优化方案的终端，在AS安全激活之前不使用PDCP协议子层；在安全激活之后，即使是使用控制面优化方案的NB-IoT终端也要使用PDCP协议子层的功能。

对于用户面优化传输方案，在Suspend时，需要存储PDCP状态参数(ROHC状态参数)，以便在Resume时可以继续之前的ROHC参数实现快速的用户面恢复。但在Resume时是否继续使用之前的ROHC参数可由终端在Resume Request消息中携带的DRB-Continue ROHC字段进行控制。另外，在Resume时，需要清空PDCP的发送计数值。

5. 无线资源控制(RRC)层

无线资源控制(Radio Resource Control，RRC)是无线资源控制，又称为无线资源管理(RRM)或者无线资源分配(RRA)，是指通过一定的策略和手段进行无线资源管理、控制和调度，在满足服务质量的要求下，尽可能地充分利用有限的无线网络资源，确保到达规划的覆盖区域，尽可能地提高业务容量和资源利用率。

RRC协议处于LTE-A空中接口协议栈第三层的底层，RRC子层的主要功能是管理、控制无线资源，为上层提供无线资源参数以及控制下层的主要参数和行为，在整个LTE-A网络中具有非常重要的作用。

RRC协议在连接控制中的过程可分为以下6种。

①寻呼过程：网络向小区内RRC协议空闲模式的UE发出寻呼消息，触发UE建立SRB1的过程。

②RRC连接建立过程：UE与eNodeB之间建立SRB1的过程。

③安全激活过程：SRB1建立后，eNodeB激活和配置UE的加密算法和完整性保护。

④RRC连接配置过程：管理eNodeB的过程，也可触发UE进行切换。

⑤RRC连接重建过程：在无线链路出现问题或切换失败后，UE重新发起的建立SRB1的过程。

⑥释放过程：UE释放全部与eNodeB相关的RB后切换到空闲模式的过程。

RRC协议状态主要有两种：空闲状态和连接状态。为了系统的模块化设计，对这两种状态进行了细致的划分。

空闲状态(RRC_IDLE)的状态又包括两个子状态，分别描述如下。

①NULL(空状态)：在刚刚开机时网络端即处于空状态；或在底层链路失败等不可修复性错误出现后网络端将自动跳转到空状态。

②IDL(空闲状态)：当网络端处于空闲状态时，可以对系统信息进行编码并配置MAC子层进行系统消息的广播，使得UE可以实时获得当前的系统信息。空闲状态时RRC还可以配置UE进行信道测量，使得网络端可以实时监测信道质量，并配置UE在更合适的小区实现驻留。当网络端收到另一终端用户的寻呼请求时，RRC子层通过ASN.1的功能实体编码寻呼消息并向被寻呼终端发送。

连接状态(RRC_CONNECTED)的状态同样分为三个不同的状态,其描述分别如下。

①ACC(随机接入状态):随机接入是由终端发起的,但是在此之前,网络端需要判断小区是否被禁止,只要在未被禁止的情况下才能进行随机接入,而判断的依据则是随机接入的原因。随机接入状态则是 UE 接收到自身高层配置的连接建立请求消息时候,所进行无线资源和无线信道的配置。而通俗的理解则是在用户开机之后需要拨号的时候则需要进行随机接入。在随机接入过程中,首先需要通过 MAC 来建立上行同步,并通知高层进行 RRC 建立连接,建立 SRB1。

②CON(连接状态):顾名思义,即通话的整个过程,在此状态下,需要建立 SRB2 和 DRBS 以完成无线链路的建立,只有建立起来之后才能进行通信。

③HO(切换):当用户需要从这个小区变换到另外一个小区的时候则需要切换,同频、异频小区间均可,在此过程中,网络端会针对终端的行为进行相应的操作。

10.2.2 CP 方案协议栈

CP 方案协议栈如图 10-13 所示,UE 和 eNodeB 之间不需要建立 DRB 承载,没有用户面处理。CP 方案在 UE 和 eNodeB 之间不需要启动安全功能,空口数据传输的安全性由 NAS 层负责。因此空口协议栈中没有 PDCP 层,RLC 层和 RRC 层直接交互,上行数据在上行 RRC 消息包含的 NAS 消息中携带,下行数据在下行 RRC 消息包含的 NAS 消息中携带。

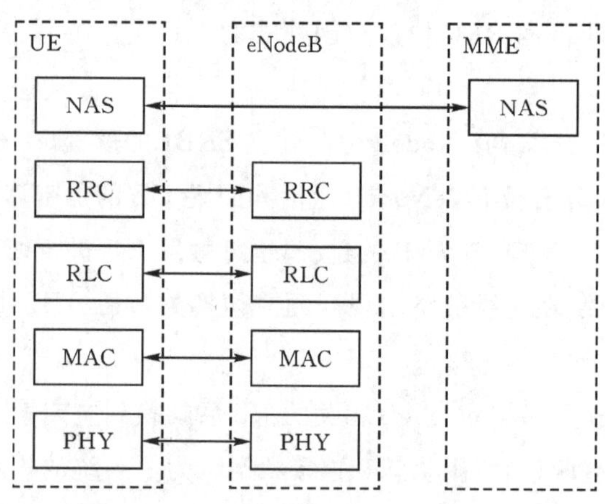

图 10-13 CP 方案协议栈

10.2.3 UP 方案协议栈

UP 方案协议栈如图 10-14 所示,上下行数据通过 DRB 承载携带,需要启动空口协议栈中 PDCP 层提供 AS 层安全模式。

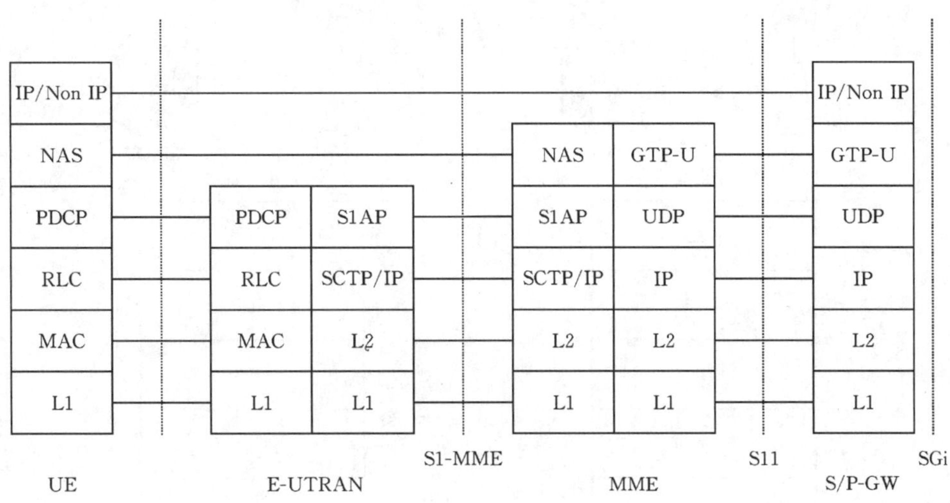

图 10 - 14　UP 方案协议栈

表 10 - 5 给出了 CP、UP 综合方案对比，从运营商来看，初期以 CP 方案为主，后续需支持 UP 方案。

表 10 - 5　CP、UP 综合方案对比

对比维度	CP 方案	UP 方案
3GPP 标准化	必选方案	可选方案
信令开销	传输数据时空口节省约 50% 的信令	传输数据时空口节省约 50% 的信令，相对 CP 方案，增加了 PDN 建立时用户面承载建立信令
业务多样性	单一 QoS 业务	支持多 QoS 业务
传输小包效率	高，RRC 建立时随路发送数据	低，先恢复 RRC 连接，再从用户面发送数据
传输大包效率	低，数据需分多个包，每个包都需封装在 NAS 信令中传输，效率低。(单个 NAS PDU 最大 64 kb)	高，多个数据包从用户面直接传输，效率高
移动场景	适合	跨基站移动时，需通过 X2 接口传递用户上下文，信令开销较大
开发难度	核心网改造大，基站改造小	核心网改造小，基站改造大
存储要求	无额外存储要求	挂起状态时，基站、核心网都需要缓存用户上下文信息

10.2.4　协议栈接口

(1)S1 协议栈接口。NB - IoT 与 LTE 可以共用同一个 S1 接口，连接到同一个 MME；也可以通过不同的 S1 接口，连接到不同的 MME。在配置 S1 接口时，需要配置对应 MME 支持 NB - IoT 的能力。S1 协议栈接口如图 10 - 15 所示。

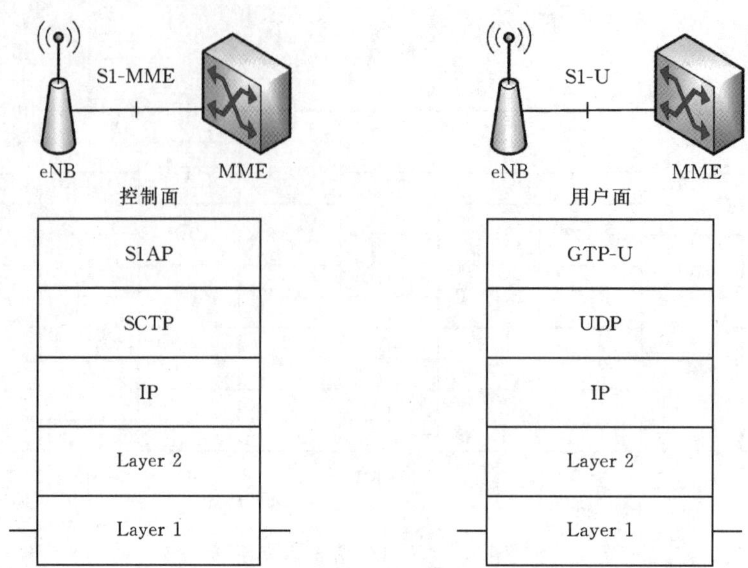

图 10－15　S1 协议栈接口

根据 23.401 协议描述，MME 支持 CP 模式 & UP 模式、CP 模式 Or UP 模式。协议认可使用以下两种方式选择 MME。

①MME 重定向(DECOR)功能：如果 MME 不支持 NB，或者支持的类型不对，MME 会把消息返还给 eNB 并提供重新路由。

②eNB 配置 MME 能力：eNB 上配置哪些 MME 支持 NB，以及支持的类型。

(2)X2 协议栈接口。NB－IoT 和 LTE 可以共用 X2 接口。NB－IoT 不支持基于 X2 接口的切换，但是通过 X2 接口可以实现，支持基站间 RRC Connection Resume 流程。X2 协议栈接口如图 10－16 所示。

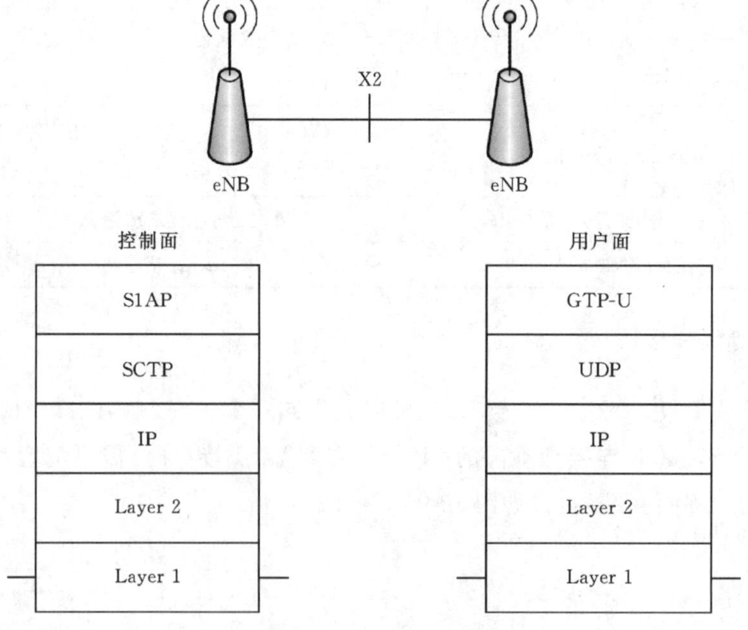

图 10－16　X2 协议栈接口

(3)支持 Non-IP data 传输。物联网场景之下,终端大多数以100字节内小包为主,如果继续使用IP包的方式,IP包头的开销会很大,例如:传输层UDP就是28字节的话,28/100,光IP包头的开销就有28%。

于是引入了Non-IP数据传输(Non-IP Data Delivery),即在数据传输的时候剥离掉IP层的封装,可以减小数据包的Payload,非常适用于物联网使用。协议定义两种传输机制,建议使用单独APN支持Non-IP传输。图10-17所示为Non-IP传输机制。

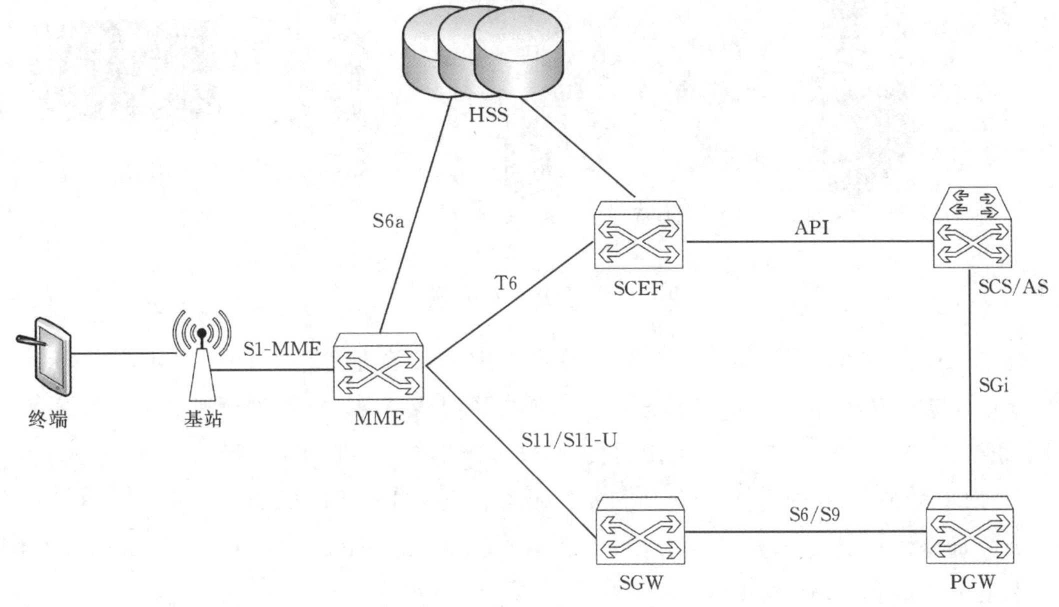

图10-17 Non-IP传输机制

如果使用Non-IP传输,则需要在核心网新增网元SCEF,MME在终端接入的时候就可以从HSS获取过来的开户数据判断是否为Non-IP的包,如果是则走SCEF,如果是普通的终端就接入SGW。

10.3 NB-IoT网络架构

NB-IoT网络架构包括感知层、基础网络平台、管理平台和业务平台,如图10-18所示。感知层由各种传感器、行业终端、NB-IoT模块或eMTC模块组成;接入网和核心网构成基础网络平台;管理平台和业务平台主要实现连接管理和业务使能,如物联网支撑平台、应用服务器。

(1)终端。终端主要通过空口连接到基站。终端侧主要包含行业终端与NB-IoT模块。行业终端包括芯片、模组、传感器接口、终端等;NB-IoT模块包括无线传输接口、软SIM装置、传感器接口等。

(2)接入网。接入网包括两种组网方式,一种是整体式无线接入网(Single Radio Access Network, Single RAN),其中包括2G/3G/4G以及NB-IoT无线网;另一种是新建NB-IoT,

主要承担空口接入处理、小区管理等相关功能，并通过 S1-lite 接口与 IoT 核心网进行连接，将非接入层数据转发给高层网元处理。

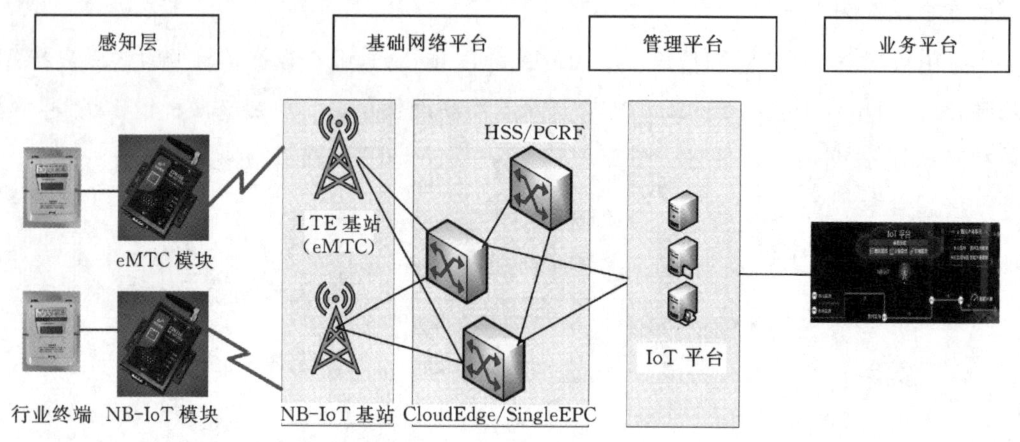

图 10-18　NB-IoT 网络架构

(3)核心网。网元包括两种组网方式，一种是整体式的演进分组核心网(Evolved Packet C，EPC)网元，包括 2G/3G/4G 核心网；另外一种是物联网核心网。核心网侧通过 IoT EPC 网元以及 GSM、UITRAN、LTE 共用的 EPC，支持 NB-IoT 和 eMTC 用户接入。

(4)物联网支撑平台。该平台包括归属位置寄存器(Home Location Register，HLR)、策略控制和计费规则功能单元(Policy Control and Charging Rules Function，PCRF)、物联网(Machine to Machine，M2M)平台。

(5)应用服务器。应用服务器是 IoT 数据的最终汇聚点，根据客户的需求进行数据处理等操作。

10.3.1　网络单元

1. 核心网

核心网主要包含 MME、SGW、PGW、HSS、SCEF 几个网元，下面简要介绍下这些网元的作用。

MME 的全称是 Mobility Management Entity，含义为移动性管理实体。这是核心网中的核心网元，MME 主要负责移动性管理和控制，包含用户的鉴权、寻呼、位置更新和切换等。总之，手机必须定期向 MME 报告自己的位置，如果想上网的话，也必须先到 MME 经过安检才行，而且，如果手机跑到其他基站下，也需要 MME 来协调切换。MME 就是大内总管，掌控一切，统领全局。

SGW 的全称叫 Serving Gateway，即服务网关。它主要负责手机上下文会话的管理和数据包的路由和转发，相当于数据中转站。

PGW 的全称叫 Packet data network Gateway，含义为分组数据网络网关。它主要负责连接到外部网络，也就是说，如果手机要上互联网，必须 PGW 同意，通过 PGW 转发才行。除此之外 PGW 还承担着手机的会话管理和承载控制，以及 IP 地址分配、计费支持等功能。

HSS 的全称叫 Home Subscriber Server，含义为归属用户服务器。它是一个中央数据库，包含与用户相关的信息和订阅相关的信息。其功能包括移动性管理，呼叫和会话建立的支持，用户认证和访问授权。

SCEF 的全称为 Service Capibility Exposure Function，含义为网络能力开放功能。它定义了 SCEF 相关的网元接口以安全开放网络业务能力，SCEF 的主要功能为将核心网网元能力开放给各类业务应用，通过协议封装及转换实现与合作/自有平台对接，SCEF 的应用使网络具备了多样化的运营服务能力，其实就是转换各个平台的协议，配合 HSS 实现不同应用，比如开隧道。

为了将物联网数据发送给应用，蜂窝物联网(CIoT)在 EPS 定义了两种数据传输优化方案，如图 10-19 所示，即 CIoT EPS 用户面功能优化(User Plane CIoT EPS optimisation)和 CIoT EPS 控制面功能优化(Control Plane CIoT EPS optimisation)。

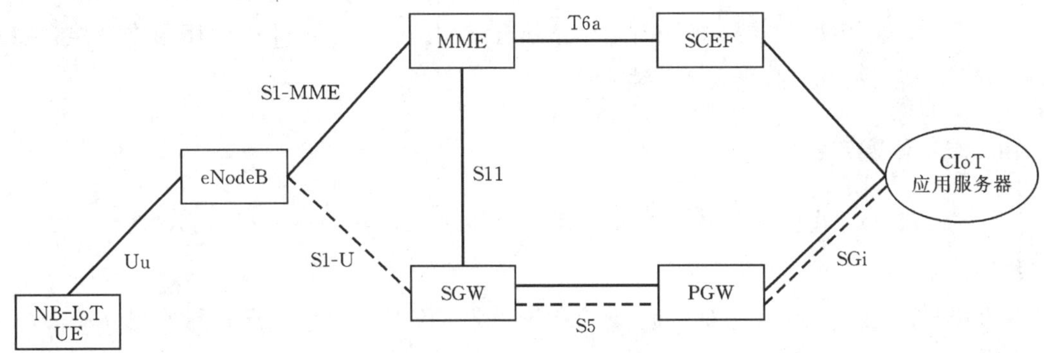

图 10-19 CIoT EPS 优化方案

在实际网络部署时，为了减少物理网元的数量，可以将核心网网元(如 MME、SGW、PGW)合一部署，称为 CIoT 服务网关节点 C-SGN。

对于 CIoT EPS 控制面功能优化(CP)，上行数据从 eNB(CIoTRAN)传送至 MME，在这里传输路径分为两个分支：或者通过 SGW 传送到 PGW 再传送到应用服务器，或者通过 SCEF (Service Capability Exposure Function)连接到应用服务器(CIoT Services)，后者仅支持非 IP 数据传送。下行数据传送路径一样，只是方向相反。SCEF 是专门为 NB-IoT 设计而新引入的，它用于在控制面上传送非 IP 数据包，并为鉴权等网络服务提供了一个抽象的接口。这一方案无需建立数据无线承载，数据包直接在信令无线承载上发送。因此，这一方案极适合非频发的小数据包传送。

对于 CIoT EPS 用户面功能优化(UP)，物联网数据传送方式和传统数据流量一样，在无线承载上发送数据，由 SGW 传送到 PGW 再到应用服务器。因此，这种方案在建立连接时会产生额外开销，不过，它的优势是数据包序列传送更快。该方案支持 IP 数据和非 IP 数据传送。

2. 接入网

NB-IoT 的接入网构架与 LTE 一样，NB-IoT 接入网架构如图 10-20 所示。

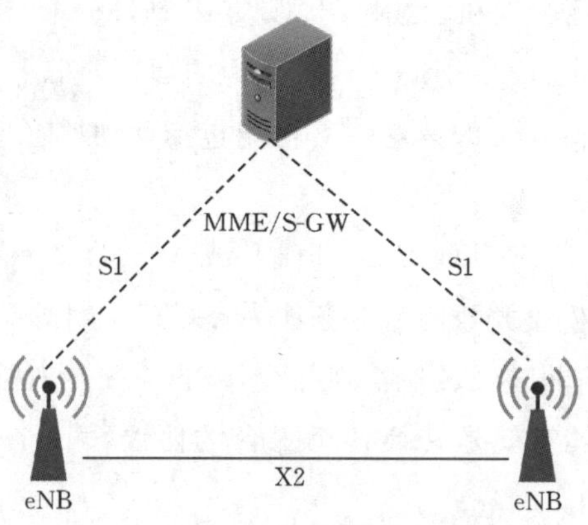

图 10－20　NB-IOT 接入网架构

eNB 通过 S1 接口连接到 MME/S-GW，接口上传送的是 NB－IoT 消息和数据。尽管 NB－IoT没有定义切换，但在两个 eNB 之间依然有 X2 接口，X2 接口使能 UE 在进入空闲状态后，快速启动 Resume 流程，接入到其他 eNB。

10.3.2　组网方式

NB－IoT 组网方式包括两种，一种是 NB－IoT 独立组网，另一种是 EUTRAN 与 NB－IoT 融合组网。

(1)NB－IoT 独立组网。NB－IoT 独立组网可分为 C-SGN 和 PGW 两种实现方式。

C-SGN 由 MME/SGW/PGW 组成，如图 10－21 所示。

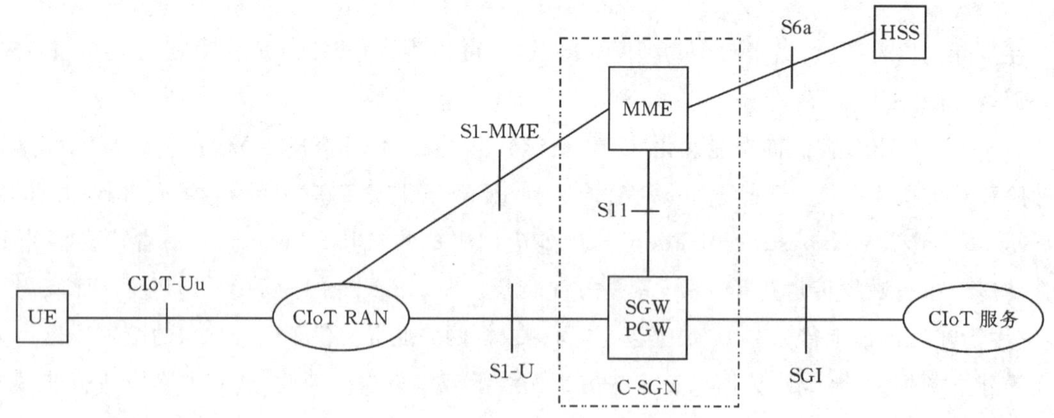

图 10－21　C-SGN 独立组网

PGW也可以独立实现，如图10-22所示。

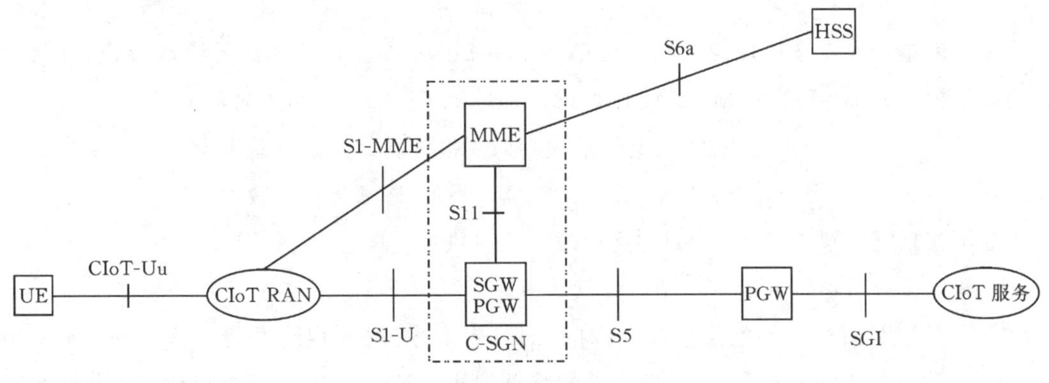

图10-22 PGW独立组网

(2)EUTRAN与NB-IoT融合组网。CIoT RAN仅支持NB-IoT功能，eNodeB既支持EUTRAN又支持NB-IoT。EUTRAN与NB-IoT融合组网如图10-23所示。

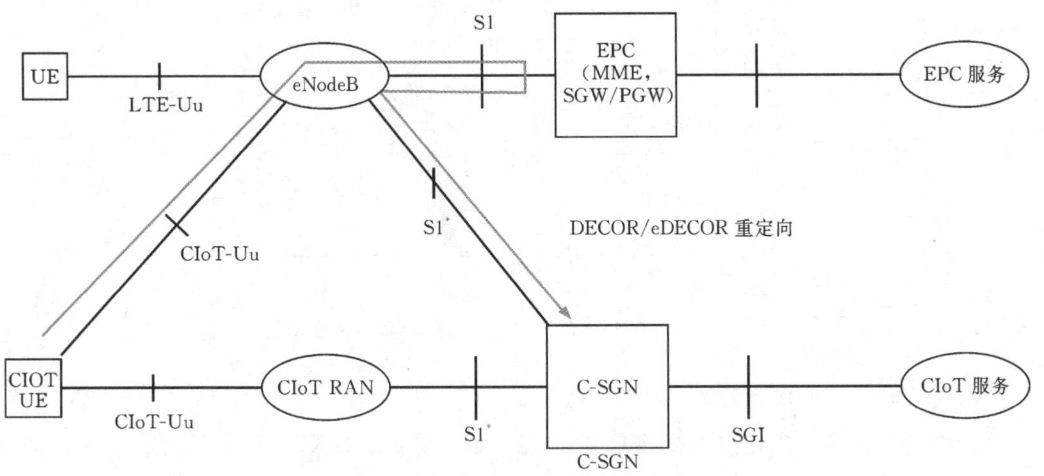

图10-23 EUTRAN与NB-IoT融合组网

10.4 NB-IoT关键技术

NB-IoT主要面向大规模物联网连接应用，其设计目标主要包含以下几方面。

(1)低成本、低复杂性：NB-IoT模块价格为5美元甚至更低。2020年NB-IoT模组集采中标价已低于15元。

(2)增强覆盖：164 dB MCL，比GPRS强20 dB。

(3)电池寿命：10年。

(4)容量：约55 000连接设备/小区。

(5)上行报告时延：小于10 s。

为了实现上述目标需要增强覆盖、终端简化方案、低功耗几个关键技术作为支撑。

10.4.1 增强覆盖

覆盖就是最大耦合损耗(Maximum Coupling Loss,MCL),从基站天线端口到终端天线端口的路径损耗,NB-IoT 的 MCL 为 164 dB。NB-IoT 对 MCL 作了简单定义:

上行 MCL=上行最大发射功率-基站接收灵敏度

下行 MCL=下行最大发射功率-终端接收灵敏度

为了实现增强覆盖,NB-IoT 主要通过以下手段来实现。

1. 提升上行功率谱密度

上下行控制信息与业务信息在更窄的 LTE 带宽中发送,相同发射功率下的 PSD(Power Spectrum Density)增益更大,降低接收方的解调要求。NB-IoT 上行功率谱密度增强 17 dB,考虑 GSM 终端发射功率最大可以到 33 dBm,NB-IoT 发射功率最大为 23 dBm,所以实际 NB-IoT终端比 GSM 终端功率谱密度高 7 dB。如图 10-24 所示。

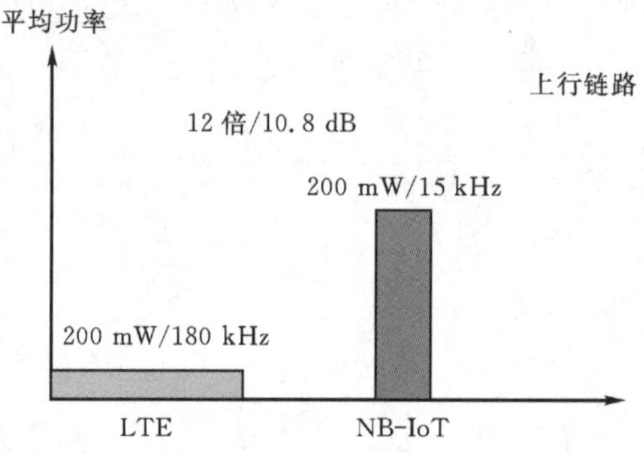

图 10-24 NB-IoT 与 LTE 上行功率谱密度对比

2. 支持重传(Repetition)

重传就是在多个子帧传送一个传输块,如图 10-25 所示。NB-IoT 采用数据重传的方式获得时间分集增益,采用低阶调制方式提高解调性能和覆盖性能,所有信道都支持数据重传。此外,3GPP 还为每个信道规定了各信道可支持的重复传输次数和响应的传输方式,如表 10-6 所示。

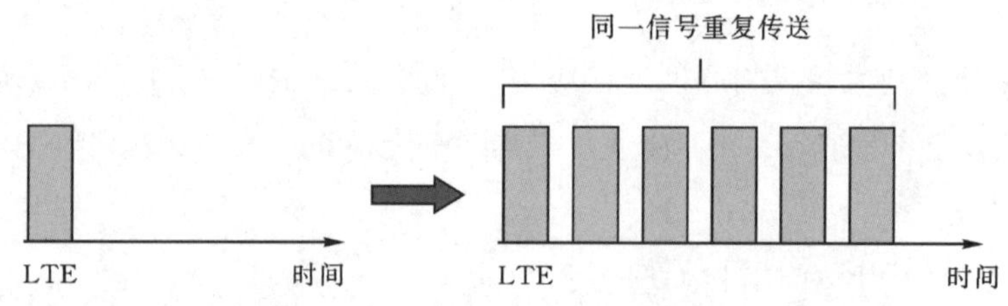

图 10-25 NB-IoT 与 LTE 传输子帧对比

表 10 - 6 各信道可支持的重传次数和相应的调制方式

物理信号	物理信道名称	重复次数	调制方式
下行链路	NPBCH	固定 64 次	OPSK
	NPDCCH	{1,2,4,8,64,128,256,512,1024,2048}	
	NPDSCH	{1,2,4,8,64,128,192,256,384,512,1024,1536,2048}	
上行链路	NPRACH	{1,2,4,8,64,128}	π/4 QPSK
	NPUSCH	{1,2,4,8,64,128}	π/2 QPSK

Repetition Gain=10 log Repetition Times，也就是说重传 2 次，就可以提升 3 dB。NB - IoT 最大可支持下行 2 048 次重传，上行 128 次重传。更多重传次数带来 HARQ 增益，以更低速率换取覆盖增益。

10.4.2 终端简化方案

为了降低设备复杂性和减小设备成本，NB - IoT 定义了一系列的简化方案，主要包括以下两方面。

①简化协议栈、简化 RF。

②简化基带处理复杂度，相对于普通 LTE，基带复杂度降低 10%，射频降低约 65%。

1. 减少不必要的硬件

通过单天线和 FDD 半双工模式，降低 RF 成本。图 10 - 26 所示为 NB - IoT 单天线。

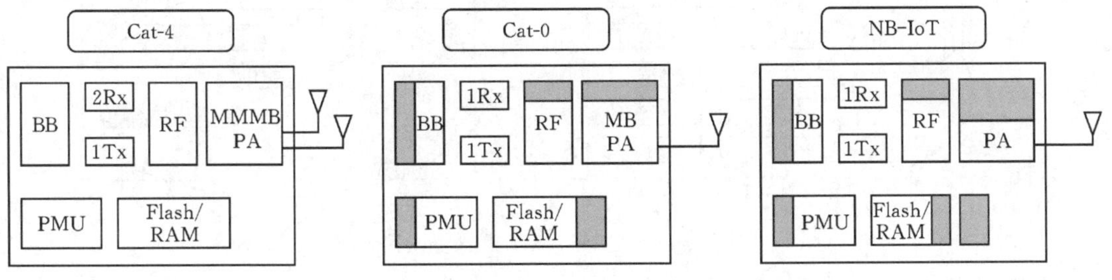

图 10 - 26 NB - IoT 单天线

Release 13 NB - IoT 仅支持 FDD 半双工模式，意味着不必同时处理发送和接收，比起全双工成本更低廉、更省电。图 10 - 27 所示为 NB - IoT 半双工。

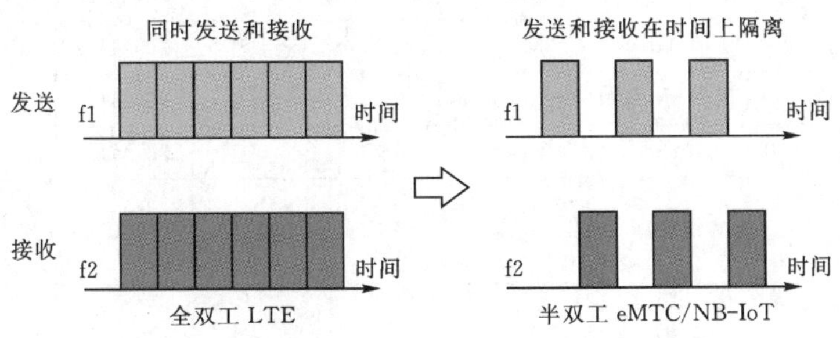

图 10 - 27 NB - IoT 半双工

2. 减少协议栈处理开销

如图 10－28 所示，NB－IoT 舍弃了 LTE 物理层的上行共享信道(Physical Uplink Control Channel，PUCCH)、物理混合自动重传请求或指示信道(Physical Hybrid ARQ Indicator Channel，PHICH)等。

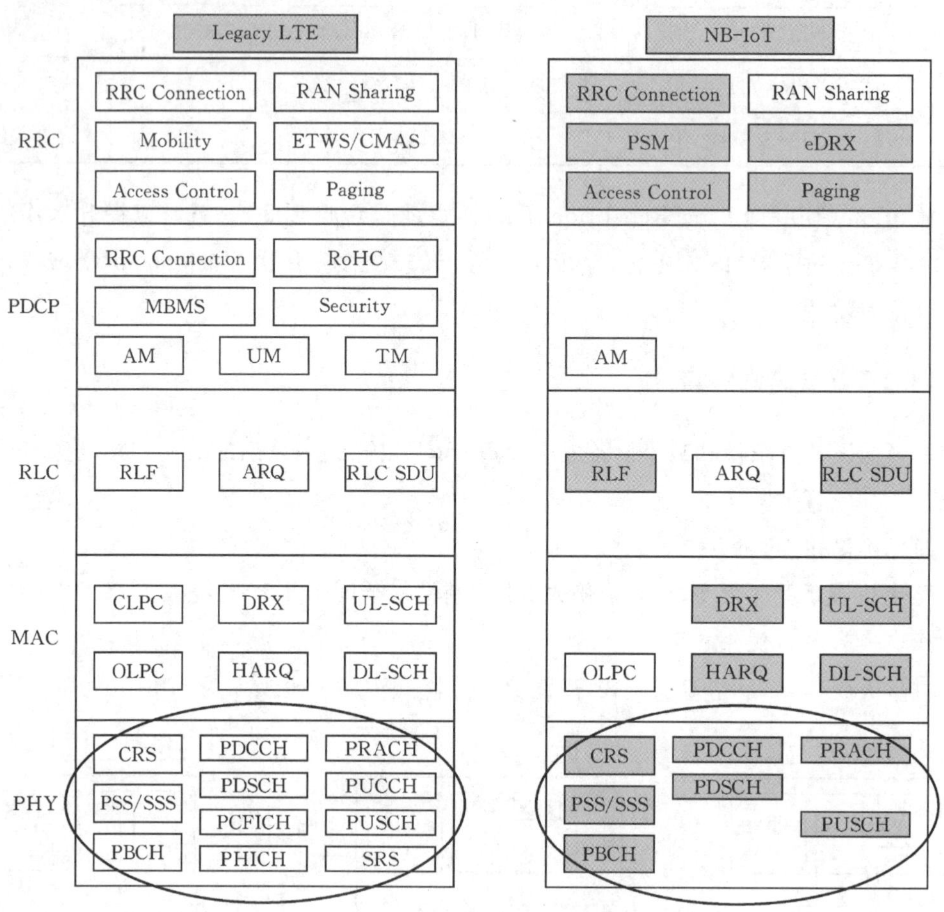

图 10－28　NB－IoT 简化协议栈

表 10－7　NB－IoT 不同版本 Release

版本	类型	下行链路峰值速率	上行链路峰值速率	无线数量	双工方式	终端用户接收带宽	终端用户传输功率	调制解调器复杂度
Release 8	Category 4	150 Mb/s	50 Mb/s	2	全双工	20 MHz	23 dBm	100%
Release 8	Category 1	10 Mb/s	5 Mb/s	2	全双工	20 MHz	23 dBm	80%
Release 12	Category 0	1 Mb/s	1 Mb/s	1	半双工	20 MHz	23 dBm	40%
Release 13	Cat-M1 (eMTC)	1 Mb/s	1 Mb/s	1	半双工	1.4 MHz	20 dBm	20%
Release 13	Cat-M2 (NB－IoT)	200 kb/s	200 Mb/s	1	半双工	200 kHz	23 dBm	15%

10.4.3 低功耗

NB-IoT 使用省电模式(Power Saving Mode, PSM)和扩展非连续接收(Extended Discontinuous Reception, eDRX),可以实现更长的待机时间。其中,R12 新增了 PSM,在省电模式下终端仍然注册在线但信令不能到达,这使得终端具有更长的深度睡眠时间以实现省电。另一方面 R13 增加了 eDRX,进一步扩展了空闲模式下终端的睡眠时间,减少了不必要的接收单元启动,与 PSM 相比,eDRX 显著提升了下行链路的可访问性。

1. PSM 省电模式

怎样最省电?当然是"关机"最省电。手机需要时刻待命,不然有人打电话找你却找不到怎么办?但这意味着手机需要随时监听网络,这是要耗电的。但物联网终端不同于手机,绝大部分时间在睡觉,每天甚至每周就上报一两条消息,完事后就睡觉,所以它不必随时监听网络。NB-IoT 系统在空闲状态下增加一个新的 PSM,在此状态下,UE 射频被关闭,相当于关机,但是核心网侧还保留着用户上下文,用户进入空闲状态或连接状态时,无需再进行附着分组数据网络的建立。PSM 就是让物联网终端发完数据就进入休眠状态,类似于关机,不进行任何通信活动。PSM 工作原理如图 10-29 所示。

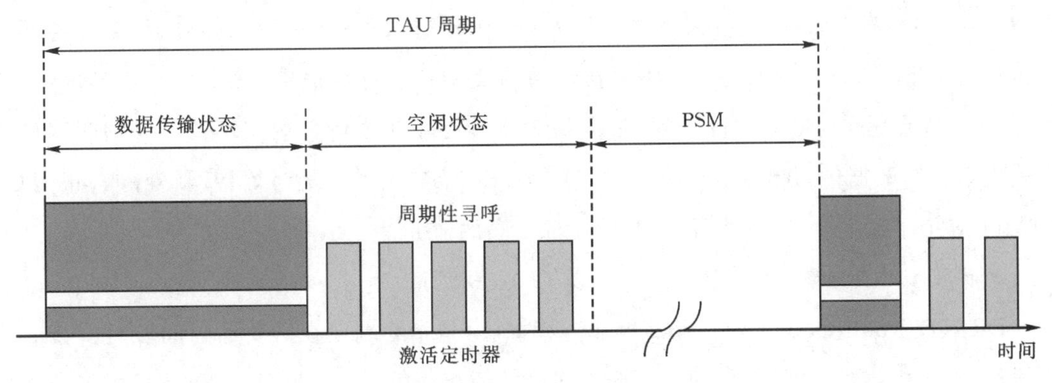

图 10-29 PSM 工作原理

在 PSM 中,下行数据不可达,数字数据网络(Digital Data Network, DDN)到达 MME 之后,MME 通知 SGW 缓存用户下行数据并延迟触发寻呼。当上行有数据或信令需要发送时,触发 UE 进入连接状态。

当 UE 处于 PSM 时,不再监听寻呼信息,并且停止所有接入层活动。如果有被叫业务,网络需要支持高时延通信(High Latency Communication, HLC)功能。为了支持 PSM,UE 在每一次附着或跟踪区更新(Tracking Area Update, TAU)时向网络强求激活定时器(Active Timer, AT)的时长。如果上行数据或信令信息要发送(如周期性 TAU),UE 才进入连接状态,因此,PSM 只适合不频繁传输数据的业务,并且寻呼业务能接受相应的延迟。如果 UE 想更改激活定时器的时长,则可以通过 TAU 来实现。

如果周期性TAU为10分钟，设备每周上传一次数据，那么两节5号电池可以用132月(11年)之久。表10-8给出了不同周期性TAU、数据上传时间间隔对电池寿命的影响。

表10-8 不同周期性TAU、数据上传时间间隔对电池寿命的影响

上传间隔	周期TAU						
	2.56 s	10.24 s	1 min	10 min	1 h	2 h	1 d
15 min	3.7	4.5	4.9	4.9	4.9	4.9	4.9
1 hour	8.1	13.8	17.0	17.8	17.9	17.9	17.9
1 day	13.2	39.1	84.9	108.0	110.8	111.1	111.13
1 week	13.5	42.0	99.4	132.1	136.2	136.6	137.0
1 month	13.6	42.3	101.6	135.9	140.2	140.7	141.1
1 year	13.6	42.5	102.3	137.1	141.4	141.9	142.3

核心网和UE负责协商UE何时进入PSM以及在PSM驻留的时长。如果设备支持PSM，在附着或TAU过程中，向网络申请一个AT。当设备从连接状态转移到空闲状态时，该AT开始运行；当AT超时，用户设备进入省电模式。进入省电模式后用户设备不再接收寻呼信息，设备和网络失联，但设备在网络中仍注册。UE进入PSM后，只有在UE需要终端发送数据或者周期TAU定时器超时后需要执行周期TAU时，才会退出PSM。

PSM优点是可进行长时间休眠，缺点是对终端终止接收业务响应不及时。物联网应用大多是发送上行数据包，并且是否发送数据包由UE决定，不需要随时等待网络呼叫，正因如此，PSM可应用于远程抄表等对下行实时性要求不高的业务。

2. 扩展型非连续接收(eDRX)

DRX(Discontinuous Reception)即非连续接收，是指终端仅在必要的时间段打开接收机进入激活态，用以接收下行数据，而在剩余时间段关闭接收机进入休眠状态，停止接收下行数据的一种节省终端电力消耗的工作模式。首先介绍DRX相关概念。

(1)On Duration。在连接态DRX工作模式下，UE不能一直关闭接收机，必须周期性打开接收机，并开始在之后一段时间内持续侦听可能到来的信令，这段时间称为On Duration，由定时器On Duration Timer控制。该时段的时长可通过参数设置。On Duration Timer在满足一定条件后会停止，也就是说On Duration的时长并不是固定的。

(2)DRX周期。DRX周期用于描述DRX状态下两次On Duration出现的间隔时长。DRX周期按UE行为划分为激活期和休眠期，NB-IoT仅支持长周期DRX。每个DRX周期由一个On Duration和一个可能存在的休眠期组成，如图10-30所示。

(3)激活期。UE可侦听NPDCCH信道的时间段称为DRX激活期。激活期内，UE将打开接收机。DRX激活期包括On Duration，同时也包括其他DRX相关定时器处于工作状态应

该打开接收机的时间段。其他定时器是指 DRX Inactivity Timer、DRX Retransmission Timer 和 DRX UL Retransmission Timer。DRX 周期时长确定后，激活期越长，则业务处理越及时，但接收机在同一个周期内工作时间长，UE 耗电量越大。激活期越短，则 UE 越省电，但接收机在同一个周期内保持关闭的时间越长，业务时延越长。

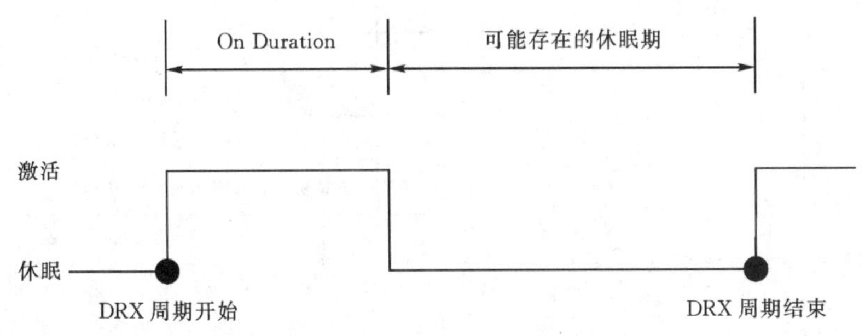

图 10-30 DRX 周期

(4)休眠期。DRX 周期内的非激活期时段即为休眠期。UE 处于休眠期时，不侦听 NPDCCH信道，但可以发送接收激活期内被调度的 NPUSCH/NPDSCH 信息，当没有数传进行时，UE 可以关闭接收机。DRX 各定时器的详细含义如表 10-9 所示。

表 10-9 DRX 各定时器的详细含义

定时器	参数	定义	说明
On Duration Timer	NbOnDurationTimer	作用	本定时器在每个 DRX 周期开始时启动。UE 在本定时器有效的时间段内可侦听 NPDCCH
		启动	在 DRX 周期的起始子帧启动
		计时	以 UE 的 NPDCCH 周期作为计时单位
		停止	给该 UE 的 NPDCCH 消息的最后一个重复块发送完成时停止； 定时器超时停止
		超时	停止计时，UE 不再监听 NPDCCH，可进入休眠期
DRX Inactivity Timer	NbDRXInactivityTimer	作用	本定时器用于判断 UE 的激活期是否因为新传或重传数据的到达而扩展
		启动	在上下行调度中，HARQ RTT Timer 超时时，本定时器可以启动或重启
		计时	以 UE 的 NPDCCH 周期作为计时单位
		停止	给该 UE 的 NPDCCH 消息的最后一个重复块发送完成时停止； 定时器超时停止
		超时	停止计时，UE 不再监听 NPDCCH，可进入休眠期

续表

定时器	参数	定义	说明
DRX Retransmission Timer	NBDRXReTxTimer	作用	本定时器定义了UE处于激活期等待下行重传的最长等待时间。如果该定时器超时,UE依旧没有收到下行重传数据,则UE不再接收该重传数据
		启动	在上下行调度中,HARQ RTT Timer超时,本定时器可以启动或重启
		计时	以UE的NPDCCH周期作为计时单位
		停止	在超时前如果收到重传的数据,则停止
		超时	停止计时,UE无其他操作
DRX UL Retransmission Timer	NbDRXUlReTxTimer	作用	本定时器定义了UE处于激活期等待上行重传的最长等待时间。如果该定时器超时,UE依旧没有收到上行重传调度指示,则UE不再监听NPDCCH
		启动	在上下行调度中,HARQ RTT Timer超时可以启动或重启
		计时	以UE的NPDCCH周期作为计时单位
		停止	在超时前如果收到重传的数据,则停止。给该UE的NPDCCH消息的最后一个重复块发送完成时停止
		超时	停止计时,UE无其他操作
HARQ RTT Timer	—	作用	本定时器定义了从下行数据包到重传该数据包的时间间隔,用于判断何时启动延长激活期相关定时器
		启动	在传输完相应的NPDSCH或NPUSCH资源的最后一个重复块之后,启动HARQ RTT Timer。下行HARQ RTT Timer的时长为$k+N+3+$deltaPDCCH,其中k为最后一个传输子帧与HARQ反馈的第一个子帧之间的间隔时间;N为HARQ反馈的传输时长;3+delta PDCCH是HARQ反馈结束子帧与最近一个NPDCCH机会点的时间间隔(满足HARQ反馈结束子帧与NPDCCH机会点最小3 ms的时间间隔)。上行HARQ RTT Timer的时长为4+delta PDCCH,4+ delta PDCCH是NPUSCH传输的结束子帧与最近一个NPDCCH机会点的时间间隔(满足NPUSCH传输的结束子帧与NPDCCH机会点最小4ms的时间间隔)
		计时	以子帧数为计时单位
		停止	定时器超时停止
		超时	停止计时,启动DRX Inactivity Timer、DRX Retransmission Timer和DRX UL Retransmission Timer

eDRX 作为 R13 中新增的功能，主要目的是支持更长周期的寻呼监听，从而达到省电的目的。传统的 2.56 s 寻呼间隔对 UE 的电量消耗较大，而当下行数据发送频率低时，通过核心网和用户终端的协调配合，用户终端跳过大部分的寻呼监听，从而达到省电的目的。用户终端和核心网通过附着与 TAU 过程来协商 eDRX 的长度。eDRX 大幅提升了下行通信链路的可到达性，但是相比 PSM，节点效果更差。

空闲状态时，UE 主要是监听寻呼信道和广播信道。如果要监听数据信道，必须从空闲状态切换到连接状态。寻呼 DRX 由非接入层（Non-Access Stratum，NAS）控制，并对周期进行了扩展，以便支持在覆盖增强场合下的寻呼信道接收。在连接状态时，有可能覆盖增强，重复发送的次数由 eNB 基站动态配置，因此，eDRX 的定时器全部采用 PDCCH 时间间隔，取消了 DRX 短周期功能。如果数据传输超时，则用户终端启动 eDRX 定时器。eDRX 的省电模式如图 10-31 所示。

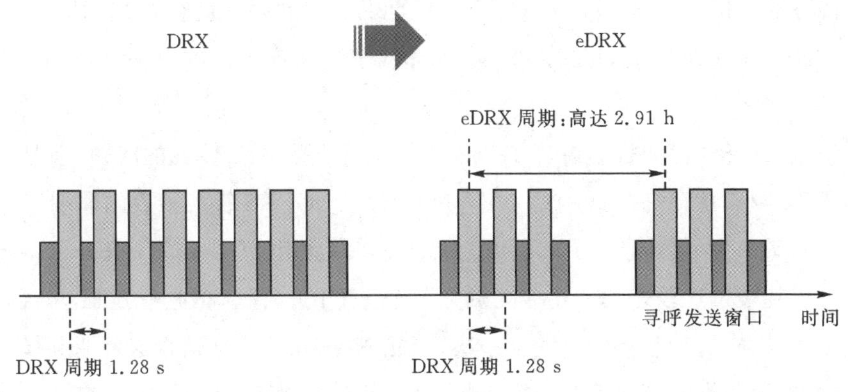

图 10-31　eDRX 的省电模式

手机可以断断续续地接收信号以达到省电的目的。NB-IoT 扩展了这个断续间隔，可扩展至 2.91 h，更加省电。此外，NB-IoT 只支持小区重选，不支持切换，这减少了测量开销；对空口信令简化，减小了单次数传功耗。

eDRX 周期由 MME 根据 UE 服务类型来决定。为了协助基站 eNB 寻呼 UE，MME 在寻呼信息中携带 eDRX 周期。如果 eDRX 周期为 5.12 s，则网络使用正常的寻呼策略。如果 eDRX 周期不小于 10.24 s，则网络使用如下机制。

①如果 UE 决定请求 eDRX，则 UE 在附着请求或 TAU 强求信息中携带请求使用的 eDRX 参数，包括空闲状态 DRX 周期。

②MME 决定是否接受或拒绝 UE 激活 eDRX 的请求。当接受时，MME 基于运营商策略，可以向 UE 提供不用于其请求的 eDRX 参数，同时还向 UE 提供寻呼时间。如果 MME 接受使用 eDRX，则 UE 应根据接收到的 eDRX 和寻呼时间使用 eDRX。当服务 GPRS 支持节点（Serving GPRS Support Node，SGSN）/MME 拒绝 UE 请求，或 SGSN/MME 不支持 eDRX 时，附着接收或 TAU 接收信息中没有 eDRX 参数，UE 使用不正常的不连续接收机制。

③如果 UE 希望继续使用 eDRX，则 UE 应在每个 TAU 信息中携带 eDRX 参数，当 UE 发

生从一个 MME 到另一个 MME，从 MME 到 SGSN 或从 SGSN 到 MME 移动时，就 CN 节点向新 CN 节点发送的移动性管理上下文中不包括 eDRX 参数。

10.5 NB-IoT 物联网应用

NB-IoT 以其低功耗、容量大、高度可靠的数据传输、能够穿透建筑材料以及标准统一的无线网络让市场一致看好。同时，NB-IoT 技术可以消除中间的数据收集器，按照固定的时间间隔直接传输数据，提高便利性和降低成本。因此，NB-IoT 技术广泛应用于智能抄表、消防系统、智能停车、车辆跟踪、物流监控、智慧农林牧渔业以及智能穿戴、智慧家庭、智慧社区、智慧城市等应用领域。

(1)烟感器。消防对楼宇的烟感器安装有要求，楼宇分布密集，导致走线难度高且成本大，NB-IoT 能帮助解决这个问题。烟感器是目前 NB-IoT 应用最匹配和应用最多的产品。NB-IoT支持海量连接，传感器实时检测烟雾，一旦烟雾浓度超标就会通过 NB-IoT 直接发送信息到后台。NB-IoT 低功耗，待机时间长，可降低安装和维护成本；另外信号穿透力强，可覆盖楼宇偏僻角落。

(2)水气表。GPRS 智能抄表解决了传统机械式水气表人工抄表的问题，但是 GPRS 通信基站用户容量比较小，功耗高，信号差。NB-IoT 解决了 GPRS 智能抄表的弊端。

NB-IoT 抄表在功能上继承了 GPRS 功能的同时，比起 2G/3G/4G 提升了 50～100 倍的接入数。这对于装表量比较密集的小区无疑是一个更好的选择。在业务方面，水气表上报数据最多一天上报一次，有的甚至一个月上报一次，因此 NB-IoT 非常适合这种业务模式。

(3)家居智能锁。智能锁作为智能家居的入门产品，未来会成为每家每户必配的智能安防产品。NB-IoT 通过 DRX(非连续接收)省电技术减少不必要的信令，并在 PSM 状态时不接收寻呼信息来达到省电目的，这样可以保障电池 5 年以上的使用寿命。用 NB-IoT 方案，无需网关或路由，智能锁终端仅需一跳直连运营商的基站，从而使联网智能锁在网络稳定性及安全性上更加有保障。

NB-IoT 信号穿墙性远远超过现有网络，即便是传统网络信号不好的地方，NB-IoT 网络可以高度可靠地通过数据传输实现“随机密码”。

(4)共享单车智能锁。前几年共享单车大热的基础就在于 NB-IoT，其覆盖无死角，保证用户在任何地方都能正常开锁。NB-IoT 保证了单车在－40 ℃到 85 ℃的严酷环境下，智能锁仍然能正常工作；同时解决了功耗高、电池使用寿命短的问题，电池使用寿命可以达到 2～3 年，可支撑整辆单车的使用生命周期；NB-IoT 模组成本低，降低整车成本；IoT 平台的引入将可以更有效地管理共享单车，并有望引入新的商业模式。

(5)冷链运输。冷链运输的冷柜处于恶劣的通信环境，NB-IoT 使通信在低温环境下得以畅通。在冷柜中投放小体积的物联网传感器，传感器就位之后就会自动监测冷柜中的温度变化、设备可用性以及冷藏环境的健康度，并定时进行数据信息报告。除此之外，这些传感器能监控销售货品纯度和摆放位置，还能够感知消费者集中在哪些区域并进行记录，为管理人员制定营销策略提供必要的信息。

同时由于 NB - IoT 拥有定位系统，能够实时为管理人员提供位置信息，诸如食品加工、长途运输生物制品等需要冷藏设施的行业中也能带来效益。

(6)智能照明。由于市政照明的监控管理方式相对粗放、运维效率低成本高、照明能耗较大、设施安全难以保障。在路灯的控制器中采用 NB - IoT 无线通信模块，能够顺利解决以上问题。

建设路灯地理信息系统，实现资源管理精细化。同时，灯杆标牌可为公安 110 报警、城市应急指挥等提供定位信息，实现灯杆定位，助力城市维稳，提升路灯价值。采用单灯控制技术，精准控制每一盏路灯，在保证照明需求的前提下，根据季节、路段、天气、特殊场合等条件设定路灯运行方案，真正实现“按需照明”，深化节能减排。通过单灯“在线巡测”，及时发现路灯故障并在地图上进行精准定位，提高路灯运维效率，降低运维成本。

(7)智慧停车。汽车保有量增加，城市停车难问题日益加剧，停车位不足、停车位利用率低、停车难和停车智能化不足等问题亟待决绝。通过车检器中集成 NB - IoT 模组，实现停车位信息采集与查询，并能为后续的城市建设提供网络基础(售卖机、垃圾桶、烟感报警、环境监测等)。

一般针对封闭停车场的完整解决方案，由出入口道闸、抬杆控制终端、车牌识别摄像机、车位相机、NB - IoT 地锁、车位引导牌、反向查询机、自助缴费终端和服务器等设备组成。而该系统中最关键的两个部分是车牌识别探测器技术和反向寻车终端。

(8)智慧牧业。以往奶牛养殖完全靠饲养管理员观察来获得奶牛饲养管理信息，这就很难做到对所有奶牛个体活动信息进行实时监控，因而时常错过奶牛受孕最佳时机，极大降低了奶牛的产奶量，影响其经济效益。在奶牛身上挂着一个带有 NB - IoT 监测组件的盒子，每天盒子会将收集到的信息传递到云系统，牧场管理者可通过这些数据判断小奶牛生长发育情况。借助该系统大大提高牛奶产量和生产牛犊数，降低饲养成本和人工成本，同时节省同期处理药费等，全面改善奶牛养殖环境，极大地为牧民和奶农提高生产收入。

(9)智慧农业。以往的农业管理中，60%的农业区域网络覆盖不足，GPRS/UMTS 功耗成本较高，短距离通信技术网络配置复杂。智能农业话务模型，每小时上报 1 次采集数据，每次 200～500 bytes 数据量，以实时掌握农场的土壤、光照、水质、温度、风力等信息。

NB - IoT 技术相对 GSM 覆盖范围增至 7 倍，超低功耗长达 10 年电池寿命，NB - IoT 物联网卡即插即用，无需网络配置。

(10)智慧井盖。传统的井盖管理以人工巡检为主，不能第一时间获悉井盖丢失信息，井盖丢失找不到责任人，人力维护成本高，人员监督管理难。井盖中内嵌 NB - IoT 的智能监控设备平台可实时监测到井盖开合状态、井上路面积水、井下水位等情况，并进行动态分析。一旦出现异状、险情，比如井盖意外开了、井下水位超过预警值等，平台将自动将警情发送给管理人员，便于他们快速找到问题井盖的位置、及时处理，以防发生安全事故。为了有效保护监测设备，每个智慧井盖还设有智能锁，非授权人员无法打开。

练习题

一、选择题

1. 以下不属于 LPWAN 的联网技术是(　　)。

A. NB-IoT　　B. 低功耗蓝牙　　C. LoRa　　D. Sigfox

2. 在实际网络部署时,为了减少物理网元的数量,可以将部分核心网网元合一部署,称为 CIoT 服务网关节点 C-SGN,下面(　　)不属于核心网。

A. SGW　　B. PGW　　C. SCEF　　D. MME

3. NB-IoT 协议栈接口中(　　)负责终端节点与 MME、SGW 之间的通信。

A. X2　　B. S1　　C. X1　　D. S2

4. 以下不属于无线局域网技术的有(　　)。

A. ZigBee　　B. Wi-Fi　　C. NB-IoT　　D. 蓝牙

5. 以下不属于 NB-IoT 部署方案的是(　　)。

A. 保护带部署　　B. 带内部署

C. 带间部署　　D. 独立部署

6. 以下不属于 NB-IoT 主要特点的是(　　)。

A. 强链接　　B. 广覆盖　　C. 低功耗　　D. 高速率

7. NB-IoT 网络架构包括感知层、接入网、(　　)和平台。

A. 物理层　　B. MAC　　C. 核心网　　D. 服务器

8. NB-loT 组网方式包括两种,一种是 NB-IoT 独立组网,另一种是(　　)。

A. EUTRAN　　B. LTE

C. 5G　　D. EUTRAN 与 NB-IoT 融合组网

9. 为了实现低功耗,NB-IoT 使用省电模式和(　　)两种方式。

A. PSM　　B. DRX　　C. eDRX　　D. 半双工

10. NB-IoT 主要应用场景不包括(　　)。

A. 智能抄表　　B. 智能停车　　C. 野外救援　　D. 共享单车

二、简答题

1. 简述 NB-IoT 网络架构。

2. 简述 NB-IoT 关键技术。

参考文献

[1]胡连华,徐卓,陈海峰. LoRa 与 NB-IoT 通信技术研究现状[J]. 传感器世界,2021,27(9):1-6+11.

[2]周晨曦. 基于多业务场景的窄带物联网资源调度算法研究[D]. 北京:北京邮电大学,2021.

[3]RASTOGI E，SAXENA N，ROY A，et al. Narrow-band Internet of Things：A Comprehensive Study[J]. Computer Networks，2020：173.

[4]吴小军，金娟. 基于 NB－IoT 技术的新一代 WSNs 安全问题研究[J]. 计算机应用与软件，2018，35(7)：178－182+255.

[5]吴小军，沈士根，赵金皓. 基于 NB－IoT 技术的无线传感网融合组网研究[J]. 计算机应用与软件，2018，35(6)：201－205+285.

[6]许剑剑. 基于 NB－IoT 的物联网应用研究[D]. 北京：北京邮电大学，2017.

[7]王英敏. NB－IoT 发展现状研究[J]. 通讯世界，2017(22)：4－5.

[8]余昌盛. 窄带物联网和双连接中资源管理关键技术研究[D]. 杭州：浙江工业大学，2017.

[9]朱祥贤. NB－IoT 应用技术项目化教程[M]. 北京：机械工业出版社，2019.

[10]江林华. 5G 物联网及 NB－IoT 技术详解[M]. 北京：电子工业出版社，2018.

拓展阅读

NB－IoT 背后的故事

低功耗广域网(LPWAN)有两大家族，一个是工作于未授权频谱的 LoRa、SigFox 等，一个是工作于授权频谱下，3GPP 支持的 2/3/4G 蜂窝通信技术。面对兴起的物联网技术，3GPP 主要有三大标准，即 LTE-M、EC-GSM 和 NB－IoT，分别基于 LTE 演进、GSM 演进和 Clean Slate 技术。

2015 年 8 月，3GPP RAN 开始立项研究窄带无线接入全新的空口技术，称为 Clean Slate CIoT。华为、高通和 Neul 联合提出 NB－CIoT，爱立信、诺基亚等厂家提出 NB－LTE。

NB－CIoT 提出了全新的空口技术，相对来说在现有 LTE 网络上改动较大，但 NB－CIoT 是提出的 6 大 Clean Slate 技术中，唯一一个满足在 TSG GERAN #67 会议中提出的 5 大目标(提升室内覆盖性能、支持大规模设备连接、减小设备复杂性、减小功耗和时延)的蜂窝物联网技术，特别是 NB－CIoT 的通信模块成本低于 GSM 模块和 NB－LTE 模块。NB－LTE 更倾向于与现有 LTE 兼容，其主要优势在于容易部署。最终，在 2015 年 9 月的 RAN #69 会议上经过激烈的“PK(对决)”，NB－CIoT 与 NB－LTE 融合产物胜出，这就是 NB－IoT。

第 11 章 5G 移动通信技术

现代移动通信以第一代通信技术(1G)发明为标志,经历了三十多年爆发式增长,极大地改变了人们的生活方式。每一代移动技术的发展时间在 10 年左右,但是每个平台都有不断的创新,将我们导向下一个平台。经历了 2G、3G、4G,如今 5G 时代已经到来并逐步普及起来。

11.1 移动通信发展史

移动通信的主要目的是实现任何时间、任何地点和任何通信对象之间的通信。移动通信的发展始于 20 世纪 20 年代在军事及某些特殊领域的使用,到 20 世纪 40 年代才逐步向民用扩展,而最近十多年来才是移动通信真正蓬勃发展的时期。移动通信的发展过程大致可分为五个阶段,这五阶段对应的技术也被相应划分为五代,移动通信发展史如图 11-1 所示。

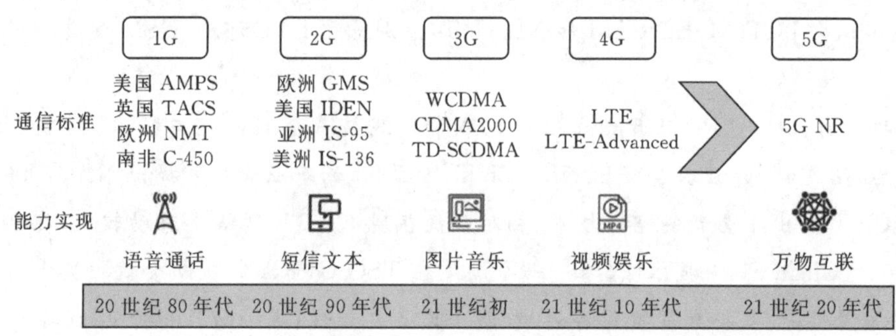

图 11-1 移动通信发展史

11.1.1 1G 移动通信系统

1976 年,美国摩托罗拉公司的工程师马丁·库帕将无线电应用于移动电话。同年,国际无线电大会批准了 800/900 MHz 频段用于移动电话的频率分配方案。1978 年底,美国贝尔试验室研制成功了全球第一个移动蜂窝电话系统——先进移动电话系统(AMPS,Advanced Mobile Phone System)。同时期,欧洲各国也不甘示弱,纷纷建立起自己的第一代移动通信系统。直到 20 世纪 80 年代中期,许多国家都开始建设基于频分复用技术(FDMA,Frequency Division Multiple Access)和模拟调制技术的第一代移动通信系统(1G,1st Generation)。1980 年,瑞典等北欧 4 国研制成功了 NMT-450 移动通信网并投入使用。1984 年,联邦德国完成了 C 网(C-Netz)。英国则于 1985 年开发出频段在 900 MHz 的全接入通信系统(TACS,Total Access Communications System)。在各种1G系统中,美国AMPS制式的移动通信系统在全球的应用最为广泛,它曾经在超过72个国家和地区运营,直到1997年还在一些地方使用。同时,也有近30个国家和地区采用英国TACS制式的1G系统。这两个移动通信系统是世界上最具影响力的1G系统。中国第一代模拟移动通信系统于1987年11月18日在广东第六届全运会上开通并正式商用,采用英国TACS制式。

第一代无线网络技术的一大成就在于它去掉了将电话连接到网络的用户线,用户第一次能够在移动的状态下拨打电话。第一代移动通信技术是以模拟技术为基础的蜂窝无线电话系统,主要用于提供模拟语音会话业务。

第一代(1G)主要采用模拟技术和频分多址(FDMA)技术。由于受到传输带宽的限制,不能进行移动通信的长途漫游,只能是一种区域性的移动通信系统。1G移动通信有多种制式,我国主要采用TACS。第一代移动通信系统有很多不足之处,比如容量受限、制式太多、互不兼容、保密性差、通信质量不高、不提供数据业务和自动漫游服务等。

11.1.2 2G移动通信系统

自20世纪90年代以来,第二代移动通信系统得到了快速的发展,短短十年,其用户就超过了十亿。第二代移动通信技术主要是将手机从模拟通信转移到数字通信,主要业务是语音。

1982年,欧洲邮电大会(CEPT)成立了一个新的标准化组织GSM(Group Special Mobile),目的是制定欧洲900 MHz数字TDMA蜂窝移动通信系统(GSM系统)技术规范,使欧洲的移动电话用户能在欧洲境内自动漫游。通信网数字化发展和模拟蜂窝移动通信系统应用说明,欧洲国家呈现多种制式分割的局面,不能实现更大范围覆盖和跨国联网。1986年,泛欧11个国家为GSM提供了8个实验系统和大量的技术成果,并就GSM的主要技术规范达成共识。1988年,欧洲电信标准协会(ETSI)成立。1990年,GSM第一期规范确定,系统试运行。英国政府发放许可证建立个人通信网(PCN),将GSM标准推广应用到1 800 MHz频段改成为DCS1800数字蜂窝系统,频宽为2×75 MHz。1991年,GSM系统在欧洲开通运行;DCS1800规范确定,可以工作于微蜂窝,与现有系统重叠或部分重叠覆盖。1992年,北美ADC(IS-54)投入使用,日本PDC投入使用;FCC批准了CDMA(IS-95)系统标准,并继续进行现场实验;GSM系统重新命名为全球移动通信系统(Global System For Mobile Communication)。1993年,GSM系统已覆盖泛欧及澳大利亚等地区,67个国家已成为GSM成员。1994年,CDMA系统开始商用。1995年,DCS1800开始推广应用。

第二代移动通信系统主要以GSM和CDMA为主,采用GSM GPRS、CDMA的IS-95B技术,数据传输速率可达115.2 kb/s。全球移动通信系统GSM采用增强型数据速率(EDGE)技术,速率可达384 kb/s。

(1)GSM。1992年GSM开始在欧洲商用,最初仅为泛欧标准,随着该系统在全球的广泛应用,其含义已成为全球移动通信系统。GSM系统具有标准化程度高、接口开放的特点,强大的联网能力推动了国际漫游业务,用户识别卡的应用,真正实现了个人移动性和终端移动性。

已有120多个国家、250多个运营者采用GSM系统，全球GSM用户数已超过2.5亿。我国从1995年开始建设GSM网络，到1999年底已覆盖全国31个省会城市、300多个地市，到2000年3月全国GSM用户数已突破5 000万，并实现了与近60个国家的国际漫游业务。

(2)窄带CDMA。窄带CDMA，也称CDMAOne、IS-95等，1995年在香港开通第一个商用网。CDMA技术具有容量大、覆盖好、话音质量好、辐射小等优点，但由于窄带CDMA技术成熟较晚，标准化程度较低，在全球的市场规模远不如GSM系统。窄带CDMA全球用户约4 000万，其中约70%的用户在韩国、日本等亚太地区国家。窄带CDMA技术在我国经历了曲折的发展过程，我国从1996年开始，原中国电信长城网在4个城市进行800 MHz CDMA的商用试验，商用用户10多万。

第二代移动通信系统主要采用数字的时分多址(TDMA)技术和码分多址(CDMA)技术。其主要业务是提供数字化的话音业务及低速数据业务。它克服了模拟移动通信系统的缺点，话音质量、网络容量、保密性能得到大的提高，并可进行省内、省际自动漫游。

11.1.3 3G移动通信系统

第三代移动通信系统是在第二代移动通信技术基础上进一步演进的以宽带CDMA技术为主，并能同时提供话音和数据业务的移动通信系统，是一代彻底解决第一二代移动通信系统主要弊端的、先进的移动通信系统。第三代移动通信系统的目标是提供包括语音、数据、视频等丰富内容的移动多媒体业务。

第三代移动通信系统的概念最早于1985年由国际电信联盟(International Telecommunication Union，ITU)提出，是首个以“全球标准”为目标的移动通信系统。在1992年的世界无线电大会上，为3G分配了2 GHz附近约230 MHz的频带。考虑到该系统的工作频段在2 000 MHz，最高业务速率为2 000 kb/s，而且将在2000年左右商用，于是ITU在1996年正式将其命名为IMT-2000(International Mobile Telecommunication-2000)。

3G系统目标是在静止环境、中低速移动环境、高速移动环境分别支持2 Mb/s、384 kb/s、144 kb/s的数据传输。其设计目标是提供比2G更大的系统容量、更优良的通信质量，并使系统能提供更丰富多彩的业务。

第三代移动通信技术是一种真正意义上的宽带移动多媒体通信系统，它能提供高质量的宽带多媒体综合业务，并且实现了全球无缝覆盖全球漫游它的数据传输速率高达2 Mb/s，其容量是第二代移动通信技术的2～5倍。目前3G系统的三大主流标准分别是WCDMA(Wideband Code Division Multiple Access)，CDMA2000和TD-SCDMA(Time Division-Synchronous Code Division Multiple Access)。3G三种技术指标如表11-1所示。

表11-1 3G的三种技术指标

制式	WCDMA	CDMA2000	TD-SCDMA
采用国家或地区	欧洲、美国、中国、日本、韩国等	美国、韩国、中国等	中国
继承基础	GSM	窄带CDMA(IS-95)	GSM

续表

制式	WCDMA	CDMA2000	TD-SCDMA
双工方式	FDD	FDD	TDD
同步方式	异步/同步	同步	同步
信道编码	卷积码和 Turbo 码	卷积码和 Turbo 码	卷积码和 Turbo 码
调制方式	上行 BPSK 下行 QPSK	上行 BPSK 下行 QPSK	8PSK(室内环境下的 2 Mb/s 业务) QPSK
解调方式	导频辅助的相干解调	导频辅助的相干解调	导频辅助的相干解调
码片速率	3.84 Mchip/S	1.2288 Mchip/S	1.28 Mchip/S
信号带宽	2×5 MHz	2×1.25 MHz	1.6 MHz
峰值速率	384 kb/s	153 kb/s	384 kb/s
核心网	GSM MAP	ANSI-41	GSM MAP
标准化组织	3GPP	3GPP2	3GPP

WCDMA 是一种利用码分多址复用方法的宽带扩频 3G 移动通信空中接口。WCDMA 主要起源于欧洲和日本的早期第三代无线研究活动,GSM 的巨大成功对第三代系统在欧洲的标准化产生重大影响。WCDMA 也是基于 CDMA 技术的实践和应用衍生。WCDMA 迅速风靡全球并已占据80%的无线市场。截至2013年,全球 WCDMA 用户已超过36亿,遍布170个国家的156家运营商已经商用 3GWCDMA 业务。WCDMA 关键技术包括射频和基带处理技术,具体包括射频、中频数字化处理,RAKE 接收机、信道编解码、功率控制等关键技术和多用户检测、智能天线等增强技术。WCDMA-FDD 的优势在于,码片速率高,有效地利用了频率选择性分集和空间的接收和发射分集,可以解决多径问题和衰落问题,采用 Turbo 信道编解码,提供较高的数据传输速率,FDD 制式能够提供广域的全覆盖,下行基站区分采用独有的小区搜索方法,无需基站间严格同步;采用连续导频技术,能够支持高速移动终端。相比第二代移动通信制式,WCDMA 具有更大的系统容量、更优的话音质量、更高的频谱效率、更快的数据速率、更强的抗衰落能力、更好的抗多径性、能够应用于高达500 km/h 的移动终端的技术优势。

1998年3月美国 TIATR45.5 委员会采用了一种向后兼容 IS-95 的宽带 CDMA 框架,称为 CDMA2000,2000年3月通过了最终正式的 CDMA2000 标准,并作为第三代移动通信空中接口标准提交给国际电信联盟(ITU)。CDMA2000 是国际电信联盟 ITU 的 IMT-2000 标准认可的无线电接口,也是 2G CDMA One 标准的延伸,不需要新的频段分配,可以稳定运行在现有 PCS 频段。其信令标准是 IS-2000。CDMA2000 与另一个 3G 标准 UMTS 不兼容。CDMA2000 的目标是提供较高的数据速率以满足 IMT-2000 的性能要求,即车行环境下至少为144 kb/s,步行环境至少为384 kb/s,室内办公环境下至少为2 048 kb/s。CDMA2000 系统是在 IS-95B 系统的基础上发展而来的,因而在系统的许多方面,如同步方式、帧结构、扩频方式和码片速率等都与 IS-95B 系统有许多类似之处。为了灵活支持多种业务,提供可靠的服务质量和更高的系统容量,CDMA2000 系统也采用了许多新技术和性能更优异的信号处理方式,主要包括多载波、反向链路连续发送、反向链路独立导频和数据信道、独立的数据信道、前向链路辅助导频、前向链路发射分集等。由于 CDMA2000 出现得比较早，其作为从第二代移动通信向第三代移动通信过渡的一个平滑选择，因此也有人称它为 2.5G。由于其作为过渡的 3G 通信标准，对 CDMA 系统完全兼容，为技术的延续性带来了明显的好处，其成熟性和可靠性也比较有保障。但 CDMA2000 采用的多载传输方式比起 WCDMA 的直接扩频方式，在频率资源的利用上有较大的浪费，而且它所处的频段与国际有关规定的频段也产生了矛盾。

TD-CDMA 从 1998 年提交提案到 2009 年工信部发放 3G 牌照，这是中国第一次提出、在无线传输技术的基础上完成并正式被 ITU 接纳的国际移动通信标准。这是中国移动通信界的一次创举和对国际移动通信行业的贡献，也是中国在移动通信领域取得的前所未有的突破。TD-CDMA 集 CDMA、TDMA、FDMA 技术优势于一体，具有系统容量大、频谱利用率高、抗干扰能力强等优势。因此，TD-CDMA 系统可以提供和开展的业务种类非常丰富，分为电路交换(Circuit Switched Domain, CS)域业务和分组交换(Packet Switched Domain, PS)域业务。CS 域业务主要包括基本电信业务(语音、特服、紧急呼叫)、补充业务、点对点短消息业务、电路型承载业务、电路性多媒体业务、预付费业务等。PS 域业务主要用于数据业务，采用分组转发机制，多用户共用信道资源，使得资源利用率大大提高。TD-SCDMA 系统中单用户在同一时刻双向通信的方式是 TDD，在相同频带内在时域上划分不同的时段给上、下行进行双工通信，可以方便地实现上、下行链路间的灵活切换。根据不同的业务对上、下行资源需求不同来确定上下行链路间的时隙分配转换点，进而实现高效率地承载所有 3G 对称和非对称业务。与 FDD 相比，TDD 可以运行在不对称的射频频谱上，因此在复杂频谱分配情况下具有非常明显的优势。TD-SCDMA 通过最佳自适应资源的分配和最佳频谱效率，可支持速率从 8 kb/s 到 2 Mb/s，适用于更高速率的语音、视频电话、互联网等各种 3G 业务。

11.1.4 4G 移动通信系统

为了抢占通信市场的领导位置，世界各国和地区对 4G 的研究皆不遗余力。美国以 Sprint、AT&T 及 Verizon 为首的运营商采用 LTE 技术。在技术领域美国成立了 IEEE 802.20 标准化项目用以建立一个移动宽带无线接入(Mobile Broadband Wireless Access)标准，该标准目标是支持 4 Mb/s 数据速率，频率为 3.5 GHz。日本 NTT DoCoMo 很早就开始进行 4G 测试。欧盟成立了 WWRF(Wireless World Research Forum)论坛，用以研究未来无线通信特征。中国在 2001 年开启了面向后三代/四代的移动通信发展研究计划——未来通用无线环境研究计划(Future Technology for Universal Radio Environment, Fu-TRUE)。

LTE 是 long Term Evolution 的缩写，是由 3GPP(第三代合作伙伴计划)组织制定的 UMTS(通用移动通信系统)技术标准的长期演进，是第三代移动通信向第四代过渡升级过程中的演进标准，2004 年 12 月在 3GPP 多伦多会议上正式立项并启动。3GPP 标准化组织最初制定 LTE 标准时，定位为 3G 技术的演进升级。后来，LTE 技术的发展远远超出了预期，LTE 的后续演进版本 Release10/11(即 LTE-A)被确定为 4G 标准。

LTE 网络适用于相当多的频段，而不同地区选择的频段互不相同。北美使用 700/800 MHz 和 1 700/1 900 MHz；欧洲使用 800/1 800/2 600 MHz；亚洲使用 1 800/2 600 MHz；澳大利亚使用 1 800 MHz。所以在某国家使用正常的终端在另一国家的网络中很可能无法使用，用户需要使用支持多频段的终端进行国际漫游。

LTE 根据双工方式不同，分为 TDD－LTE 和 FDD－LTE 两种制式（TDD：时分双工；FDD：频分双工），其中 TDD－LTE 又称为 TD－LTE。FDD－LTE 在国际中应用广泛，而 TD－LTE 在我国较为常见。TD－LTE 是一种新一代宽带移动通信技术，是我国拥有自主知识产权的 TD－SCDMA 的后续演进技术，在继承了 TDD 优点的同时又引入了多天线 MIMO 与正交频分复用 OFDM 技术。相比于 3G，TD－LTE 在系统性能上有了跨越式提高，能够为用户提供更加丰富多彩的移动互联网业务。由于无线技术的差异使用频段的不同以及各个厂家的利益等因素，FDD－LTE 的标准化与产业发展都领先于 TDD－LTE。FDD 特点是在分离（上下行频率间隔 190 MHz）的两个对称频率信道上，系统进行接收和传送，用保证频段来分离接收和传送信道。FDD 模式的优点是采用包交换等技术，实现高速数据业务，并可提高频谱利用率，增加系统容量。但 FDD 必须采用成对的频率，即在每 2×5 MHz 的带宽内提供第三代业务。该方式在支持对称业务时，能充分利用上下行的频谱，但在非对称的分组交换（互联网）工作时，频谱利用率则大大降低（由于低上行负载，造成频谱利用率降低约 40%）。在这点上，TDD 模式有着 FDD 无法比拟的优势。

LTE 网络架构包括核心网络（EPC）、地面无线接入网（E－RTRAN）和用户设备（UE）。其中 EPC 是 LTE 系统的核心部分；E－RTRAN 由 eNodes（简称 eNB）组成，是 LTE 系统的接入网；UE 是用户终端。eNB 与 EPC 通过 S1 接口连接；eNB 之间通过 X2 接口连接。E－RTRAN结构如图 11－2 所示。

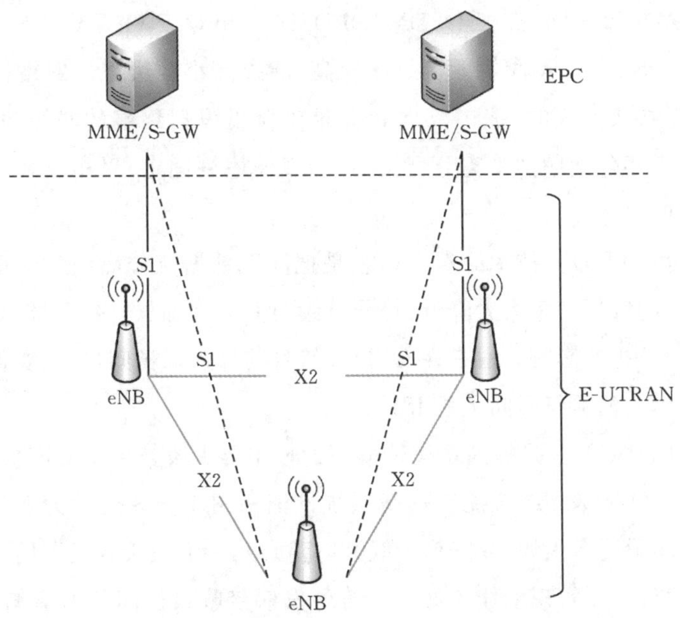

图 11－2　E－RTRAN 结构

图 11-2 中，eNB 提供无线资源管理，IP 头压缩和用户数据流加密、从移动性管理实体（MME）发起的寻呼消息的调度和发送、从 MME 或操作和维护系统发起的广播消息的调度和发送、移动性和调度测量与测量上报配置等功能。eNB 是向 UE 提供的控制平面和用户平面协议的终点；eNB 之间通过 X2 接口互联，eNB 通过 S1 接口同演进的分组交换核心网相连；MME 负责将寻呼信息分发至 eNB；用户平面实体（UPE）负责对用户数据流的 IP 首部进行压缩和加密，终止用于寻呼的用户平面数据包，为支持 UE 移动性进行用户平面的切换。

S1 是区分 E-RTRAN 和 EPC 的接口，其包括两部分：控制平面接口（S1-C）和用户平面接口（S1-U）。S1-C 是 eNB 与 MME 之间的接口，其无线网络层协议支持的功能有移动性、连接管理、SAE 承载管理、总 S1 管理和错误处理、在 eNB 中寻呼 UE、在 EPC 和 UE 之间传输 NAS 信息以及 MBMS 支持等；而 S1-U 是 eNB 与 UPE 之间的接口，其无线网络层协议支持 eNB 和 UPE 之间用户数据包的隧道传输。隧道协议支持的功能：对数据包所属的目标基站节点的 SAE 接入承载的标识，减少由于移动而导致的数据包丢失，错误处理机制，MBMS 支持功能和包丢失监测机制。

X2 是 eNB 之间的接口，该接口包括两部分：控制平面接口（X2-C）和用户平面接口（X2-U）。X2-C 无线网络层协议支持 eUB 之间的移动性，包括信令切换和用户平面隧道控制、多小区 RRM 功能；X2-U 无线网络层支持 eNB 之间用户数据包的隧道传输，该协议支持的功能有对数据包所属的目标基站节点的 SAE 接入承载的标识和减少由于移动性而导致的数据包丢失。

LTE 核心技术包括 SC-FDMA 技术、OFDM 技术、MIMO 技术和高阶调制技术。

（1）SC-FDMA 技术。SC-FDMA 技术是一种单载波多用户接入技术，实现方式比 OFDM/OFDMA 简单，但性能逊于 OFDM/OFDMA。相对于 OFDM/OFDMA，SC-FDMA 具有较低的 PAPR。SC-FDMA 发射机效率较高，能提高小区边缘的网络性能。SC-FDMA 作为 LTE 上行信号接入方式的一个主要原因是能够降低发射终端的峰均功率比、减小终端的体积和成本。其特点还包括频谱带宽分配灵活、子载波序列固定、采用循环前缀对抗多径衰落和可变的传输时间间隔等。

（2）OFDM 技术。OFDM 技术的基本思想是把高速数据流分散到多个正交的子载波上传输，从而使子载波上的符号速率大大降低，符号持续时间大大加长，因而对时延扩展有较强的抵抗力，减小了符号间干扰的影响。通常在 OFDM 符号前加入保护间隔，只要保护间隔大于信道的时延扩展则可以完全消除符号间干扰 ISI。

（3）MIMO 技术。MIMO 是提高系统传输率的最主要手段。由于 OFDM 的子载波衰落情况相对平坦，与 MIMO 技术相结合能够提高系统性能。图 11-3 所示为 MIMO 系统原理图，在发射端和接收端均采用多天线（或阵列天线）和多通道，多天线接收机利用空时编码处理能够分开并解码数据子流，从而实现最佳的处理。若各发射接收天线间的通道响应独立，则多入多出系统可以创造多个并行空间信道。通过这些并行空间信道独立地传输信息，数据速率必然可以提高。MIMO 将多径无线信道与发射、接收视为一个整体进行优化，从而实现高的通信容量和频谱利用率。这是一种近于最优的空域时域联合的分集和干扰对消处理。当功率和带宽固定时，多入多出系统的最大容量或容量上限随最小天线数的增加而线性增加。而在同样条件下，在接收端或发射端采用多天线或天线阵列的普通智能天线系统，其容量仅随天线数的对数增加而增加。

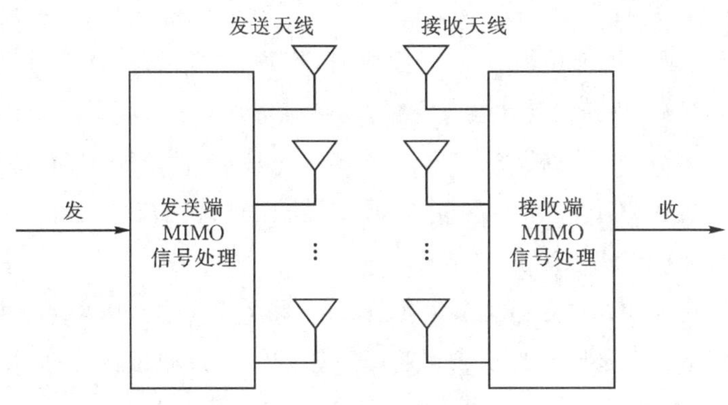

图 11－3　MIMO 系统原理图

(4)高阶调制技术。LTE 在下行方向采用 QPSK、16QAM 和 64QAM，在上行方向采用 QPSK 和 16QAM。高峰值传送速率是 LTE 下行链路需要解决的主要问题。为了实现系统下行 100 Mb/s 峰值速率的目标，在 3G 原有的 QPSK、16QAM 基础上，LTE 系统增加了 64QAM 高阶调制。

11.1.5　5G 移动通信技术

4G 经济造就繁荣了互联网经济，解决了人与人随时随地通信的问题。随着移动互联网快速发展，新服务、新业务不断涌现，移动数据业务流量爆炸式增长，4G 移动通信系统难以满足未来万物互联时代的移动数据流量暴涨的需求，急需研发下一代移动通信系统，即 5G。5G 作为一种新型移动通信网络，不仅要解决人与人通信，为用户提供增强现实、虚拟现实、超高清(3D)视频等更加身临其境的极致业务体验，更要解决人与物、物与物通信问题，满足移动医疗、车联网、智能家居、工业控制、环境监测等物联网应用需求。最终，5G 将渗透到经济社会的各行业各领域，成为支撑经济社会数字化、网络化、智能化转型的关键新型基础设施。

1. 5G 概述

第五代移动通信技术(5th Generation Mobile Communication Technology，5G)是具有高速率、低时延和大连接特点的新一代宽带移动通信技术，是实现人机物互联的网络基础设施。

国际电信联盟(ITU)定义了 5G 的三大类应用场景，即增强移动宽带(eMBB)、超高可靠低时延通信(uRLLC)和海量机器类通信(mMTC)。增强移动宽带(eMBB)主要面向移动互联网流量爆炸式增长，为移动互联网用户提供更加极致的应用体验；超高可靠低时延通信(uRLLC)主要面向工业控制、远程医疗、自动驾驶等对时延和可靠性具有极高要求的垂直行业应用需求；海量机器类通信(mMTC)主要面向智慧城市、智能家居、环境监测等以传感和数据采集为目标的应用需求。

2013年2月，欧盟拨款5 000万欧元，加快推动5G移动通信技术。2013年4月我国工信部、发展改革委、科技部共同支持成立IMT-2020(5G)推进组，组织国内各方力量，积极开展国际合作，共同推动5G国际标准发展。2018年2月，华为在MWC2018展上发布了首款3GPP标准5G商用芯片和终端，支持全球主流5G频段，包括Sub6 GHz(低频)、mmWave(高频)，理论上可实现最高2.3 Gb/s的数据下载速率。2018年6月13日，3GPP 5G NR标准SA(Standalone，独立组网)方案在3GPP第80次TSG RAN全会正式完成并发布，这标志着首个真正完整意义的国际5G标准正式出炉。

2021年，我国已建成5G基站超过115万个，占全球70%以上，是全球规模最大、技术最先进的5G独立组网网络。全国所有地级市城区、超过97%的县城城区和40%的乡镇镇区实现5G网络覆盖；5G终端用户达到4.5亿户，占全球80%以上。截至2021年9月底，北京市已建成5G基站4.7万个，基本实现全市5G网络覆盖。2022年1月25日，中国电信举行5G消息商用发布会，正式宣布5G消息进入商用阶段。

2.5G性能指标

相较于4G，在传输速率方面，5G峰值速率为10～20 Gb/s，提升了10～20倍，用户体验速率将达到0.1～1 Gb/s，提升了10～100倍；流量密度方面，5G目标值为10 Tb/(s·km^2)，提升了100倍；网络能效方面，5G提升了100倍；可连接密度方面，5G相对于4G提升了3～5倍；端到端时延方面，5G将达到1 ms级，提升了10倍；移动性方面，5G支持时速500 km/h的通信环境，提升了1.43倍。5G与4G性能对比如表11-2所示。

表11-2　5G与4G性能对比

技术指标	峰值速率	用户体验速率	流量密度	时延	连接数密度	移动通信环境	能效	频谱效率
4G参考值	1 Gb/s	0.01 Gb/s	0.1 Tb/(s·km^2)	10 ms	10^5/km^2	350 km/h	1倍	1倍
5G目标值	10～20 Gb/s	0.1～10 Gb/s	10 Tb/(s·km^2)	1 ms	10^6/km^2	500 km/h	100倍	3～5倍
提升效果	10～20倍	10～100倍	100倍	10倍	10倍	1.43倍	—	—

11.2　5G移动通信技术关键技术

为了实现5G的愿景和需求，5G在网络技术和无线传输技术方面都有新的突破。5G通信性能的提升不是单靠一种技术，需要多种技术相互配合共同实现。

在无线传输技术方面，引入能进一步挖掘频谱效率提升潜力的技术，如先进的多址接入技术、多天线技术、编码调制技术、波形设计技术等。无线网络技术方面，则为网络切片技术、边缘计算技术和面向服务的网络体系架构。

11.2.1 非正交多址接入技术

传统的正交多址接入技术将相互独立正交的时域、频域、码域、时频域等资源分配给不同的用户，保证接入的各个用户之间不会相互干扰，确保通信质量。与1G相比，2G由传统的模拟信号调制逐渐转换为数字信号调制，采用时分多址技术，根据不同时频资源区分不同的用户。随着用户设备数目的大规模增加，移动通信系统需要为其提供更大的系统容量和更快的通信速率。3G采用正交的码分多址接入技术来分离用户信息。同时将移动通信与互联网相结合，满足如音频、视频等多种服务的性能需求，进一步提升了系统的通信质量。4G采用正交频分多址接入技术，通过在频域上正交的子载波来区分不同用户发送的消息。其核心在于利用频分复用技术以及多输入多输出技术来有效提升系统的容量，改善频谱效率。

由于正交资源稀缺，无线频谱资源利用率低，传统的正交多址接入技术不再适用于5G移动通信场景大规模的随机接入和高可靠性低时延的通信要求，因此对5G通信系统提出了更高的要求。为了在有限的频谱资源上尽可能多地接入用户，适应5G无线通信网络的大规模连接，研究重点已经从传统的正交多址接入技术转向非正交多址(Orthogonal Frequency Division Multiplexing, OFDM)接入技术。目前受到广泛关注的适用于5G移动通信系统的非正交多址接入技术主要包括，日本NTT DoCoMo公司提出的非正交多址接入NOMA技术、中兴公司设计的多用户共享接入(Multi-User Shared Access, MUSA)技术，大唐公司提出的图样分割多址接入(Pattern Division Multiple Access, PDMA)技术以及华为公司研究的稀疏码分多址接入(Sparse Code Multiple Access, SCMA)技术。

非正交多址接入技术通过将多个用户的数据在相同资源上叠加发送，接收端使用先进的多用户检测技术分离用户数据。在一定程度上解决了传统移动通信中的网络承载能力不足的关键问题，获得更高接入数量，提升网络容量。与此同时，不同用户传输的消息在相同资源上进行叠加传送，在接收端处采用多用户检测技术将用户的消息进行分离。非正交多址接入技术利用复杂的接收机设计来换取频谱效率提高，带来了用户间干扰，使得接收端的计算开销更大。其中SCMA技术相对其他多址接入技术能够显著提高系统的吞吐量，有效支持大规模连接，具有广阔的应用前景和竞争优势。

NOMA技术采用功率复用的方式，将多个用户的信号在发送端叠加传输，在接收端采用串行干扰消除的原理，根据已知的用户终端与基站之间的信道条件信息将各个用户信息解调出来。NOMA技术通过牺牲接收端的计算复杂度性能，可以显著改善系统的频谱效率。

基于码域复用的MUSA技术共享相同的时域、频域和空域资源。在每个时频资源上，MUSA技术通过对不同用户的信息进行扩频编码，发送端的互相关显著提升系统的资源复用能力，在接收端使用串行干扰消除技术(Successive interference Cancellation, SIC)去识别不同用户的信号。通过对复数域多元码特性设计，MUSA 技术利用免调度的概念，使得用户终端随时可以进行数据的发送，大大降低了系统的信令开销，简化了终端实现的难度。MUSA 技术相对简单，然而随着用户数目的海量增多，接收机在处理复数域多元码扩展序列也变得更加困难。

PDMA 技术将多用户数据信号进行联合或选择性地编码传输，使用 SIC 技术在接收端对多个用户数据信号进行检测。PDMA 技术有效地改善了发射机和接收机的联合设计。在发送端增加图样映射模块，利用 SIC 算法可以易于区分不同信号域的特征图样，在接收端采用高性能的 SIC 接收机增加图样映射检测模块。PDMA 显著增加了整个系统的吞吐量，适用于 5G 大规模随机接入的场景。表 11-3 所示为四种非正交多址接入技术对比。

表 11-3　四种非正交多址接入技术对比

多址技术	关键技术	优点	缺点
NOMA	串行干扰消除(SIC)技术； 功率域复用	无明显远近效应； 上行链路频率效率提升近 20%； 下行链路吞吐量提升超过 30%	接收机复杂度高； 功率域复用技术还不够成熟
MUSA	串行干扰消除技术(SIC)； 复数域多元码； 叠加编码和叠加信号扩展技术	较低的块出错率； 支持大规模的用户接入量	传输信号设计比较难； 用户间干扰增加
PDMA	合适复杂度串行干扰消除(SIC)联合/整体设计； 低复杂度最大似然串行干扰消除技术(SIC)	下行链路频谱效率提升 1.5 倍； 下行链路系统容量提升 2～3 倍	图样设计和优化实现困难 用户间干扰增加
SCMA	低密度扩频算法； 多维调制技术； 消息传递算法(MPA)近似最优检测	频谱效率提升 3 倍以上； 上行链路系统容量比 OFDA 系统提升 2.8 倍； 与正交频分多址接入相比，下行链路小区吞吐量提升 5%，平均增益提升 8%	最优码本设计与实现难； 用户间干扰增加

相比于功率域 NOMA 技术、MUSA 技术和 PDMA 技术，SCMA 技术结合多维调制和低密度扩频技术，提供合理设计稀疏码本来获取多维星座成形增益，同时，SCMA 技术在相同资源元素上可以传输更多的用户数据，码字的稀疏性可以显著改善海量用户通信中多用户检测的复杂性。SCMA 技术具有接收复杂度低、码字设计灵活以及便于大规模部署的特点，可以应用于 M2M 通信等领域。

稀疏码分多址接入(Sparse Code Multiple Access，SCMA)技术是由华为公司所提出的第二个第五代移动通信网络全新空口核心技术，利用稀疏编码域，结合多维调制技术与稀疏扩频技术，将比特数据映射为稀疏 SCMA 码本中对应的复数域多维稀疏码字。通过实现多个用户在码域的多址接入提高系统频谱效率、支持海量连接系统过载，降低通信延迟，同时满足 5G 应用需求。SCMA 码本设计是其核心，码本设计主要是低密度扩频和高维 QAM 调制两大部分。将这两种技术结合，通过共轭、置换、相位旋转等操作选出具有最佳性能的码本集合，不同用户采用不同的码本进行信息传输。码本具有稀疏性是由于采用了低密度扩频方式，从而实现更有效的用户资源分配及更高的频谱利用；码本所采用的高维调制通过幅度和相位调制将星座点的欧式距离拉得更远，保证多用户占有资源的情况下利于接收端解调并且保证非正交复用用户之间的抗干扰能力。图 11－4 展示了 SCMA 设计思想。

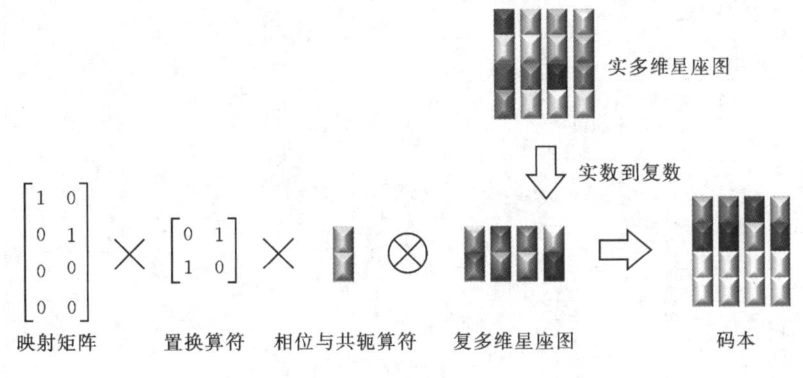

图 11－4 SCMA 设计思想

SCMA 系统模型中，考虑一个具有 J 个用户，K 个字载波的 SCMA 上行链路系统，其中每一个用户和基站都只配备了单根天线。用户和子载波的集合分别是 $J=\{1, 2, \cdots, J\}$ 和 $K=\{1,2,\cdots,K\}$。用户和子载波是 SCMA 系统的基本资源单元，这与 OFDMA 正交频分多址接入技术类似。由于 SCMA 系统非正交特性，用户数 $J>$ 子载波数 K，J/K 称为系统过载率。每个用户都有各自专属的码本，且码本中每个长度为 K 的码字都具有一定的稀疏性。若规定 N 为 K 维码字中的非零元素个数，则 $N \ll K$。图 11－5 所示为 SCMA 上行链路系统示意图。

由于 SCMA 码字具有一定稀疏性，因此接收端（基站）在观测到接收信号时，可以使用消息传递算法（Message Passing Algorithm，MPA）来实现多用户的检测与分离。在不考虑频道偏移的情况下，MPA 接收机将不同载波视为相互正交的资源，但在同一载波上来自于不同用户的符号在传输时会存在干扰。在上行 SCMA 系统中，经过同步用户复用的信号可以表示为

$$y = \sum_{j=1}^{J} \mathrm{diag}(h_j)\boldsymbol{X}_j + n \tag{11-1}$$

式中，$\boldsymbol{X}_j=(X_{1j}, X_{2j}, \cdots, X_{Kj})^{\mathrm{T}}$ 是从用户 j 的码本中选出的 K 维复数域码字，n 表示均值为 0、方差为 $N_0 I$ 的加性高斯白噪声。

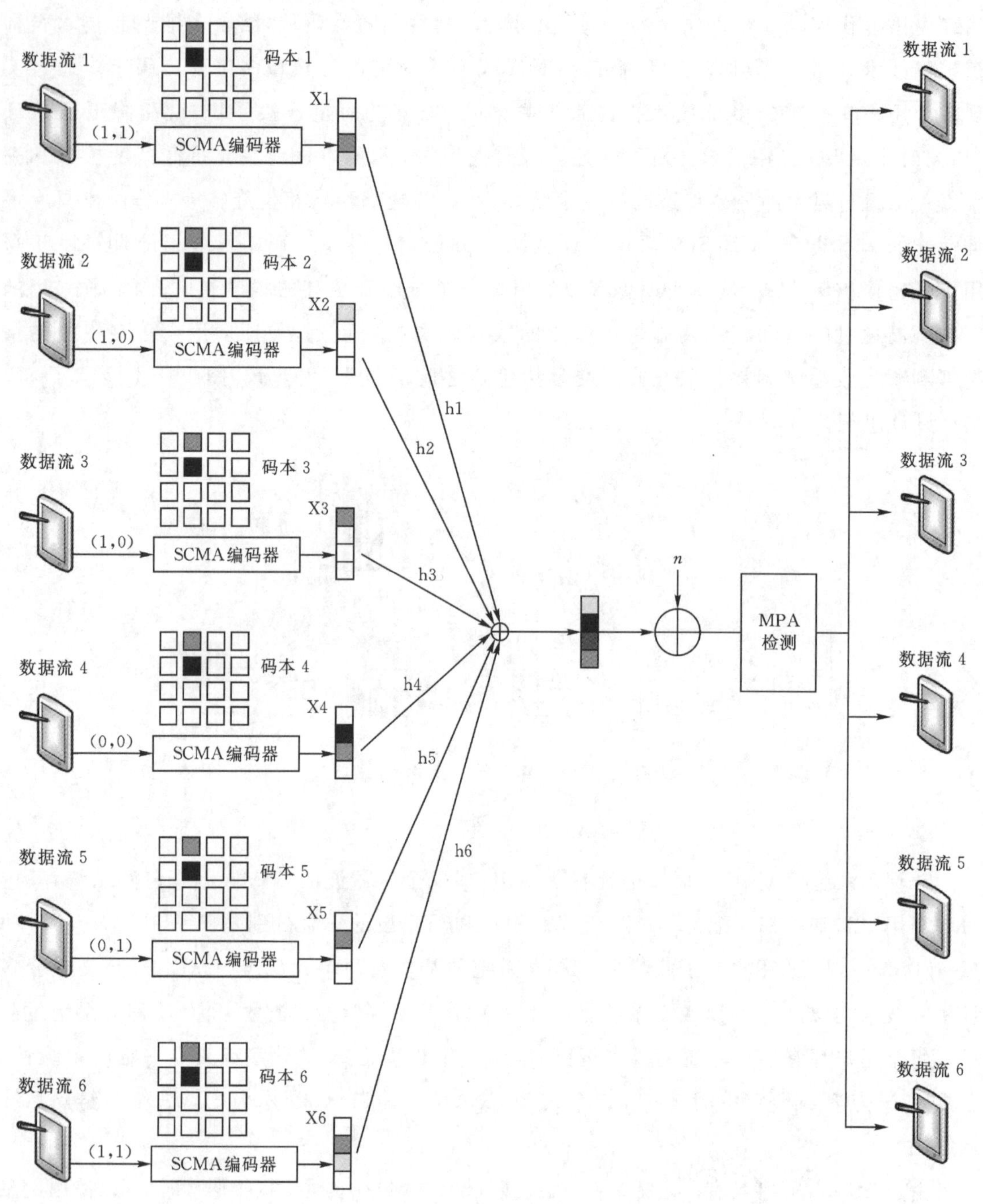

图 11-5　SCMA 上行链路示意图

在稀疏编码多址系统中，编码器将 $\log_2(M)$个用户比特映射为一个长度为 K 的复数域码字，且该码字属于大小为 M 的码本。映射表达式可以定义为 $f:B^{\log_2(M)}\to\boldsymbol{X},\boldsymbol{x}=f(b)$，其中 $\boldsymbol{x}$ 为 K 维复数域稀疏向量，即有且仅有 N 个非零元素，而 $\boldsymbol{X}$ 为所有码字向量 $\boldsymbol{x}$ 的集合。

图 11-5 所示为上行 SCMA 系统模型框图。图 11-6 中，用户数 $J=6$，资源块总数 $K=4$，每个用户分局码本将所发送的 0～1 比特映射为四维的复数域码字，码字叠加在一起后，经调制

器送入信道进行传输。若定义稀疏度 N 为用户占据的资源块个数，则基于非正交多址技术的稀疏码分多址系统系统过载率 $\lambda=150\%$。

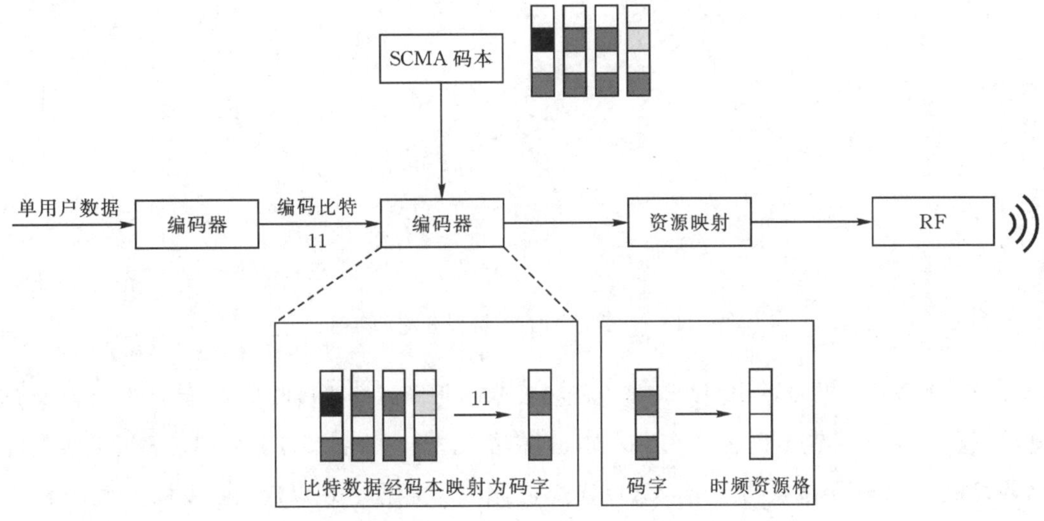

图 11－6　上行 SCMA 系统模型框图

11.2.2　同频同时全双工技术

4G 无线移动通信系统中，主要采用了时分半双工(Time Division Duplexing，TDD)和频分半双工(Frequency Division Duplexing，FDD)两种双工技术。TDD 通信节点之间通过使用相同的频率进行数据信息的接收与发送，并根据时隙的不同对上行链路和下行链路进行区分，时间资源在两个方向上进行了分配，每个单独方向上的传输在时间上是不连续的。FDD 利用分离的两个对称频率信道，在同一时间内收发信息，并借助保护频段分离接收和发送信道。FDD 技术进行数据信息的收发过程中必须使用成对的接收和发送频率，在支持对称业务时可以充分利用上下行频谱，而在支持非对称业务时，频谱资源利用率大大降低，只占对称业务的 60%左右。对于 TDD 技术而言，虽然不需要成对的频率，并且通信网络可根据实际情况对上下行信道的切换点进行灵活的变换，然而时间效率并不高，即 TDD 技术是以牺牲时间资源为代价换取高频谱利用率的。同频同时全双工技术(Co-time Co-frequency Full Duplex，CCFD)完美结合了 TDD 和 FDD 技术的优点，只需要利用一半的频谱资源就可以实现通信，最大程度上提高了 5G 通信系统性能。

同时同频全双工系统是指设备的收发信机之间占用同一频谱资源在同一的时间内发送和接收信息，突破传统的半双工模式，即 TDD 和 FDD 存在的缺陷，使得通信双方在上、下行信道可以在同一时间内利用相同的频率，从而可以实现通信节点双向通信的同时信道容量增加一倍。图 11－7 所示为 CCFD 系统时隙、频段分配示意图，从图中可以看出 CCFD 系统不需要像传统的两种半双工模式那样，为了隔离上下链路，对时隙或频段进行划分。因此，与 FDD 相比，CCFD 节约了一半的频谱资源，而与 TDD 相比，节约了一半的时间资源。

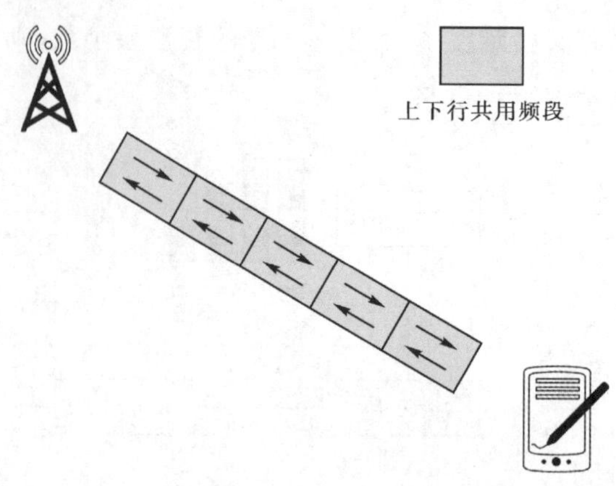

图 11－7　CCFD 时隙、频段分配示意图

CCFD 系统通信节点在相同的频带上既要发送信号同时也要接收信号，因此节点自身会受到通信干扰。图 11－8 所示为 CCFD 双节点通信框图，节点 1 和节点 2 分别代表近端收发机和远端收发机，由于两个节点均采用 CCFD 模式，工作方式相同。现以近端收发机为例，从图 11－8 可知，接收天线 RX1 不仅能够接收来自远端天线 TX2 的有用信号，还会接收本地天线 TX1 的发送信号，该信号对 RX1 来说是一种干扰信号，称为自干扰信号。近端收发信机的 TX1 和 RX1 之间的距离远远小于通信节点 1 和节点 2 之间的距离，由于无线电波的强度会随着传输距离的增大而减小，因此真正的有用信号到达本地后很有可能被本地较强的自干扰信号所淹没。除此之外，强自干扰信号还会导致接收机处于饱和状态，使得数模转换器发生阻塞，影响系统的性能，无法实现正常的通信。

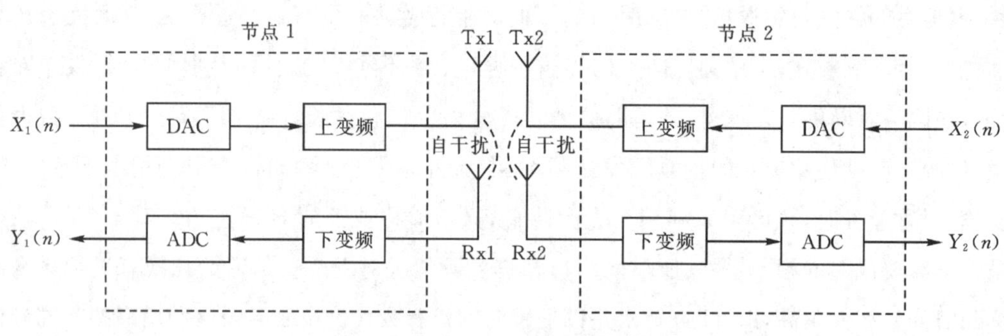

图 11－8　CCFD 双节点通信框图

为了保证 CCFD 系统可以实现正常通信，就必须对自干扰信号进行有效的消除，这是实现全双工系统急需解决的技术难点。自干扰消除方法可以分为被动消除和主动消除两大类。

1. 被动消除

被动消除主要是通过增加本地收发天线之间的物理隔离度，进而产生路径损耗，使自干扰信号到达接收天线的功率降低，减少自干扰信号对接收信号的干扰。被动干扰消除主要是在天线侧完成的，也就是在空间完成对自干扰信号的抑制，通常也称为空域自干扰消除。已有文献中将空域自干扰消除方法分为三种：天线隔离、天线对消和定向天线。

1)天线隔离

天线隔离技术是最简单的一种空域自干扰消除方法,其基本思想是将全双工系统中同一通信节点的发送天线和接收天线被动地隔离一定距离以降低接收到的自干扰信号功率。该方法主要根据电磁波在自由空间中传输所发生的路径损耗原理来设计,路径损耗 P_L 如式(11-2)所示,单位为dB。

$$P_L = 20\lg\left(\frac{4\pi d}{\lambda}\right) \tag{11-2}$$

式中,d 表示接收天线和发送天线之间的距离孔隙度,m;λ 代表信号的波长,m。随着距离 d 的增大,传播路径损耗 P_L 也增大,因此可以通过增大天线间的隔离度来有效抵消自干扰信号。然而实际应用中,受地理环境、天线尺寸等因素影响,通信节点的收发天线之间的距离不宜过大,甚至距离可以说是相当小,因此天线隔离消除技术只能抵消很小部分的自干扰信号,干扰消除效果不理想,可行性不高。

2)天线对消

天线对消技术主要是通过控制天线的空间位置,使得成对的接收/发送天线之间形成180°相位翻转,进而实现对自干扰信号的抵消。天线对消实现方案有两种,如图11-9所示。文献表明方案一可以实现20～30 dB自干扰抵消,方案二可以实现约40 dB自干扰信号。

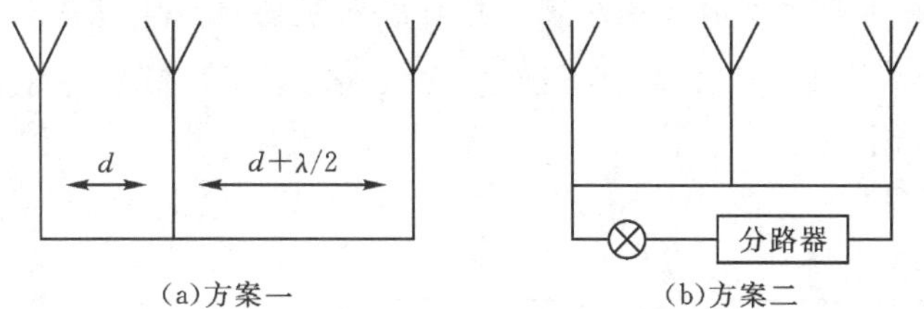

图11-9 天线对消实现方案

3)定向天线

定向天线技术利用天线的定向辐射,将发送天线和接收天线之间隔离开来,大大降低发送天线与接收天线之间发生耦合的可能性。然而当收、发天线之间的角度超过天线波束的范围时,定向天线的增益不再为零,发送天线仍然会对接收天线产生自干扰影响,故定向天线技术只能缓解自干扰信号的影响,不能对其消除。

2. 主动消除

主动干扰消除通过在接收端构造抵消信号或估计信号,进而与自干扰信号相加或相减,从而达到对自干扰信号有效抑制的目的。主动干扰消除可以进一步分为射频域和数字域自干扰消除。

1)射频域自干扰消除

射频域自干扰消除可以分为两类:直接耦合射频域自干扰消除和间接耦合射频域自干扰消除。

(1)直接耦合射频域自干扰消除。射频域自干扰信号直接耦合对消利用本地发射机发出的发射信号作为重构自干扰的参考信号，通过调整参考信号的相位、幅度和时延实现自干扰信号的恢复，从而使得线性自干扰和非线性自干扰都能得到有效的抑制。直接耦合射频域自干扰消除原理如图 11－10 所示。

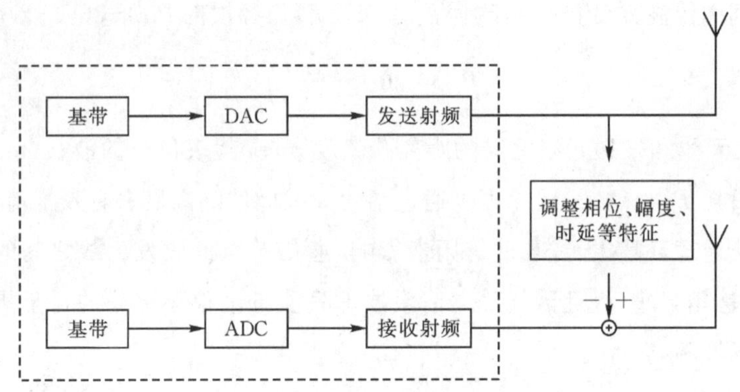

图 11－10　直接耦合射频域自干扰消除原理

(2)间接耦合射频域自干扰消除。射频域自干扰信号间接耦合对消的思想与直接耦合对消的思想是一致的，也是通过重构自干扰信号进而在接收端将自干扰信号进行抵消。与直接耦合相比，间接耦合对消的不同之处在于需要额外增加一条发射链路来完成自干扰信号的重构，并依据自干扰信号来估计其数字域的特征，最终在接收端对自干扰信号进行抵消。间接耦合射频域自干扰消除原理如图 11－11 所示。

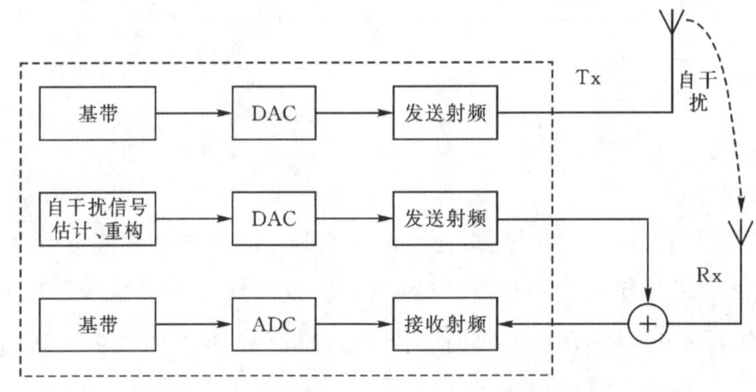

图 11－11　间接耦合射频域自干扰消除原理

间接耦合对消方法与直接耦合对消相比，优点在于射频域自干扰消除结构比较容易实现，原理简单。然而，由于间接耦合射频自干扰消除方法中需要一条额外的单独射频链路来完成对自干扰信号的重构，因此大大增加了运行时的开销，成本也就变得更高。因此，直接耦合射频自干扰消除方法具有更好的应用前景。

2)数字域自干扰消除

空间域、射频域自干扰消除后，可以抵消 40～50 dB 的自干扰信号。但上述消除过程仅对收发天线之间的主要自干扰分量进行抵消，保证接收通道中不被阻塞，仍有残余自干扰信号未能得到消除,因此需要在数字域对残余自干扰信号进一步消除。数字域自干扰消除方法可以归为三类:基于参考信号的数字干扰消除、自适应数字自干扰对消以及基于预编码的数字域自干扰消除。

(1)基于参考信号的数字干扰消除。基于参考信号是同频同时全双工系统常用的一种数字域自干扰信号消除方法,也称为基于高频法。利用已知的发射信号和接收信号,借助各种算法对自干扰信道进行参数估计,再由估计参数值对自干扰信号进行重构,最后完成自干扰信号的消除。文献表明,基于参考信号的数字域自干扰消除可以获得30%以上的对消效果。

(2)自适应数字自干扰对消。该方法利用自适应滤波进行自干扰消除,对自干扰信号进行跟踪、训练和对消。图11-12所示为自适应数字自干扰对消原理图,其中$d(n)$为经空域、射频域消除处理后,又进行信道采样等操作的期望信号,$y(n)$表示自适应滤波后的输出信号,$e(n)$表示经过数字域自适应滤波干扰消除处理后的误差信号。自适应滤波器的设计是该方法的关键。

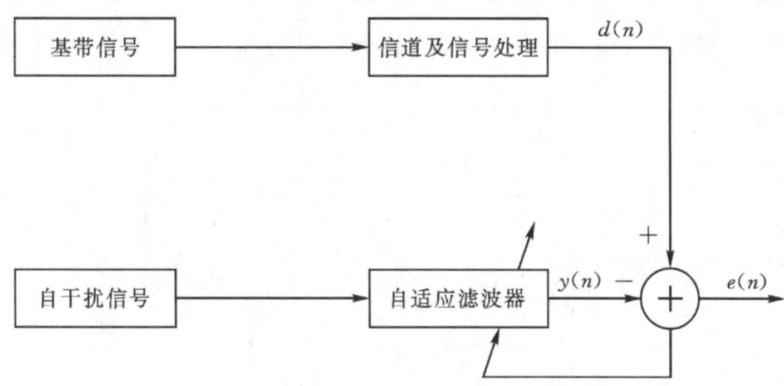

图11-12 自适应数字自干扰对消原理图

(3)基于预编码的数字域自干扰消除。预编码技术主要是通过数字信号处理的方式,观察信道状态的变化,对其进行预编码,进而对收发天线的权重进行调整,使得本地发射机发出的自干扰信号到达本地接收机时达到最小值,实现对自干扰信号的有效抑制消除。

11.2.3 Massive MIMO技术

Massive MIMO技术即大规模多输入多输出技术,是指在发射端和接收端分别使用多个发射天线和接收天线,使信号通过发射端与接收端的多个天线传送和接收,从而改善通信质量。它能充分利用空间资源,通过多个天线实现多发多收,在不增加频谱资源和天线发射功率的情况下,可以成倍地提高系统信道容量,具有明显的优势。MIMO技术最早在1908年由诺贝尔物理学奖得主马可尼(Guglielmo Marconi)提出,在经历了100年的发展后,MIMO技术开始在4G/5G网络和802.11n/ac/ad/ax标准中使用。在4G时代,虽说基站侧也支持MIMO技术,但最多只有8天线。而在5G中的MIMO,则可以实现16/32/64/128,甚至更大规模,故其也被称为大规模MIMO,如图11-13所示。

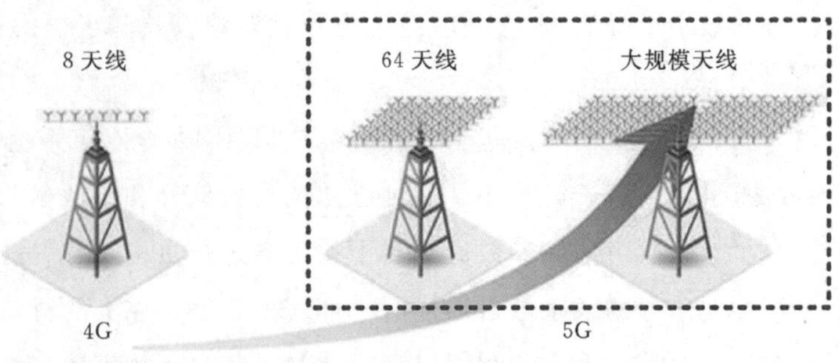

图 11-13 MIMO在4G与5G中的应用比较

图 11-14 所示为 MIMO 技术系统框图。从图 11-14 可知，MIMO 系统在发射端和接收端均采用多天线(或阵列天线)和多通道。多组天线的收发，能够提供更加稳定的信息传输与更大的信息传输容纳量，使得网速得到质的提升，是 5G 网络和 Wi-Fi 6 核心技术。

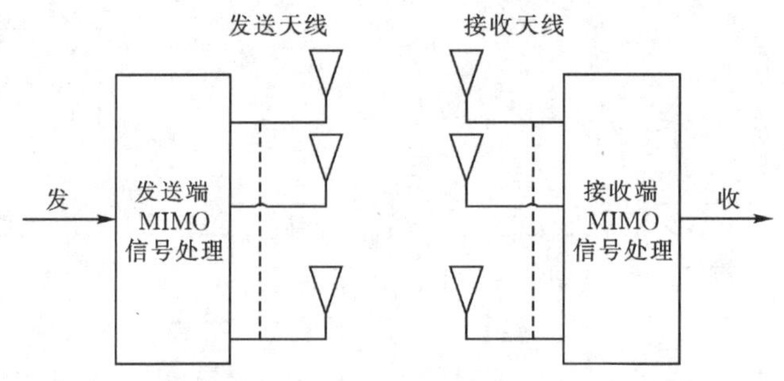

图 11-14 MIMO技术系统框图

Massive MIMO 通道数高达 64/128/256 个，因而 Massive MIMO 拥有更多的信号传递路径，峰值和平均吞吐量大幅度提升，也提供了更加丰富的空间自由度、支持空分多址 SDMA，是构架 5G 网络的基础。举个例子，同样的 100 位乘客挤一辆地铁，如果这辆地铁只有一个门，那么地铁里的人出来和外面的人进去，就要经过很久才能完成一次置换，如果地铁上有 10 个门，100 个乘客就能排成 10 列队，快速地进出，MIMO 天线就如同地铁门，使得数据(人流)的交换效率更大，速度更快。

Wi-Fi 6 标准的路由器采用 MU-MIMO(Multi-User Multiple-Input Multiple-Output)技术，即多用户多入多出技术。在无线路由器上，只有具备 MU-MIMO 技术的设备才称得上是真正的 Wi-Fi 6，因为传统的 MIMO 技术支持的 802.11ac 协议的路由器在本质上还是一对一的信息传输，而 MU-MIMO 才是多对多的信号传输，使得多用户在同一 Wi-Fi 网络下能更加快速稳定地传输信号。

11.2.4 波束赋形技术

5G 频段更高，尤其是毫米波频段，覆盖范围更小，为了增强 5G 覆盖，波束赋形应运而生，常常与大规模 MIMO 技术配合使用。波束赋形(Beamforming)又叫波束成形、空域滤波,是一种阵列定向发送和接收信号的信号处理技术,它既可以用于信号发射端,又可以用于信号接收端。波束赋形技术通过调整相位阵列的基本单元的参数,使得某些角度的信号获得相长干涉,而另一些角度的信号获得相消干涉,从而产生波束。其原理就是利用波的干涉,即当波峰和波峰,或者波谷和波谷相遇,则能量相加,波峰更高,波谷更深;当波峰和波谷相遇,两者则相互抵消。图 11 - 15 对比了电磁波全向发射与波束赋形。如图 11 - 15 所示,如果天线的信号全向发射的话,这几个手机只能收到有限的信号,大部分能量都浪费掉了。如果能通过波束赋形把信号聚焦成几个波束,专门指向各个手机发射的话,承载信号的电磁能量就能传播得更远,而且手机收到的信号也就会更强。

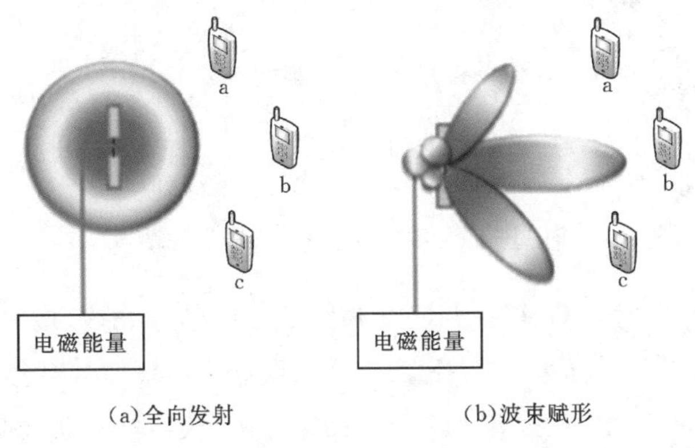

图 11 - 15　电磁波全向发射与波束赋形对比

简单来说可以最多实现 3D 维度下的基站与手机点对点智能自动聚焦覆盖,而非 4G 时代传统技术下的全区域泛覆盖,波束赋形技术原理图如图 11 - 16 所示。对于基站来说,举一个简单的例子,4G 时代的传统单天线通信就像电灯泡,照亮的是整个房间;而波束赋形则像手电筒,光亮可以智能地汇集到目标位置上并随其移动。

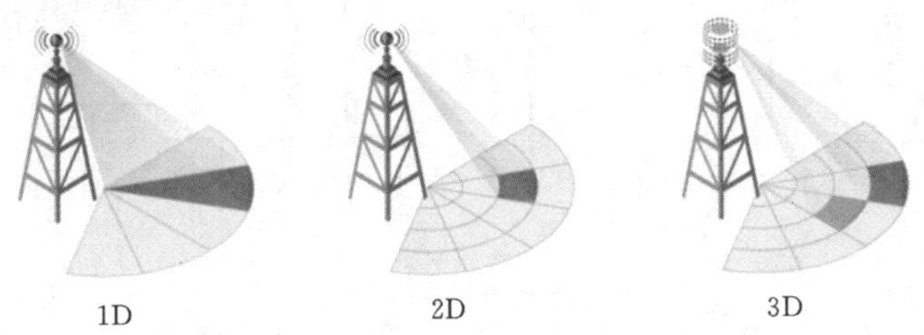

图 11 - 16　波束赋形技术原理图

波束赋形的关键在于天线单元相位的管控,也就是天线权值的处理。根据波束赋形处理位置和方式的不同,可将其分为模拟波束赋形、数字波束赋形以及混合波束赋形这 3 种。

1. 模拟波束赋形

模拟波束赋形首先通过处理射频信号权值,再通过移相器来完成天线相位的调整,处理的位置相对靠后。模拟波束赋形的特点是基带处理的通道数量远小于天线单元的数量，因此容量上受到限制，并且天线的赋形完全是靠硬件搭建的，还会受到器件精度的影响，使性能受到一定的制约。图 11－17 所示为模拟波束赋形工作原理图。

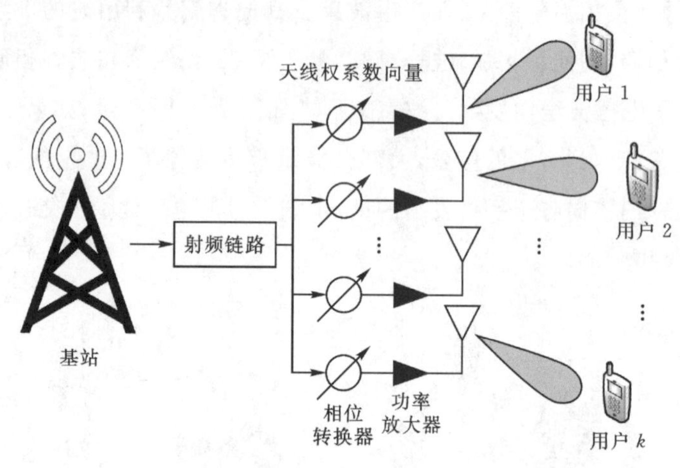

图 11－17　模拟波束赋形工作原理图

模拟波束赋形是在发射端 DAC 之后完成波束赋形的信号处理，接收端 ADC 之前完成波束赋形，处理的是模拟信号。如果 5G NR 的天线数量进一步增加，使用数字波束赋形，那么每个天线单元上都必须有一个 DAC 或者 ADC。如果有 100 个天线单元，那么就要有 100 个 DAC 或者 ADC，这就让天线变得非常臃肿复杂，功耗也大大增加。如果使用模拟波束赋形，由于多路信号其实是对一个输入信号的相位或者振幅调整，只需要在波束赋形处理矩阵之前有 1 个 DAC 或者 ADC 即可，因此硬件设计非常简单。图 11－18 表示了模拟波束赋形实现的基本电路。

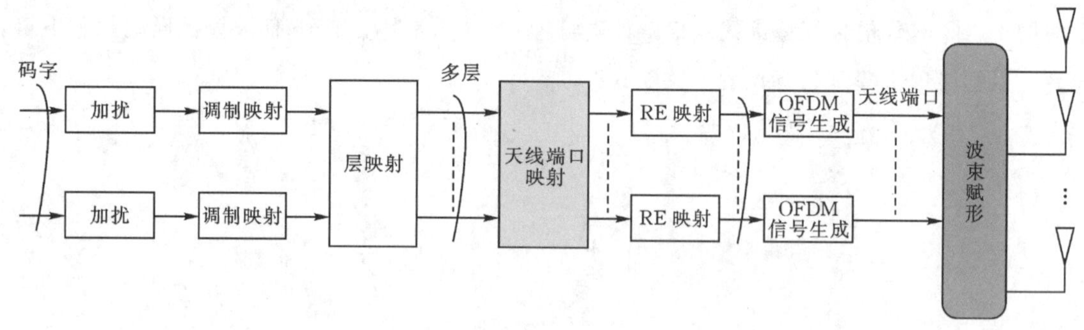

图 11－18　模拟波束赋形实现的基本电路

2. 数字波束赋形

数字波束赋形则在基带模块的时候就进行了天线权值的处理，基带处理的通道数和天线单元的数量相等，因此需要为每路数据配置一套射频链路。数字波束赋形的优点是赋形精度高、实现灵活，天线权值变换响应及时；缺点是基带处理能力要求高、系统复杂、设备体积大、成本较高。数字波束赋形工作原理图如图 11－19 所示。

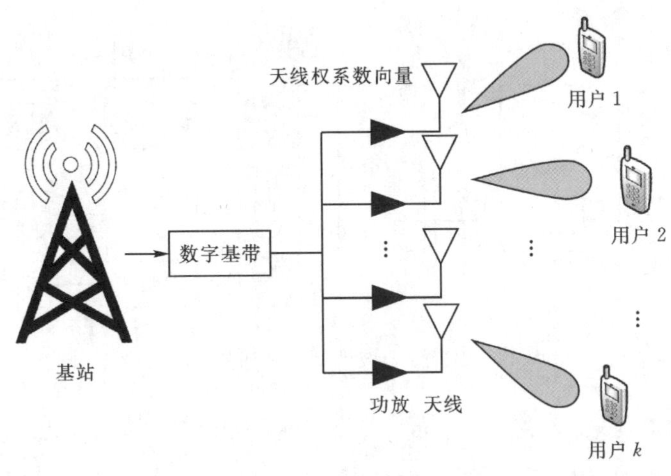

图 11-19 数字波束赋形工作原理图

数字波束赋形由于处理的是数字信号,因为传播的电磁波是模拟信号。所以对于下行链路其工作在DAC之前和上行链路工作在ADC之后,调整数字信号的幅度和相位权值,从而可以明确区分不同的波形,因此可以支持多通道多用户的不同传输模式,可以并行获得很多路不同的输出信号,同时测量来自不同方向的信号。但是每条射频链路都需要一套独立的DAC、ADC、混频器、滤波器和功放器等。图 11-20 所示为数字波束赋形实现基本电路。

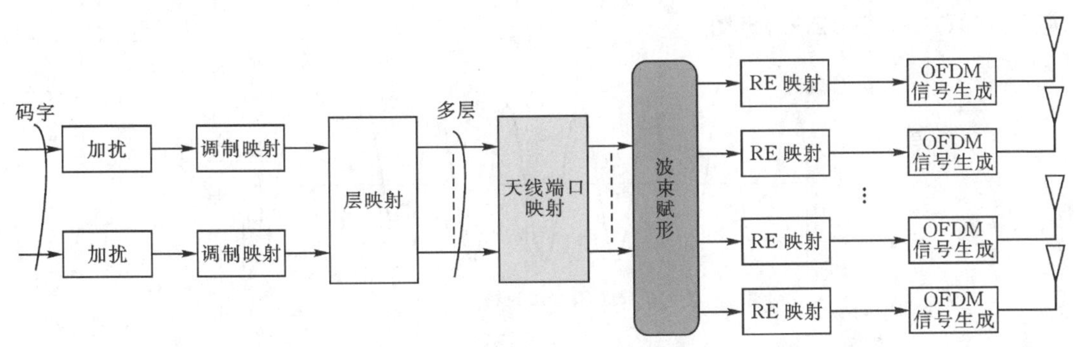

图 11-20 数字波束赋形实现基本电路

Sub 6G 频段,作为当前5G容量的主力军,载波带宽可达100 MHz,一般采用数字波束赋形,通过64通道发射来实现小区内时频资源的多用户复用,下行最大可同时发射24路独立信号,上行独立接收12路数据,可满足5G超高速率要求。

3. 混合波束赋形

将数字波束赋形和模拟波束赋形结合起来,使在模拟端可调幅调相的波束赋形,结合基带的数字波束赋形,称之为混合波束赋形,图 11-21 所示为混合波束赋形实现基本电路。混合波束赋形数字和模拟融合了两者的优点,基带处理的通道数目明显小于模拟天线单元的数量,复杂度大幅下降,成本降低,系统性能接近全数字波束赋形,非常适用于高频系统。

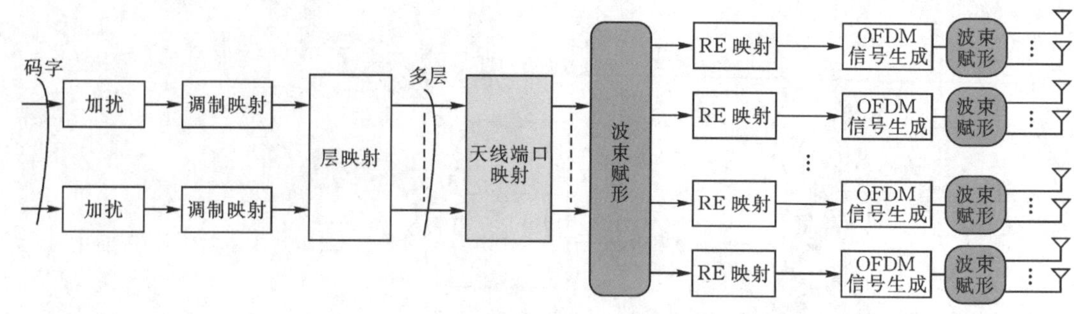

图 11-21　混合波束赋形实现基本电路

在波束赋形和 Massive MIMO 的加成之下，5G 在 Sub 6G 频谱下单载波最多可达 7 Gb/s 的小区峰值速率，在毫米波频谱下单载波也最多达到了约 4.8 Gb/s 的小区峰值速率。

11.2.5　调制编码技术

5G 支持的调制更加丰富，主要有载波的相位变化，幅度不变化 $\pi/2$ - BPSK 和 QPSK 的 PSK 调制方式，还有载波的相位和幅度都变化的 16QAM、64QAM 和 256QAM 等调制方式。QAM 即正交振幅调制，是一种幅度、相位联合调制技术，同时使用载波的幅度和相位来传递信息比特，将一个比特映射为具有实部和虚部的矢量，然后调制到时域上正交的两个载波上，然后进行传输。每次在载波上利用幅度和相位表示的比特位越多，则其传输的效率越高。图 11-22 所示为 4QAM(QPSK)示意图。

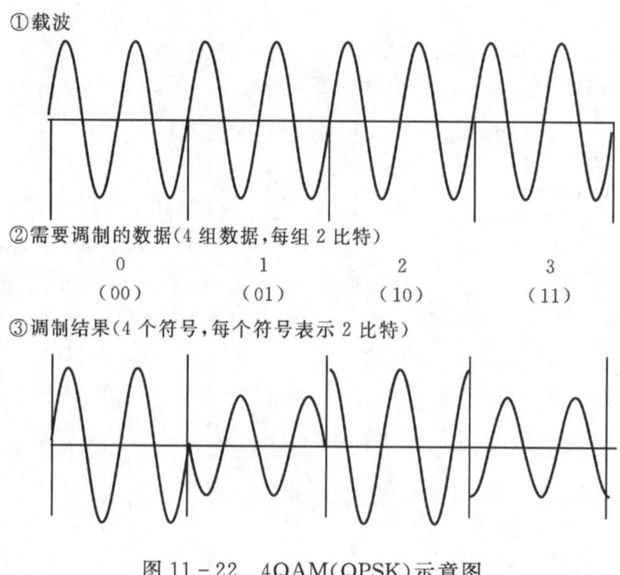

图 11-22　4QAM(QPSK)示意图

如表 11-4 所示，3G、4G 和 5G 不同移动通信系统采用的调制编码技术不同。

表 11－4 调制编码技术对比

3G	4G LTE	5G NR
QPSK 16QAM	QPSK 16QAM 64QAM	π/2－QPSK QPSK 16QAM 64QAM 256QAM

下行支持的调制：QPSK、16QAM、64QAM 和 256QAM。上行支持的调制方式分两种情况，第一种对于 OFDM＋CP 而言，主要采用 QPSK、16QAM、64QAM 和 256QAM；对于 DFT－S－OFDM＋CP 而言，主要采用 QPSK、16QAM、64QAM、256QAM 和 π/2－QPSK。

编码是在调制的上一道工序，就是在要传输的原始数据的基础之上，增加一些冗余，用来进行检错、纠错等功能。经过编码之后，要发送的数据增加了，为了表征编码增加的冗余数据的多少，引入了码率的概念。码率＝编码前的比特数/编码后的比特数。为了表示调制和编码的组合，5G 定义了一张调制编码模式表(Modulation and Coding Scheme table，MCS table)，如表 11－5 所示。

表 11－5 调制编码模式表(Modulation and Coding Scheme Table，MCS Table)

MCS 索引(I_{MCS})	调制阶数(Q_m)	目标码率×[1024]R	频谱效率
0	2	120	0.234 4
1	2	193	0.377
2	2	308	0.601 6
3	2	449	0.877
4	2	602	1.175 8
5	4	378	1.476 6
6	4	434	1.695 3
7	4	490	1.914 1
8	4	553	2.160 2
9	4	616	2.406 3
10	4	658	2.570 3
11	6	466	2.730 5
12	6	517	3.029 3
13	6	567	3.322 3
14	6	616	3.609 4
15	6	666	3.902 3
16	6	719	4.212 9
17	6	772	4.523 4

续表

MCS 索引(I_{MCS})	调制阶数(Q_m)	目标码率×[1024]R	频谱效率
18	6	822	4.816 4
19	6	873	5.115 2
20	8	682.5	5.332
21	8	711	5.554 7
22	8	754	5.890 6
23	8	797	6.226 6
24	8	841	6.570 3
25	8	885	6.914 1
26	8	916.5	7.160 2
27	8	948	7.406 3
28	2	—	—
29	4	—	—
30	6	—	—
31	8	—	—

2016 年 11 月 14 日至 18 日期间，3GPP RAN1 # 87 会议在美国 Reno 召开，本次会议其中一项内容是决定 5G 短码块的信道编码方案，其中，提出了三种短码编码方案：Turbo 码、LDPC 码和 Polar 码。Orange 和爱立信公司主要采用 Turbo 码，高通、Nokia、Intel 和三星主要采用 LDPC 码，华为主要采用 Polar 码。

(1)Turbo 码由法国科学家 C. Berrou 和 A. Glavieux 发明。从 1993 年开始，通信领域开始对其研究。随后，Turbo 码被 3G 和 4G 标准采纳。Turbo 码是一种并行级联卷积码，信号发送方案采用编码器和交织器来迭代发送码元。在采用 BPSK 方式编码的情况下，Turbo 码的编码能力通过这种方式在一定条件下可接近香农定理的理论极限，另外 Turbo 码编码复杂度低，符合 5G 移动通信技术的发展要求。目前相关研究主要包括归零法、咬尾法、直接结尾法等。

(2)LDPC 码由 MIT 的教授 Robert Gallager 在 1962 年提出，是最早提出的逼近香农极限的信道编码，不过，受限于当时环境，难以克服计算复杂性，随后被人遗忘，直到 1996 年才引起通信领域的关注。后来，LDPC 码被 Wi-Fi 标准采纳。LDPC 码通过一个生成矩阵 $\boldsymbol{G}$ 将信息序列映射成发送序列，属于数据信道编码方案，是线性分组码的一种，具有校验矩阵系数的特点，具有较强的检错、纠错能力，可以并行译码、降低译码延迟，具有较低的译码计算量和复杂度，具有很大的灵活性和较低的地板效应。

(3)Polar 码由土耳其比尔肯大学教授 E. Arikan 在 2007 年提出，2009 年开始引起通信领域的关注。Polar 码是一种基于信道计划理论的编码方式，属于信令信道编码。Polar 码不考虑最小距离特性，而是利用了信道联合与信道分裂的过程来选择具体的编码方案，只要给定编码长度,就可确定 Polar 码的编译码结构,通过生成矩阵的形式完成编码过程。Polar 码具备代数编码和概率编码各自的特点,其译码过程采用概率算法,复杂度较低。

11.2.6 毫米波技术

在频谱资源越来越紧缺的情况下,开发利用在卫星和雷达军用系统上的毫米波频谱资源成为 5G 移动通信技术的重点,因毫米波段拥有巨大的频谱资源开发空间所以成为 Massive MIMO 通信系统的首要选择。毫米波的波长较短,在 Massive MIMO 系统中可以在系统基站端实现大规模天线阵列的设计,从而使毫米波应用结合在波束成形技术上,这样可以有效地提升天线增益,但也是由于毫米波的波长较短,所以在毫米波通信中,传输信号以毫米波为载体时容易受到外界噪声等因素的干扰和不同程度的衰减。

毫米波即波长在 1 到 10 mm 之间的电磁波,通常对应于 30 GHz 至 300 GHz 之间的无线电频谱,如图 11－23 所示。在无线通信的背景下,该术语通常对应于 38 GHz、60 GHz 以及94 GHz附近的几个频带,并且美国联邦通信委员会早在 2015 年就已经率先规划了 28 GHz、37 GHz、39 GHz 和 64～71 GHz 四个频段为美国 5G 毫米波推荐频段,其中 28 GHz 频段已在 2018 年 11 月启动竞标。这四个频带适合长距离通信,不像 60 GHz 必须承受约 20 dB/km 的氧气吸收损耗,信号损耗较大。这些频率能在多路径环境中顺利运作,并且能用于非视距离(NLoS)通信。透过高定向天线搭配波束成形与波束追踪功能,毫米波便能提供稳定且高度安全的连接。

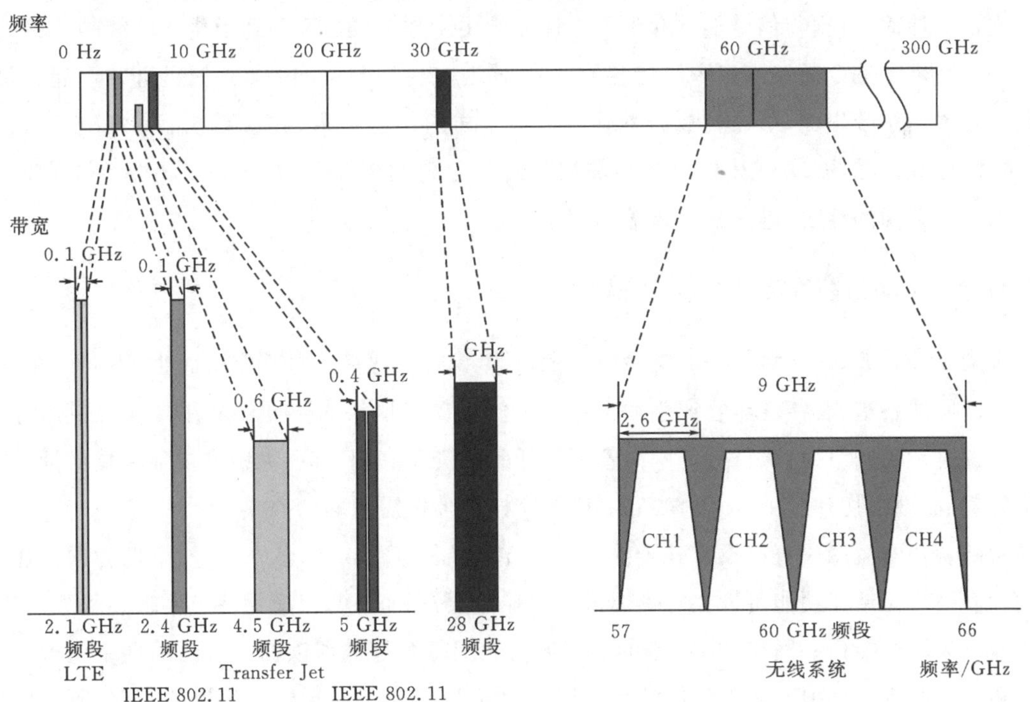

图 11－23 电磁波谱

毫米波由于其频率高、波长短,具有如下特点:频谱宽,配合各种多址复用技术使用可以极大提升信道容量,适用于高速多媒体传输业务;可靠性高,较高的频率使其受干扰很少,能较好抵抗雨水天气的影响，提供稳定的传输信道；方向性好，毫米波受空气中各种悬浮颗粒物的吸收较大，使得传输波束较窄，增大了监听难度，适合短距离点对点通信；波长极短，所需的天线尺寸很小，易于在较小的空间内集成大规模天线阵。也正是上述的特点，使得毫米波在自由空间中传播时具有很大的路径损耗，而且反射之后的能量急剧衰减，导致毫米波通信主要是视距传播和少量的一次反射的非视距传播，导致其稀疏的信道特性。

毫米波也有一个主要缺点，即不容易穿过建筑物或者障碍物，并且可以被叶子和雨水吸收。这也是为什么 5G 网络将会采用小基站的方式来加强传统的蜂窝塔。毫米波通信系统中，信号的空间选择性和分散性被毫米波高自由空间损耗和弱反射能力所限制，又由于配置了大规模天线阵，很难保证各天线之间的独立性，因此，在毫米波系统中天线的数量要远远高于传播路径的数量，所以传统的 MIMO 系统中独立同分布的瑞利衰落信道模型不再适用于描述毫米波信道特性。已经有大量的文献研究小尺度衰落的场景，在实际通信过程中，多径传播效应造成的多径散射簇现象与时间扩散和角度扩散之间的关系也应当被综合考虑。

5G 网络强大的数据传输能力、极强的稳定性以及大范围的覆盖率给大数据时代带来了很多的好处，在部分建设好的地区可以使用户体验到 10 Mb/s 及以上的传输速率，通过网络给社会发展与人们提供保障。研究表明，对于 LTE 覆盖范围不大的问题，通过 5G 可以进行大范围覆盖。可是因为 5G 建设初步阶段需挑选合适的地址，建设对应的基础设施，同时在后期保养成本高，因而，5G 向着小型与集成化的趋势发展。

在通信层面，数据与信令能够起到不一样的作用。数据经过专门通道由一个终端传输到另外的一个终端。信令需在网络中经过各种传输，同时在传输时可能需要通过处理才可起到最大作用。在通信系统里面，信令与数据具备各自不一样的传输渠道，建成系统后，LTE 可以运输不一样的信令。在 5G 系统内的设计将数据与信令分离的传输形式，可以处理好在 LTE 内信令占据过多资源的情况，进而提升传输的效率。

11.2.7 网络切片技术

区别于 2G 到 4G 网络单一的电话或上网需求，5G 可以说是为了应用而生，不同的场景对网络有不同的要求，有些甚至会产生冲突。如果使用单个网络为不同的应用场景提供服务，可能会导致复杂的网络架构、低效的网络管理和低效的资源利用。5G 网络需要部署更灵活，还要分类管理，而网络切片（Network Slicing）正是这样一种按需组网的方式。

网络切片的概念一直都没有一个统一的官方定义。5G Americas 关于网络切片的描述：网络切片使网络元件和功能可以在每个网络片中轻松配置和重用，以满足特定要求。网络切片的实现被认为是包括核心网络和 RAN 的端到端功能。每个片都可以拥有自己的网络架构、工程机制和网络配置。5GPP 关于网络切片的描述：网络切片是一种端到端的概念，涵盖所有网段，包括无线网络、有线接入、核心、传输和边缘网络。它支持在公共基础设施平台上并发部署多个端到端逻辑、自包含和独立的共享或分区网络。中国联通关于网络切片的描述：网络切片是 SDN/NFV 技术应用于 5G 网络的关键服务，一个网络切片将构成一个端到端的逻辑网络，按切片需求方的需求灵活地提供一种或多种网络服务。

简单来说，网络切片技术将一个物理网络切割成多个虚拟的端到端网络，每个虚拟网络之间，包括网络内的设备、接入、传输和核心网，是逻辑独立的，任何一个虚拟网络发生故障都不会影响到其他虚拟网络。每个虚拟网络具备不同的功能特点，面向不同的需求和服务。5G 的网络切片有 3 个特征：按需定制、逻辑隔离、端到端。网络切片参考架构如图11-24所示。

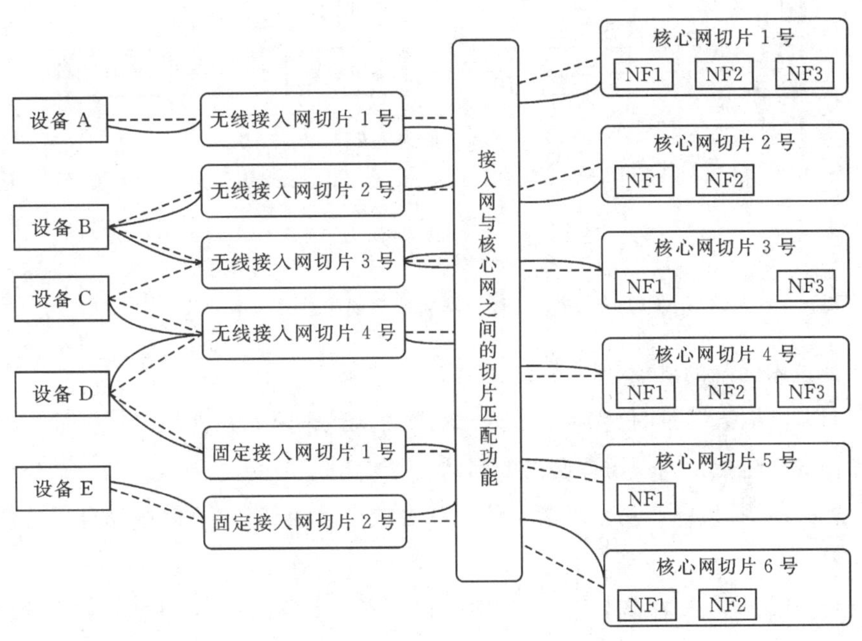

图 11-24 网络切片参考架构

网络切片的基础首先是网络本身要能动态支持不同的切分粒度，以 1 Gb/s 带宽网卡或者交换机为例，可以切分成 10 个 100 Mb/s。但是传统的基于专用硬件平台的网络通信设备软件和硬件紧耦合，传统物理千兆网卡支持的是一个完整的 1 Gb/s 开端，是无法动态切分成不同粒度。网络功能虚拟化(NFV)和软件定义网络(SDN)是支持网络切片最基本的两项技术。NFV 把所有的硬件抽象为计算、存储和网络三类资源并进行统一的管理分配，给不同的切片不同大小的资源，且使其完全隔离互不相干。SDN 实现网络的控制和转发分离，并在逻辑上统一管理和灵活切割。一个网络切片包括无线子切片、承载子切片和核心网子切片。

一个切片的生命周期包括创建、管理和撤销 3 个部分。如图 11-25 所示，运营商首先根据业务场景需求匹配网络切片模板，切片模板包含对所需的网络功能组件、组件交互接口及所需网络资源的描述；然后上线时由服务引擎导入并解析模板，向资源平面申请网络资源，并在申请到的资源上实现虚拟网络功能和接口的实例化与服务编排，将切片迁移到运行态。网络切片可以实现运行态中快速功能升级和资源调整，在业务下线时及时撤销和回收资源。

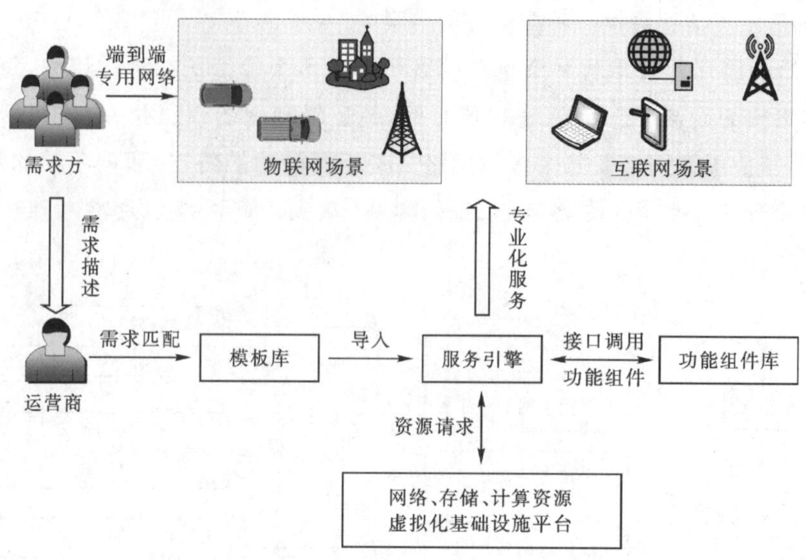

图 11-25　网络切片创建过程

网络切片技术面临的挑战有以下几方面。

(1)网络切片结构。目前仍存在很多尚未分类的场景,因此在性能评估标准方面的切片划分的粒度如何确定仍然是一个需要解决的问题。

(2)网络切片选择。一个用户可能会使用一个或者多个切片,如何选择合适的切片也是一个基本的问题。

(3)网络切片转换。漫游场景下,本地网络切片不能支持用户接入网络,就会造成用户网络中断,一个可能的解决方案是将用户转换到默认切片下,但是在切片转换过程中如何保持 IP 会话的连通性、侦测转换时机的任务应该交给用户终端还是交给网络,这都是尚待解决的问题。

(4)用户状态维持。用户的状态信息可能会在多个切片中传递,如何管理用户状态也是一个关键问题。

(5)新功能的确定。为了支持一些如无人驾驶等的新式服务,当前的 EPC 功能可能并不能够满足,因此需要定义新的功能以及涉及的消息格式和处理程序。

11.3　5G 网络架构

为了应对实际场景和需求对 5G 网络提出的挑战,5G 网络以用户为中心、功能模块化、网络可编排为核心理念,重构网络控制和转发机制,改变单一管道和固化的服务模式,基于通用共享的基础设施为不同用户和行业提供按需定制的网络架构。5G 网络将构建资源全共享、功能易编排、业务紧耦合的社会化信息服务使能平台,为实现“万物互联”的愿景奠定基础。5G 愿景定义了更丰富的业务场景和全新的业务指标,5G 系统不能囿于单纯的空口技术换代和峰值速率提升,需要将需求与能力指标要求向网络侧推演,明确现有网络挑战和发展方向,通过网络侧的创新提供支撑,如表 11-6 所示。

表 11－6　5G 愿景、现有网络挑战及 5G 架构演进方向映射

指标能力要求	现有网络挑战	5G 架构方向
1 Gb/s 体验速率	用户速率从小区中心向边缘下降； 网间切换不能保持速率稳定	灵活的站间组网和资源调度方法； 高效的多接入协同
毫秒级延迟	网关中心部署，传输时延百毫秒级； 实时业务切换终端时间 300 ms	业务边缘部署，用户面网关下沉； 更高效的移动性管理机制
高流量大连接	流量重载降低转发传输效率； 海量连接导致信令风暴和封闭开销	分布式流量动态调度； 控制面板功能按需重构
运营能效	管道化运营； 刚性硬件平台	面向差异化场景快速灵活服务； 基于云的基础设施平台

11.3.1　5G 网络逻辑架构

5G 网络将改变传统基于专用硬件的刚性基础设备平台，引入云计算、虚拟化和软件定义网络等技术，构建跨功能平面统一资源管理架构和多业务承载资源平面，全面解决传输服务质量、资源可扩展性、组网灵活性等基础性问题。5G 网络采用基于功能平面的框架设计，将传统与网元绑定的网络功能进行抽离和重组，由接入平面、数据平面和控制平面构成新的网络逻辑功能框架，如图 11－26 所示。

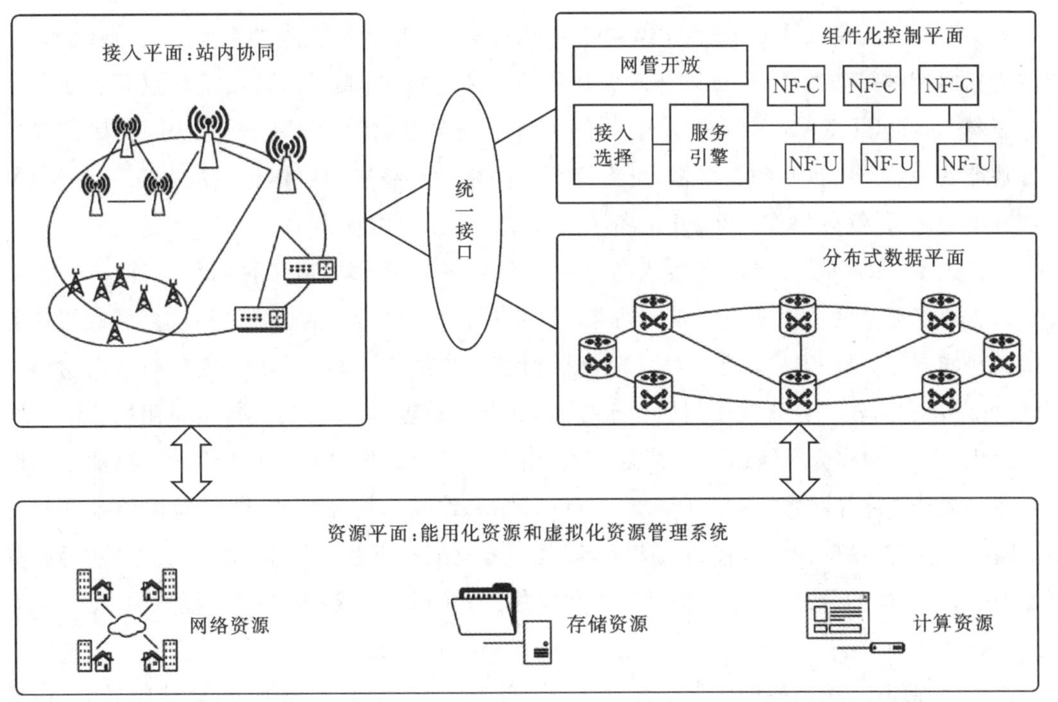

图 11－26　5G 网络系统架构框图

图 11－26 中，控制平面主要负责生成信令控制、网管指令和业务编排逻辑，接入平面和数据平面主要负责执行控制指令，实现对业务流在接入网的接入与核心网内的转发。

1. 接入平面

接入平面涵盖各种类型的基站和无线接入设备，通过增强的异构基站间交互机制构建综合的站间拓扑，通过站间实时的信息交互与资源共享实现更高效的协同控制，满足不同业务场景的需求。面向不同的应用场景，无线接入网由孤立管道转向支持异构基站多样的协作，灵活利用有线和无线连接实现回传，提升小区边缘协同处理效率，优化边缘用户体验速率。图 11－27 所示为异构基站组网框架。

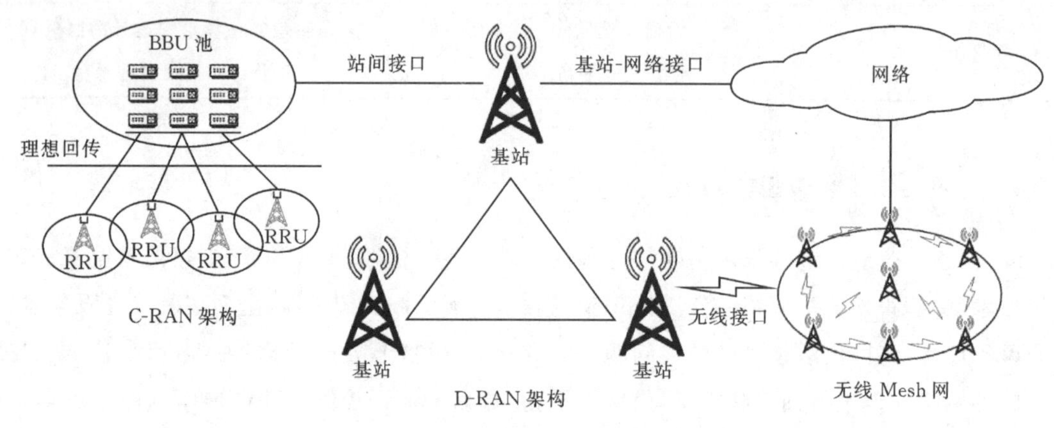

图 11－27 异构基站组网框架

图 11－27 中，集中式 C－RAN 组网是未来无线组网接入网演进的重要方向。在满足一定的前传和回传网络的条件下，可以有效提升移动性和干扰协调能力，适用于热点高容量场景布网。面向 5G 的 C－RAN 部署框架中，远端无线处理单元 RRU 汇聚小范围内 RRU 信号经过部分基带处理后进行前端数据传输，可支持小范围物理层级别的协作化算法。5G C－RAN 网络具有集中部署、高效协作、无线云化和绿色节能 4 个主要特征。

分布式 D－RAN 组网是 5G 接入网另一个重要方向，能够适应多种回传条件。该架构中，每个站点都有完整的协议处理功能。站点之间根据回传条件，灵活选择分布式多层次协作方式来适应性能要求。D－RAN 能够对时延及抖动进行自适应，基站不必依赖对端站点的协作数据，也可以正常工作。分布式组网适用于作为连续广域覆盖以及低时延等场景组网。

无线 Mesh 网作为有线组网的补充，它利用无线信道组织站点间回传网络，提供接入能力的延伸。无线 Mesh 网络能够聚合末端节点（基站和终端），构建高效、即插即用的基站间无线传输网络，提高基站间的协调能力和效率，降低中心化架构下数据传输与信令交互的时延，提供更加动态、灵活的回传选择，支撑高动态性要求场景，实现易部署、易维护的轻型网络。

2. 数据平面

在数据平面中，核心网网关下沉到城域网汇聚层，采取分布式部署，整合分组转发，内容缓存和业务流加速能力，在控制平面的统一调度下，完成业务数据流转发和边缘处理。

如图 11－28 所示，数据平面通过现有网关设备内的控制功能和转发功能分离，实现网关设备的简化和下沉部署，支持“业务进管道”，提供更低的业务时延和更高的流量调度灵活性；通过网关控制承载分离，将会话和连接控制功能从网关中抽离，简化后的网关下沉到汇聚层，专注于流量转发与业务流加速处理，更充分地利用管道资源，提升用户带宽，并逐步推进固定和移动网关功能及设备形态归一，形成面向多业务的统一承载平台。IP 锚点下沉使 5G 新型无线空口 NR(New Radio)的网络层(Layer 3)具备层组大网的能力，因此应用服务器和数据库可以随着网关设备一同下沉到网络边缘，使互联网应用、云计算服务和媒体流缓存部署在高度分布的环境中，推动互联网应用与网络能力融合，更好地支持 5G 低时延和高宽带业务的要求。

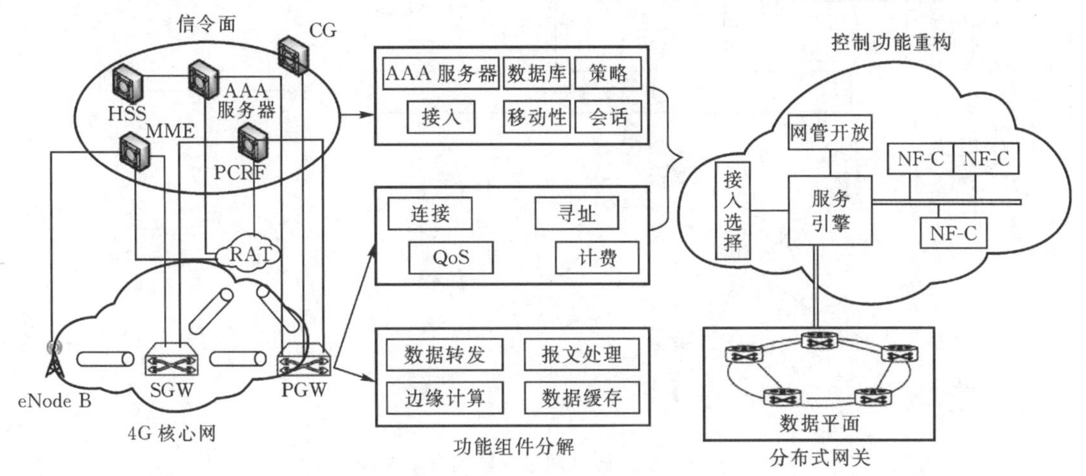

图 11－28 核心网功能重构

3. 控制平面

控制平面为 5G 新空口和传统空口提供统一的网络接口。控制面功能分解成细粒度的网络功能组件，按照业务场景特性定制专用的网络服务，并在此基础上实现精细化网络资源管控和能力开放。

如图 11－28 所示，网关转发功能下沉的同时，抽离的转发控制功能(NF－U)整合到控制平面中，并对原本与信令面网元绑定的控制功能(NF－C)进行组件化拆分，以基于服务调用的方式进行重构，实现可按业务场景构造专用架构的网络服务，满足 5G 差异化服务需求。控制功能重构的关键技术：①控制面功能模块化梳理控制面信令流程，形成有限数量的高度内聚的功能模块作为重构组件基础，并按照应用场景标记必选和可选的组件；②状态与逻辑处理分离对用户移动性、会话和签约等状态信息的存储和逻辑进行解耦，定义统一数据库功能组件，实现统一调用，提高系统的顽健性和数据完整性；③基于服务的组件调用按照接入端类型和对应的业务场景，采用服务聚合的设计思路，服务引擎选择所需的功能组件和协议，组合业务流程，构建场景专用网络，服务引擎能支持局部架构更新和组件共享，并向第三方开放组网能力。

11.3.2 5G 核心网云化部署

5G 核心网云化部署采用端到端组网参考框架，如图 11－29 所示。在实际部署中，不同运营商可根据自身网络基础、数据中心规划等因素灵活分解为多层次分布式组网形态。

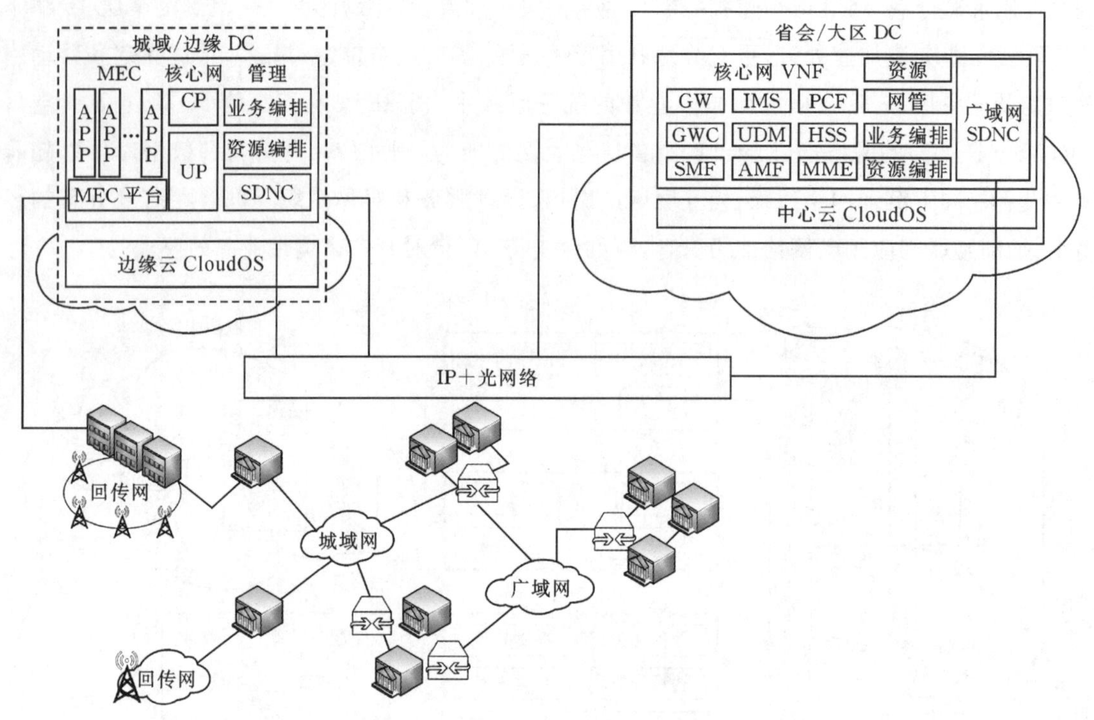

图 11－29　端到端云化组网参考架构

中心级数据中心一般部署于大区或省会中心城市，主要用于承载全网集中部署的网络功能，如网管/运营系统、业务与资源编排、全局软件定义网络(SDN)控制器以及核心网控制面元和骨干出口网管等。

边缘级数据中心一般部署于地市级汇聚和接入局点，主要用于地市级业务数据流卸载的功能。用户边缘数据卸载的好处在于可以大幅降低时延敏感类业务的传输时延，优化传输网络负载。通过分布式网元部署，将网络故障范围控制在最小范围。此外，通过本地业务数据分流，可以将数据分发控制在指定区域内。

针对移动核心网业务，运营商可采用统一的网络功能虚拟化(NFV)基础设施平台向下收敛通用硬件，支持软硬件解耦或 NFV 系统三层解耦能力。

数据中心组网方面，通过两级数据中心节点的 SDN 控制器联动提供跨 DC 组网功能，提高 5G 核心网切片端到端自动化部署和灵活的拓扑编排管理能力。数据中心内部组网可采用两层架构＋交换机集群(TOR/EOR)模式，减少中间层次，提高组网效率和端口利用率；或选择 Leaf－Spine水平扩展模式，实现 Leaf 和 Spine 全互联、多 Spine 水平扩展，处理东西向流量；在满足 VNF 性能的条件下，通过 Overlay 网络虚拟化实现大二层，利用 SDN 技术增强按需调度和分配网络资源的能力。

5G 的核心网络架构分为两种架构呈现，即参考点方式架构和服务化架构，分别如图 11－30 和图 11－31 所示。

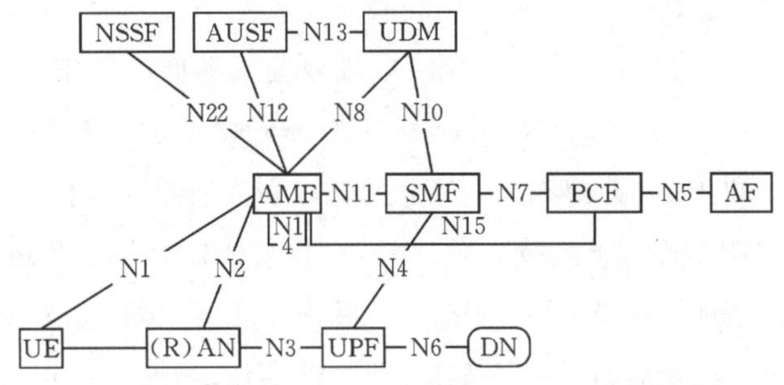

图 11-30　5G核心网的参考点方式架构

服务化架构是在控制面采用API能力开放形式进行信令的传输,在传统的信令流程中,很多的消息在不同的流程中都会出现,将相同或相似的消息提取出来以API能力调用的形式封装起来,供其他网元进行访问,服务化架构将摒弃隧道建立的模式,倾向于采用HTTP协议完成信令交互。

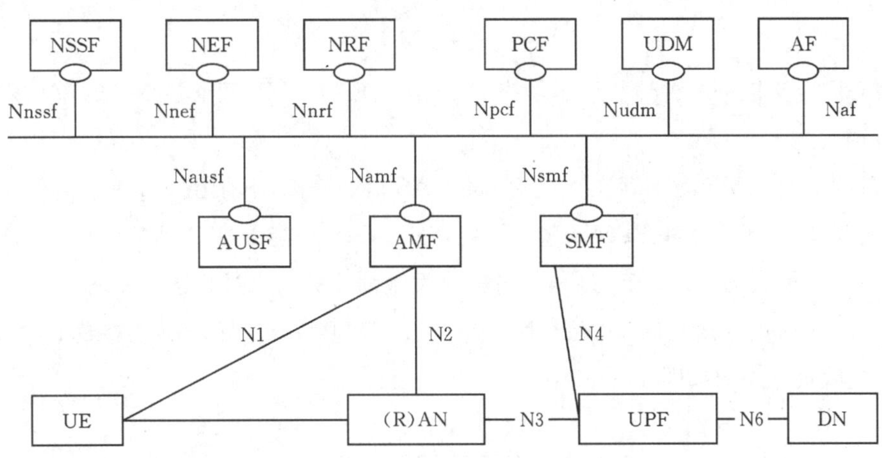

图 11-31　5G核心网的服务化架构

11.3.3　5G核心网络状态模型

5G网络架构借鉴IT系统服务化和微服务化架构的成功经验,通过模块化实现网络功能间的解耦和整合,解耦后的网络功能可独立扩容、独立演进、按需部署;控制面所有NF之间的交互采用服务化接口,同一种服务可以被多种NF调用,降低NF之间接口定义的耦合度,最终实现整网功能的按需定制,灵活支持不同的业务场景和需求。

5G核心网络定义了两种状态模型,即注册管理模型和连接管理模型。

1. 注册管理模型

5G核心网定义以下两种注册管理状态,用于反映UE(User Equipment)与AMF(Access and Mobile Management Function,接入和移动管理功能)间的注册状态,UE的不同接入(如3GPP和N3G)有不同的注册管理上下文。

AMF 给 UE 分配的 RM(Registration Management)上下文:一个在 3GPP 和非 3GPP 之间共用的临时身份标识,该临时身份标识全球唯一;每种接入类型(3GPP/Non-3GPP)有各自的注册状态;每种接入类型的注册区域(Registration Area, RA);3GPP 接入类型的周期性注册计时器,非 3GPP 不需要周期性注册;Non-3GPP 的隐式去注册定时器。

此外 3GPP 和非 3GPP 的注册区域是独立的,在同一 PLMN 或者 equivalent PLMN 中后续注册的接入侧继续使用前一接入侧使用的临时标识,UE 可以通过 3GPP 侧触发处在 IDLE 态的非 3GPP 侧去注册。注册管理状态图如图 11-32 所示。

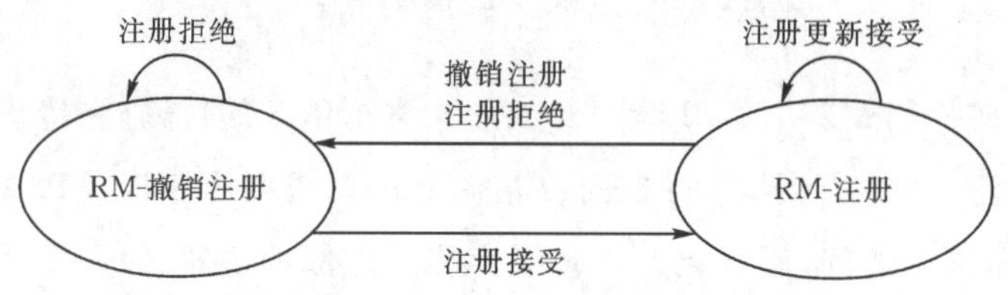

图 11-32　注册管理状态图

2. 连接管理模型

5G 核心网定义以下两种连接管理状态,用于在 UE 和 AMF 间通过 N1 接口实现信令连接的建立与释放。

空闲态:UE 与 AMF 间不存在 N1 接口的 NAS 信令连接,不存在 UE N2 和 N3 连接。UE 可执行小区选择、小区重选和 PLMN 选择。空闲态 AMF 应能对非移动主叫(Mobile Originating,MO)-only 模式的 UE 发起寻呼,执行网络发起的业务请求过程。

连接态:UE 所属的接入网(Access Network, AN)和 AMF 间的 N2 连接建立后,网络进入连接态,连接管理状态图如图 11-33 所示。

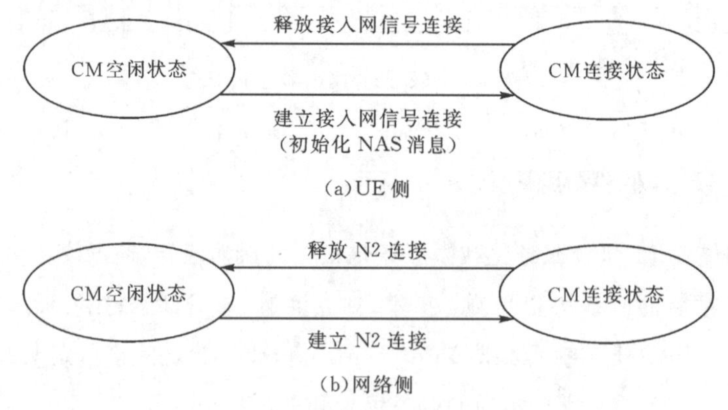

图 11-33　连接管理状态图

11.4　5G 技术物联网应用

1. 工业领域

以 5G 为代表的新一代信息通信技术与工业经济深度融合,为工业乃至产业数字化、网络化、智能化发展提供了新的实现途径。5G在工业领域的应用涵盖研发设计、生产制造、运营管理及产品服务4个大的工业环节，主要包括16类应用场景，分别为AR/VR研发实验协同、AR/VR远程协同设计、远程控制、AR辅助装配、机器视觉、AGV物流、自动驾驶、超高清视频、设备感知、物料信息采集、环境信息采集、AR产品需求导入、远程售后、产品状态监测、设备预测性维护、AR/VR远程培训等。当前，机器视觉、AGV物流、超高清视频等场景已取得了规模化复制的效果，实现"机器换人"，大幅降低人工成本，有效提高产品检测准确率，达到了生产效率提升的目的。未来，远程控制、设备预测性维护等场景预计将会产生较高的商业价值。

以钢铁行业为例，5G技术赋能钢铁制造，实现钢铁行业智能化生产、智慧化运营及绿色发展。在智能化生产方面，5G网络低时延特性可实现远程实时控制机械设备，提高运维效率的同时，促进厂区无人化转型；借助5G+AR眼镜，专家可在后台对传回的AR图像进行文字、图片等多种形式的标注，实现对现场运维人员实时指导，提高运维效率；借助5G+大数据，可对钢铁生产过程的数据进行采集，实现钢铁制造主要工艺参数在线监控、在线自动质量判定，实现生产工艺质量的实时掌控。在智慧化运营方面，5G+超高清视频可实现钢铁生产流程及人员生产行为的智能监管，及时判断生产环境及人员操作是否存在异常，提高生产安全性。在绿色发展方面，5G大连接特性采集钢铁各生产环节的能源消耗和污染物排放数据，可协助钢铁企业找出问题严重的环节并进行工艺优化和设备升级，降低能耗成本和环保成本，实现清洁低碳的绿色化生产。

5G在工业领域丰富的融合应用场景将为工业体系变革带来极大潜力，使能工业智能化、绿色化发展。"5G+工业互联网"512工程实施以来，行业应用水平不断提升，从生产外围环节逐步延伸至研发设计、生产制造、质量检测、故障运维、物流运输、安全管理等核心环节，在电子设备制造、装备制造、钢铁、采矿、电力等5个行业率先发展，培育形成协同研发设计、远程设备操控、设备协同作业、柔性生产制造、现场辅助装配、机器视觉质检、设备故障诊断、厂区智能物流、无人智能巡检、生产现场监测等十大典型应用场景，助力企业降本提质和安全生产。

2. 车联网与自动驾驶

5G车联网助力汽车、交通应用服务的智能化升级。5G网络的大带宽、低时延等特性，支持实现车载VR视频通话、实景导航等实时业务。借助于车联网C-V2X(包含直连通信和5G网络通信)的低时延、高可靠和广播传输特性，车辆可实时对外广播自身定位、运行状态等基本安全消息，交通灯或电子标志标识等可广播交通管理与指示信息，支持实现路口碰撞预警、红绿灯诱导通行等应用，显著提升车辆行驶安全和出行效率，后续还将支持实现更高等级、复杂场景的自动驾驶服务，如远程遥控驾驶、车辆编队行驶等。5G网络可支持港口岸桥区的自动远程控制、装卸区的自动码货以及港区的车辆无人驾驶应用，显著降低自动导引运输车控制信号的时延以保障无线通信质量与作业可靠性，可使智能理货数据传输系统实现全天候全流程的实时在线监控。

3. 能源领域

目前5G在电力领域的应用主要面向输电、变电、配电、用电四个环节开展，应用场景主要涵盖了采集监控类业务及实时控制类业务,包括输电线无人机巡检、变电站机器人巡检、电能质量监测、配电自动化、配网差动保护、分布式能源控制、高级计量、精准负荷控制、电力充电桩等。当前,基于5G大带宽特性的移动巡检业务较为成熟,可实现应用复制推广,通过无人机巡检、机器人巡检等新型运维业务的应用,促进监控、作业、安防向智能化、可视化、高清化升级,大幅提升输电线路与变电站的巡检效率;配网差动保护、配电自动化等控制类业务现处于探索验证阶段,未来随着网络安全架构、终端模组等问题的逐渐成熟,控制类业务将会进入高速发展期,提升配电环节故障定位精准度和处理效率。

在煤矿领域,5G应用涉及井下生产与安全保障两大部分,应用场景主要包括:作业场所视频监控、环境信息采集、设备数据传输、移动巡检、作业设备远程控制等。当前,煤矿利用5G技术实现地面操作中心对井下综采面采煤机、液压支架、掘进机等设备的远程控制,大幅减少了原有线缆维护量及井下作业人员;在井下机电硐室等场景部署5G智能巡检机器人,实现机房硐室自动巡检,极大提高检修效率;在井下关键场所部署5G超高清摄像头,实现环境与人员的精准实时管控。煤矿利用5G技术的智能化改造能够有效减少井下作业人员,降低井下事故发生率,遏制重特大事故,实现煤矿的安全生产。当前取得的应用实践经验已逐步开始规模推广。

4. 教育领域

5G在教育领域的应用主要围绕智慧课堂及智慧校园两方面开展。5G+智慧课堂,凭借5G低时延、高速率特性,结合VR/AR/全息影像等技术,可实现实时传输影像信息,为两地提供全息、互动的教学服务,提升教学体验;5G智能终端可通过5G网络收集教学过程中的全场景数据,结合大数据及人工智能技术,可构建学生的学情画像,为教学等提供全面、客观的数据分析,提升教育教学精准度。5G+智慧校园,基于超高清视频的安防监控可为校园提供远程巡考、校园人员管理、学生作息管理、门禁管理等应用,解决校园陌生人进校、危险探测不及时等安全问题,提高校园管理效率和水平;基于AI图像分析、GIS(地理信息系统)等技术,可对学生出行、活动、饮食安全等环节提供全面的安全保障服务,让家长及时了解学生在校位置及表现,打造安全的学习环境。

5. 医疗领域

5G通过赋能现有智慧医疗服务体系,提升远程医疗、应急救护等服务能力和管理效率,并催生5G+远程超声检查、重症监护等新型应用场景。

5G+超高清远程会诊、远程影像诊断、移动医护等应用,在现有智慧医疗服务体系上,叠加5G网络能力,极大提升远程会诊、医学影像、电子病历等数据传输速度和服务保障能力。在抗击新冠感染疫情期间,解放军总医院联合相关单位快速搭建5G远程医疗系统,提供远程超高清视频多学科会诊、远程阅片、床旁远程会诊、远程查房等应用,支援湖北新冠肺炎危重症患者救治,有效缓解抗疫一线医疗资源紧缺问题。

5G+应急救护等应用,在急救人员、救护车、应急指挥中心、医院之间快速构建5G应急救援网络,在救护车接到患者的第一时间,将病患体征数据、病情图像、急症病情记录等以毫秒级速度、无损实时传输到医院,帮助院内医生作出正确指导并提前制订抢救方案,实现患者“上车即入院”的愿景。

5G+远程手术、重症监护等治疗类应用，由于其容错率极低，并涉及医疗质量、患者安全、社会伦理等复杂问题，其技术应用的安全性、可靠性需进一步研究和验证，预计短期内难以在医疗领域实际应用。

6. 文旅领域

5G 在文旅领域的创新应用将助力文化和旅游行业步入数字化转型的快车道。5G 智慧文旅应用场景主要包括景区管理、游客服务、文博展览、线上演播等环节。5G 智慧景区可实现景区实时监控、安防巡检和应急救援，同时可提供 VR 直播观景、沉浸式导览及 AI 智慧游记等创新体验，大幅提升了景区管理和服务水平，解决了景区同质化发展等痛点问题；5G 智慧文博可支持文物全息展示、5G+VR 文物修复、沉浸式教学等应用，赋能文物数字化发展，深刻阐释文物的多元价值，推动人才团队建设；5G 云演播融合 4K/8K、VR/AR 等技术，实现传统曲目线上线下高清直播，支持多屏多角度沉浸式观赏体验，5G 云演播打破了传统艺术演艺方式，让传统演艺产业焕发了新生。

7. 智慧城市领域

5G 助力智慧城市在安防、巡检、救援等方面提升管理与服务水平。在城市安防监控方面，结合大数据及人工智能技术，5G+超高清视频监控可实现对人脸、行为、特殊物品、车等精确识别，形成对潜在危险的预判能力和紧急事件的快速响应能力；在城市安全巡检方面，5G 结合无人机、无人车、机器人等安防巡检终端，可实现城市立体化智能巡检，提高城市日常巡查的效率；在城市应急救援方面，5G 通信保障车与卫星回传技术可实现建立救援区域海陆空一体化的 5G 网络覆盖；5G+VR/AR 可协助应急调度指挥人员直观、及时了解现场情况，更快速、更科学地制订应急救援方案，提高应急救援效率。目前公共安全和社区治安成为城市治理的热点领域，以远程巡检应用为代表的环境监测也将成为城市发展的关注重点。未来，城市全域感知和精细管理成为必然发展趋势，仍需长期持续探索。

8. 信息消费领域

5G 给垂直行业带来变革与创新的同时，也孕育新兴信息产品和服务，改变人们的生活方式。在 5G+云游戏方面，5G 可实现将云端服务器上渲染压缩后的视频和音频传送至用户终端，解决了云端算力下发与本地计算力不足的问题，解除了游戏优质内容对终端硬件的束缚和依赖，对于消费端成本控制和产业链降本增效起到了积极的推动作用。在 5G+4K/8K VR 直播方面，5G 技术可解决网线组网烦琐、传统无线网络带宽不足、专线开通成本高等问题，可满足大型活动现场海量终端的连接需求，并带给观众超高清、沉浸式的视听体验；5G+多视角视频，可实现同时向用户推送多个独立的视角画面，用户可自行选择视角观看，带来更自由的观看体验。在智慧商业综合体领域，5G+AI 智慧导航、5G+AR 数字景观、5G+VR 电竞娱乐空间、5G+VR/AR 全景直播、5G+VR/AR 导购及互动营销等应用已开始在商圈及购物中心落地应用，并逐步规模化推广。未来随着 5G 网络的全面覆盖以及网络能力的提升，5G+沉浸式云 XR、5G+数字孪生等应用场景也将实现，让购物消费更具活力。

9. 金融领域

金融科技相关机构正积极推进 5G 在金融领域的应用探索，应用场景多样化。银行业是 5G 在金融领域落地应用的先行军，5G 可为银行提供整体的改造。前台方面，综合运用 5G 及多种新技术，实现了智慧网点建设、机器人全程服务客户、远程业务办理等；中后台方面，通过 5G 可实现"万物互联"，从而为数据分析和决策提供辅助。除银行业外，证券、保险和其他金融领域也在积极推动"5G＋"发展，5G 开创的远程服务等新交互方式为客户带来全方位数字化体验，线上即可完成证券开户核审、保险查勘定损和理赔，使金融服务不断走向便捷化、多元化，带动了金融行业的创新变革。

练习题

一、选择题

1. 5G 是指无所不在、超宽带、(　　)的无线接入。

A. 低延迟　　B. 高密度　　C. 高可靠　　D. 高可信

2. 5G 理论速度可达到(　　)。

A. 50 Mb/s　　B. 100 Mb/s　　C. 500 Mb/s　　D. 1 Gb/s 以上

3. 5G 中 PDSCH 最大调制是(　　)。

A. 64QAM　　B. 128QAM　　C. 256QAM　　D. 512QAM

4. 目前受到广泛关注的适用于 5G 移动通信系统的非正交多址接入技术主要不包括(　　)。

A. NOMA 技术　　B. MUSA 技术　　C. TDMA 技术　　D. SCMA 技术

5. 同频同时全双工技术中，下面(　　)不属于空域自干扰消除方法。

A. 直接耦合射频域自干扰消除　　B. 天线隔离

C. 天线对消　　D. 定向天线

6. 波束赋形的关键在于天线单元相位的管控，也就是天线权值的处理。根据波束赋形处理位置和方式的不同，可分为模拟波束赋形、数字波束赋形和(　　)。

A. 时间域波束赋形　　B. 空间域波束赋形

C. 频域波束赋形　　D. 混合波束赋形

7. 5G 提出了三种短码信道编码方案，即 Turbo 码、LDPC 码和(　　)。

A. 卷积码　　B. Turbo 码　　C. LDPC 码　　D. Polar 码

8. 毫米波的缺点是(　　)。

A. 频谱宽，配合各种多址复用技术的使用可以极大提升信道容量，适用于高速多媒体传输业务

B. 可靠性高，较高的频率使其受干扰很少，能较好抵抗雨水天气的影响，提供稳定的传输信道

C. 方向性好，毫米波受空气中各种悬浮颗粒物的吸收较大，使得传输波束较窄，增大了窃

听难度,适合短距离点对点通信

D. 波长极短,容易被障碍物遮挡

9. 5GPPP 关于网络切片的描述:网络切片是一种端到端的概念,涵盖所有网段,包括无线网络、有线接入、核心、传输和(　　)。

A. 云存储　　B. 边缘网络　　C. 终端节点　　D. 软件定义网络

10. 5G 网络采用基于功能平面的框架设计,将传统的与网元绑定的网络功能进行抽离和重组,由接入平面、(　　)和数据平面构成新的网络逻辑功能框架。

A. 控制平面　　B. 边缘网络　　C. 终端节点　　D. 基础设备平台

二、简答题

1. 简述 5G 的主要特点及应用场景。

2. 简述 5G 核心网云化部署方案。

参考文献

[1]陈威兵,张刚林,冯璐,等. 移动通信原理[M]. 2 版. 北京:清华大学出版社,2019.

[2]牛凯. 移动通信原理[M]. 3 版. 北京:电子工业出版社,2022.

[3]劳尼艾宁. 无线通信简史:从电磁波到 5G[M]. 蒋楠,译. 北京:人民邮电出版社,2020.

[4]张建国,杨东来,徐恩. 5G NR 物理层规划与设计[M]. 北京:人民邮电出版社,2020.

[5]张传福. 5G 移动通信系统及关键技术[M]. 北京:电子工业出版社,2018.

[6]李俨. 5G 与车联网[M]. 北京:电子工业出版社,2019.

[7]兰洪光,马芳,韦笑. 基于 5G 的数据链关键技术研究[J]. 战术导弹技术,2022,212(2):59-66.

[8]姚树锋,李广伟,杨圣杰,等. 5G 毫米波有源阵列封装天线技术研究[J]. 微波学报,2022,38(1):1-6.

[9]罗莎. 5G 认知无线网络的智能频谱感知和分配[D]. 北京:北京科技大学,2022.

[10]汪磊. 基于 5G Massive MIMO 物理层鉴权机器算法研究[D]. 南京:南京邮电大学,2021.

[11]韩彦坤. 5G 毫米波频段信道估计方法研究[D]. 南京:南京邮电大学,2021.

[12]胡连华,徐卓,陈海峰. LoRa 与 NB-IoT 通信技术研究现状[J]. 传感器世界,2021,27(9):1-6+11.

[13]佟舟. 5G 端到端网络切片的通信与计算资源分配研究[D]. 北京:北京邮电大学,2021.

[14]周晨曦. 基于多业务场景的窄带物联网资源调度算法研究[D]. 北京:北京邮电大学,2021.

[15]杜燕. 5G NR 通信系统下行同步技术的研究[D]. 南昌:南昌大学,2021.

拓展阅读

以制造"中国芯"为己任,立志科技报国

他是年轻的5G技术科学家申怡飞,师从4G技术掌门人,让中国5G领先世界。

他从小天资聪慧、智力超群。15岁上大学,17岁成为5G技术的研发团队核心成员,发明了极化码技术,21岁打破垄断。纵观申怡飞的求学之路,如坐火箭一路直升,从小学、中学、大学只用了13年,简直可以用"直挂云帆济沧海"来形容。

众所周知,未来是信息化时代。近年来,通信技术突飞猛进。然而,我国在这方面还落后西方很多年,之前的2G、3G、4G的技术标准都是国外定制的。为了保持了领先地位,他们对我国实行了严密的技术封锁。要在5G时代实现弯道超车,难度非常大。在申怡飞看来,青年科技工作者应该主动站出来,承担起这个社会责任。

功夫不负有心人,在导师的指导下,申怡飞终于取得了技术突破。他的发明专利,尤其是5G极化码技术,通过搭建通用处理器的高效极化码平台,顺利解决了重大延迟问题,从2 s计算一组数据提升到1 s计算20万组数据,使通信质量大幅度提升。目前,我国5G的商业应用已经处于世界领先水平,不仅突破了西方的技术壁垒,反而具备了一定的技术优势。让我国在世界5G标准制定中增加了话语权,间接让我国的5G计划提前了一年。

第12章 其他物联网通信技术

12.1 红外无线通信技术

红外无线通信技术利用红外线作为传输介质来传递数据。红外通信技术不需要实体连线，简单易用且实现成本较低。自1974年发明以来，广泛应用于小型移动设备互换数据和电器设备的控制中，例如笔记本电脑、个人数码助理、移动电话之间或与电脑之间进行数据交换，电视机、空调的遥控器等。

12.1.1 红外通信技术概述

红外通信技术是一种无线通信技术，拥有成本低、传输速率高、安全可靠等特点。近年来，国内外无线通信技术发展迅速，红外通信作为一种成本低廉、传输效果较好的通信技术得到了学界的关注。简单来说，红外通信技术是一种点对点的数据传输协议，用以替代传统设备之间的有线连接方式，将红外线作为通信介质，波长多在900 nm左右，通过数据电脉冲与红外光脉冲之间的转换来达到数据发射和接收的目的，其通信距离多在0～1 m之间，传输速率高达16 Mb/s。如今，红外通信技术在世界范围内得到了广泛的关注和应用，作为一种无线连接技术，红外通信凭借良好的传输速率很好地取代了线缆连接方式。

为解决多种设备之间的互连互通问题，1993年成立了红外数据协会(IrDA，Infrared Data Association)以建立统一的红外数据通信标准。1994年发表了IrDA 1.0规范。

1979年，IBM公司的F. P. R. Gefller和U. H. B. Past主持开发了世界上第一套室内无线光通信系统，该系统使用的是950 nm波长的红外光，通信距离可以达到50 m。1983年，日本富士通公司研制出通信速率达到19.2 kb/s的红外通信系统，它采用880 nm波长的红外光，发射功率为15 mW。1985年，HP实验室采用红外光，在发射功率为165 mW时，将通信速率提高到1 Mb/s。1994年，美国贝尔实验室采用40 mW的光源，将通信速率提高到155 Mb/s。这些都仅限于实验室水平，并没有投入商用。

美国圣地亚哥AstroTerra公司，已做出可在3 km、5 km、8 km，速率高达155 Mb/s、622 Mb/s、2.5 Gb/s的点对点产品研究及实验，并在洛杉矶、拉斯维加斯、圣地亚哥等地做了外场实验。

2003年，深圳清华大学研究生院研制了一种室内无线红外局域网系统，该系统采用漫射式链路结构，带有激光收发设备的便携式计算机可以连接到本地局域(LAN)上，能实现10 Mb/s

以太网和 Ad - hoc 两种网络的组建。采用双绞线(UTP)网络接口(RG - 45),速率可以达到 10 Mb/s,工作范围为 100 m^2。

Vishay Intertechnology 公司于 2007 年开发的 TFDU6300 及 TFDU6301 提供了 4 Mb/s 的快速红外数据速率,符合 IrDA 物理层规范,数据传输距离为 0.7 m,传送电视遥控信号距离达 25 m。

红外通信是对有线通信的有力补充,凭借成本低廉、体积小、功耗低、连接方便、简单易用、不受无线电干扰、发射角度较小、传输安全性高等自身的独特优势在通信领域中占据了重要地位。但是红外通信具有通信距离短,通信过程中不能移动,遇障碍物通信中断、传输速率较低等缺点,主要目的是取代线缆连接进行无线数据传输,功能单一、扩展性差。

12.1.2 工作原理及系统组成

红外数据传输工作原理:由发送端把二进制数字信号转变为某一频率的脉冲序列,再通过红外发射管,将脉冲序列以光脉冲的形式进行发射,而接收端收到来自发射端的光脉冲信号时,再将其转化为电信号,并经过一系列的滤波方法处理后,将其传输给解调电路,转化为二进制数字信号并实现输出。通过其传输原理可以看出,红外数据传输的本质是二进制数字信号与光脉冲信号之间的调制与解调,以这一过程实现以红外线为载体的数据传输。

图 12 - 1 所示为红外通信系统组成框图。红外通信系统由发射端和接收端两个部分组成。发送端采用单片机将待发送的二进制信号编码调制为一系列的脉冲串信号;通过红外端发射管发射红外信号;接收端完成对红外信号的接收、放大、检波、整形,并解调出遥控编码脉冲,一般采用价格便宜、性能可靠的一体化红外接收头 HS0038,其接收红外信号频率为 38 kHz、周期约 26 μs、NEC 红外编码,它同时对信号进行放大、检波、整形得到 TTL 电平的编码信号,再送给单片机,经单片机解码并执行去控制相关对象。

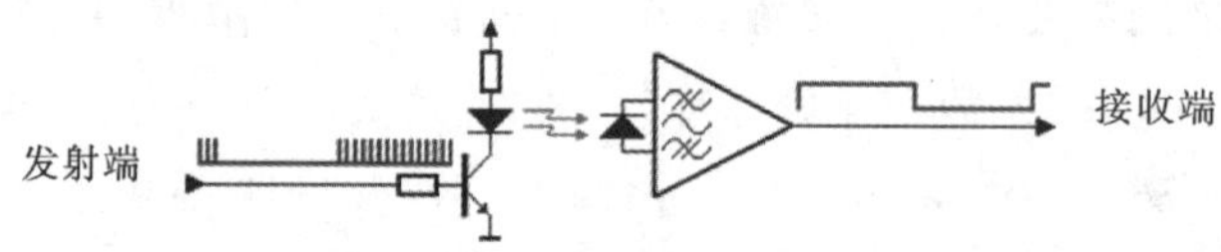

图 12 - 1 红外系统组成框图

1. 红外发射

图 12 - 2 所示为红外发射电路,包括以下组成部分:发光二极管、调制电路、驱动电路。

红外通信数据传输的实现,要将传输数据通过编码的方式加载到红外信号中。目前,编码主要采用频率调制(FM)以及脉宽调制(PWM)。其中,PWM 所采用的通信码结构也存在差异,主要包括以下两种:一种是一组通信码发出后,就不断发出一组高低电平的重复码;另一种是一组通信码发出之后,间隔一段时间再发出重复的通信码,一组通信码主要由引导码、系统码、数据码、奇偶校验位和停止位这几部分组成,编码组成格式如图 12 - 3 所示,其中引导码主要用于标识信号的开始,系统码用于区别于其他的通信系统,数据码用于控制各项功能操作,奇偶校验位主要用于校对信号在传输过程中的错差,停止位用于标识信号的结束。

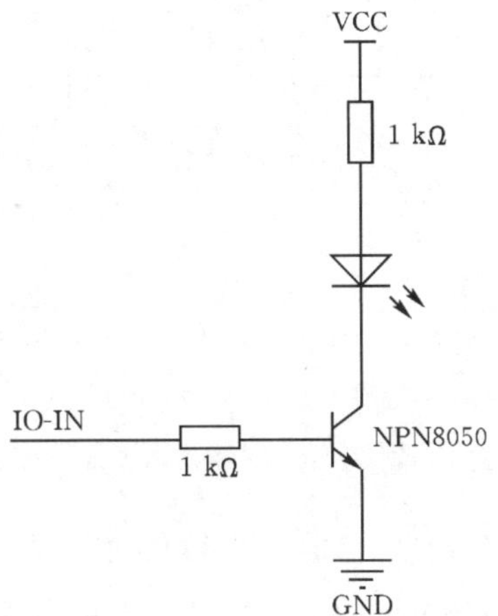

图 12-2 红外发射电路

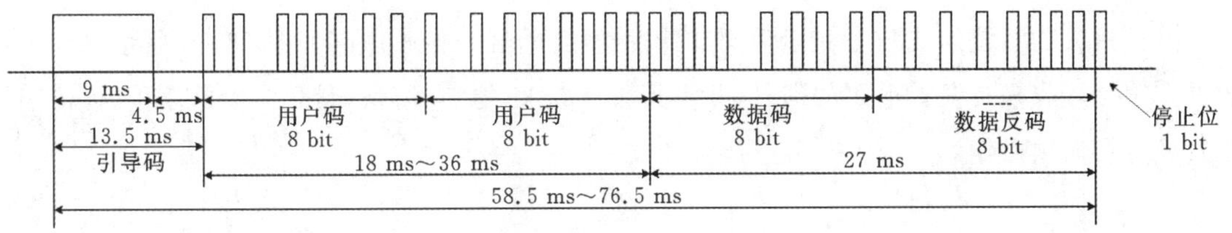

图 12-3 编码组成格式

用户码或数据码中的每一个位可以是位"1",也可以是位"0"。可利用脉冲的时间间隔来区分"0"和"1",这种编码方式称为脉冲位置调制方式(Pulse Position Modulation, PPM),如图 12-4所示。

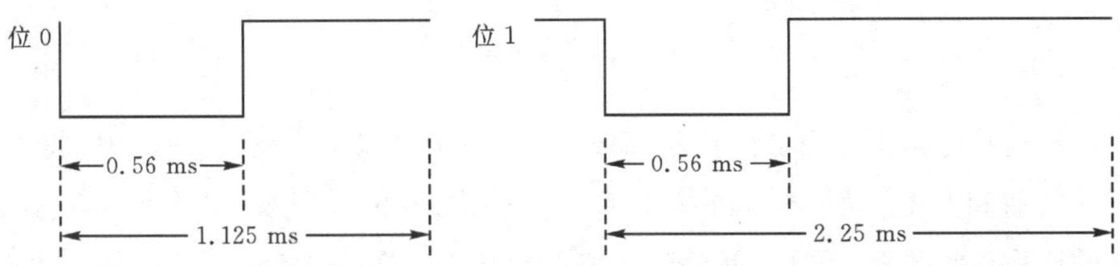

图 12-4 脉冲位置调制

调制就是把编码数据放到一定频率的载波上面,即使用数据调制载波,形成一串脉冲信号。图 12-5 所示为红外调制过程,从图 12-5 可以观察出,当有高电平的时候,形成载波信号,当为低电平的时候,无载波信号,最终通过高低电平的变化,产生一串脉冲信号,可以通过示波器观察产生的脉冲信号是否正确。

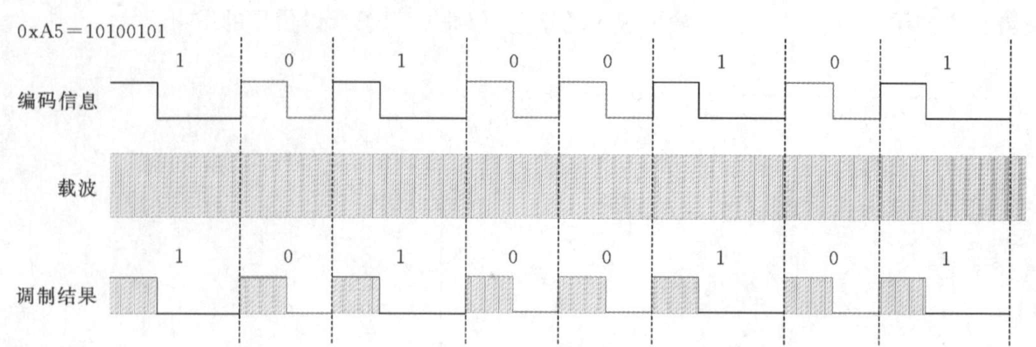

图 12-5　红外调制过程

调制载波频率一般在 30～60 kHz 之间，大多数使用的是 38 kHz、占空比 1/3 的方波。这是由发射端所使用的 455 kHz 晶振决定的。在发射端要对晶振进行整数分频，分频系数一般取 12，所以 455 kHz÷12≈37.9 kHz≈38 kHz。

2. 红外接收

红外接收的系统组成与工作原理同红外发送相同，红外接收电路如图 12-6 所示。红外接收的作用是接收来自发射电路的信号，并将其通过放大、滤波、解调，转化为原始信号，再传输到单片机进行后续操作。

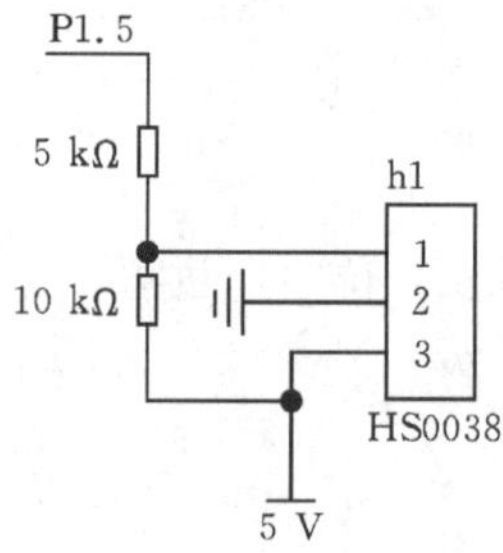

12-6　红外接收电路

以往，红外接收电路主要由红外接收二极管和放大电路两部分组成，这种接收电路体积较大，使用不够灵活和方便。如今，红外接收多采用 PIC1018SCL 接头，其作为一种小型化、高灵敏、低成本的红外接收装置广泛应用于红外接收设计中。PIC1018SCL 接头使用十分简便，只需保证 2.4 V 到 6.5 V 的工作电压，即可使之成为一个完整的红外信号接收装置，它具备放大、选频和解调功能，其输出电平兼容 TTL 和 CMOS，有着良好的性能和广阔的应用空间。

解码过程即通过对高低电平的时间判断得到二进制 01 序列，红外解码过程如图 12-7 所示。具体的判断算法有许多种，下面说明常见的高电平时间判断法。

首先，当有低电平的时候，开始检测高电平。然后，当检测到高电平的时候，记录高电平 TH 的时间，直到低电平出现。其次，判断高电平 TH 的时间，当 TH<560 μs 的时候，判断为码元 0；TH>660 μs 的时候，判断为码元 1。最后，根据发送数据的大小端，确定一个字节的数据。

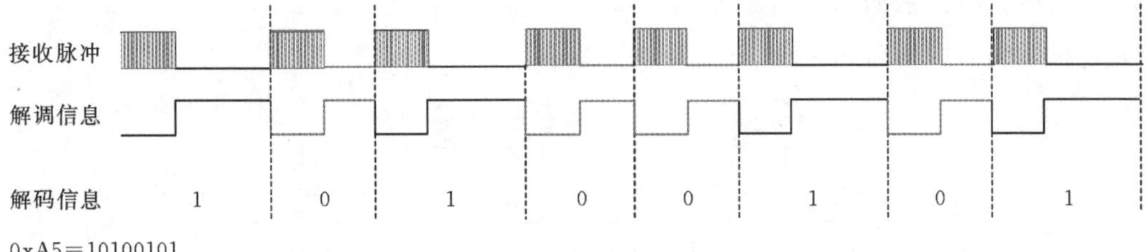

图 12-7 红外解码过程

12.1.3 红外通信技术标准

IrDA1.0 标准简称 SIR(Serial Infrared,串行红外协议),它是基于 HP-SIR 开发出来的一种异步的、半双工的红外通信方式,它以系统的异步通信收发器(Universal Asynchronous Receiver/Transmitter,UART)为依托,通过对串行数据脉冲的波形压缩和对所接收的光信号电脉冲的波形扩展这一编解码过程(3/16EnDec)实现红外数据传输。SIR 的最高数据速率只有 115.2 kb/s。在 1996 年,发布了 IrDA1.1 协议,简称 FIR(Fast Infrared,快速红外协议),采用 4PPM(Pulse Position Modulation,脉冲相位调制)编译码机制,最高数据传输速率可达到 4 Mb/s,同时在低速时保留 1.0 标准的规定。之后,IrDA 又推出了最高通信速率在 16 Mb/s 的 VFIR(Very Fast Infrared)技术,并将其作为补充纳入 IrDA1.1 标准之中。

通信协议管理整个通信过程,IrDA 是一套层叠的专门针对点对点红外通信的协议。图 12-8所示为 IrDA 协议栈,包括核心协议和可选协议。核心协议完成对物理传输媒介的监测与控制,发现设备,可靠的数据链路的建立与维持,高层数据包的适配,不同协议数据的复用与流量控制。核心协议包括红外物理层(IrPHY),定义硬件要求和低级数据帧结构,以及帧传送速度。红外链路建立协议(IrLAP)在自动协商好的参数基础上提供可靠的、无障碍的数据交换。红外链路管理协议(IrLMP)提供建立在 IrLAP 连接上的多路复用及数据链路管理。在 IrLAP 和 IrLMP 基础上,针对一些特定的红外通信应用领域,IrDA 还陆续发布了一些更高级别的红外协议,如 TTP、IrOBEX、IrCOMM、IrLAN、IAS 等。

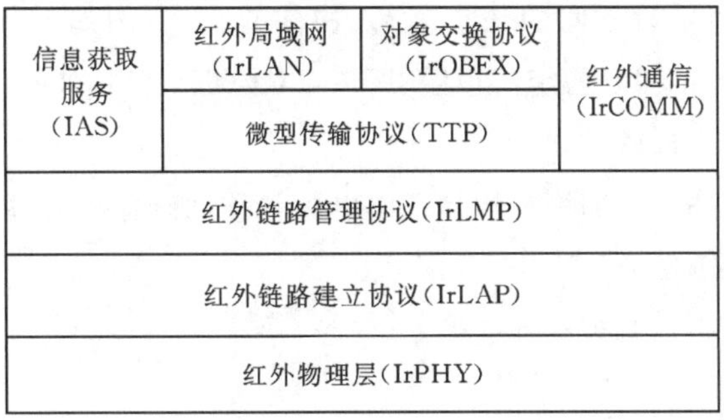

<table>
<tr><td rowspan="2">信息获取服务
(IAS)</td><td>红外局域网
(IrLAN)</td><td>对象交换协议
(IrOBEX)</td><td rowspan="2">红外通信
(IrCOMM)</td></tr>
<tr><td colspan="2">微型传输协议(TTP)</td></tr>
<tr><td colspan="4">红外链路管理协议(IrLMP)</td></tr>
<tr><td colspan="4">红外链路建立协议(IrLAP)</td></tr>
<tr><td colspan="4">红外物理层(IrPHY)</td></tr>
</table>

图 12-8 IrDA 协议栈

1.物理层规范(IrPHY)

IrPHY 定义了串行、半双工、距离 0～100 cm、点到点红外通信规程,包括 IRDA 通信规格、通信距离、角度、速度、数据的调制方式、脉冲宽度等。图 12－9 所示为 IrDA1.1 标准物理层框图，主要包括调制解调电路和 LED 驱动与接收电路。

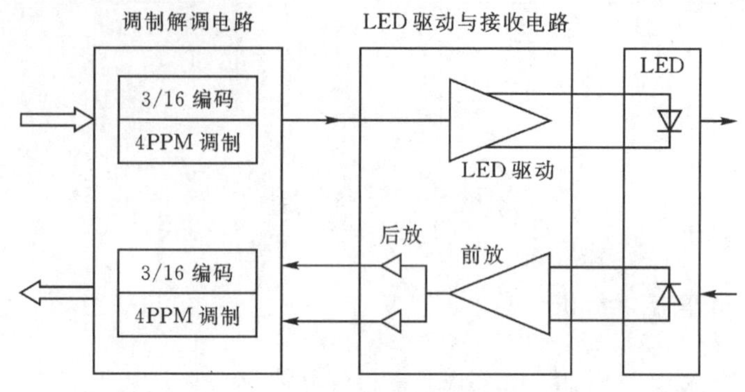

图 12－9　IrDA1.1 标准物理层框图

2. 红外链路接入协议(IrLAP)

IrLAP 定义了链路初始化、设备地址发现、连接建立、数据交换、连接切断、链路关闭，以及地址冲突解决等操作过程，采用根据 HDLC(High－level Data Link Control)框架的半双工工作方式。IrLAP 使用 HDLC 中定义的标准帧类型，可用于点对点和点对多点的应用。IrLAP 最大的特点是通过协商机制确定一个设备为主设备，则其他设备为从设备。主设备寻找从设备，选择一个并试图建立连接。建立连接的过程中两个设备彼此协调。

3. 红外链路管理协议(IrLMP)

IrLMP 是 IrLAP 之上的一层链路管理协议，主要用于管理 IrLAP 所提供的链路连接中的链路功能、应用程序及设备评估服务，同时管理数据速率、帧数量及连接转换时间等参数的协调、数据纠错传输等。

4. 微型传输协议(TTP)

TTP 在传输数据时进行流控制，并制定对数据进行拆分、重组、重传等的机制。

5. 对象交换协议(IrOBEX)

IrOBEX 制定了文件和其他数据对象传输时的数据格式。可选元件 OBEX(Object Exchange)提供红外线通信设备间的任意资料、物件的交换(例如 vCard，vCalendar 或应用程序)。因为必须架构在 Tiny TP 协定的顶层，所以 Tiny TP 是使 OBEX 能够作用的必要元件。

6. 局域网访问协议(IrLAN)

IrLAN 允许通过红外局域网络唤醒笔记本电脑等移动设备，实现远程摇控等功能。

7. 模拟串口层协议(IrCOMM)

IrCOMM 通过模拟串口实现红外通信。

12.1.4　红外与蓝牙技术对比

蓝牙技术和红外无线接入技术都是短距离的无线接入技术，而且都能实现安全、可靠、低功耗、低成本的话音、数据及视频的传输。虽然都是无线接入技术，但是由于两种技术采用的电磁波频段不同,因此具有完全不同的信号传播特性。这也导致了两种技术在特点上的差异。

(1)通信距离。按理想的情况,功率级别为 Class 2 的蓝牙设备之间也可以在 10 m 的范围内进行数据通信,而功率级别为 Class 1 的蓝牙设备之间可以在 100 m 的范围内进行数据通信,虽说一般情况下达不到给出的距离,但是比起红外设备的通信距离要大很多。标准功率的红外设备可以在 1 m 范围内正常通信,低功耗设备的红外设备可在 0.2 m 范围内正常通信,见表 12-1。

表 12-1 红外与蓝牙对比

指标	蓝牙	红外
传输距离	10 m	1 m
传输特性	可以在任何角度进行传输	只能在特定角度范围内直接传输
安全机制移动性	具有完整安全机制 在嵌入式系统移动时可进行传输	安全性低 需要在静止状态下传输
传输速度	1 Mb/s	4 Mb/s
价格	40 元以上	8～16 元

(2)通信角度。蓝牙、红外数据通信技术的数据载体都是电磁波,但红外波长短,蓝牙所使用的电磁波波长长,红外的单向性好,而蓝牙发射数据时是向整个球面发散的,并且由于波长长,还可以绕开障碍物。所以使用时,两个红外通信设备之间需对准,而蓝牙无此限制。正因为如此,红外设备发送的数据几乎不太可能被其他设备所截获,而蓝牙设备发出去的数据很容易被其他设备所截获,虽然要分析出数据中的真正内容可能需要很高的技术水平,但这的确会导致蓝牙安全性降低。

(3)功率消耗。蓝牙在发射数据时,功率要比红外大很多,对于便携式设备而言,这也是蓝牙目前不完善的地方之一,或许等技术发展之后,这将不成为问题。

(4)数据通信速率。就通常在便携式设备上使用的红外通信来说,其通信速率最高只能到 115 200 b/s(SIR),而蓝牙 V1.1 与此相同。但 FIR 标准可达 4 Mb/s,VFIR 标准可达 16 Mb/s,较目前广泛应用的蓝牙速率要高,可是 FIR 和 VFIR 因其高功耗,同样没有 SIR 应用广。

(5)成本。蓝牙技术的成本比红外技术的成本高出很多,对于不同的产品,蓝牙技术比红外技术可能高出 10 美元到 20 美元甚至更多。

(6)厂家和消费者的认同度。蓝牙技术已获得了两千余家企业的响应,从而拥有了巨大的开发和生产能力。蓝牙已拥有了很高的知名度,广大消费者对这一技术很有兴趣。

红外通信技术已被众多软硬件厂商所支持和采用,目前主流的软件和硬件平台均提供对它的支持。红外技术已被广泛应用在移动计算和移动通信的设备中,巨大的装机量使红外无线通信技术有了庞大的用户群体。

(7)缺点。蓝牙是一种还没有完全成熟的技术，尽管被描述得前景诱人，但还有待于在实际使用过程中进行严格检验。蓝牙的通信速率也不是很高，在当今这个数据爆炸的时代，可能也会对它的发展有所影响。ISM 频段是一个开放频段，可能会受到诸如微波炉、电话、科研仪器、工业或 YL 设备的干扰。

红外通信技术，通信距离短，通信过程中不能移动，遇障碍物通信中断。目前广泛使用的 SIR 标准通信速率较低(115.2 kb/s)。红外通信技术的主要目的是取代线缆连接进行无线数据传输，功能单一、扩展性差。

12.1.5 红外通信技术应用

红外线具有容量大，保密性强，抗电磁干扰性能好，设备结构简单、体积小、重量轻、价格低的优点，但在大气信道中传输时易受气候的影响。大气对红外线辐射传输的影响主要是吸收和散射。红外线通信可用于沿海岛屿间的辅助通信、室内定位、近距离遥控、飞机内广播和航天飞机内宇航员间的通信等。

12.2 UWB 技术

超宽带(Ultra Wide Band，UWB)是一种以极低功率在短距离内高速传输数据的无线技术。20 世纪 60 年代，美国军方开始进行 UWB 雷达侦测和无线通信方面的研究与应用，主要采用扩频调频技术。1989 年，美国国防部高级研究计划署(DARPA)首先采用超宽带这一术语，并规定，若信号在－20 dB 处的绝对带宽大于 1.5 GHz 或相对带宽大于 25%，则该信号为超宽带信号。随着 2002 年 2 月美国联邦通信委员会(FCC)正式批准该技术可以作为民用而备受关注。UWB 具有低功耗、高带宽、系统复杂度低、穿透力强、抗干扰强等一系列优良技术特性，广泛应用在军事雷达、灾害救援搜索及高精度定位等领域，是一种极具竞争力的短距无线传输技术。

12.2.1 UWB 技术概述

UWB 是新一代无线电通信技术，即采用几赫兹至几千兆赫兹的宽带收发电波信号，通过发射极短暂的脉冲信号，并接收和分析反射回来的脉冲位置，提供数厘米的定位精度。UWB 是利用纳秒级窄脉冲发射无线信号的技术，适用于高速、近距离的无线个人通信。按照 FCC 对 UWB 设备最初定义规定，一种发射信号的相对带宽大于 0.2，或者传输时－10 dB 绝对带宽大于 500 MHz 的设备。图 12－10 所示为 UWB 信号带宽计算示意图。绝对带宽定位为 f_H-f_L，相对带宽定义为 $2(f_H-f_L)/(f_H+f_L)$，其中 f_H 和 f_L 分别为－20 dB 辐射点对应的上界频率和下界频率。根据 FCC Part15 规定，UWB 通信系统频段从 3.1 GHz 到 10.6 GHz 之间，图 12－11 所示为 UWB 与其他通信技术的频域对比。为了保护现有 WLAN、GPRS 等系统不被 UWB 干扰，规定 UWB 系统最高辐射谱密度为－41.3 dBm/MHz。

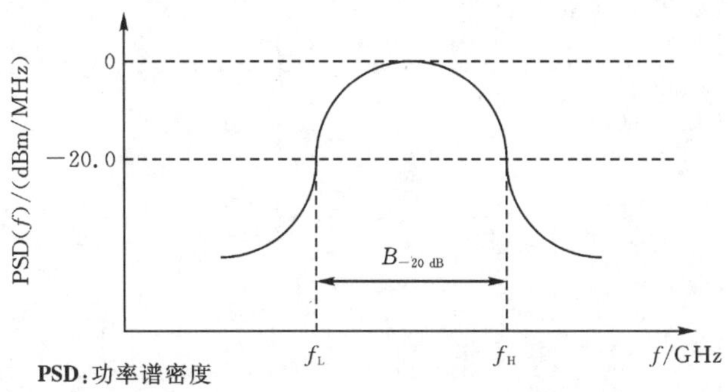

图 12-10 UWB信号带宽计算示意图

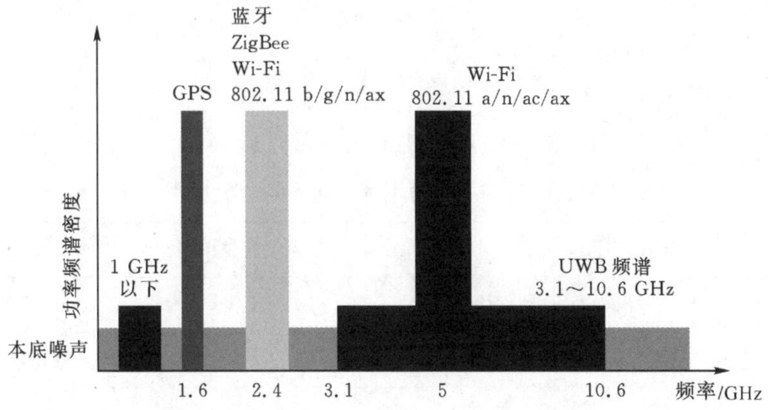

图 12-11 UWB与其他通信技术的频谱对比

从频域来看，超宽带有别于传统的窄带和宽带，它的频带更宽。窄带是指相对带宽(信号带宽与中心频率之比)小于1%，相对带宽在1%到25%之间被称为宽带，相对带宽大于25%而中心频率大于500 MHz被称为超宽带。从时域上讲，超宽带系统有别于传统的通信系统，一般的通信系统是通过发送射频载波进行信号调制的，而UWB是利用起、落点的时域脉冲(几十纳秒)直接实现调制的，超宽带传输把调制信息过程放在一个非常宽的频带上进行，而且以这一过程所持续的时间，来决定带宽所占据的频率范围。

UWB与窄带技术相比更加优越，其中最主要的优势是信道容量。信道容量大小直接关系到信息传输的快慢。根据香农信道容量的极限公式有

$$C = B_w \times \log_2(1 + S/N) \tag{12-1}$$

式中，C代表通道容量，b/s；B_w为通道带宽，Hz；S/N表示信噪比，信噪比一定时，信道容量随带宽线性增加。因此UWB技术具有更高数据传输率和很低的能耗。FCC规定的UWB低功耗标准限制，高速UWB有效距离一般为10 m。相比于其他技术，UWB在10 m内的网络连接速度很快，约为IEEE 802.11a规范的10倍。不过随着距离的不断延伸，UWB网络连接速度急剧下降。

UWB脉冲通信由于其优良、独特的技术特性，将会在无线多媒体通信、雷达、精密定位、穿

墙透地探测、成像和测量等领域获得日益广泛的应用。

UWB 的主要指标如下：

频率范围：3.1～10.6 GHz；

系统功耗：1～4 mW；

脉冲宽度：0.2～1.5 ns；

重复周期：25 ns～1 ms；

发射功率：<－41.3 dBm/MHz；

数据速率：几十到几百 Mb/s；

分解多路径时延：≤1 ns；

多径衰落：≤5 dB；

系统容量：大大高于 3G 系统；

空间容量：1000 kb/m^2

表 12－2 所示为 UWB 与主流无线传输技术比较。

表 12－2　UWB 与主流无线传输技术比较

技术类型	工作频段/GHz	传输数据/(Mb/s)	通信距离/m	发射功率	成本
UWB	3.1～10.6	≥480	≤10	<1 mW	较低
蓝牙	2.4	≤1	10	1～100 mW	较低
IEEE 802.11a	2.4	54	10～100	≥1 W	较高
IrDA	红外	4	1～2	100 mW/sr	低
WiMax	2～11	≤74.7	≤50 000	高	较高
ZigBee	2.4	0.01～0.25	10～75	极低	极低

UWB 解决了困扰传统无线技术多年的有关传播方面的重大难题，具有对信道衰落不敏感、发射信号功率谱密度低、被截获的可能性低、系统复杂度低、定位精度高等优点，具体体现在以下几个方面。

(1)抗干扰性能强。由于 UWB 脉冲非常短，频谱非常宽，采用跳时扩频信号，系统具有较大的处理增益，在发射时将微弱的无线电脉冲信号分散在宽阔的频带中，输出功率甚至低于普通设备产生的噪声。接收时将信号能量还原出来，在解扩过程中产生扩频增益，因此，能避免多路径传输的信号干扰问题。与 IEEE 802.11a、IEEE 802.11b 和蓝牙相比，在同等码速条件下，UWB 具有更强的抗干扰性。

(2)传输速率高。民用商品中，一般要求 UWB 信号的传输范围为 10 m 以内，此时传输速率可达 500 Mb/s，是实现个人通信和无线局域网的一种理想调制技术。UWB 以非常宽的频率带宽换取高速的数据传输，并且不单独占用现在已经拥挤不堪的频率资源，而是共享其他无线技术使用的频带。UWB 数据速率可以达到几十兆位每秒到几百兆位每秒。高于蓝牙约 100

倍，也可以高于 IEEE 802.11a 和 IEEE 802.11b。

(3)带宽极宽。UWB 使用的带宽在 1 GHz 以上，高达几个 GHz。超宽带系统容量大，并且可以和目前的窄带通信系统同时工作而互不干扰。在频率资源日益紧张的情况下，开辟了一种新的时域无线电资源。

(4)能耗低。UWB 系统使用间歇的脉冲发送数据，脉冲持续时间很短，一般在 0.20～1.5 ns之间，有很低的占空比，系统耗电可以做到很低，在高速通信时系统的耗电量仅为几百微瓦至几十毫瓦。通常情况下，UWB 设备功率约是传统移动电话所需功率的 1/100，是蓝牙设备所需功率的 1/20。军用的 UWB 电台耗电也很低，因此 UWB 设备在电池寿命和电池辐射上具有很大的优势。

(5)保密性好。UWB 保密性表现在两方面：一方面是采用跳时扩频，接收机只有已知发送端扩频码时才能解出发射数据；另一方面是系统的发射功率谱密度极低，采用传统的接收机无法接收。

(6)发送功率非常小。UWB 系统发射功率非常小，通信设备可以用小于 1 mW 的发射功率就能实现通信。低发射功率大大延长系统电源工作时间。而且，发射功率小也能降低电磁波辐射影响，可使得 UWB 的应用面更广。

(7)多径分辨能力强。由于常规无线通信的射频信号大多为连续信号或其持续时间远大于多径传播时间，多径传播效应限制了通信质量和数据传输速率。由于超宽带无线电发射的是持续时间极短的单周期脉冲且占空比极低，多径信号在时间上是可分离的，因此很容易收集多径分量的信号能量。

(8)定位精准。系统具备良好的时间解析能力，使其具有精确的测距能力与定位功能，因此军方将其用在雷达的侦测系统上。独到的定位能力，使其可以将通信与距离侦测相结合，可用于上层的功率控制或无线传感网络中的路由选择方案中，另外这种定位功能还可用于很多领域，包括精准的存货追踪管理。与提供绝对地理位置不同，超短脉冲定位器可以给出相对位置，其定位精度可达厘米级，此外，超宽带无线电定位器更为便宜。

12.2.2 UWB 系统组成及工作原理

对于 UWB 系统设计来说，必须解决两个关键问题：如何在 FCC 规定的功率范围内有效利用带宽和在整个 UWB 带宽内，如何对信号进行处理。UWB 利用低发射功率、高占空比的纳秒级窄脉冲传输信号。UWB 收发机的基本组成如图 12－12 所示。

图 12－12 中，发送端基带数据信号按照一定的调制规则以窄脉冲发送，窄脉冲宽度决定了信号带宽。为降低单脉冲发射的平均功率，一个数据符号被发送 n 次，每次用一个脉冲符号表示。在无编码系统中，数据符号仅被简单地重复发送 n 次；在有编码系统中，发送脉冲的位置或幅度受随机码或伪随机码的调制，以降低功率谱中的离散成分，并可得到更高的处理增益。同时，在多用户存在的情况下，可通过伪随机码区分用户，实现用户多址。

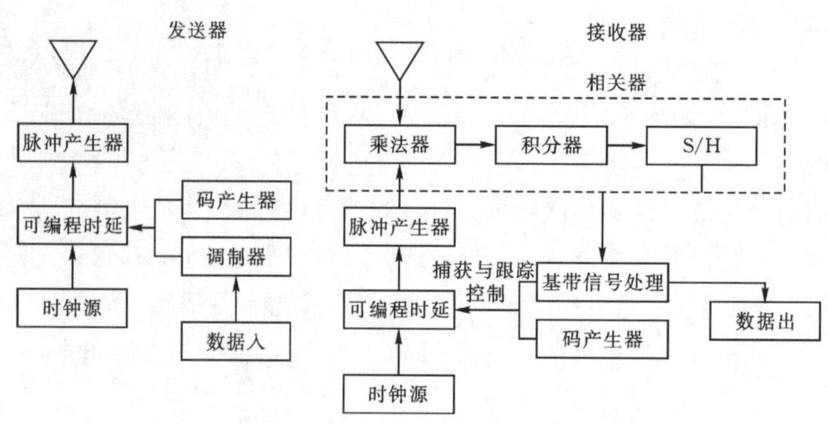

图 12-12　UWB 收发机的基本组成

图 12-12 中，Gauss 脉冲是脉冲产生器最常产生的一种脉冲类型，主要是因为它具有良好的时频特性。基本脉冲波形的数学表达式为

$$w(t)=\frac{\exp\left[-0.5\left(\frac{t-m}{\sigma}\right)^{2}\right]}{\sigma\sqrt{2\pi}} \tag{12-2}$$

式中，m 为均值；σ 为方差。

除了 Gauss 脉冲外还有其他脉冲形式，最著名的是日本 CRL 实验室提出的软频谱脉冲概念，即通过单品的叠加控制产生宽带的频谱。软频谱脉冲可以灵活地避开外界干扰，同时减少对外界的干扰，其产生公式如下：

$$\begin{aligned} f(t) &= \sum_{k=1}^{N} f_k(t) \\ f_k(t) &= \cos\left\{2\pi\left[f_{\mathrm{L}}+\frac{(1+2k)B}{2N}\right]t\right\}\times\frac{\sin(B\pi t)}{N\pi t} \end{aligned} \tag{12-3}$$

式(12-3)中，B 为信号带宽。

接收端直接将接收到的射频信号放大，通过匹配滤波或相关接收机进行处理，经高增益门限电路直接恢复基带信号，省去了传统通信设备中的中频级，降低设备的复杂性。

12.2.3　UWB 应用场景

2002 年，FCC 制定的技术规范规定了超宽带设备在不同环境使用的限制，见表 12-3。

表 12-3　FCC 授权超宽带应用领域和频段

应用领域	使用频段
透地雷达成像系统	960 MHz 以下，3.1～10.6 GHz
墙内成像系统	960 MHz 以下，3.1～10.6 GHz
穿墙成像系统	960 MHz 以下，3.1～10.6 GHz

续表

应用领域	使用频段
医疗系统	3.1～10.6 GHz
监视系统	1.99～10.6 GHz
汽车雷达系统	24.075 GHz 以上
通信与测量系统	3.1～10.6 GHz

1.在军事领域的应用

在军事领域，美国军方最先关注超宽带技术。从20世纪70年代以来，美军在超宽带雷达、超宽带无线通信和超宽带无线网络等方面进行了大量的研究。

在超宽带雷达系统方面，美国政府和军方主要对超宽带雷达侦察系统、超宽带合成孔径雷达系统进行了研究。美国斯坦福研究所研制的FOPEN系统，美国海军的P3-UWB SAR系统，在对隐蔽目标和浅埋目标的探测方面都取得了比较好的效果。1997年，时域公司在美国海军陆战队基地进行了"秘密行动链路"手持式超宽带无线系统的现场演示，进行了多链路多节点的数据交互，实现了数字图像点对点传输，传输速度为32 kb/s，传输距离为900 m。2001年，由MSSI等公司研制开发的DRACO系统，实现了战术超宽带无线Ad-hoc网络的现场测试和演示。根据美国国防科技报告相关资料显示，C4ISR中的UGS无线网络系统、海军AWINN系统中都将超宽带作为无线网络物理层实现的主要技术方案。近年来，美国军方还将超宽带技术应用到精确定位、无人机数据链、无线电引信等方面，如美国海军开发了用于物资定位的超宽带系统(Precision Asset Location, PAL)，实现战时后勤保障的船载物资无码头装卸。虽然有些超宽带系统还处于实验室或样机阶段，但研究表明，超宽带技术非常适合于在战场复杂环境中使用，在超宽带天线、超宽带雷达成像、超宽带信号传播特性以及接收技术和电磁干扰等方面具有广泛的应用。

我国从20世纪90年代开始超宽带技术的研究，研究单位包括中国科学技术大学、东南大学、哈尔滨工业大学等20多所高校和科研机构。军事领域应用主要集中在超宽带雷达方面，以国防科技大学为代表的军队研究所一直致力于在该领域关键技术上进行研究攻关，并取得了较大的突破。但在超宽带通信/定位、战场无线网络等方面的研究还处于起步阶段。解放军理工大学首次将超宽带技术应用到地雷的研究中，重点对基于超宽带技术的地雷场网络无线数据传输、节点自定位等关键技术进行探索，利用超宽带技术在精确测距定位方面的技术优势，实现我军智能地雷和智能雷场研究方面的突破。

2.定位

UWB技术可适用于室内定位跟踪与导航，能提供精确的定位精度。到2020年，UWB定位技术已经在隧道矿井、石油化工、工业制造、电厂/变电站、建筑施工等各个领域被广泛应用。

UWB定位系统的测量方法包括接收信号强度(Received Signal Strength，RSS)、到达角(Angle of Arrival，AOA)、到达时间(Time of Arrival，TOA)以及到达的时间差(Time Difference of Arrival，TDOA)等。RSS测量方法是利用位置已知的基站接收移动站的信号强度，然后根据环境的衰减模型来估算基站和移动站之间的距离。AOA 方法是通过测量未知点和参考点之间的角度，然后根据多个基站测量的信号到达角度，利用三角定位法估计目标的位置。TOA 方法是基站测得移动站信号的到达时间，到达时间乘以光速即得到距离，该方法需要基站与移动站的时间同步。TDOA 方法是通过接收移动站信号到达不同基站的时间差，将时间差信息转化为距离差信息，该方法不要求基站与移动站的时间同步，只要求基站之间保持时间同步。此外，可将角度测量方法和距离测量方法结合，充分利用多源观测信息，进而提高定位精度，然而，这也会使得系统成本提升，且不同方法的测量值具有不同的误差统计特征。

在 UWB 定位测量中，由于多路径效应、非视距传播、时钟漂移、系统带宽以及天线硬件等多种因素的综合影响，导致特征测量值不可避免地出现较大误差，影响定位算法性能，从而使得位置估计出现较大偏差。

12.3 可见光通信技术

近年来，无线频谱日益紧张，新一代无线通信网络频谱逐渐向高频段扩展。工作在 400～800 THz 免授权频段的可见光通信（Visible Light Communications，VLC）成为国内外备受关注的新研究领域。VLC 光信号难以穿透非透明遮挡，具有天然的安全性优势，在室内多用户私密通信网络市场中显示出强大的应用潜力。

12.3.1 可见光通信概述

现代可见光通信的雏形是美国科学家 Alexander Graham Bell 于 1880 年研制的光电话。以太阳光作为光源，将其产生的恒定光束聚焦后投射到电话话筒的音膜表面，通过声音振动音膜形成强度不同的反射光束，以空气作为传输媒介，使用硅光电池作为光信号接收端，再将调制后的光信号进行解调，还原成原始的声音信号，完成通话过程。光电话原理示意图如图 12－13 所示。

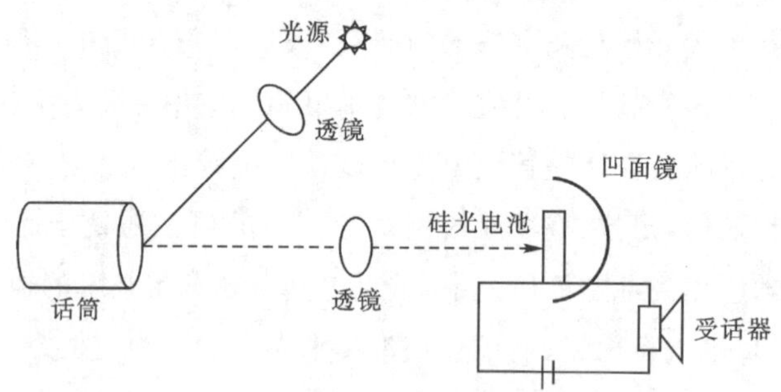

图 12－13　光电话原理示意图

虽然这时的光电话还存在诸多缺陷，比如受环境因素影响较大、传输距离有限等，但是光电话的成功研制意味着可见光通信由理论变成现实。在此后的很长一段时间里，由于缺少可靠稳定的光源以及低损耗的传输媒介，可见光通信的发展陷入了沉寂。直到 1960 年美国物理学家希奥多・哈罗德・梅曼发明了第一台红宝石激光器，获得了光谱线宽极窄、亮度极高、方向性极好，以及频率和相位一致性较好的激光，解决了光源问题的困扰，可见光通信步入全新发展阶段。1966 年，英籍华裔科学家高锟发表了关于绝缘介质纤维表面波导的论文，指出了以光纤为介质实现光数据交互的可能性，奠定了现代光纤通信的基础。4 年后，美国康宁公司成功研制出了传输损耗低达 20 dB/km 的高质量石英光纤。1973 年，美国贝尔实验室(Bell Laboratory)将光纤的传输损耗降低到了 2.5 dB/km，次年，又将这一损耗值降低到了 1.1 dB/km，光纤通信技术获得了实质性的进展。1979 年，F. R. Gfeller 和 U. Bapst 基于红外扩散散射实现了传输距离为 50 m 的无线光通信，在脉冲编码调制(Pulse Code Modulation，PCM)和相移键控调制(Phase Shift Keying，PSK)下传输速率分别为 125 kb/s 和 64 kb/s，该项工作标志着无线光通信技术在全球范围内的兴起。2014 年 4 月，Stins Coman 成功利用 LiFi 搭建了无线局域网 BeamCaster，并利用该网络以 1.25 Gb/s 的速率传输数据。

如今，可见光通信技术得到了蓬勃的发展，超高速传输系统、超大容量波分复用(Wavelength Division Multiplexing，WDM)系统、光联网技术等已经成为可见光通信领域新的研究热点。

12.3.2 可见光通信系统组成

完整的可见光通信系统包含可见光信号发射模块、可见光通信信道和可见光信号接收模块。首先，对原始二进制输入信号进行预处理及编码调制；然后，将处理过的信号加载到作为信号发射器的发光二极管上，对发光二极管进行明暗调制或者是开关调制，通过发光二极管的电-光转换形成光信号并发射出去；接着，作为信息载体的可见光信号经由通信信道进行传输，到达光信号接收模块，通过光探测器的光-电转换还原成电信号；最后，采用解码、解调和后均衡技术实现原始输入信号的恢复。可见光通信系统示意图如图 12－14 所示。

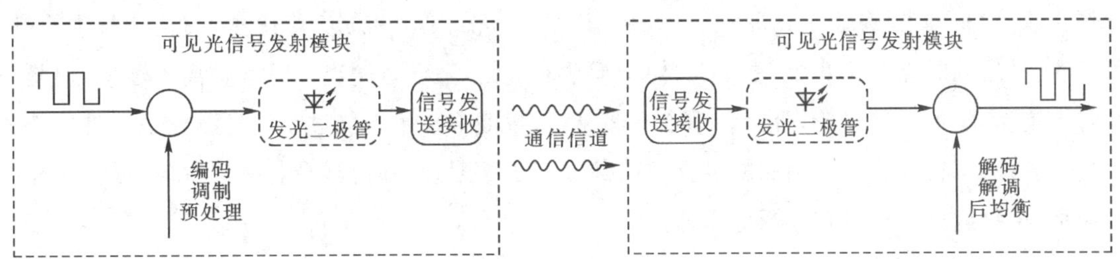

图 12－14　可见光通信系统示意图

1. 可见光信号发射模块

原始二进制输入信号经过预处理(预均衡)及编码调制后，通过电-光转换对发光二极管进行明暗或开关调制，对信号进行预处理，可以补偿器件、信道引起的信号失真，也可以提高发光二极管的响应带宽，提升传输速率。

发光二极管是可见光信号发射模块中的核心器件，现有的可见光通信系统通常使用白色发光二极管作为信号发射器件，目前市面上主流的白色发光二极管主要有两种，分别是荧光粉发光二极管和红绿蓝(RGB)发光二极管。荧光粉发光二极管在照明市场中的使用更为广泛，其原理是在蓝色发光二极管的表面覆盖一层荧光粉，荧光粉受到发光二极管发出的蓝光激发会产生黄光，最终形成混合白光出射。荧光粉发光二极管结构简单、成本低廉、易于制备和调制，但是调制带宽相对较低，频谱利用率也不尽人意。因为荧光粉响应速度较慢，所以荧光粉发光二极管本身的调制带宽只有几兆，即便采用二进制启闭键控-非归零对信号进行调制，传输速率最高也只能达到 10 Mb/s，严重制约了高速可见光通信系统的发展。RGB 发光二极管的原理则有所不同，它是将红、绿、蓝三种颜色的发光二极管合成封装，利用红绿蓝三色混合形成白光。由于省略了荧光粉激发的过程，所以 RGB 发光二极管的调制带宽很高，有利于实现未来的高速可见光信号传输。但是 RGB 发光二极管的调制技术相对比较复杂，颜色稳定性的控制也需要进一步研究。目前，日本垄断了蓝宝石衬底的发光二极管照明芯片技术，美国垄断了碳化硅衬底的发光二极管照明芯片技术，其主要贡献者分别获得了日本和美国的最高科学技术奖。蓝色发光二极管的三位发明人，即日本名古屋大学的赤崎勇教授、天野浩教授以及美国加州大学圣巴巴拉分校的中村修二教授还因此被授予 2014 年诺贝尔物理学奖。我国的科研工作者励精图治，研发了硅衬底的高光效氮化镓基蓝色发光二极管，使我国成为世界上继日美之后第三个掌握蓝色发光二极管自主知识产权技术的国家。采用硅衬底氮化镓基蓝色发光二极管作为可见光通信的光信号发射器件也获得了很好的实验结果。

2. 可见光通信信道

可见光通信信道分为两大类，一类是引导式光通信信道，另一类是非引导式光通信信道。引导式光通信信道主要是指以光纤或光波导为媒介的传输信道。光在两种折射率不同的物质中传播时，在其交界面处会发生反射以及折射现象。当入射光角度达到或超过某一特定度数时，折射光消失，入射光全部被反射回原来的物质，即出现全反射现象。相同波长的光在不同物质中的折射角度是不同的，不同波长的光在相同物质中的折射角度也是不同的。以光纤或光波导作为通信信道就是基于上述原理实现的。其中，以光纤作为信道，传输质量高、信号干扰小、保密性能好，同时光纤尺寸小、重量轻，便于运输和铺设，适合远距离和超远距离光通信，但是光纤质地较脆，机械强度一般，分路和耦合不够灵活，弯曲半径也不能过小。光波导是一种特殊的导光通道，能够将光能量限制在特定介质内部或其表面附近，并使其沿着特定方向传播，尺寸一般较小，在集成光学中具有广泛应用。

非引导式光通信信道主要是指自由空间，可见光信号在自由空间中的传输模型有两种，一种是点到点视距传输(Line of Sight，LoS)模型，一种是非视距传输(Non Line of Sight，NLoS)模型。在点到点视距传输模型中，可见光信号发射模块发出的光信号经过一段距离的直线传输到达信号接收模块，发射模块和接收模块之间不能存在遮挡物，信号传输质量易受周围环境的亮度影响。而在非视距传输模型中，信号发射模块发出的光信号首先到达墙壁、家具或天花板等遮挡物，经由一次或多次漫反射后到达信号接收模块。这种传输模式对通信链路没有严格要求，而且支持信号接收模块的移动接收，但是由于多径效应的存在，码间串扰严重，通信质量无法得到有效保证。

3. 可见光信号接收模块

当作为信息载体的可见光信号经由透镜等接收设备，被光电探测器感应后，通过光-电转换、解码、解调以及后均衡等过程，实现原始信号的还原，采用后均衡等技术，可以补偿相位噪声等引起的信道损耗，提高信号恢复质量。目前，可见光通信系统的接收端通常采用以下三种光电探测器，包括 PIN 型光电二极管、雪崩光电二极管和图像传感器。PIN 型光电二极管的优点是响应速度快、探测灵敏度高、价格成本低。雪崩光电二极管具有更快的响应速度、更高的探测灵敏度和信噪比，但是价格相对较高。图像传感器相比上述两种光电二极管响应速度较慢、探测灵敏度较低，但是可以同时接收来自多个光信号发射端发送的数据，并且可以支持更远的传输距离。因此，高速可见光通信系统通常采用 PIN 型光电二极管或雪崩光电二极管作为光信号探测器。但是，在多输入多输出可见光通信系统中，使用图像传感器作为光信号探测器具有独特的优势。

12.3.3 可见光调制技术

目前可见光通信中常用的调制技术有以下几种：二进制启闭键控调制、脉冲位置调制、脉冲宽度调制、正交频分复用调制、离散多音调制和无载波幅度相位调制等。

1. 二进制启闭键控调制

二进制启闭键控又称为二进制振幅键控(2 Amplitude Shift Keying，2ASK)，在频率和初始相位保持不变的情况下，通过正弦载波的两种幅度变化来实现数字信息的传输。根据载波振幅的不同，OOK 调制可以用表达式(12－4)表示。

$$e_{OOK}(t)=\begin{cases}A_1\cos(\omega_c t+\varphi),\text{以概率 } P \text{ 发送码元 } 1\\ A_2\cos(\omega_c t+\varphi),\text{以概率 } 1-P \text{ 发送码元 } 0\end{cases} \tag{12-4}$$

二进制启闭键控对应“模拟调制法”和“键控法”两种调制方式，其示意图分别如图 12－15 和图 12－16 所示。虽然二进制启闭键控的抗噪性能要低于其他调制方式，但是这种调制方式原理简单、易于实现，在可见光通信系统中已经被广泛使用。

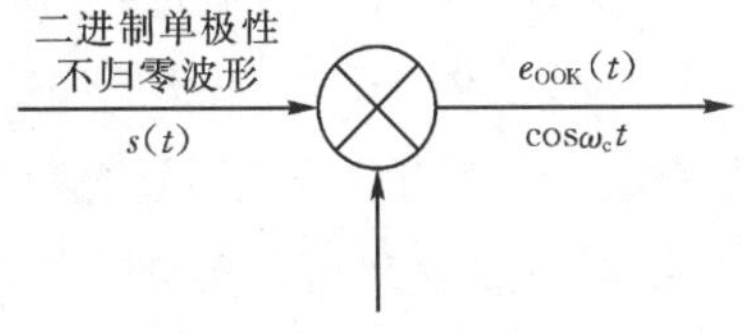

图 12－15 OOK 信号模拟调制法示意图

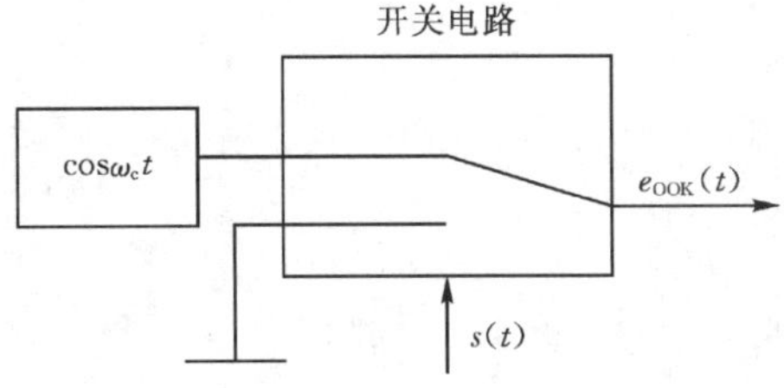

图 12－16 OOK 信号键控法示意图

2. 脉冲位置调制和脉冲宽度调制

脉冲位置调制是通过编码生成 PPM 脉冲信号，在载波脉冲形状和幅度保持不变的情况下，改变脉冲的生成时间。载波脉冲生成时间的变换量和调制信号的频率无关，但是和其电压幅度成一定比例。

单脉冲位置调制(L－PPM)只在某个特定时隙发送单脉冲信号，将 n 位二进制数据映射成长度为 $N=2^n$ 的时间段上的某个时隙内的单脉冲信号，其符号间隔分为 N 个宽度为 T/N 的时隙。设 n 位数据为 $M=(m_1, m_2, \cdots, m_n)$，时隙位置为 K，则其映射编码关系可以用关系式(12－5)表示。

$$K = m_1 + 2m_2 + \cdots + 2^{n-1} m_n, m \in \{0,1,\cdots,n-1\} \tag{12-5}$$

当 L－PPM 中的 L 等于 4 时，根据表达式(12－5)可以计算得到，(0, 0)、(1, 0)、(0, 1)和(1, 1)所对应的位置分别为 0 时隙、1 时隙、2 时隙和 3 时隙，如图 12－17 所示。

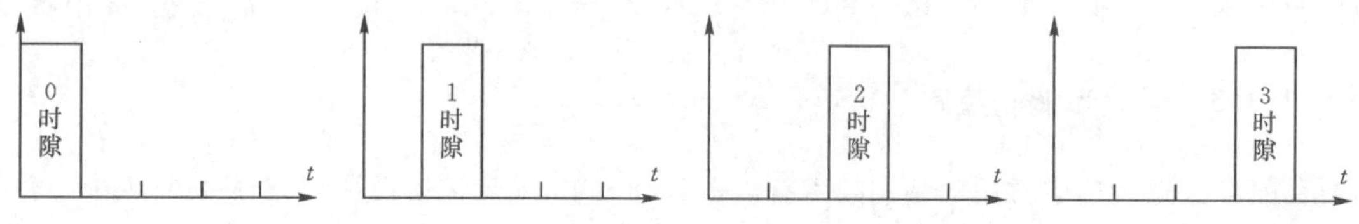

图 12－17　L－PPM($L=4$)脉冲位置调制示意图

3. 正交频分复用调制

正交频分复用调制将信道划分为多个互相正交子信道，将串行高速数据转换成对路并行的低速数据，调制到子信道上进行传输，属于多载波调制。目前，正交频分复用调制技术在可见光通信中已经被广泛使用。具体优势有如下几点。

① 大大提高了频谱利用率，频谱效率几乎是串行系统的两倍。

② 具有很强的抗多径干扰能力，几乎能够完全消除由于多径问题引起的符号间干扰。

③ 抗衰落能力很强。

④ 采用快速傅里叶逆变换(Inverse Fast Fourier Transform, IFFT)和快速傅里叶变换(Fast Fourier Transform, FFT)进行信号的调制和解调，易于实现。

4. 离散多音调制

离散多音调制是一种特殊的正交频分复用调制，通过快速傅里叶逆变换将复数信号转换为实数信号，无需 IQ 调制，大大降低了系统的成本和复杂度。将输入信号分成 N 个平行的子载波信号流，每个子载波上均调制复数符号 C_n，C_n 使用高阶 QAM 进行编码。DMT 调制中采用 $2N$ 点的 IFFT 变换，以便将调制后的复数变为实数，输入 IFFT 变换中的值满足式(12－6)：

$$C_{2N-n} = C_n^* \tag{12-6}$$

式中，$n=1, 2, \cdots, N-1$；$\mathrm{Im}\{C_0\}=\mathrm{Im}\{C_N\}=0$。经过 $2N$ 点 IFFT 变换后的输出可用式(12－7)表示。

$$s_k = \frac{1}{\sqrt{2N}} \sum_{n=0}^{2N-1} C_n \exp(\mathrm{j}2\pi k \frac{n}{2N}),\ k = 0,1,\cdots,2N-1 \tag{12-7}$$

式中，s_k 是由 $2N$ 点组成的实数信号。至此，输入信号的 DMT 调制完成。

在接收端，采用 $2N$ 点的快速傅里叶变换来完成 DMT 信号的解调，解调后的信号可以使用式(12－8)表示。

$$C_n = \frac{1}{\sqrt{2N}} \sum_{n=0}^{2N-1} s_k \exp(-\mathrm{j}2\pi k \frac{n}{2N}),\ k = 0,1,\cdots,2N-1 \tag{12-8}$$

DMT 调制既具有 OFDM 调制频谱效率高、抗多径干扰强的特点，又具有实现复杂度低的优势，因此是高速可见光通信的理想调制方式。

5. 无载波幅度相位调制

无载波幅度相位调制属于多维多阶调制，该方式不需要电或光的复实数信号转换，也不需要离散傅里叶变换，计算复杂度低，且系统结构简单，具有非常大的实际应用价值。调制信号表达式用式(12-9)和(12-10)表示。

$$s(t)=\sum_{n=-\infty}^{\infty}[a_n p(t-nT)-b_n\tilde{p}(t-nT)] \tag{12-9}$$

$$p(t)=g(t)\cos(2\pi f_c t)\quad \tilde{p}(t)\triangleq g(t)\sin(2\pi f_c t) \tag{12-10}$$

式中，a_n 和 b_n 是数字信号；$p(t)$ 和 $\tilde{p}(t)$ 是一组希尔伯特变换对；$g(t)$ 是基带脉冲；f_c 设为大于 $g(t)$ 最大频率分量的频率。

12.3.4 可见光通信技术优劣势

可见光通信技术绿色环保，其主要优势有如下几方面。

(1)无线频谱资源已经趋于枯竭，寻找新的可利用频谱刻不容缓，可见光通信使用的频段属于空白频谱，是对现有通信频谱的一次巨大开拓。由于海量智能终端的使用，尤其是用户随时随地对视频服务的爆发式需求，使得无线频谱资源供不应求。可见光具有约 405 THz 的巨大带宽，能够有效应对现有无线频谱资源严重不足的困境。

(2)可见光通信技术使用发光二极管作为光信号发射器件，通过对发光二极管的高速调制，在实现照明功能的同时，也实现了数据的高速传输。可见光通信通过调制发光二极管发出人眼不可见的高速闪烁信号来实现数据传递，对人体没有任何辐射伤害，是一项绿色环保的现代通信技术。同时，可见光通信技术充分发挥了发光二极管作为新型节能光源的优势，实现了照明、智能控制和智能通信的有机结合，为物联网应用打开了崭新的局面。

(3)可见光通信技术无电磁污染，作为现有无线通信技术的有力补充，可以在多种射频敏感场景中得到应用。可见光通信技术在进行数据传输的同时可以兼顾照明，所以适合在智能交通、智能家居以及智能工业控制等领域使用；无线电波在水下衰减严重，频率越高衰减越大，相比之下可见光受到的影响则小得多，所以基于蓝绿发光二极管可以实现水下宽带通信；可见光不能穿透障碍物，大大降低了信号被窃取的概率，所以安全性能相比其他通信技术大大提高。

(4)高速可见光通信前景可期，可以为未来的网络高速接入提供有力支撑。因为白光对人眼安全无害，所以室内白色发光二极管的总功率可以达到 10 W 以上，这使得可见光通信具有很高的信噪比，为可见光高速数据传输提供了良好的基础。

作为一种新兴的无线通信技术，其泛在性和频谱丰富性使其具有广泛的发展空间。但是 LiFi 还没走出实验室、大规模应用到实际系统中，仍然存在以下亟待解决的问题。

(1)易被遮挡。可见光容易被遮挡，进而导致信号中断，可靠性有待提升。

(2)光源间断问题。虽然电灯在人类生活空间普遍存在，但是当有自然光存在时，电灯并不会打开，通信无法进行。

(3)频繁切换。单一 LED 设备覆盖范围有限，当终端设备不停地移动时，需要频繁切换 LiFi 热点，容易导致连接丢失。

(4)环境干扰。环境光源有可能工作在同样的光谱频段，对 LiFi 造成干扰，后者会因为信噪比过差而无法可靠传输。

(5)用户友好的反向通信。从 LiFi 热点到终端设备使用可见光是非常自然的。但是用户如何友好地让终端设备与热点通信是值得深思的难题。

12.4 WiMAX 技术

WiMAX 作为一项新兴的无线城域网技术，能够在比 Wi-Fi 更广阔的地域范围内提供"最后一千米"宽带连接性，由此支持企业客户享受 T1 类服务以及居民用户拥有相当于线缆/DSL 的访问能力，众多的运营商和设备厂商正在积极将其推向市场以满足日益增长的大量无线宽带用户需求。

12.4.1 WiMAX 技术概述

全球微波接入互操作性(World Interoperability for Microwave Access，WiMAX)，WiMAX 的另一个名字是 IEEE 802.16。IEEE 802.16 标准又称 WiMAX，或广带无线接入(Broadband Wireless Access，BWA)标准。它是一项无线城域网(WMAN)技术，是针对微波和毫米波频段提出的一种新的空中接口标准。它用于将 802.11a 无线接入热点连接到互联网，也可连接公司与家庭等环境至有线骨干线路。它可作为线缆和 DSL 的无线扩展技术，从而实现无线宽带接入。

1. WiMAX 业务类型

(1)固定无线接入。该业务类型作为 DSL 等有线接入方式的补充，在固定地点接入 WiMAX 网络。

(2)无缝无线接入。该业务类型适用于商务人群等流动性高的人群，以及交通、物流等移动办公需求强的行业，可以在不同地点接入 WiMAX 网络。

(3)漫游移动接入。随着 WiMAX 的发展，802.16E 将会有比较好的移动网络接入特性，能实现步行或车载的无缝漫游。

2. WiMAX 技术特点

(1)应用频率宽。802.16 技术可以应用的频段非常宽，包括 10～66 GHz 频段，小于 11 GHz频段和小于 11 GHz 免许可频段。

(2)调制方式灵活。在 802.16 标准中，定义了三种物理层实现方式：单载波、OFDM、OFDMA。

(3)QoS 机制完善。在 802.16 标准中，在 MAC 层定义了较为完整的 QoS 机制。MAC 层针对每个连接可以分别设置不同的 QoS 参数，包括速率、延时等指标。

12.4.2 WiMAX标准协议结构

WiMAX的高性能与其严密、完善的体系结构密切相关，图12－18以WiMAX业务接入点SAP的协议栈模型来描述WiMAX技术的协议结构。从图12－18可以看出，WiMAX标准结构主要由MAC层和PHY层构成。

<table>
<tr><td>网络层</td><td colspan="4">IP协议层</td></tr>
<tr><td rowspan="3">MAC层</td><td>汇聚子层</td><td rowspan="3">WiMAX
媒体访问
汇聚子层
管理实体</td><td colspan="2" rowspan="2">PPPP协议子层</td></tr>
<tr><td>公共子层</td></tr>
<tr><td>加密子层</td><td colspan="2">HDLC链路子层</td></tr>
<tr><td rowspan="2">PHY层</td><td>传输汇聚
子层</td><td rowspan="2">WiMAX
物理层
管理实体</td><td colspan="2" rowspan="2">SHD
物理层
实体</td></tr>
<tr><td>物理媒体
独立子层</td></tr>
<tr><td>媒介层</td><td colspan="2">无线媒介</td><td colspan="2">光纤媒介</td></tr>
</table>

图12－18 SAP协议栈模型

MAC层包括汇聚子层(CS层)、公共子层(CPS层)和加密子层(SS层)。

(1)汇聚子层。该层主要完成外部数据包的转换和映射。它从CSSAP接收外部/高层数据，然后通过MACSAP由CPS子层接收，并映射进MACSDUs。

(2)公共子层。它是MAC层性能实现的核心层，系统的接入、带宽的支配、连接的建立与维护等功能均需要它的支持。CP负荷传输到该子层，该子层并不需要理解CP负荷的格式或者解析CP负荷的意义。该子层通过MACSAP接收数据，然后分类进入特定的MAC连接。

(3)加密子层。该子层主要完成认证、密钥的交换和加密等功能。SS子层主要包括两个协议，即数据包加密封装协议和密钥管理协议(PKM)，前者对通过BWA网络的数据包进行加密，后者实现SS和BS之间密钥的安全分配，BS可以通过PKM协议提供有条件的网络接入服务。

PHY层传输汇聚子层(CS)和物理媒体独立子层(PMD)，用于为通过SAP链接的BS与SS的MAC实体提供服务，具体包括动态自适应调制、信道编码、双工和多址操作。

为了充分满足移动船舶的需求和非视距传播的实际需求，IEEE 802.16d主张使用2～11 GHz频段；同时，为了确保移动性，IEEE 802.16e主张使用不超过6 GHz的频率范围。从国内2～6 GHz频率的具体使用情况来看，3.3 GHz与3.5 GHz是无线WiMAX最可能采用的频率。

12.4.3 WiMAX关键技术

目前，WiMAX主要推行两个技术标准：IEEE 802.16d用于满足固定带宽无线接入和IEEE 802.16e可增加终端的移动能力，满足移动宽带无线接入，还可以与2G、3G、WLAN等网络混合组网。WiMAX 作为无线宽带接入手段,采用了多种技术满足建筑物阻挡情况下的非视距(NLoS)和阻挡视距(OLoS)的传输需求,因此可以实现非视距传输。WiMAX 主要关键技术包括 OFDM(正交频分复用)、MIMO(多进多出)、自适应调制编码、混合自动重传请求、完整的 QoS 机制等。

(1)OFDM。OFDM 是一种高速传输技术,是无线宽带接入系统、蜂窝移动系统的关键技术之一。802.16d/e 支持 FDD 和 TDD 两种方式,其物理层技术基本相同。802.16d/e 在 5 MHz频带上传输速率约 15 Mb/s,在固定或低速环境下可以使用更大带宽(20 MHz),实现高达 75 Mb/s 的峰值速率,充分体现出 OFDM 在使用更宽频带方面的优势。

(2)MIMO。多天线技术在不增加系统带宽的情况下可以成倍地提升信道容量,从而实现更高的数据传输速率和更大的覆盖范围,或改善信号传输质量。802.16 标准支持的多天线技术包括多输入多输出和自适应天线系统两大类。

MIMO 技术能显著地提高系统的容量和频谱利用率,从而大大提高系统的性能。目前 MIMO技术已应用到各种高速无线通信系统中,并被多数设备制造商所支持。MIMO 技术的空间复用和空时编码在 WiMAX 协议中都得到了大量应用,并且协议中还给出了同时使用空间复用和空时编码的形式。WiMAX 采用空间复用提高数据速率,通过分集技术改善服务质量,同时还通过减少干扰来获得更高的数据速率和更好的服务质量。

(3)自适应调制编码。无线信道的时变和衰落特性决定了信道容量是一个时变的随机变量,要最大限度地利用信道容量,只有使发送速率也随之相应变化,也就是说编码调制方式应该具有自适应特性。自适应调制编码(AMC)技术就是根据信道条件动态调整编码和调制方式,以提高传输速率或系统吞吐量。基本方法是根据对信道质量的测量结果,在信道条件较好时使用高阶调制和高编码速率(例如 64QAM,5/6 码率),以实现更高的峰值速率;而在信道条件较差时使用低阶调制和低编码速率(例如 QPSK,1/2 码率),以保证传输性能。通过改变调制编码方式而不是发射功率来改善性能,还可以在很大程度上降低因发射功率提高而引入的额外干扰。

(4)混合自动重传请求。混合自动重传请求(H-ARQ)是一种将自动重传请求(ARQ)和前向纠错编码结合在一起的技术,可以用来减轻信道与干扰抖动对数据传输造成的负面影响。

H-ARQ 的基本工作过程:将一个或多个待发送 MAC 层数据单元串联起来,根据物理层的具体规范进行编码,生成 4 个 H-ARQ 子包,基站每次只发送一个子包。由于 4 个子包之间存在很大的相关性,收端无需获得全部子包,也能够正确译码。因此,终端在收到第一个子包后,就尝试译码。如果译码成功,终端立即回送一个确认(ACK)消息给基站,阻止其发送后续子包。如果译码失败,终端回送否认(NACK)消息,请求基站发送下一个子包,依次类推。终端每次将根据接收到的所有子包来译码,以提高译码成功率。由此可以看出,H-ARQ 采用了最为简单的停等重传机制,以降低控制开销和收发缓存空间。此时如果使用 OFDMA 物理层,则可以巧妙地克服停等协议信道利用率低的缺陷。因此,协议中仅规定 OFDMA 物理层提供对 H-ARQ 的支持。

(5)QoS 机制。WiMAX 标准中,MAC 层定义了较为完整的 QoS 机制以适应 VoIP、可视电话、流媒体、在线游戏、浏览、下载等不同的业务类型,包括主要分配宽带(UGS)、实时轮询(RtPS)、非实时轮询(NrtPS)和尽力而为服务(BE)。WiMAX 定义不同的业务流对应不同的分组,为每个业务流定义相关 QoS 参数,包括速录、延时等指标,系统动态建立支持 QoS 的业务流,为带有 QoS 标志的业务流建议逻辑连接。

12.4.4 WiMAX 应用领域

(1)因特网接入 。对需要综合布线的小区而言,可将 WiMAX 用户端的室外单元装置到小区楼顶,并在室内装置室内单元、以太网交换机等设备,通过综合布线与用户相连,利用无线空中接口为终端用户提供宽带服务。WiMAX 使互联网数据不再局限于网线传输,能够实现无线传输,且 WiMAX 可以按照用户实际需要提供相应的带宽,为终端用户营造极速上网体验。

(2)农村通信工程。对广大农村地区和相对偏远山区的通信服务来讲,要求系统必须具有较大的覆盖面积,不需要架设线缆,具有较快的接入速度和较低的成本。WiMAX 技术十分适用于这类工程,不仅能提升农村通信服务质量,而且能迅速缩小这些地区与城市的通信水平差距。

(3)视频实时监控。以往的视频监控系统通常采用现场模拟监视的方式,传输的监控信息较为简单,无法实时传输大流量的高清图像,监控质量相对较差。基于 WiMAX 的网络系统能够实现大信息量视频的传输,可通过基于 WiMAX 的无线宽带进一步延伸视频监控。该系统拥有十分广泛的实时监控业务范围,可适用于绝大多数行业。

(4)LAN 局域网互联。对于在同一区域内有较多部门的企业或单位,可通过 WiMAX 宽带固定无线接入系统,为企业单位与各部门实现局域网连接提供有效支持。

练习题

一、选择题

1. 通常使用的红外通信都是使用(　　)频率进行通信。

A. 2.4 GHz　　B. 5.8 GHz　　C. 433 MHz　　D. 38 kHz

2. 红外通信中发送端主要对数据进行编码、调制成(　　)信号,然后通过带有红外发射管的发射电路发送给接收电路。

A. 正弦　　B. 余弦　　C. 脉冲　　D. 窄带

3. 红外通信中接收端主要对接收到脉冲信号进行放大、检波、整形,然后(　　)出编码信号,对其解码获取到发送的数据。

A. 混频　　B. 解调　　C. 调制　　D. 滤波

4. UWB 无线通信技术是指(　　)。

A. 脉冲无线电通信　　B. 超宽带无线通信技术

C. 第四代通信技术　　D. 大容量无线通信

5. UWB 工作频率是(　　)。

A. 3.1 GHz～10.6 GHz　　B. 3.1 Hz～10.6 GHz

C. 3.1 MHz～20.6 GHz　　D. 3.1 MHz～10.6 GHz

6. 可见光信号在自由空间中的传输模型有两种，一种是点到点视线传输(Line of Sight，LoS)模型，另一种是(　　)。

A. NLoS 模型　　B. CLoS 模型　　C. ALoS 模型　　D. DLoS 模型

7. WiMAX 的另一个名字是(　　)。

A. IEEE 802.15　　B. IEEE 802.16　　C. IEEE 802.11　　D. IEEE 802.15.4

8. 在 802.16 标准中，定义了三种物理层实现方式，不包括(　　)。

A. 单载波　　B. OFDM　　C. OFDMA　　D. CDMA

二、简答题

1. 简述红外通信原理。

2. 简述 UWB 收发机的组成及工作原理。

3. 简述可见光调制技术。

4. 简述 WiMAX 关键技术。

参考文献

[1]董光辉. 室内无线红外通信调制技术研究[D]. 哈尔滨：哈尔滨工程大学，2009.

[2]段小明. 红外通信系统的研究[D]. 西安：西北大学，2008.

[3]张弛，叶青，吕明，等. 一种 UWB 通信、测距系统的数据链路层协议设计[J]. 工业控制计算机，2022，35(2)：14－15＋18.

[4]ZHANG Q R，LI Y. Indoor Positioning Method Based on Infrared Vision and UWB Fusion[J]. Journal of Physics：Conference Series，2021，2078(1)：12070.

[5]郑昊，王琴，刘俊昊，等. TOA 算法在 UWB 定位系统中的研究与应用[J]. 现代工业经济和信息化，2021，11(10)：128－129.

[6]贺洁茹. 基于 UWB 技术的井下精确定位方法研究[D]. 徐州：中国矿业大学，2021.

[7]火元亨. 基于惯性导航和 UWB 定位的室内无人车导航技术研究[D]. 哈尔滨：哈尔滨工业大学，2021.

[8]武志凯. 基于 UWB 的室内定位技术及系统研究[D]. 太原：中北大学，2021.

[9]CHRISTY G S，SUNDARI G，SONTI V J K K. A Review on Evolution，Challenges and Scope in Visual Light Communication Systems[C]//2022 IEEE 7th International Conference for Convergence in Technology (I2CT). IEEE，2022：1－5.

[10]CAO Y，ZHENG Y F，WANG X，et al. Research and Prospect on Key Technologies of Indoor Positioning Based on Visible Light Communication[J]. Journal of Physics：Conference，2022，2160(1)：12074.

[11]焦杨. 基于可见光通信与 Wi-Fi 融合下的智能控制技术研究[D]. 南京：南京邮电大学，2020.

[12]汪弈舟.基于可见光的无线通信收发链路设计与实现[D].北京:北方工业大学,2021.

[13]钱磊.可见光通信网络物理层安全及时延保障技术研究[D].长春:吉林大学,2021.

[14]RAMDEV M S, BAJAJ R G R. A Survey of Various Schedulers Used for Fair Bandwidth Allocation in WiMAX: IEEE 802.16[J]. New Review of Information Networking, 2020,25(1):71-82.

[15]ASTYA R, MISHRA P K. Review on Evolution of Mobile WiMAX Model[J]. Journal of Critical Reviews,2020,7(3):785-789.

拓展阅读

“墨子号”量子科学实验卫星

墨子生活在2400多年前,主张“兼爱、非攻”,即平等、博爱、反对战争。墨子在墨家著作《墨经》里面提到:“端,体之无序而最前者也。”这个“端”指的是小颗粒,是组成所有物质的最基本的单位。从这个含义上讲,墨子是所有科学家里面最早提出原子概念雏形的人。与他同时期的希腊科学家、哲学家德谟克利特也提出了相同的观点。此外,墨子在《墨经》里面还提出:“止,以久也,无久之不止。”“久”是力的意思。这句话说的是一个物体之所以会停下来,主要因为受到力的作用,如果说没有阻力的话,一个物体的运动是永远不会停止的。这与牛顿惯性定律是完全一样的。不过,与墨子同时期的著名哲学家亚里士多德却说,如果一个物体不受到力的作用就会停下来。后来牛顿提出了惯性定律,否定了亚里士多德的观点。

墨子还做了一项很重要的工作,其与光学研究有关。墨子在2000多年前就做过一个小孔成像实验。他站在门外面,在门上挖一个小孔,门里面有一面墙,结果发现墙上的影子是倒过来的。

2017年8月10日,中国科学技术大学潘建伟团队宣布,全球首颗量子科学实验卫星“墨子号”圆满完成三大科学实验任务:量子纠缠分发、量子密钥分发、量子隐形传态。目前中国量子通信技术领先国际相关技术水平5年,并将在未来10到15年持续保持领先。我们将世界上首颗量子科学实验卫星取名为“墨子号”,一方面是为了纪念墨子在我国科学方面所作出的一些重大贡献,另一方面也想告诉大家:中国人可以做好科研。

第 13 章 物联网中的边缘计算

物联网是实现行业数字化转型的重要手段，并将催生新的产业生态和商业模式。而借助于边缘计算可以提升物联网的智能化，促使物联网在各个垂直行业落地生根。边缘计算在物联网中应用的领域非常广泛，特别适合具有低时延、高带宽、高可靠、海量连接、异构汇聚和本地安全隐私保护等特殊业务要求的应用场景。图 13－1 所示为边缘计算与物联网示意图，图中展示了应用于物联网中的边缘计算的设备形态和所处的位置。

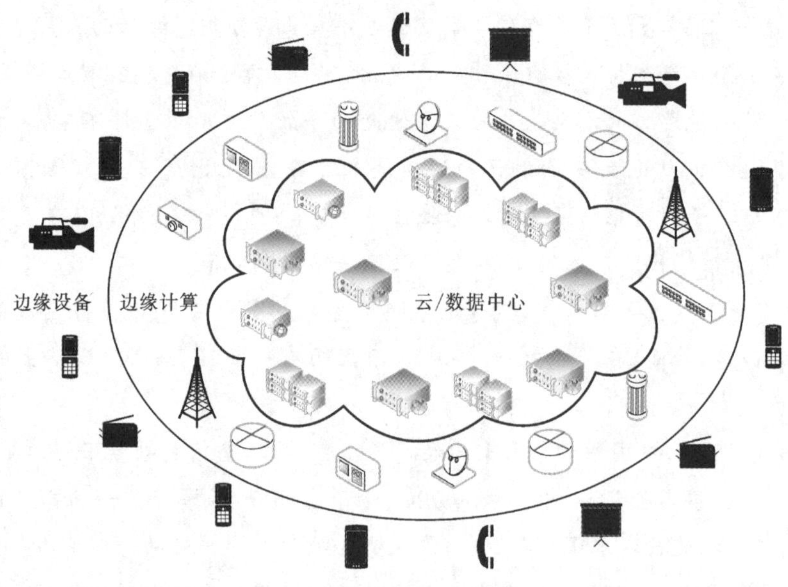

图 13－1　边缘计算与物联网示意图

13.1　边缘计算概述

边缘计算采用一种分散式运算架构，将之前由网络中心节点处理的应用程序、数据资料与服务的运算交由网络逻辑上的边缘节点处理。边缘计算将大型服务进行分解、切割成更小和更容易管理的部分，把原本完全由中心节点处理的大型服务分散到边缘节点。而边缘节点更接近用户终端装置，该特点提高了数据处理速度与传送速度，进一步降低延迟。边缘计算作为云计算模型的扩展和延伸，旨在解决目前集中式云计算模型的发展短板，具有缓解网络带宽压力、增强服务响应能力、保护隐私数据等特征。

边缘计算并非是一个新鲜词。作为一家内容分发网络 CDN 和云服务的提供商AKAMAI，2003 年与 IBM 合作“边缘计算”。作为世界上最大的分布式计算服务商之一，它承担了全球

15%～30%的网络流量，提出边缘计算的目的和需要解决的问题，并通过AKAMAI与IBM在其WebSphere上提供基于边缘Edge的服务。边缘计算是继云计算、物联网、5G时代之后的又一个新生代宠儿，推动传统“云-端”转变为“云-边-端”的新兴计算架构，如图13-2所示。

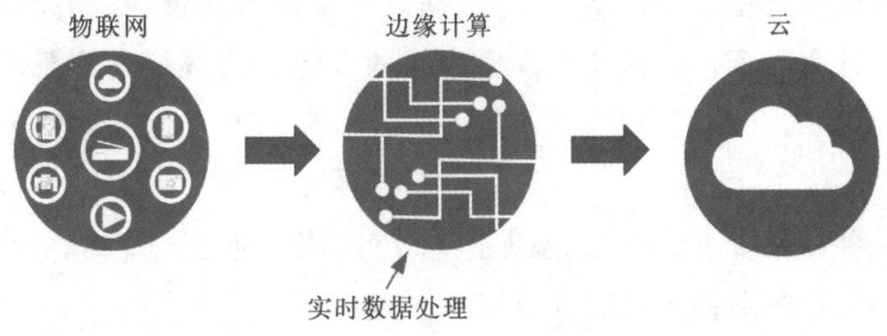

图13-2　边缘计算发展

在飞速发展的物联网时代，数据采集端口的数量将是无法估量的，采集的数据当然也是至少为TB数量级的，这么大的数据量传输虽然在5G时代不是问题，但是存储和处理却面临着巨大的挑战。不同场景大数据如图13-3所示。比如庞巴迪C系列飞机装备了大量的传感器快速检测发动机的性能，若飞机飞行12小时，产生的数据达844 TB，这些数据何去何从？是否要存储于云端？一台1080p 25帧4路高清监控摄像机，3 TB的存储容量仅能保存三天的监控数据，之后的数据将会循环式覆盖旧数据，可是当我们需要一周、一个月、一年甚至更长的监控数据时，该怎么办？一家智能医院每天产生的数据是3 TB，一辆自动驾驶的汽车每天产生的数据为4 TB，联网飞机和智能工厂的数据量更大，达到了40 TB，甚至1 PB。云计算就是把所有的计算资源、存储资源和网络资源汇集在一个资源池里面，通过这个资源池提供给不同的用户去使用。

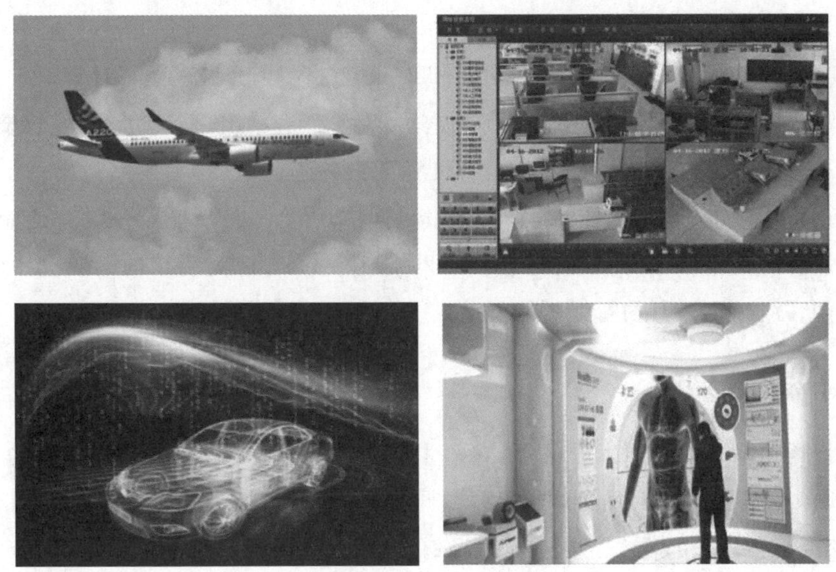

图13-3　不同场景大数据

但是由于物联网的发展和终端设备数量的增加，传统的云计算在远程数据中心集中处理数据会产生一些问题。比如医疗机构采用中央云存储存放患者信息，但一旦宕机，数据将无法访问，更有甚者患者个人信息被泄露或窃取。无人驾驶需要实时采集车辆部件运转数据与路况信息，当宽带或网络阻塞导致信息传递不及时将造成交通事故。实时监控的响应时间往往比较长，达不到预警效果。传统云计算的不足可以归纳为以下几点：

(1)物联网感知层是数据处于海量级别，数据具有很强的冗余性、相关性、实时性和多源异构性，数据之间存在冲突与合作。对于大规模边缘的多源异构数据处理要求，无法在集中式云计算线性增长的计算能力下得到满足，因此集中式云计算无法满足大规模边缘的多源异构数据和实时处理要求。

(2)云计算是一种高聚合度、集中式服务计算，终端用户通过长距离将数据传输给云数据中心存储和处理，消耗大量的网络带宽和计算资源。

(3)大多数资源受限的移动终端用户处于网络边缘，它们的存储、计算能力、电池容量均受限，因此可以将一些不需要长距离传输到云数据中心的任务分摊到网络边缘。

(4)长距离数据传输也将给数据安全和隐私保护带来巨大的挑战，使用边缘计算可以降低隐私泄露的风险。

2015 年边缘计算进入到 Garter 的 HypeCycle。当前边缘计算已经掀起产业化的热潮，各类产业组织、商业组织在积极发起和推进边缘计算的研究、标准、产业化活动。

2016 年 10 月，由 IEEE 和 ACM 正式成立了 IEEE/ACM Symposiumon Edge Computing，组成了由学术界、产业界和政府共同认可的学术论坛，对边缘计算的应用价值、研究方向开展了研究与讨论。

2016 年 11 月华为技术有限公司、中国科学院沈阳自动化研究所、中国信息通信研究院、英特尔、ARM 和软通动力信息技术有限公司联合倡议发起边缘计算产业联盟(Edge Computing Consortium，ECC)。

2017 年 IEC 发布了 VEI(Vertical Edge Intelligence)白皮书，介绍了边缘计算对于制造业等垂直行业的重要价值。ISO/IEC JTC1SC41 成立了边缘计算研究小组，推动边缘计算标准化工作。

2018 年 5 月，华为发布的《GIV 2025：打开智能世界产业版图》白皮书指出：到 2025 年，全球物联网数量将达 1 000 亿，全球智能终端数量将达 400 亿。边缘计算将提供 AI 能力，边缘计算成为智能设备的支撑体，人类将被基于 ICT 网络、以人工智能为引擎的第四次技术革命带到一个万物感知、万物互联、万物智能的智能世界。

13.2 边缘计算定义

章鱼跟普通动物有一个很大的区别：它的主脑是神经中枢，集中了总神经元的 40%；而八个腕足脑，分布着 60%的神经元，形成独立的神经索。章鱼的八个腕足可以在主脑不参与的情况下，单独完成很多复杂的任务。也就是说，章鱼是用“边缘计算”思考并就地解决问题的，如图 13-4 所示。如果能像章鱼一样，采用边缘计算的方式，海量数据则能够就近处理，大量的设备也能实现高效协同的工作，诸多问题亦能迎刃而解。

图 13-4 章鱼的“边缘计算”

那么,到底什么是边缘计算呢?其实目前而言尚无一个严格统一的定义,各大研究机构或学者都从各自的视角进行描述以及理解边缘计算。

太平洋国家实验室(PNNL)对边缘计算的定义:一种把应用、数据和服务从中心节点向网络拓展的方法,可以在数据源端进行分析和知识生成;ISO/IEC JTC1/SC38 对边缘计算的定义:边缘计算是将主要处理和数据存储放在网络的边缘节点的分布式计算形式;欧洲电信标准协会(ETSI)对边缘计算的定义:在移动网络边缘提供 IT 服务环境和计算能力,强调靠近移动用户,以减少网络操作和服务交付的时延,提高用户体验。

边缘计算产业联盟和工业互联网产业联盟在 2017 年 11 月联合发布的《边缘计算参考架构 2.0》中给出的边缘计算定义:边缘计算是在靠近物或数据源头的网络边缘侧,融合网络、计算、存储、应用核心能力的开放平台,就近提供边缘智能服务,满足行业数字化在敏捷连接、实时业务、数据优化、应用智能、安全与隐私保护等方面的关键需求。它从边缘计算的位置、能力和价值等维度给出定义,在边缘计算产业发展的初期有效牵引产业共识,推动边缘计算产业的发展。

对边缘计算的定义虽然表述上各有差异,但可以达成共识:在更靠近终端的网络边缘上提供服务。随着边缘计算产业的发展逐步从产业共识走向落地实践,边缘计算的主要落地形态、技术能力发展方向、软硬件平台的关键能力等问题逐渐成为产业界关注焦点,边缘计算 2.0 应运而生。

13.3 边缘计算特点与优势

13.3.1 边缘计算基本特点

(1)连接性。连接性是边缘计算的基础。所连接物理对象及应用场景的多样性,需要边缘计算具备丰富的连接功能,如各种网络接口、网络协议、网络拓扑、网络部署与配置、网络管理与维护。连接性需要充分借鉴吸收网络领域先进研究成果,如 TSN、SDN、NFV、Network as a Service、WLAN、NB-IoT、5G 等,同时还要考虑与现有各种工业总线的互连互通。

(2)数据第一入口。边缘计算作为物理世界到数字世界的桥梁,是数据的第一入口,拥有大量、实时、完整的数据,可基于数据全生命周期进行管理与价值创造,将更好的支撑预测性维护、资产效率与管理等创新应用;同时,作为数据第一入口,边缘计算也面临数据实时性、确定性、多样性等挑战。

(3)约束性。边缘计算产品需适配工业现场相对恶劣的工作条件与运行环境,如防电磁、防尘、防爆、抗振动、抗电流/电压波动等。在工业互联网场景下,对边缘计算设备的功耗、成本、空间也有较高的要求。

边缘计算产品需要考虑通过软硬件集成与优化,以适配各种条件约束,支撑行业数字化多样性场景。

(4)分布性。边缘计算实际部署天然具备分布式特征。这要求边缘计算支持分布式计算与存储、实现分布式资源的动态调度与统一管理、支撑分布式智能、具备分布式安全等能力。

(5)融合性。OT 与 ICT 的融合是行业数字化转型的重要基础。边缘计算作为 OICT 融合与协同的关键承载,需要支持在连接、数据、管理、控制、应用、安全等方面的协同。

(6)临近性。由于边缘计算的部署非常靠近信息源,因此边缘计算特别适用于捕捉和分析大数据中的关键信息。此外,边缘计算还可以直接访问设备,因此容易直接衍生特定的商业应用。

(7)低时延。由于移动边缘技术服务靠近终端设备或者直接在终端设备上运行,时延被大大降低。这使得反馈更加快速,从而改善用户体验,减少了网络在其他部分中可能发生的拥塞。

(8)大宽带。由于边缘计算靠近信息源,可以在本地进行简单的数据处理,不必将所有数据或信息都上传至云端,这将使得网络传输压力下降,减少网络堵塞,网络速率也因此大大增加。

(10)位置认知。当网络边缘是无线网络的一部分时,无论是 Wi-Fi 还是蜂窝,本地服务都可以利用相对较少的信息来确定每个连接设备的具体位置。

13.3.2 边缘计算优势

(1)实时或更快速的数据处理和分析。边缘计算是分布式计算、数据处理更接近数据来源,而不是在外部数据中心或云端进行，这些特性注定它实时处理的优势，可以减少迟延时间，所以它能够更好地支撑本地业务实时处理与执行。

(2)较低的成本。边缘计算直接对终端设备的数据进行过滤和分析，企业在本地设备的数据管理解决方案的花费比在云和数据中心网络上的花费少。

(3)网络流量较少。随着物联网设备数量的增加，数据生成继续以创记录的速度增加。因此，网络带宽变得更加有限，让云端不堪重负，造成更大数据瓶颈。边缘计算减缓数据爆炸和网络流量的压力，用边缘节点进行数据处理，减少从设备到云端的数据流量。

(4)智能更节能。AI＋边缘计算组合的边缘计算不止于计算，智能化特点明显，另外云计算＋边缘计算组合出击，成本只有单独使用云计算的39%，节能省时效率还高。

13.4 边缘计算架构

边缘计算中的“边缘”是一个相对的概念，指从数据源到云计算中心数据路径之间的任意计算资源和网络资源。边缘计算允许终端设备将存储和计算任务迁移到网络边缘节点中，如基站(BS)、无线接入点(WAP)、边缘服务器等。在满足终端设备计算能力扩展需求的同时，又能够有效地节约计算任务在云服务器和终端设备之间的传输链路资源。图13-5中给出了基于“云-边-端”协同的边缘计算基本架构，由四层功能结构组成，即核心基础设施、边缘计算中心、边缘网络和终端设备。

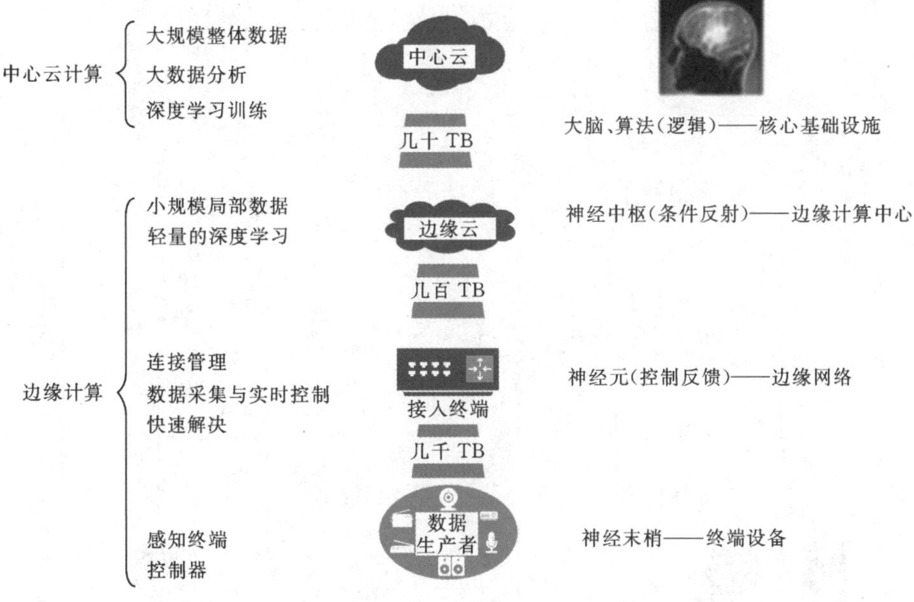

图13-5 基于“云-边-端”协同的边缘计算基本架构

其中，云计算平台的中心节点，拥有丰富的云计算资源，是边缘计算的管控端，负责全网算力和数据的统一管理、调度和存储。边指基础设施，即云计算平台的边缘节点，靠近设备和数据源，拥有重组的算力和存储容量。端又称为设备边缘，主要指终端设备，如手机、汽车、家电、工厂设备、传感器等,是边缘计算的“最后一千米”。

边缘计算和云计算两者都属于大数据处理的运行方式,边缘计算是云计算的一种补充和优化。边缘计算实现了云边资源的有效结合,边缘节点主要负责现场/终端数据采集,按照规则或模型对数据进行初步处理与分析,最终将结果上报云端,极大降低上行链路的带宽要求。云平台提供海量数据的存储、分析与价值挖掘。

图 13-6 所示为边缘计算拓扑示意图,拓扑网络使 IoT 系统可以利用边缘节点层和网关将 IoT 设备和子系统与各种类型的数据中心互连。云是“最高一级”的资源,通常在受保护的大型数据中心中实施。云包括公有云、私有云和混合云,处理和存储特定垂直应用的数据。边缘节点则执行本地处理和存储操作。

边缘节点可以与传统的物联网网络元素(如路由器、网关和防火墙)一起工作,也可以将这些功能纳入具有计算和存储能力的设备中。南北数据通信链路连接各层,而东西通信链路则互连相似层上的节点。其中一些节点是公开和共享的,另一些则是私有的,还有一些是公私混合。处理和存储功能在最能满足应用需求的任何节点和层上执行,以此降低成本。总体来说,边缘计算包括以下几方面。

(1)计算和存储资源,通过数据中心和现实世界物体之间的边缘节点层来实现。

(2)对等网络,例如监控摄像机就其监控范围内的对象进行通信,一排网联车辆或一排风力涡轮机。

(3)跨 IoT 设备、边缘节点和数据中心的分布式计算。

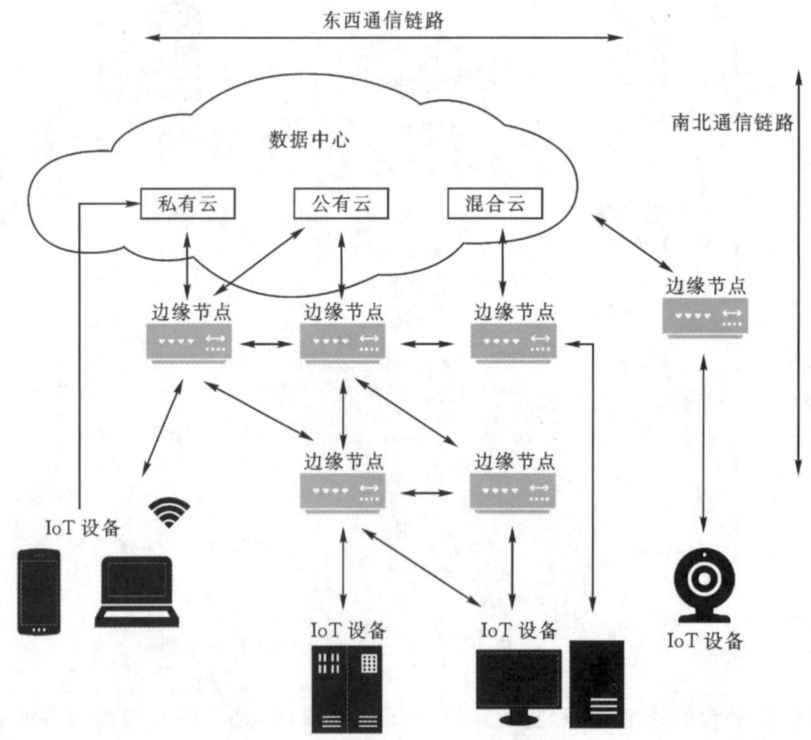

图 13-6　边缘计算拓扑示意图

(4)分布式数据存储,用于保存 IoT 设备、边缘节点和数据中心中的数据。

(5)分布式安全功能,例如数据分割、身份验证和加密。借助边缘计算,数据、存储和计算可分布在 IoT 设备到数据中心之间的整个边缘节点层中,从而将云的规模经济分布于整个 IoT 系统中。

为了响应新应用或不断变化的工作负载,需要通过重新配置系统,调整执行任务的边缘节点数量,以便快速添加或删除资源。当出现计算和连接需求发生变化的紧急情况时,这种弹性(Elasticity)可以为第一响应者团队提供支持。此外,边缘计算支持扩展(Scale),以便具有较低需求的小型客户可以与拥有数百万用户的规模化运营商共存,并降低服务的成本。

为了支持各项配置,需要允许多个独立实体共享公用架构,而彼此又不会互相干扰或引起安全和隐私问题,即多租户(Multi-tenancy)。举例来说,如果没有多租户,智慧城市将不得不为城市中的每个政府机构、物流公司、运输公司、移动运营商或智能电网建立并行网络和边缘节点。这样一来,成本将让人望而却步。

13.5 边缘计算关键技术

1.5G 通信技术

5G 网络不仅仅用于人与人之间的通信,还会用于人与物、物与物之间的通信。我国 IMT-2020(5G)推进组,提出 5G 业务的三个技术场景:增强移动宽带(Enhanced Mobile Broadband, eMBB)、海量机器类通信(Massive Machine Type of Communication,mMTC)、超可靠低时延通信(Ultra-reliable and Low Latency Communication,uRLLC)。其中,eMBB 场景是面向虚拟现实以及增强现实等极高带宽需求的业务,mMTC 主要面向智慧城市、智能公交等高连接密度需求的业务,而 uRLLC 主要面向于无人驾驶、无人机等时延敏感的业务。

面对不同的应用场景和业务需求,5G 网络将需要一个通用、可伸缩、易扩展的网络架构,同时也需要如软件定义网络(Software Defined Network, SDN)和网络功能虚拟化(Network Functions Virtualization,NFV)等技术的引入与配合。

5G 技术将作为边缘计算模型中一个极其重要的关键技术存在,边缘设备通过处理部分或全部计算任务,过滤无用的信息数据和敏感信息数据后,仍需要将中间数据或最终数据上传至云计算中心,因此 5G 技术其中一个作用将是移动边缘终端设备降低数据传输延时的必要解决方案。

2.计算迁移

云计算模型当中,计算迁移的策略是将计算密集型任务迁移至资源充足的云计算中心设备中执行。但是在万物互联的背景下,海量边缘设备产生巨大的数据量将无法通过现有的带宽资源传输至云中心之后,再进行计算。即便云计算中心的计算延时相比于边缘设备的计算延时会低几个数量级,但是海量数据的传输开销却限制了系统的整体性能。因此,边缘计算模型计算迁移策略应该是减少网络传输数据量为目的的迁移策略,而不是将计算密集型任务迁移到边缘设备处执行。

边缘计算中的计算迁移策略是网络边缘处,将海量边缘设备采集或产生的数据进行部分或全部计算的预处理操作,对无用的数据进行过滤,降低传输的带宽。另外,应该根据边缘设备的当前计算力进行动态的任务划分,防止计算任务迁移到一个系统任务过载情况下的设备,影响系统的性能。

计算迁移中最重要的问题:任务是否可以迁移、应该按照哪种决策迁移、迁移哪些任务、执行部分迁移还是全部迁移等。计算迁移规则和方式应当取决于应用模型,如该应用是否可以迁移,是否能够准确知道应用程序处理所需的数据量以及能否高效地协同处理迁移任务。计算迁移技术应当在能耗、边缘设备计算延时和传输数据量等指标之间,寻找最优的平衡。

3.新型存储系统

随着计算机处理器的高速发展,存储系统与处理器之间的速度差异,已经成为制约整个系统性能的严重瓶颈。边缘计算在数据存储和处理方面具有较强的实时性需求,相比现有的嵌入式存储系统而言,边缘计算存储系统更加具有低延时、大容量、高可靠性等特点。

边缘计算的数据特征具有更高的时效性、多样性,以及关联性,需要保证边缘数据连续存储和预处理,因此如何高效地存储和访问连续不断的实时数据,是边缘计算中存储系统设计需要重点关注的问题。

现有的存储系统中,非易失存储介质(Non-volatile Memory,NVM)在嵌入式系统、大规模数据处理等领域得到了广泛的应用,基于非易失存储介质(如 NAND Flash、PCRAM、RRAM等)的读写性能远超于传统的机械硬盘,因此采用基于非易失性存储介质的存储设备能够较好地改善现有的存储系统 I/O 受限的问题。但是,传统的存储系统软件大多是针对机械硬盘设计以及开发的,并没有真正挖掘和充分利用非易失性存储介质的最大性能。

随着边缘计算的迅速发展,高密度、低能耗、低时延以及高速读写的非易失存储介质将会大规模地部署在边缘设备当中。

4.轻量级函数库和内核

与大型服务器不同,边缘计算设备由于硬件资源的限制,难以支持大型软件的运行。即使是 ARM 处理器的处理速度不断提高,功耗不断降低,但就目前情况来看,仍是不足以支持复杂的数据处理应用的。

比如,Apache Spark 若要获得较好的运行性能,至少是需要 8 核 CPU 和 8 GB 的内存,而轻量级库 Apache Quarks 只可以在终端执行基本的数据处理,而无法执行高级的分析任务。

另外,网络边缘中存在着由不同厂家设计生产的海量边缘设备,这些设备具有较强的异构性且性能参数差别较大,因此在边缘设备上部署应用是一件非常困难的事情。在此,虚拟化技术是这一难题的首选解决方案。但基于 VM 的虚拟化技术是一种重量级库,部署延时较大,其实并不适用于边缘计算模型。对于边缘计算模型来说,应该采用轻量级库的虚拟化技术。

资源受限的边缘设备更加需要轻量级库以及内核的支持,以消耗更少的资源以及时间,达到最好的性能。因此,消耗更少的计算以及存储资源的轻量级库和算法是边缘计算中不可缺少的关键技术。

5. 边缘计算编程模型

在云计算模型当中，用户编写应用程序并将其部署至云端。云服务提供商维护云计算服务器，用户对程序的运行是完全不知或者知之甚少的，这是云计算模型下应用程序开发的一个特点及优点，即实现了基础设施对用户透明。

用户程序通常是在目标平台上进行编写和编译的，在云计算服务器上运行。边缘计算模型当中，部分或者全部的计算任务是从云端迁移至边缘节点的，而边缘节点大多是异构的平台，每个节点上运行时候的环境多少都是存在差异的，所以在边缘计算模型下部署用户应用程序的时候，程序员将面对较大的挑战。而目前现有的传统编程模型均不是十分适合，这就需要开展对基于边缘计算的新型编程模型的研究工作。

编程模型的改变需要新的运行时库的支持。运行时库是指编译器用以实现编程语言内置函数，为程序运行时提供支持的一种计算机程序库，其是编程模型的基础，是一些经过封装的程序模块，对外提供接口，可进行程序初始化处理、加载程序的入口函数、捕捉程序的异常执行等。

边缘计算中编程模型的改变，需要新型运行时库的支持，提供出来一些特定的 API 接口，以方便程序员进行应用开发。

13.6 边缘计算应用场景

边缘计算到底能做什么？边缘计算能够解决数字业务场景下云计算的延迟、带宽、自主性和隐私需求问题，其具体应用将由人、设备和业务之间的数字业务交互来定义，在未来拥有十分广阔的发展前景，比如智能化工业制造车间、智慧交通、智慧城市、智能家居、VR、个人监护、移动支付等，如图 13－7 所示。

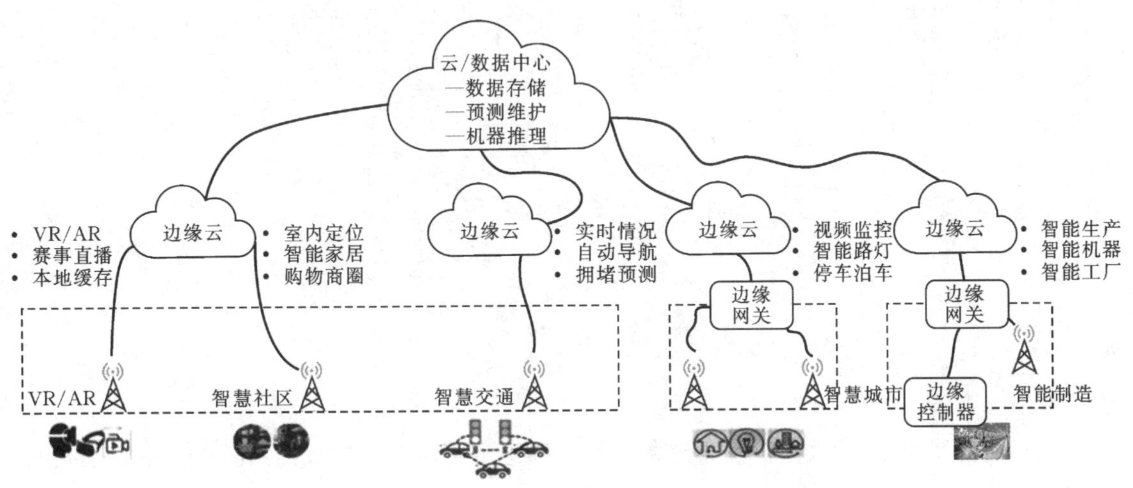

图 13－7 边缘计算在物联网中应用

1. 智慧交通

在城市道路交通中，每个路口都会设置监控摄像头，每周甚至每天都会有海量的视频数据产生,如果这些监控设备产生的数据聚在一起会是个天文数字。在云端进行实时的海量数据分析与储存对计算能力和网络带宽是一个巨大的挑战。如果借助边缘计算,在本地对海量视频数据进行存储和分析,仅识别和截取存在道路交通事故或违法行为的视频传递给云/数据中心作进一步分析和长久存储,这样可以大大减少到云端的数据传输,并且能够支持实时的智能交通控制。边缘计算在城市交通中的应用,通过边缘计算的实时数据处理和分析功能,可以支持无人驾驶、交通流量疏导和拥堵预测这类业务功能。另外也提供本地的监控数据存储,对数据进行处理和清洗后再把有效数据传递给云/数据中心作进一步分析的边云协同。

2. 智慧城市

智慧城市是构建“宜居、舒适、安全”的城市生活环境,实现城市“感知、互联和智慧”。智慧城市建设是涉及诸多信息系统、综合集成技术的大型信息化工程。物联网技术将为城市基础设施的整体升级提供智能化的支撑,而边缘计算将丰富智慧城市的应用场景。

如图 13-8 所示,一般智慧城市具有家庭、小区、社区和城市 4 个层级。每个层级都有对应的应用和服务,比如家庭有智能家居、智能安防和家庭娱乐系统等,小区有门禁和视频监控、车辆人员管理和物业服务等,社区有社区商场、社区医疗和社区政务等,城市有交通、物流、医疗、金融和市政服务等。边缘计算将在智慧城市这 4 个层级之间提供层次化的管理和服务功能,并协同彼此之间的发展。

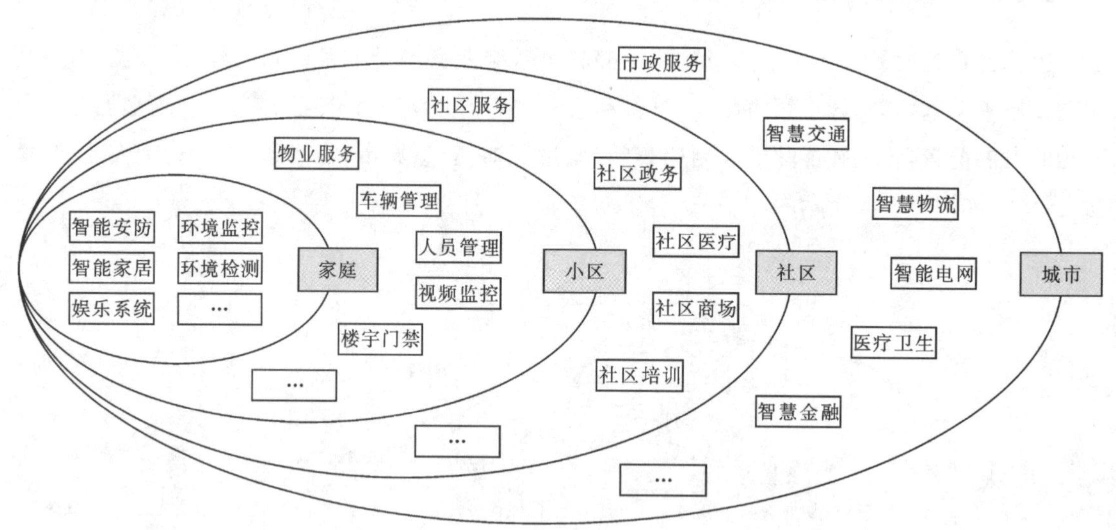

图 13-8　边缘计算在智慧城市中的应用

3. 智能家居

在当前的智能家居中,智能家电设备基本上都是由智能单品构成的,比如密码锁、智能照明、智能空调、安防监控、智能卫浴、家庭影院多媒体系统等,这些智能家电设备需要依赖于云平台才能实现手机端在外网的远程控制。这种基于云平台的智能家居在网络出现故障时将无法进行控制,特别是多个智能单品联动的场景将无法对多个设备进行协调。智能家电设备都是通过 Wi-Fi 模块连接到云/数据中心的,用户对存放在云/数据中心的家庭数据也存在泄露的担忧，另外大量的监控视频数据也会消耗智能家居设备到云/数据中心之间的通信带宽。

如图 13－9 所示，采用边缘计算技术，可以把家庭视频数据存放在本地边缘计算网关设备上，确保用户的隐私不被泄露；多个智能单品之间的联动也可以通过本地边缘计算进行近实时的协调；边缘计算节点还能实现定期与云计算同步更新控制和设备状态信息。

图 13－9 边缘计算在智能家居的应用

物联网不断发展的过程会遇到越来越多的诸如传输、带宽、安全、数据处理、数据分析等众多挑战，单纯靠云计算已然无法完全解决问题，边缘计算可以有效缓解以及解决这些挑战，边云融合、边云协同是以后的发展趋势。

4. IoT＋EG

一个工业级单元应用物联网的传感设备将平均超过 10 万个，如此多传感器采集的信息融合在中央存储平台。若简单以 50 Hz 的采样频率，每次传输的数据为 100 B，每秒搜集数据大约 500 MB。大量的数据如何解决存储、耦合、移植、分析，而且必须达到毫秒级的实时性，那么一个工业级单元需要 1/5 个超算中心来处理数据。所以，边缘计算对于数据整合、数据预处理、数据集成起着至关重要的作用。

练习题

一、选择题

1. 以下（　　）不是边缘计算的特点。

A. 低时延　　B. 高带宽　　C. 离设备远　　D. 安全性

2. 边缘计算中的计算卸载是把移动终端的任务卸载到近处的边缘计算服务器上运行，计算卸载不能解决（　　）问题。

A. 资源存储　　B. 延时　　C. 续航能力　　D. 计算性能

3. 边缘计算指的是在网络边缘节点来处理、分析数据。边缘节点指的就是在数据产生源头和云中心之间任一具有计算资源和网络资源的节点。根据上述信息判断，下列关于边缘计算的说法不正确的是（　　）。

A. 手机可以看作人与云中心之间的边缘节点

B. 采用边缘计算会增加网络数据流量

C. 采用边缘计算可以减少能源的消耗

D. 采用边缘计算可以减少响应时间

4. 基于"云-边-端"协同的边缘计算基本架构，由四层功能结构组成：(　　)、边缘计算中心、边缘网络和边缘设备。

A. 核心基础设施　B. 基站　C. 网关　D. 协调器

5. 下面(　　)项不属于边缘计算关键技术。

A. 计算迁移　B. 新型存储系统

C. 轻量级函数库和内核　D. 调制解调

二、简答题

1. 简述边缘计算与云计算的区别与联系。

2. 简述边缘计算架构。

参考文献

[1]施巍松. 边缘计算[M]. 2版. 北京：科学出版社 2021.

[2]雷波. 边缘计算2.0：网络架构与技术体系[M]. 北京：电子工业出版社，2021.

[3]张骏. 边缘计算方法与工程实践[M]. 北京：电子工业出版社，2019.

[4]赵耀. 移动边缘计算中多场景边缘服务器放置研究[D]. 南京：南京邮电大学，2021.

[5]高基旭. 基于边缘计算的协同计算任务卸载策略研究[D]. 南京：南京邮电大学，2021.

[6]杨飞龙. 基于边缘计算的分布式任务调度研究与实现[D]. 上海：华东师范大学，2021.

[7]雒佩. 面向边缘计算的工业互联网计算卸载机制研究[D]. 西安：西安工业大学，2021.

[8]肖烨. 面向智能工厂的边缘计算节点部署及节能技术研究[D]. 北京：北京邮电大学，2021.

[9]周杰. 国内外边缘计算技术研究综述[J]. 计算机时代，2021(8)：8-11.

[10]MOHAMMED L，BOUBAKR N，HASSINE M，et al. Edge and fog computing for IoT：A survey on current research activities & future directions[J]. Computer Communications，2021：180.

拓展阅读

边云计算

边缘计算确实在当下提供了更多的便利，也正是因为其优势，业内流传了"边缘计算将取代云计算的"舆论。事实上，边缘计算的模型与云计算模型不是非此即彼的关系，而是相辅相成的。两者的巧妙结合也为万物互联时代的信息处理提供了完美的软硬件平台支撑。近年来，随着芯片的能力越来越强，以及路由器的存储功能和计算功能的提高，边云计算可以说是迎来了黄金时代。

边云计算是云计算和边缘计算的有机组合。如果将云计算中心比作为大脑，那么边缘计算更像是大脑输出的神经触角，连接到各个智能终端。两者的关系就是边缘和集中系统之间处理的分割问题。具体来讲，大量来自不同地方的信息数据如果全都汇聚在云的大脑里，需要很高的数据传输和处理成本，也会造成较高的处理延迟。从数据处理的角度上来讲，有些信息数据需要实时地响应。对于边云计算而言，很多数据可以独立在近距离的边缘系统中进行快速处理，从而提升处理的速率，还可以降低成本。其次，信息全部集中在一个云，其实并不一定安全，如果信息大脑被黑客入侵，那么对于整体云的安全而言都是严峻的威胁。但是，在边云的部署之下，如果有一个边云的节点被攻击，影响比云被攻击的影响要小。另外边云节点的数据可以在其他节点或云中备份，提高了信息系统整体的安全性。最后，边云计算可以实现更低的网络带宽需求，随着联网设备的增多，网络传输压力会越来越大，而边缘计算的过程中，与云端服务器的数据交换并不多，因此也不需要占用太多网络带宽。

不管是行业专家还是各大云计算和网络安全的厂家都应该辩证地看待边云计算的优缺点。随着智慧城市、智慧工厂、车联网、智慧医疗等行业的不断发展，随之而来的数据量会越来越大，信息处理的应用场景也会越来越多。在这样的环境下，全靠云计算数据中心来处理这样的大数据也越来越困难。边云计算就会发挥大的作用，不仅可以加速有效处理各种大数据，还可以促进数据处理科学的发展。

据了解，在2017年华为全联接大会上，华为网络研发部负责人介绍目前正在面向中欧做边缘计算、做开发测试云，并在工业无线、数据集成、SDN等关键领域展开技术布局，将持续投放技术研究。

英特尔在安防、车载交通、零售和工业四大行业纷纷进行边缘计算一系列探索。除此之外，还发布了名为英特尔Xeon D－2100处理器，以帮助那些希望将计算推向边缘的客户。可以看出英特尔也在努力顺应物联网、边缘计算等新兴技术趋势。

另外，中兴通讯已经拥有了完整的边缘计算解决方案，以及包括虚拟化技术、容器技术、分流技术等核心技术和专利，相关解决方案覆盖物联网、车联网、本地缓存等六大场景。

第 14 章 物联网与区块链

物联网目前面临的痛点是终端所采集数据的安全可信以及终端设备的智能化，使得物联网终端成为可信执行环境，解决数据源头造假问题，从而推动数据要素市场化进程。区块链和物联网是各自相对独立的技术体系，但是二者之间也有比较密切的联系，而且未来区块链和物联网的发展也将"互相成就"。从大的层面来看，区块链技术和物联网技术都可以看成是一种资源管理方式，但是区块链比较注重资源的价值体现，同时能够更加精准地描述出价值增量的过程，而物联网则更注重于各种业务功能的实现，这主要依靠物联网的各种终端设备来完成。物联网自身承载的边缘计算能力，也将是区块链技术一个重要的落地应用场景，这对于提升整个物联网技术体系的健壮性和伸缩性也有较为实际的意义，另外通过区块链技术也能够解决一部分物联网的安全问题。

14.1　区块链发展概况

区块链(Blockchain)起源于比特币，2008 年 11 月 1 日，一位自称中本聪(Satoshi Nakamoto)的人发表了《比特币：一种点对点的电子现金系统》一文，阐述了基于 P2P 网络技术、加密技术、时间戳技术、区块链技术等的电子现金系统的构架理念，这标志着比特币的诞生。两个月后理论步入实践，2009 年 1 月 3 日第一个序号为 0 的创世区块诞生。2009 年 1 月 9 日出现序号为 1 的区块，并与序号为 0 的创世区块相连接形成了链，标志着区块链的诞生。

2014 年，"区块链 2.0"成为一个关于去中心化区块链数据库的术语。对这个第二代可编程区块链，经济学家们认为它是一种编程语言，可以允许用户写出更精密和智能的协议。因此，当利润达到一定程度的时候，就能够从完成的货运订单或者共享证书的分红中获得收益。区块链 2.0 技术跳过了交易和"价值交换中担任金钱和信息仲裁的中介机构"。它们被用来使人们远离全球化经济，使隐私得到保护，使人们"将掌握的信息兑换成货币"，并且有能力保证知识产权的所有者得到收益。第二代区块链技术使存储个人的"永久数字 ID 和形象"成为可能，并且对"潜在的社会财富分配"不平等提供解决方案。

2016 年 8 月，由 Onchain、微软(中国)、法大大等多个机构在北京成立了电子存证区块链联盟"法链"。

2017 年 12 月，微众银行、仲裁委(广州仲裁委)、杭州亦笔科技有限公司共同推出的仲裁联盟链，用于司法场景下的存证。

2018 年 3 月，广州首个"仲裁链"判决书出炉。

2019 年 1 月 10 日，国家互联网信息办公室发布《区块链信息服务管理规定》。

2019 年 10 月 24 日,中央政治局就区块链技术发展现状和趋势进行第十八次集体学习。习近平总书记在主持学习时强调:"我们要把区块链作为核心技术自主创新的重要突破口,明确主攻方向,加大投入力度,着力攻克一批关键核心技术,加快推动区块链技术和产业创新发展。"

2021 年,国家高度重视区块链行业发展,各部委发布的区块链相关政策已超 60 项,区块链不仅被写入国家"十四五"规划纲要中,各部门更是积极探索区块链发展方向,全方位推动区块链技术赋能各领域发展,积极出台相关政策,强调各领域与区块链技术的结合,加快推动区块链技术和产业创新发展,区块链产业政策环境持续利好发展。

14.2 区块链简介

1. 区块链定义

区块链就是一个又一个区块组成的链条。每一个区块中保存了一定的信息,它们按照各自产生的时间顺序连接成链条。这个链条被保存在所有的服务器中,只要整个系统中有一台服务器可以工作,整条区块链就是安全的。这些服务器在区块链系统中被称为节点,它们为整个区块链系统提供存储空间和算力支持。如果要修改区块链中的信息,必须征得半数以上节点的同意并修改所有节点中的信息,而这些节点通常掌握在不同的主体手中,因此篡改区块链中的信息是一件极其困难的事。相比于传统的网络,区块链具有两大核心特点:数据难以篡改和去中心化。基于这两个特点,区块链所记录的信息更加真实可靠,可以帮助解决人们互不信任的问题。

狭义区块链是按照时间顺序,将数据区块以顺序相连的方式组合成的链式数据结构,并以密码学方式保证不可篡改和不可伪造的分布式账本。广义区块链技术是利用块链式数据结构验证与存储数据,利用分布式节点共识算法生成和更新数据,利用密码学的方式保证数据传输和访问的安全,利用由自动化脚本代码组成的智能合约,编程和操作数据的全新的分布式基础架构与计算范式。

2. 区块链类型

区块链分为公有区块链、联合(行业)区块链和私有区块链三种类型。

(1)公有区块链。公有区块链(Public Block Chains):世界上任何个体或者团体都可以发送交易,且交易能够获得该区块链的有效确认,任何人都可以参与其共识过程。公有区块链是最早的区块链,也是应用最广泛的区块链,各大 bitcoins 系列的虚拟数字货币均基于公有区块链,世界上有且仅有一条该币种对应的区块链。

(2)联合(行业)区块链。行业区块链(Consortium Block Chains):由某个群体内部指定多个预选的节点为记账人,每个块的生成由所有的预选节点共同决定(预选节点参与共识过程),其他接入节点可以参与交易,但不过问记账过程(本质上还是托管记账,只是变成分布式记账,预选节点的多少,如何决定每个块的记账者成为该区块链的主要风险点),其他任何人可以通过该区块链开放的 API 进行限定查询。

(3)私有区块链。私有区块链(Private Block Chains):仅仅使用区块链的总账技术进行记账,可以是一个公司,也可以是个人,独享该区块链的写入权限,本链与其他的分布式存储方案没有太大区别。传统金融都是想实验尝试私有区块链,而公链的应用例如 bitcoin 已经工业化,私链的应用产品还在摸索当中。

3. 区块链特征

(1)去中心化。区块链技术不依赖额外的第三方管理机构或硬件设施,没有中心管制,除了自成一体的区块链本身,通过分布式核算和存储,各个节点实现了信息自我验证、传递和管理。去中心化是区块链最突出最本质的特征 。

(2)开放性。区块链技术基础是开源的,除了交易各方的私有信息被加密外,区块链的数据对所有人开放,任何人都可以通过公开的接口查询区块链数据和开发相关应用,因此整个系统信息高度透明。

(3)独立性。基于协商一致的规范和协议(类似比特币采用的哈希算法等各种数学算法),整个区块链系统不依赖其他第三方,所有节点能够在系统内自动安全地验证、交换数据,不需要任何人为的干预。

(4)安全性。只要不能掌控全部数据节点的 51%以上,就无法肆意操控修改网络数据,这使区块链本身变得相对安全,避免了主观人为的数据变更 。

(5)匿名性。除非有法律规范要求,单从技术上来讲,各区块节点的身份信息不需要公开或验证,信息传递可以匿名进行。

14.3 区块链架构

区块链系统实际上是一个维护公共数据账本的系统,一切技术单元的设计都是为了更好地维护好这个公共账本。通过共识算法达成节点的账本数据一致;通过密码算法确保账本数据的不可篡改性以及数据发送的安全性;通过脚本系统扩展账本数据的表达范畴。我们甚至可以认为区块链系统实际上就是特别设计的数据库系统或者分布式数据库系统,在这个数据库可以存储数字货币,也可以存储更复杂的智能合约,以及范围更加广阔的各种业务数据。区块链系统架构经历了 1.0、2.0 和 3.0 版本。

14.3.1 区块链 1.0 架构

1.0 架构区块链系统主要是用来实现数字货币的,区块链 1.0 架构如图 14-1 所示。

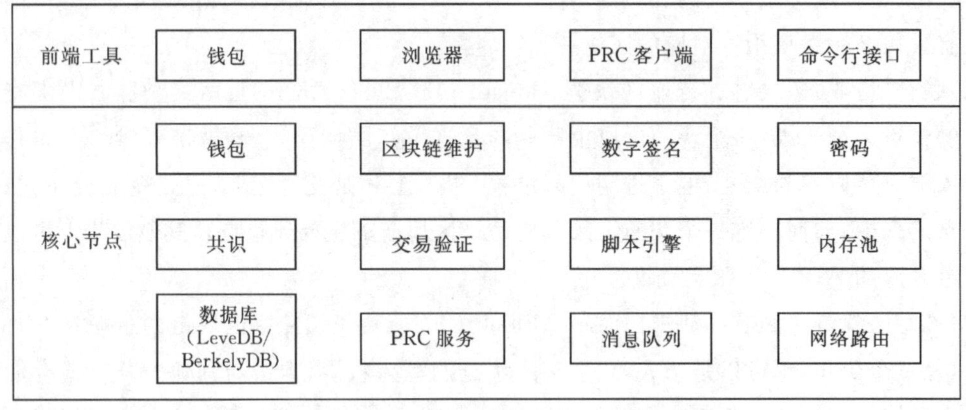

图 14-1 区块链 1.0 架构

图 14－1 所示的区块链 1.0 结构中，分为核心节点和前端工具。核心节点中的“矿工”主要承担两项任务：第一项是通过竞争获得区块数据的打包权后将内存池（发送在网络中但是还没有确认进区块的交易数据，属于待确认交易数据）中的交易数据打包进区块，并且广播给其他节点；第二项是接受系统对打包行为的数字货币奖励，系统通过这种奖励机制完成新货币的发行。

前端工具中最明显的就是钱包工具，钱包工具是提供给用户管理自己账户地址以及余额的；浏览器用来查看区块链网络中发生的数据情况，比如最新的区块高度、内存池的交易数、单位时间的网络处理能力等；PRC 客户端和命令行接口都是用来访问节点功能的，在这个时候，核心节点就相当于一个服务器，通过 PRC 服务提供功能调用接口。

14.3.2 区块链 2.0 架构

区块链 2.0 架构的代表产品是以太坊，因此可以套用以太坊的架构来说明，区块链 2.0 架构如图 14－2 所示。

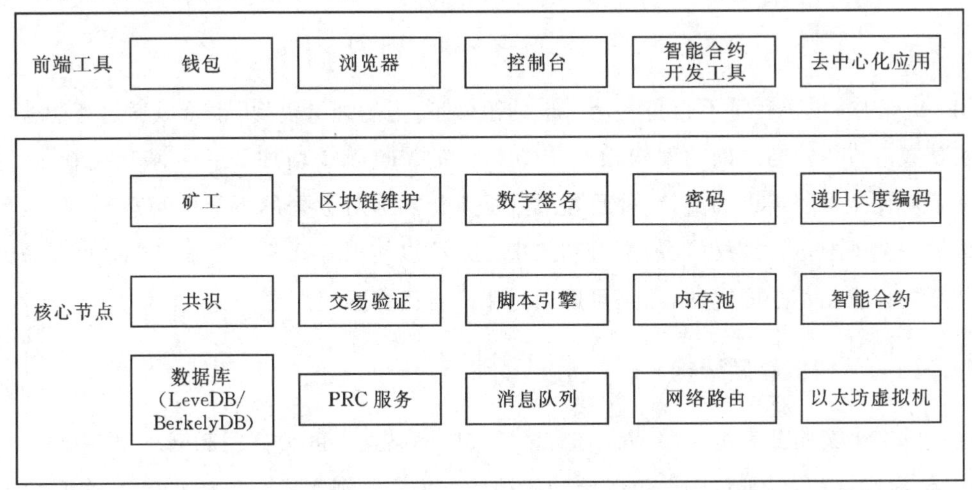

图 14－2 区块链 2.0 架构

与 1.0 的架构相比，2.0 最大的特点就是支持智能合约，在以太坊中，使用智能合约开发工具开发合约程序，并且编译为字节码，最终部署到以太坊的区块链账本中。部署后的智能合约是运行在虚拟机上的，成为“以太坊虚拟机”。正是通过这样的智能合约的实现，扩展了区块链系统的功能，同时我们也看到，在以太坊中还是支持数字货币的，因此在应用工具中还是有钱包工具的。

14.3.3 区块链 3.0 架构

在区块链 3.0 架构中，超越了对数字货币或者金融的应用范畴，而将区块链技术作为一种广泛解决方案，可以在其他领域使用，比如行政管理、文化艺术、企业供应链、医疗健康、物联网、产权登记等，可以认为是面向行业应用。行业应用一般是需要具备企业级属性的，比如身份认证、许可授权、加密传输等，并且对数据的处理性能也会有要求，因此企业级场景下的应用，往往都是联盟链或者私有链。区块链 3.0 架构如图 14－3 所示。

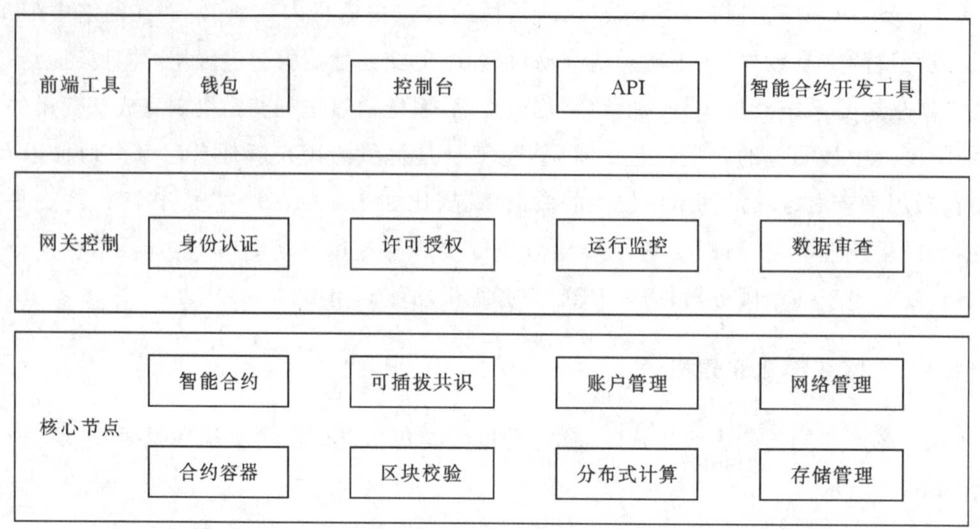

图 14－3　区块链 3.0 架构

图 14－3 中，数字货币不再是一个必选的组件了，当然如果需要，也可以通过智能合约的方式来实现数字货币。与之前的架构相比，3.0 最大的特点就是增加了一个网管控制，实际上就是增加了对安全保密需求的支持，并且通过数据审计加强对数据的可靠性管理。3.0 实际上可以看成是一套框架，通过对框架的配置和二次开发可以使用各行业的需求，比如“可插拔共识”，意思就是共识机制不是固定的，而是可以通过用户自己去选用配置的。

14.3.4　区块链基础架构

区块链基础架构分为三大层、六小层，包括基础网络层下的数据层和网络层，中间协议层下的共识层、激励层和合约层，应用服务层的应用层。每层分别完成一项核心功能，各层之间互相配合，实现一个去中心化的信任机制。这里要特别说明，六层基础架构不是每条区块链的标配。区块链基础架构模型如图 14－4 所示。

图 14－4 中，数据层封装了底层数据区块以及相关的数据加密和时间戳等基础数据和基本算法；网络层则包括分布式组网机制、数据传播机制和数据验证机制等；共识层主要封装网络节点的各类共识算法；激励层将经济因素集成到区块链技术体系中来，主要包括经济激励的发行机制和分配机制等；合约层主要封装各类脚本、算法和智能合约，是区块链可编程特性的基础；应用层则封装了区块链的各种应用场景和案例。该模型中，基于时间戳的链式区块结构、分布式节点的共识机制、基于共识算力的经济激励和灵活可编程的智能合约是区块链技术最具代表性的创新点。

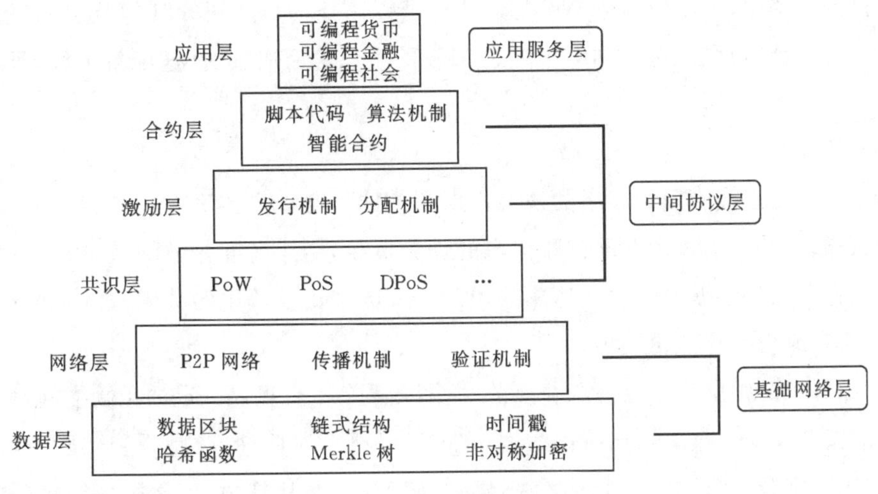

图 14－4 区块链基础架构模型

1. 基础网络层

基础网络层是区块链系统的技术支撑，分为数据层和网络层。

1)数据层

数据层主要描述区块链技术的物理形式，是设计账本的数据结构。其实描述的是区块链究竟是由哪些部分组成的。首先建立一个起始节点——“创世区块”，之后在同样规则下创建的规格相同的区块依次相连组成一条主链条。每个区块中包含了许多技术，例如时间戳技术、哈希函数，用来确保每一个区块是按时间顺序相连接以及交易信息不被篡改。

区块主要是用来记录实际需要保存的数据，这些数据通过区块包装会被永久记录到区块链上，每个区块由区块头、区块主体组成。

链式结构即区块链系统大约每 10 min 会创建一个区块，其中包含了这个时间段内全网范围所发生的交易。每个区块的区块头中记录了其引用的父区块的哈希值，通过这种方式一直倒推，形成了一条交易链条。

哈希算法是区块链保证交易信息不被篡改的单向密码机制，主要原理是将任意长度的二进制值映射为较短的固定长度的二进制值，这个较短的二进制值称为哈希值。哈希算法的特点：加密过程不可逆，无法通过散文倒推原本的明文；输入的明文与数据的散列数据一一对应。

Merkle 树是一种数据编码的结构，在最底层，我们把交易信息数据分成小的数据块，有相应的哈希值和它对应。目前在计算机领域，Merkle 树大多用来进行比对以及验证处理。

非加密对称是一种密钥的保密方法。此方法需要私钥和公钥两个密钥。公钥与私钥是一对，如果用公钥对数据进行加密，只有用对应的私钥才能解密。

2)网络层

网络层的主要功能是实现区块链网络中节点之间的信息交流，实现记账节点的去中心化。区块链网络本质上是一个 P2P 网络(对等网络，又称点对点网络)，是没有中心服务器、依靠用户群交换信息的互联网体系。每一个节点既接收信息，也产生信息。

区块链的网络中,一个节点创造新的区块后会以广播的形式通知其他节点,其他节点会对这个区块进行验证,当全区块链网络中超过51%的用户验证通过后,这个新区块就可以被添加到主链上了。

2. 中间协议层

中间协议层是连接应用和网络的桥梁,分为共识层、激励层、合约层。

(1)共识层。共识层负责调配记账节点的任务负载,能让高度分散的节点在去中心化的系统中高效地针对区块数据的有效性达成共识。区块链中比较常用的共识机制主要有工作量证明、权益证明和股份授权证明三种。

(2)激励层。激励层是制定记账节点的“薪酬体系”,主要提供一定的激励措施,鼓励节点参与区块链的安全验证工作。以比特币为例,它的奖励机制有两种:一是系统奖励给那些创建新区块的“矿工”,刚开始每记录一个新区块,奖励“矿工”50个比特币,该奖励大约每四年减半;另外一个激励的来源则是交易费,新创建区块没有系统的奖励时,“矿工”的收益会由系统奖励变为收取交易手续费。

(3)合约层。合约层主要是指各种脚本代码、算法机制以及智能合约等,赋予账本可编程的特性。以比特币为例,比特币是一种可编程的货币,合约层封装的脚本中规定了比特币的交易方式和过程中涉及的种种细节。

3. 应用服务层

应用服务层是获得持续发展的动力所在,应用层封装了区块链的各种应用场景和案例,主要包括可编程货币、可编程金融、可编程社会三个角度。

可编程货币:区块链1.0应用,指的是数字货币,是一种价值的数据表现形式。

可编程金融:区块链2.0应用,指区块链在泛金融领域的众多应用,人们尝试将智能合约添加到区块链系统中,形成可编程金融。

可编程社会:区块链3.0应用,可编程社会应用是指随着区块链技术的发展,其应用能够扩展到任何有需求的领域,包括审计公证、医疗、投票、物流等领域,进而到整个社会。

14.4 区块链核心技术

1. 分布式账本

分布式账本指的是交易记账由分布在不同地方的多个节点共同完成,而且每一个节点记录的是完整的账目,因此它们都可以参与监督交易合法性,同时也可以共同为其作证。

跟传统的分布式存储有所不同,区块链的分布式存储的独特性主要体现在两个方面:一是区块链每个节点都按照块链式结构存储完整的数据,传统分布式存储一般是将数据按照一定的规则分成多份进行存储;二是区块链每个节点存储都是独立的、地位等同的,依靠共识机制保证存储的一致性,而传统分布式存储一般是通过中心节点往其他备份节点同步数据。没有任何一个节点可以单独记录账本数据,从而避免了单一记账人被控制或者被贿赂而记假账的可能性。而且记账节点足够多,理论上讲除非所有的节点被破坏,否则账目就不会丢失,从而保证了账目数据的安全性。

2. 非对称加密

存储在区块链上的交易信息是公开的，但是账户身份信息是高度加密的，只有在数据拥有者授权的情况下才能访问到，从而保证了数据安全和个人隐私。非对称加密的发展起源于 1976 年的 Diffie - Hellman 密钥交换算法。DH 实际上并不是一种加密协议，它可以让双方在完全没有对方任何预先信息的条件下通过不安全的信道就密钥达成一致，这个密钥可以在后续的通信中作为对称密钥来加密。在对称加密中加密和解密过程用的是同一把钥匙，而非对称加密中加密和解密过程用的是一对密钥，这对密钥分别称为“公钥”和“私钥”。因为使用的是两个不同的密钥，所以这种算法叫非对称加密算法。

非对称加密技术在区块链的应用场景主要包括信息加密、数字签名和登录认证等，在区块链的价值传输中，要利用公钥和私钥来识别身份。

(1)信息加密。确保信息的安全性：由信息发送者 A 使用接收者 B 的公钥对信息加密后，再发送给 B，B 利用自己的私钥对信息解密。比特币交易的加密即属于此场景。

(2)数字签名。确保数字签名的归属性：由发送者 A 采用自己的私钥加密信息后发送给 B，B 使用 A 的公钥对信息解密，从而可确保信息是由 A 发送的。

(3)登录认证。由客户端使用私钥加密登录信息后，发送给服务器，后者接收后采用该客户端的公钥解密并认证登录信息。

如 BTC 比特币中，公钥和私钥、比特币地址的生成也是由非对称加密算法来保证的。非对称加密技术有很多种，如 RSA、ECC、ECDSA 等，使用最广泛的是 RSA 算法。

3. 共识机制

共识机制就是所有记账节点之间怎么达成共识，去认定一个记录的有效性，这既是认定的手段，也是防止篡改的手段。区块链提出了四种不同的共识机制，适用于不同的应用场景，在效率和安全性之间取得平衡。

区块链的共识机制具备“少数服从多数”以及“人人平等”的特点，其中“少数服从多数”并不完全指节点个数，也可以是计算能力、股权数或者其他计算机可以比较的特征量。“人人平等”是当节点满足条件时，所有节点都有权优先提出共识结果、直接被其他节点认同后并有可能成为最终共识结果。以比特币为例，采用的是工作量证明，只有在控制了全网超过 51% 的记账节点的情况下，才有可能伪造出一条不存在的记录。当加入区块链的节点足够多的时候，这基本上不可能，从而杜绝了造假的可能。

4. 智能合约

智能合约是基于这些可信的不可篡改的数据，可以自动化的执行一些预先定义好的规则和条款。以保险为例，如果说每个人的信息(包括医疗信息和风险发生的信息)都是真实可信的，那就很容易在一些标准化的保险产品中，去进行自动化的理赔。在保险公司的日常业务中，虽然交易不像银行和证券行业那样频繁，但是对可信数据的依赖是有增无减的。因此，利用区块链技术，从数据管理的角度切入，能够有效地帮助保险公司提高风险管理能力。具体来讲主要分投保人风险管理和保险公司的风险监督。

5. 哈希算法及时间戳技术

密码学技术是区块链的核心技术之一,也是保障区块链中数据安全存储的关键所在。如今区块链网络中使用的加密算法有很多,包括哈希算法、对称加密、非对称加密、数字签名等,可为用户提供底层数据的可追溯性和保密性。哈希算法是应用最广泛的加密算法。

哈希算法又被称为散列函数,它可以将任意长度的数据信息代码串转化为一段固定长度的字符串,这段字符串又被称为散列值或哈希值(Hash 值),哈希算法和我们日常了解到的函数的差别主要在于其确定性、不可逆性和抗碰撞能力。

哈希函数在区块链中的工作原理:在区块链中生成的每个区块中都包含区块验证规则、时间戳、工作量证明算法难度系数、Merkle 树值、上一个区块的哈希值以及准备上链的交易信息数据等字符串。各个节点用户将这些数值作为哈希算法的输入值,反复调整输入值中的随机参数以得到验证规则中给定的哈希值范围内数值。最快最准确完成验证的节点,待其他节点半数以上认可后,即视为拥有该区块信息的打包记账权,然后打包的区块信息将面向全网公布,本次得到的哈希值也会被记录在下一个生成的区块中参与下次打包运算。而该节点拥有记账权的用户也会获得一定工作量奖励。

每个区块打包的难度系数都可能不一样,这将导致每次打包区块需要的算力、时间、电力等资源投入的比重也不尽相同。因此每个区块信息中的工作量难度系数成为各个节点用户是否要进行本次记账争夺的重要参考指标。同时为了保证区块的生成效率,会根据全网算力水平调整区块打包难度系数,确保每个区块的生成时长在 10 min 左右。

如果有人想要恶意篡改区块链上某个区块的信息,首先需要暴力破解被攻击区块的哈希值,这本身就是一件十分困难的事。并且由于区块链后续的每个区块都保留有前一个区块的哈希值,必须连同破解被攻击区块后续已经生成的所有区块和正在生成的区块哈希值,这就要求篡改者至少拥有超过全网半数以上算力水平,这显然并不现实。

14.5 区块链应用

物联网+区块链的融合创新将成为物联网行业新的探索方向,图 14-5 所示为基于区块链的物联网业务平台。物联网行业应用主要分为工业、消费和民生三个主线,对全球经济的影响不断增加,发展前景广阔。其中,工业与消费物联网基本同步发展,从供给侧和需求侧共同发力,助力各个行业全面实现转型升级。民生物联网则从安防、消防、公用事业等领域入手,在全国范围内部署窄带物联网(NB-IoT)技术,以支持智慧城市、共享单车以及智慧农业等应用,构建基于物联网的城市立体化信息采集系统。区块链赋能多种行业应用,使得物联网向场景应用深度融合进一步发展。区块链独特的加密特性使得链上数据具有防篡改、可溯源的特点。物联网实现了海量数据的低成本获取,区块链则有助于终端身份验证、数据确权以及打造可信执行环境。区块链与 AIoT 结合也将加速数据要素市场化进程,带来数字时代新商业模式的更多可能。区块链链上数据具有不可篡改、可追溯的特点,但无法解决链下场景与链上数据的深度绑定、源头数据辨伪问题。广泛分布的物联网终端是场景数据的重要来源,但如何管理物联网终端，使得每一个终端都具有源头防伪、数据可验证、可追溯，使得终端成为网络中可辨别、身份独立的节点，是物联网网络数据价值挖掘的一个突出的痛点。利用物联网终端设备安全可信执行环境，将物联网设备可信上链，从而解决物联网终端身份确认与数据确权，保证链上数据与应用场景深度绑定。在应用场景中，物联网终端设备无法独立完成用户身份验证、数据授权，这是数据源头造假的根源。通过区块链，则可以完成对物联网终端进行身份验证、数据确权——包括设备信息、环境和时间等标签信息实时上链存证固定，从而完成具体场景中的物联网络在链上获得不可篡改、可追溯的独立"身份信息"，使得每一个终端都成为链上的节点；在具体场景应用中，可以通过链上完成设备身份核验、数据确权，闭环整个数据管理周期。区块链是物联网深入智能场景的数字基石，二者的交集主要发生在云端，因此，需要采用软硬结合的方式来确保可信数据上链，尤其要注重在终端设备硬件底层部署可信数据上链能力，从根源上杜绝被篡改的风险。区块链融合 AIoT、TEE 等技术，为分布式智能网络提供信任机制和隐私保障，推动线上线下深度融合。

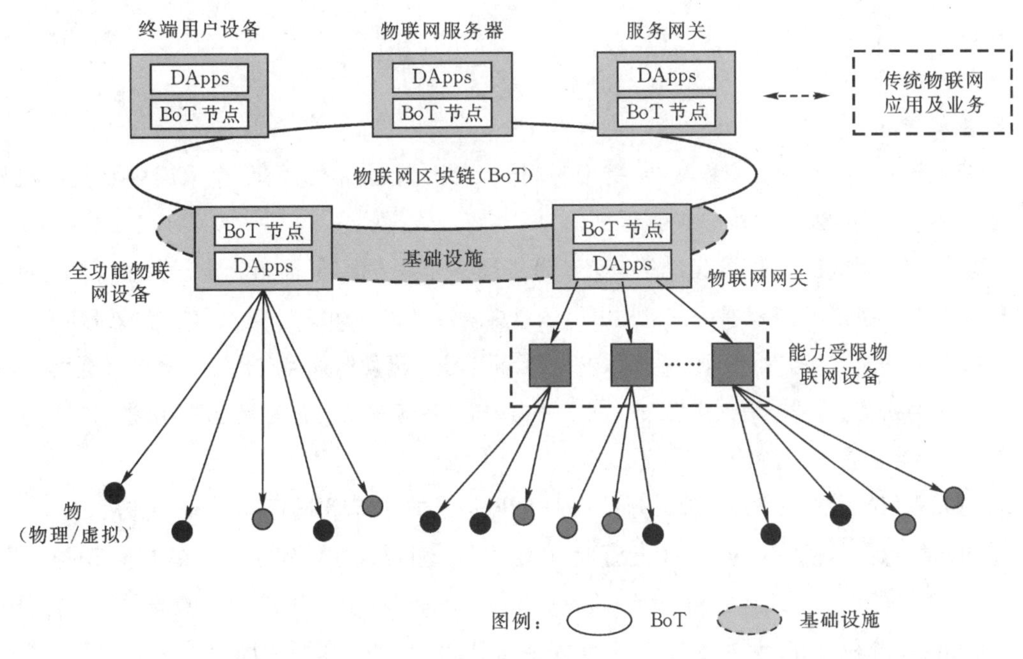

图 14-5 基于区块链的物联网业务平台

1.信息共享

信息共享是区块链最简单的应用场景，即实现信息互通有无。传统的信息共享的痛点：要么是统一由一个中心进行信息发布和分发，要么是彼此之间定时批量对账(典型的每天一次)，对于有时效性要求的信息共享，难以达到实时共享。信息共享的双方缺少一种相互信任的通信方式，难以确定收到的信息是否是对方发送的。

"区块链＋信息共享"能够解决上述问题，并且增加节点非常方便。首先，区块链本身就是需要保持各个节点的数据一致性的，可以说是自带信息共享功能；其次，实时的问题通过区块链的 P2P 技术可以实现；最后，利用区块链的不可篡改和共识机制，可构建其一条安全可靠的信息共享通道。腾讯“公益寻人链”是一个典型的信息共享应用，如图 14-6 所示，可以看到，区块链在信息共享中发挥的价值。

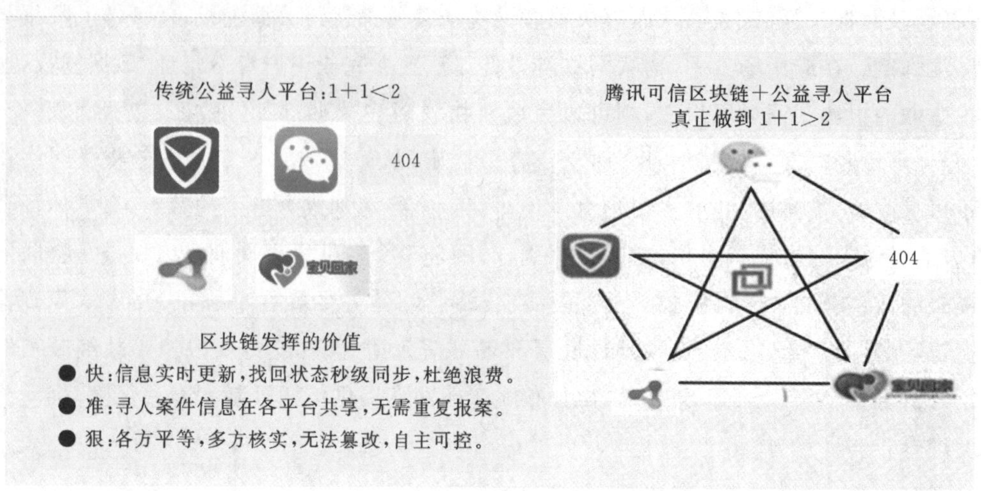

图 14-6　腾讯“公益寻人链”

2. 版权保护

传统鉴证证明的痛点：流程复杂、登记时间长、费用高；公信力不足，个人或中心化的机构存在篡改数据的可能，公信力难以得到保证。

区块链应用到鉴证证明后，无论是登记还是查询都非常方便，无需再奔走于各个部门之间。区块链的去中心化存储，保证没有一家机构可以任意篡改数据，安全可靠。区块链在鉴权证明领域的应用有版权保护、法务存证等，下面以版权保护为例，简单说下区块链如何实现版权登记和查询。

①电子身份证。将“申请人+发布时间+发布内容”等版权信息加密后上传，版权信息用于唯一区块链 ID，相当拥有了一张电子身份证。

②时间戳保护。版权信息存储时，是加上时间戳信息的，如有雷同，可用于证明先后。

③可靠性保证。区块链的去中心化存储、私钥签名、不可篡改的特性提升了鉴权信息的可靠性。

例如，美国纽约一家创业公司 Mine Labs 开发了一个基于区块链的元数据协议，这个名为 Mediachain的系统利用 IPFS 文件系统，实现数字作品版权保护，主要是面向数字图片的版权保护应用。

3. 物流链

商品从生产商到消费者手中，需要经历多个环节，如图 14-7 所示，跨境购物则更加复杂，中间环节经常出问题，消费者很容易购买到假货。假货问题正困扰着各大商家和平台，传统的防伪溯源手段仍然不能解决问题。

以一直受假冒伪劣产品困扰的茅台酒的防伪技术为例，2000 年起，其酒瓶盖里有一个唯一的 RFID 标签，可通过手机等设备以 NFC 方式读出，然后通过茅台的 App 进行校验，以此防止伪造产品。该防伪效果看似非常可靠，但 2016 年还是引爆了茅台酒防伪造假，虽然通过 NFC 方式验证为“OK”，但经茅台专业人士鉴定为假酒。后来，在“国酒茅台防伪溯源系统”数据库审计中发现 80

万条假的防伪标签记录，系防伪技术公司人员参与伪造；随后，茅台改用安全芯片防伪标签。但这里暴露出来的痛点并没有解决，即防伪信息掌握在某个中心机构中，有权限的人可以任意修改。茅台的这种防伪方式，也衍生了旧瓶回收，旧瓶装假酒的产业，防伪道路任重而道远。

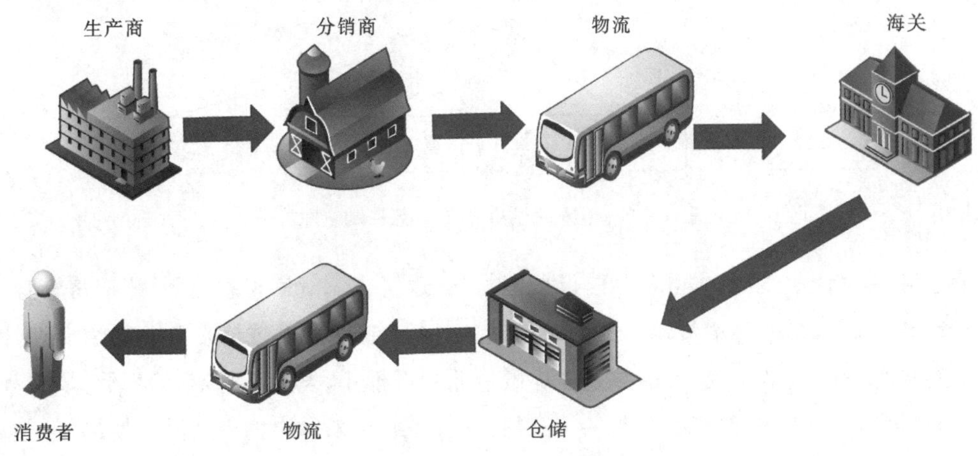

图 14－7　物流链条

物流链的所有节点上区块链后，商品从生产商到消费者手里都有迹可循，形成完整链条；商品缺失的环节越多，将暴露出其是伪劣产品概率更大。目前，入局物流链的企业较多，包括腾讯、阿里、京东、沃尔玛等。阿里的菜鸟在海淘进口应用区块链，已经初步实现海外商品溯源，国际物流及进口申报溯源、境内物流溯源。图 14－8 所示为基于区块链的阿里菜鸟海淘场景。

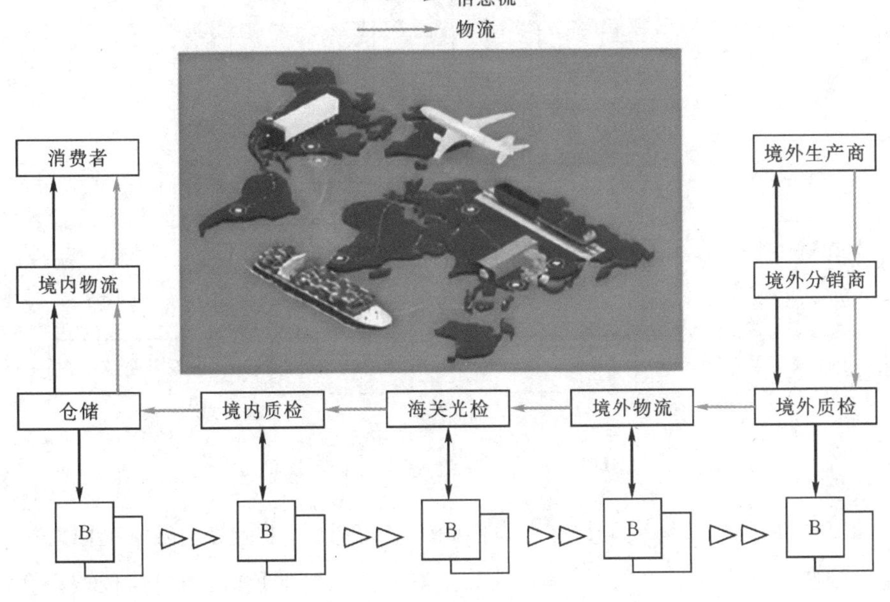

图 14－8　基于区块链的阿里菜鸟海淘场景

4. 供应链金融

在一般供应链贸易中，从原材料的采购、加工、组装到销售的各企业间都涉及资金的支出和收入，而企业的资金支出和收入是有时间差的，这就形成了资金缺口，多数需要进行融资生产。传统的供应链单点融资示意图如图 14－9 所示。

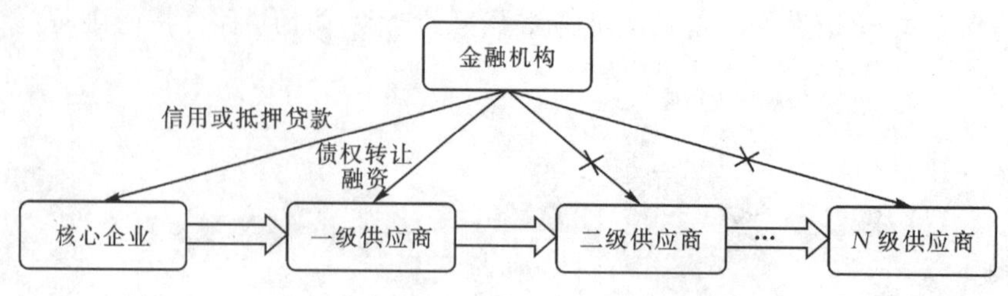

图 14－9　传统的供应链单点融资示意图

核心企业或大企业：规模大、信用好，议价能力强，通过先拿货后付款，延长账期将资金压力传导给后续供应商；此外，其融资能力也是最强的。一级供应商：通过核心企业的债权转让，可以获得银行的融资。其他供应商(多数是中小微企业)：规模小、发展不稳定、信用低，风险高，难以获得银行的贷款；也无法像核心企业一样有很长的账期；一般越小的企业其账期越短，微小企业还需要现金拿货。这样一出一入对比就像是中小微企业无息借钱给大企业做生意。

面对上述供应链里的中小微企业融资难问题，主要原因是银行和中小企业之间缺乏一个有效的信任机制。区块链＋供应链全链融资如图 14－10 所示，假如供应链所有节点上链后，通过区块链的私钥签名技术，保证了核心企业等的数据可靠性；而合同、票据等上链，是对资产的数字化，便于流通，实现了价值传递。

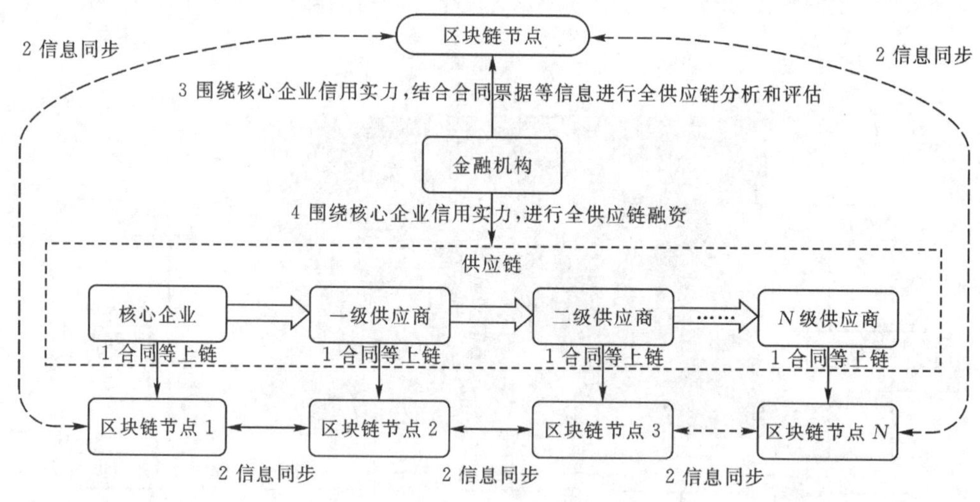

图 14－10　区块链＋供应链全链融资

图 14－10 中，在区块链解决了数据可靠性和价值流通后，银行等金融机构面对中小企业的融资，不再是对这个企业进行单独评估；而是站在整个供应链的顶端，通过信任核心企业的付款意愿，对链条上的票据、合同等交易信息进行全方位分析和评估。即借助核心企业的信用实力以及可靠的交易链条，为中小微企业融资背书，实现从单环节融资到全链条融资的跨越，从而缓解中小微企业融资难问题。

5. 跨境支付

跨境支付涉及多种币种，存在汇率问题，传统跨境支付非常依赖于第三方机构。传统跨境支付简化模型如图 14－11 所示，其存在着两个问题。

①流程烦琐，结算周期长。传统跨境支付基本都是非实时的，银行日终进行交易的批量处理，通常一笔交易需要 24 小时以上才能完成；某些银行的跨境支付看起来是实时的，但实际上，是收款银行基于汇款银行的信用作了一定额度的垫付，在日终再进行资金清算和对账，业务处理速度慢。

②手续费高。传统跨境支付模式存在大量人工对账操作，加之依赖第三方机构，导致手续费居高不下，麦肯锡"2016 全球支付"报告数据显示，通过代理行模式完成一笔跨境支付的平均成本在 25 美元到 35 美元之间。这些问题的存在，很大原因还是信息不对称，没有建立有效的信任机制。

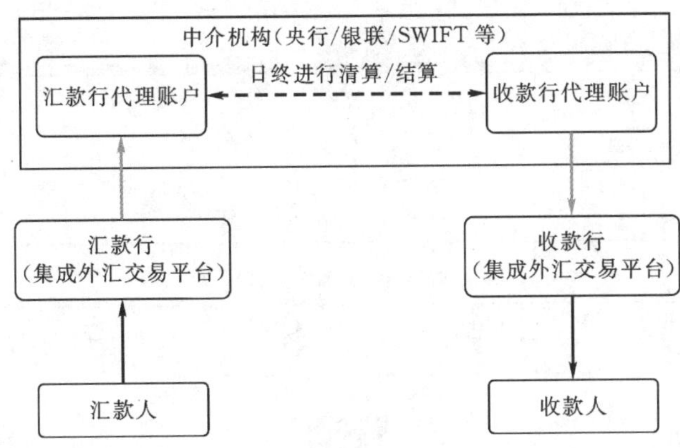

图 14－11　传统跨境支付简化模型

图 14－12 所示为区块链＋跨境支付简化模型。如图 14－12 所示，区块链的引入，解决了跨境支付信息不对称的问题，并建立起一定程度的信任机制。该模型具有以下两个优势。

①效率提高、费用降低。接入区块链技术后，通过公私钥技术，保证数据的可靠性，再通过加密技术和去中心，达到数据不可篡改的目的，最后，通过 P2P 技术，实现点对点的结算；去除了传统中心转发，提高了效率，降低了成本。

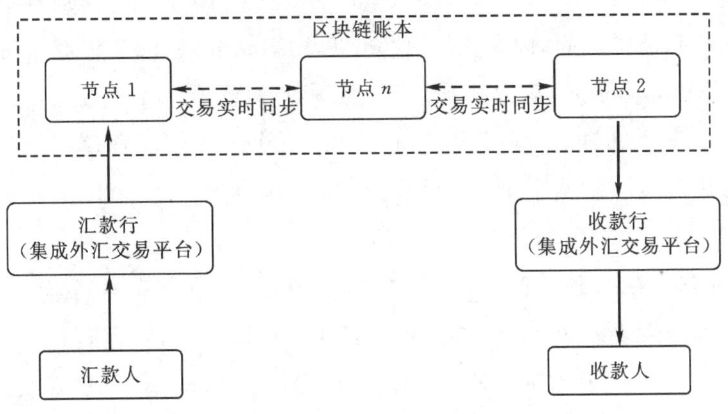

图 14－12　区块链＋跨境支付简化模型

②可追溯、符合监管需求。传统的点对点结算不能大规模应用，除了信任问题，还有就是存在监管漏洞，如点对点私下交易存在洗黑钱的风险，而区块链的交易透明，信息公开，交易记录永久保存实现了可追溯，符合监管的需求。Ripple、Circle、招商银行等已经将区块链技术应用于跨境支付。

6. 资产数字化

实体资产往往难以分割，不便于流通。实体资产的流通难以监控，存在洗黑钱等风险。区块链实现资产数字化，易于分割、流通方便，交易成本低，所有资产交易记录公开、透明、永久存储、可追溯，完全符合监管需求。以腾讯的微黄金应用为例，腾讯区块链云如图 14－13 所示，可以看到，在资产数字化之后，流通更为方便了，不再依赖于发行机构；且购买 0.001 g 黄金成为了可能，降低了参与门槛。

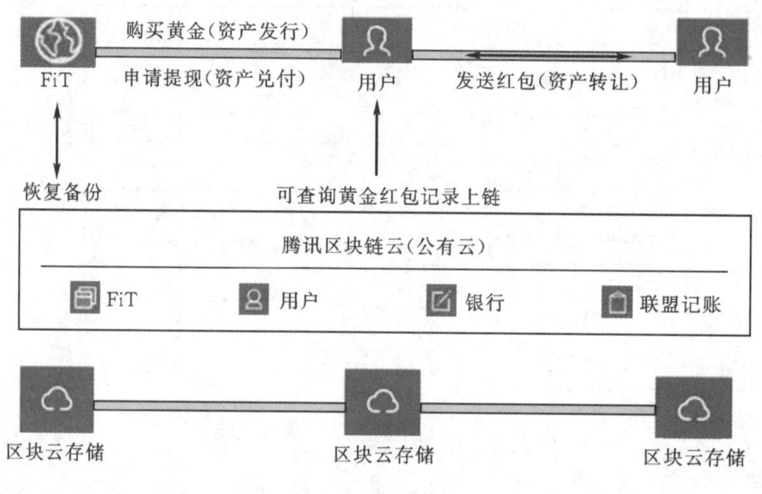

图 14－13 腾讯区块链云

7. 代币

因区块链脱胎于比特币，天生具有代币的属性，目前区块链最成功的应用也正是比特币。传统的货币发行权掌握在国家手中，存在着货币滥发的风险。元朝自 1271 年建立后，四处征战，消耗大量的钱财和粮食，为了解决财政问题，长期滥发货币，造成严重通货膨胀，多数百姓生活在水深火热中，导致流民四起，国家大乱，1368 年，元朝成了只有 97 年寿命的“短命鬼”，走向了灭亡。1980 年津巴布韦独立，后因土改失败，经济崩溃，政府入不敷出，开始印钞；2001 年时 100 津巴布韦币可兑换约 1 美元；2009 年 1 月，津央行发行 100 万亿面值的新津元，加速了货币崩溃，最终津元被废弃，改用“美元化”货币政策；2017 年津巴布韦发生政变，总统穆加贝被赶下台。

传统的记账权掌握在一个中心化的中介机构手中，存在中介系统瘫痪、中介违约、中介欺瞒，甚至是中介耍赖等风险。2013 年 3 月，塞浦路斯为获得救助，对银行储户进行一次性征税约 58 亿欧元，向不低于 10 万欧元的存款一次性征税 9.9%，向低于 10 万欧元的一次性征税 6.75%。2017 年 4 月，民生银行 30 亿假理财事件暴露，系一支行行长伪造保本保息理财产品所致，超过 150 名投资者被套。

图 14－14 所示为去中心化节点＋链式存储结构。该结构可以解决货币在发行和记账环节的信任问题。

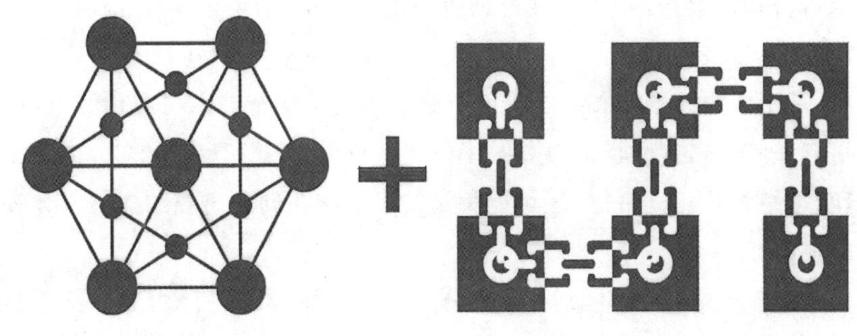

图 14－14　去中心化节点＋链式存储结构

去中心化节点可以理解为，全球的中心节点都是平等的，都拥有一模一样的账本，所以，任一节点出问题都不影响账本记录。而要修改账本，必须修改超过全球一半的节点才能完成，而这在目前看来几乎不可能。既然账本无法修改，那要是记账的时候作弊呢？首先，比特币的每条交易记录是有私钥签名的，别人伪造不了这个记录，你能修改的仅仅是自己发起的交易记录。

链式存储可以理解为，存储记录的块是一块连着一块的，形成一个链条；除第一个块的所有区块的记录都包含了前一区块的校验信息，改变任一区块的信息，都将导致后续区块校验出错。因为这种关联性，中间也无法插入其他块，所以修改已有记录是困难的。

记账权问题可以简单理解为，通过算法确定同一时刻，全球只有一个节点获得了记账权，基本规律是谁拥有的计算资源越多，谁获得记账权的概率越大。

练习题

一、填空题

1. 区块链分为＿＿＿＿＿＿、＿＿＿＿＿＿和＿＿＿＿＿＿三种类型。

2. 区块链特征包括＿＿＿＿＿、＿＿＿＿＿、＿＿＿＿＿、＿＿＿＿＿和＿＿＿＿＿。

3. 区块链第一个区块诞生的时间是＿＿＿＿＿＿年。

4. 非对称加密技术在区块链的应用场景主要包括＿＿＿＿＿＿＿＿、＿＿＿＿＿＿＿＿和＿＿＿＿＿＿等。

二、简答题

1. 简述区块链架构。

2. 简述区块链关键技术。

参考文献

[1]温隆，贾音. 区块链架构与实现[M]. 北京：人民邮电出版社，2021.

[2]张杰. 区块链+:落地场景与应用实战[M]. 北京:电子工业出版社，2021.

[3]袁勇,王飞跃. 区块链理论与方法[M]. 北京:清华大学出版社,2019.

[4]范凌杰. 区块链原理技术及应用[M]. 北京:机械工业出版社,2022.

[5]魏松杰,吕伟龙,李莎莎. 区块链公链应用的典型安全问题综述[J]. 软件学报,2022,33(1):324-355.

[6]李乃权. 基于区块链的隐私数据安全综述[J]. 网络安全技术与应用,2022(1):19-21.

[7]代闯闯,栾海晶,杨雪莹,等. 区块链技术研究综述[J]. 计算机科学,2021,48(S2):500-508.

[8]刘双印,雷墨鹥兮,王璐,等. 区块链关键技术及存在问题研究综述[J]. 计算机工程与应用,2022,58(3):66-82.

[9]鲁昌其. 基于区块链和边缘计算的分布式物联网系统研究[D]. 北京:北京邮电大学,2021.

[10]薛晨子. 基于区块链的智能电网管控研究[D]. 北京:北京邮电大学,2021.

[11]薛腾飞. 区块链应用若干问题研究[D]. 北京:北京邮电大学,2019.

拓展阅读

区块链催生新的信任机制

人类社会活动得以顺利发展,最重要的保障机制之一就是信任机制,可以说,没有信任,任何交易都无法进行。为此,人类制定了法律、银行、货币等很多制度和规则,去维持信任系统的运行。信任就像是交易双方之间的协议,但是这种协议是存在于思维方面,人的思维产生变化,会导致信任关系并不稳定。

区块链经历了十几年的成长之后,现在,它正在以一种不可阻挡的态势向前发展着,随着这项新技术的各个应用场景被陆续挖掘出来,区块链这一“黑科技”将给我们的日常生活带来巨大的冲击,同时催生了新的信任机制。

当前世界上所存在的金融体系都是建立在“不信任”的前提下,而区块链具备去中心化、可追溯及不可篡改等特性,与实体经济领域结合有很高的契合度,并且在各个领域的信任方面很可能成为区块链技术应用落地的突破口。区块链 3.0 时代的到来,将实现信任社会里的“去中心化”,在区块链上记录的所有信息数据都是完全公开透明的,每个链上的参与者都可以随时查阅,但任何人或者组织都无法篡改数据。区块链 3.0 打造出的去中心化社会网络意味着社会信任成本将大幅下降,毕竟技术比人要更可靠。

第 15 章 物联网通信安全

随着物联网的广泛部署和应用,其安全事件甚至大规模事故屡有发生,安全问题必然成为制约物联网全面发展的重要因素。由于物联网是一个融合计算机、互联网、通信和控制等相关技术的复杂系统,因而它所面临的安全问题更加复杂。物联网内涵和外延在不断地发展,物联网安全机制也在不断地完善。

15.1 物联网安全概述

随着信息技术的快速发展,万物互联已经成为时代的大趋势,越来越多的个体将被接入万物互联的体系内,个体的行为将通过蝴蝶效应扩展到物联网更多节点,影响范围也将被迅速放大。物联网能够让个体间的联系更加紧密,也能够将个体或局部的不安全因素蔓延到更广的范围,恶意攻击带来的损害程度也将远比对于单个物联网应用带来的后果更大,物联网时代的安全问题正在成为一盘需要统筹全局的大棋。

人们对物联网设备安全性的担忧不断加剧,而安全性问题越加困难的原因在于,随着越来越多的设备联网,所有三个层级的设备在某种程度上都能通过网络进行交互。物联网安全的问题越来越得到人们的关注,而物联网体系规模的日益增大及其复杂性的日益增强,使其表现得更为突出。

调查表明,90%美国人认为关于搜集和他们相关信息的控制是至关重要的。同时,用户认为他们的数据安全和隐私保护处于前所未有的低状态。谈及物联网,消费者担心安全和隐私会成为阻碍物联网被接纳的两个最大的障碍。在许多情况下,这些恐惧是有道理的。一方面,用户可能会像“皇帝的新装”一样,在一个自己默认安全的网络环境中“裸奔”,而只有自己没有意识到。另一方面,研究人员和恶意行为者正持续证明着:一个不安全的物联网设备可以驱使集体受到侵害。虽然设备“默认安全”是一个目标,但现有很多设备都有原本可以避免的漏洞。对此置之不理,物联网设备的风险或者说“物权”滥用,如果形成规模,将会造成物联网发展的中断。

伴随着物联网主要研究领域和技术应用的发展,能够有效互联的设备数量正在剧增。移动电话和原本不“说话”的设备,如传感器和执行器等,正在越来越多地智能化,这使它们能够有自主行为并支持新的医疗保健应用、运输、工业控制和安全性,以及实现能源利用和环境监测这些实现人类与环境可持续发展的长久安全领域。这些和物联网业务相关的安全正受到越来越多的关注。

1998 年全球首次提出物联网概念，2005 年国际电信联盟(ITU)对物联网进行了定义，2010 年，我国开始重视物联网的发展。物联网的急速发展推动了全球信息化的进程。物联网设备数量的猛增，让人们忽视了每一个物联网链条中潜在的风险。物联网安全，不仅是物理安全、信息内容安全、网络安全、数据安全、加密技术，还包含安全意识，隐私和数据保护制度与安全管理防护机制。例如，截至 2020 年已有数千亿的“物”设备连接到物联网。在这样一个超级连接的世界中，它们一旦逐步开口“说话”，甚至很“健谈”，把它们连续监测的活动和我们日常生活中的所作所为，随意地告诉别有用心的人或物，是我们不得不考量的新威胁。

由于物联网中边缘设备数量大，种类多，所处环境复杂，且大多资源受限，容易受到仿冒攻击、逆向工程或 IP 劫持等安全威胁。一项针对美国小型企业使用物联网的研究发现，物联网漏洞造成了严重的损失。该调查对来自 19 个行业的大约 400 名 IT 领导者进行了调查，发现 48%的公司至少经历过一次物联网安全漏洞。此外，研究表明，在收入低于 500 万美元的公司中，物联网黑客造成的损失占年总收入 13.4%。对于较大规模的公司来说，损失高达数千万美元。2010 年，席卷全球工业界的 Stuxnet 病毒攻击了伊朗铀浓缩工厂，导致伊朗核工业倒退 10 年。2015 年，海康威视监控设备被爆出严重安全隐患，部分设备已被境外 IP 地址控制。2016 年，乌克兰电力系统遭受黑客攻击，导致大规模停电，造成巨大的经济损失。2016 年一次 DDoS 攻击中，安全摄像头、联网录像机是受影响最多的物联网设备，这一事件导致 KrebsOnSecurity 网站瘫痪了 77 个小时，并且由于消费者设备的功耗和带宽消耗导致消费者损失超过 323 000 美元。委内瑞拉电网 2019 年、2020 年连续遭受攻击陷入瘫痪，能源行业网络威胁极其严重。物联网给全球发展带来了新契机，但也将带来核心数据泄露、互联终端遭非法操控等安全隐患。

对于物联网，提供一个完整安全的框架并不容易，它需要跨技术、跨领域、跨层机制。况且，人类对于物联网这一新生事物的认知，还没有达到实现保护物联网，就是保护自己的隐私和安全这一共识的程度。从物的角度看，物联网安全不能被仅仅束缚于保护物联网设备和平台不受攻击和篡改；从人的角度看，也不能仅仅满足于人的信息安全和隐私保护。物联网安全需要安全的架构和设计、技术和策略；而且，物联网安全既要获得一定的社会认同度，还要受到法律法规的约束。由于物联网自身的特殊性，其安全问题比互联网中的信息安全问题更具有挑战性，表 15-1 给出了当前物联网面临的主要安全挑战。

表 15-1　当前物联网面临的主要安全挑战

安全挑战	具体描述
虚拟网络环境与传统物理环境的融合问题	安全风险和负面影响的相互传播
异质终端设备的融合问题	需要匹配不同硬件性能和软件规范的终端设备
资源受限问题	终端设备普遍空间小、计算能力低、带宽低、电源有限。传统的安全解决方案往往不能在这些终端设备上运行
大规模部署问题	大大增加了攻击空间，每一个设备都可能被攻击。资源成本相对增加，现有密钥管理方案难以直接应用

续表

安全挑战	具体描述
隐私问题	隐私数据被分析后，容易得到关于用户的关键信息。性能和隐私安全需要妥善处理，达到一个最优的平衡
信任管理问题	不同于典型的自组织网络，缺乏中央管理机构，缺少对终端设备和用户行为进行记录、评价的机制
主观安全问题	从业人员安全意识不到位，缺乏安全培训。安全预算有限，安全解决方案和设备性能、可用性存在矛盾

物联网安全性需要从架构层面加以解决，涉及的组件越多，要确保电子设备或系统的安全就越困难。将所有东西都放在同一块芯片中可以降低被入侵的风险。围绕芯片需要构建信任链，包括从 IP 的存储和管理方式、数据的共享方式等。很多芯片在设计时几乎没有涉及安全性，芯片设计师认为可以靠软件做到这一点，通过软件实现一些加密来改善系统安全。如果万物互联，那么数据就可能被窃取，机器就可能被操控。IoT 时代，不管存在什么安全问题，都需要每个设备在互联层面，解决窃取、盗用和失控等问题。对于未来即将到来的巨大机遇，其安全性是第一任务。

我国工信部发布《物联网基础安全标准体系建设指南(2021 版)》(以下简称《指南》)。《指南》提出，到 2022 年，初步建立物联网基础安全标准体系，研制重点行业标准 10 项以上，明确物联网终端、网关、平台等关键基础环节安全要求，促进物联网基础安全能力提升；跟踪物联网新技术、新应用的发展趋势，主动适应物联网安全发展水平的不断提升，加强标准体系的动态更新和完善，有效满足产业安全发展需求；鼓励行业协会、标准化技术组织等面向生产者、用户、第三方检测认证机构等，开展重点标准的宣传和培训，引导企业对标达标，推动标准落地实施；开展交流合作，支持中外企业、协会、标准化机构等开展物联网基础安全标准的国际交流合作，积极参与物联网安全国际标准制定，为提升全球物联网安全水平贡献中国技术方案。

15.2 物联网安全体系

物联网体系结构被公认为三个层次：感知层、网络层和应用层。物联网具有终端设备多、产业链条长、涉及环节多、信息交互强、企业关联大和应用覆盖广等特点，是一个非常庞大复杂又分工有序的系统。与此同时，云计算、边缘计算、区块链等新技术、新理念更是在物联网中广泛应用。上述特点为物联网带来很多优势和便利，同时也不可避免地带来了相应的安全风险与挑战。针对各个层次的独立安全问题，已经有一些信息安全解决措施。物联网作为一个应用整体，各个从层次的独立安全措施的简单叠加并不能提供可靠的安全保障，因此根据物联网的发展需求，要建立一套可持续发展的、稳定可靠的物联网安全体系架构。物联网安全体系架构如图 15－1 所示。

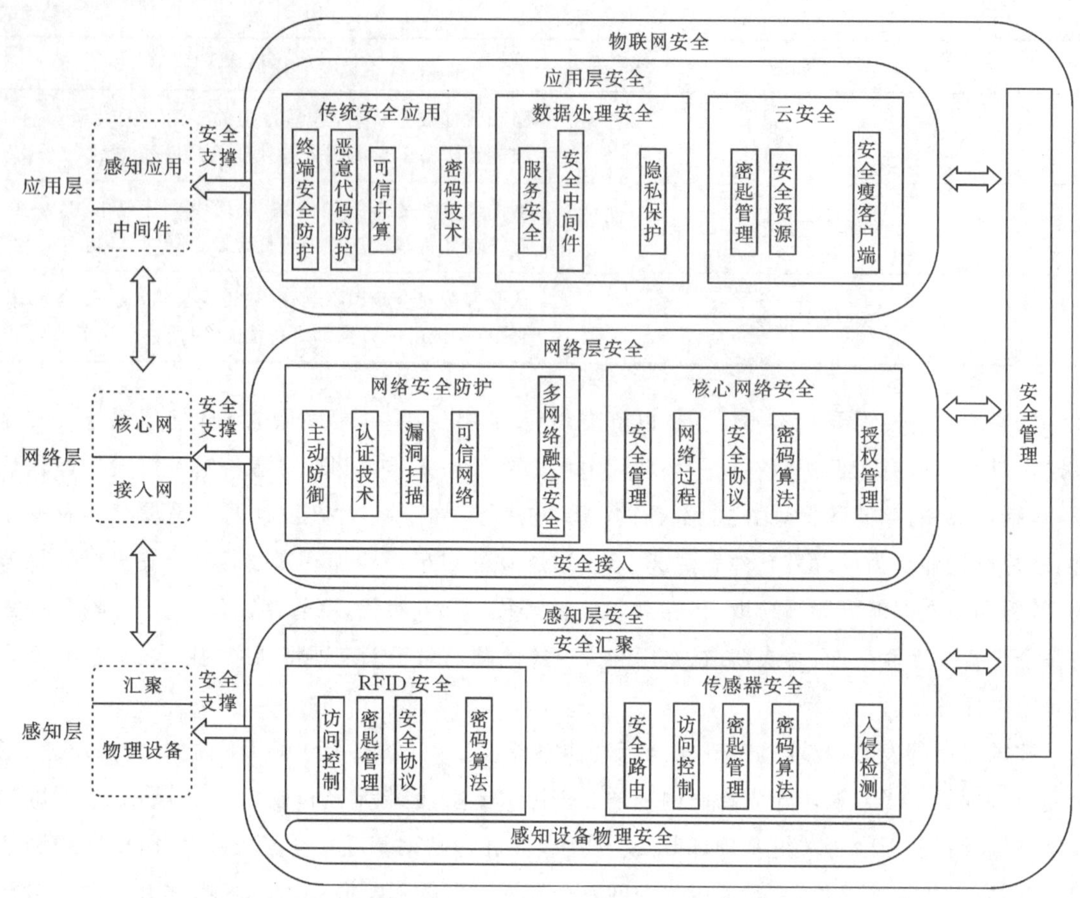

图 15－1　物联网安全体系架构

15.2.1　物联网感知层安全

感知层主要任务是实现全面感知外界信息，包括各种传感器、网关、RFID 系统等各种感知设备和技术，它们给人们生活带来便利的同时，也存在各种各样的安全和隐私问题。很多智能摄像头都曾曝出安全隐患，比如亚马逊 Ring 摄像头被黑客攻破，以“圣诞老人”身份对用户进行恐吓威胁；智能安全摄像头 Wyze 以一种公开可访问的方式存储用户数据导致个人隐私数据泄露；360 水滴摄像头直播事件导致用户个人隐私受到侵犯。2020 年 2 月，美国安全公司 ESET 研究员发现 Broadcom 和 Cypress Wi-Fi 芯片中存在严重安全漏洞——Kr00k，黑客利用该漏洞成功入侵之后，能够截取和分析设备发送的无线网络数据包，能让攻击者解密传输的敏感数据。2020 年 3 月，美国安全公司派拓网络(Palo Alto Networks)旗下 Unit 42 Threat 安全团队发布《2020 年物联网威胁报告》，指出多达 83％的物联网医疗成像设备，如乳房 X 光造影机、MRI 核磁共振成像机等都存在安全隐患，该比例明显高于 2018 年的 56％。2020 年 4 月，《Which?》杂志联合网络安全公司 Context Information Security 发布报告称，黑客能够随意入侵大众 Polo 的雷达模块，进一步篡改车辆碰撞预警系统。

同时，感知层设备计算能力普遍不强、存储空间普遍偏小，因此在提供安全保障、完成紧急恢复等功能方面会受到不同程度限制。制定统一规范的安全标准、可靠的数据传输系统以及对终端设备或用户身份的有效识别,是构筑感知层安全的重要基石。此外,还需要特别注意与感知层广泛连接的大量终端设备的自身安全,特别是加强物理防护、完善软件更新机制等也是加强感知层安全必须考虑的问题。总体来说,感知层安全风险既包括终端设备物理安全风险和软件安全风险,也包括网络通信安全风险、数据传输泄露风险、恶意软件感染和服务中断风险等。表 15 - 2 详细列出了物联网中感知层存在的主要安全威胁。

表 15 - 2 物联网中感知层存在的主要安全威胁

安全威胁	具体问题和描述
伪装攻击	攻击者通过相关技术手段伪装成物联网中某终端设备
未授权访问	攻击者通过伪装等方式,非法访问甚至控制物联网中终端设备
可用性	由于受到攻击或威胁而导致物联网中的终端设备停止工作的问题
传输安全	在数据传输过程中面临的攻击威胁,如数据伪造、截获、中断传输等
利己性	为节省资源或计算能力,物联网中的终端设备中止工作,进而导致故障
恶意代码	病毒、蠕虫、木马等可能导致物联网服务中断的程序代码
路由攻击	利用物联网终端设备之间的网络路由线路发起的攻击
拒绝服务攻击(DoS)	通过强制资源占有等方式拒绝终端设备或用户调用物联网的服务和资源

针对感知层的安全挑战,归纳总结感知层的安全需求表现在以下几个方面。

(1)机密性。多数感知层内部不需要认证和密钥管理。

(2)密钥协商。部分感知层内部节点进行数据传输前需要预先协商会话密钥。

(3)节点认证。个别感知层数据共享时需要节点认证,确保非法节点不能接入。

(4)信誉评估。一些重要感知层需要对可能被攻击方控制的节点行为进行评估,以降低攻击方入侵后的危害。

(5)安全路由。几乎所有感知层内部都需要不同的安全路由技术。

15.2.2 物联网网络层安全

网络层主要用于把感知层获取的数据安全可靠地传输到应用层,然后根据不同的业务应用需求进行处理。网络层主要是网络基础设施,包括互联网、移动网、广播电视网、电路专用网等。信息在传输过程中经常会跨网络传输,物联网中这一现象更加突出,因此物联网不仅要面对传统网络安全问题,而且还要应对来自物联网终端自身、接入方式及核心网络等方面的安全问题。

物联网网络层所处的网络环境存在严重的安全挑战,由于多源、异构网络需要相互连通,因此跨网络架构的安全认证等方面会面临更大的挑战,主要包括非法接入、DoS/DDoS 攻击、假冒/中间人攻击、跨异构网络的网络攻击、信息窃取与篡改。

针对网络层面临非授权节点非法接入问题,接入认证技术可以作为网络安全防护的第一道防线,既可以有效地防止恶意节点加入网络非法使用资源,又能够用于自身网络中各个节点之间的身份甄别。根据密码体制的不同,现有的接入认证机制主要分为四种:基于对称密码技术的认证机制、基于证书或者公钥基础设施(PKI)的认证机制、基于身份的认证机制以及基于无证书密码体制的认证机制。表 15-3 所示为接入认证机制分类对比。

表 15-3 接入认证机制分类对比

<table>
<tr><th colspan="2">名称</th><th>定义</th><th>优点</th><th>缺点</th></tr>
<tr><td rowspan="2">基于对称密码</td><td>基于共享密钥的认证机制</td><td>通信双方采用预先共享的密钥进行通信,解密的同时进行身份认证</td><td>简单高效、速度快、效率高</td><td>复杂的密钥分配管理</td></tr>
<tr><td>基于可信第三方的认证机制</td><td>所有节点都与第三方共享密钥</td><td>密钥管理较简单</td><td>对可信第三方以及链路连通性的依赖大</td></tr>
<tr><td colspan="2">基于证书或者 PKI</td><td>认证中心为用户颁发证书,证书包含身份和公钥,用户通过私钥和证书证明自己身份</td><td>密钥管理的压力减少</td><td>繁重证书管理和代价高昂的 PKI 系统建设和维护费用</td></tr>
<tr><td rowspan="2">基于身份</td><td>普通</td><td>身份信息即公钥,PKG 完成分发用户标识和相关参数,且计算用户私钥</td><td>没有公钥管理及证书管理问题</td><td>存在密钥托管问题</td></tr>
<tr><td>分级身份</td><td>密钥管理任务分发到多个级别低的子 PKG</td><td>降低密钥管理复杂度,增强可扩展性</td><td>多个 PKG 协调管理和通信问题</td></tr>
<tr><td colspan="2">基于无证书密码体制</td><td>KGC 利用身份信息生成用户部分私钥,用户利用随机数产生整体私钥和公钥</td><td>无复杂证书管理压力,无密钥托管问题</td><td>用户因产生完整私钥开销相对增加</td></tr>
</table>

(1)基于对称密码技术的认证机制。基于对称密码技术的认证机制可以根据是否需要第三方的参与,分为基于共享密钥的认证机制和基于可信第三方的认证机制。

(2)基于证书或者 PKI 的认证机制。基于证书或者 PKI 的安全认证机制,采用公钥密码体制减轻复杂密钥管理的压力,但也存在繁重证书管理和代价高昂的 PKI 系统建设和维护费用等问题。

(3)基于身份的认证机制。基于身份的接入认证机制最大优势为用户的公钥和身份合二为一,所以没有公钥管理难题。在认证阶段第三方不参加,可以节约大量的带宽和计算资源,满足无线网络的需求。但系统参数公开发布,其安全性依赖相关私钥,且存在密钥托管问题。

(4)基于无证书密码体制的认证机制。为了克服基于身份的认证机制的密钥托管缺陷和公钥证书体制的复杂证书管理压力,文献提出了无证书密码概念。在此机制中,不需要验证公钥,半可信第三方密钥产生中心(KGC)利用用户身份及系统参数来产生部分私钥,用户使用一个随机数以及部分私钥来产生整体私钥,因此真正的私钥并没有存储在 KGC 中,也就摆脱了密钥托管问题。

物联网边缘设备在接入网络之前，为了有效地甄别物联网边缘设备身份的合法性，设备和服务器之间必须进行双向身份认证。前面介绍的几种认证方法各有优缺点，因此在不同的使用场景下，需要结合软硬件资源、网络带宽及目标需求等多种因素选择适用的方案。目前，在认证方法上主要包括基于软件和硬件认证两大类。基于软件的认证基于数学方法，如离散对数问题，依赖于软件保护设备密钥。主要方法有基于对称密码技术、基于证书或者公钥基础设施(PKI)、基于身份信息等，但都存在密钥分配管理复杂、证书管理任务繁重、对可信第三方依赖大、存储密钥的设备存储器易受攻击等缺点。因此，现有的软件认证机制都面临很高的风险，不适合工业物联网资源有限、无法设置可信第三方、难以预置密钥的特点，这样基于硬件的安全解决方案就应运而生。

基于硬件的认证方法使用专用的硬件集成电路或处理器执行加密功能并存储密钥，可以防止对数据的读写访问，并提供更强的保护，防止各种攻击，已被用于加密处理和强认证，它可以加密、解密、存储和管理数字密钥，如 PKI、AES 等软件机制一起使用实现信息加密。但基于硬件的安全机制容易受到中间人攻击。在这些攻击中，当硬件安全模块被窃取时，攻击者可以伪造设备，并模拟实际的密钥。在网络中存在极大的风险。为了有效解决这个问题，Gassend 等人首次提出了基于物理不可克隆函数(Physical Unclonable Function，PUF)的芯片指纹技术。PUF 利用设备内部芯片的制造差异性来生成指纹，该指纹具有不可克隆的特点。因为即使有物理访问，黑客也无法伪造设备的内在属性，这使得 PUF 成为实现设备标识及身份认证的硬件安全方案的首选。

已有研究表明，可以利用不同的方法提取指纹，如光学 PUF 使用透明材料的物理特性，产生一种独特而随机的图案，涂层 PUF 可以通过随机掺杂不透明介质粒子填充集成电路顶部金属线网络之间的空间来构建标识等。目前的技术更倾向于利用芯片内在变化而设计的 PUF，将其嵌入到边缘设备中，不增加额外的硬件负载。基于泄漏电流的 PUF 是提取电路中不同的内在变化的组合产生不同的泄漏电流；基于延迟的 PUF 是提取设备制造工艺中的误差引起的电路传输延迟差。其中，仲裁 PUF 和环振 PUF 应用比较广，但这些 PUF 需要大量的设备组件来保证它们的安全、占用芯片空间大，因此不适用于物联网边缘设备。基于存储器(SRAM)的 PUF 具有部署方便、占用芯片空间小、功耗低等优点，能很好地匹配工业物联网的各项特点。

研究者已经针对 SRAM PUF 的电路设计、密钥生成和认证协议展开了初步研究，但是其在工业物联网的应用中仍然存在以下挑战。

(1)芯片指纹提取电路的响应可靠性有待进一步提高。

(2)轻量级的芯片指纹密钥生成机制。

(3)无证书、无公钥、无可信第三方、密钥不传输不存储的双向身份认证。

DDoS(Distributed Denial of Service)全称分布式拒绝服务，就是借助多台计算机作为平台来攻击服务器的一种方式的统称，DDoS 攻击还包括 CC 攻击、NTP 攻击、SYN 攻击、DNS 攻击等。遭受 DDoS 攻击的网站会出现网站无法访问、访问提示“server unavailable”、服务器 CPU

使用率100%、内存高占用率。DDoS是网络中最常见的攻击，在物联网中尤为突出。随着物联网设备数量增加，DDoS攻击也将大幅上升。据思科估计，超过每秒1千兆流量的DDoS攻击数量将飙升至310万次。如今越来越多的DDoS攻击已经够糟糕了，但随着5G的广泛采用，情况将会变得更糟。因为5G的实施将迎来一个前所未有的数据速度和显著降低延迟的时代，这意味着DDoS攻击必须在几秒钟内得到缓解，而不是几分钟。

物联网核心网络仍然以现有TCP/IP网络为基础，因此主要涉及与物联网紧密相关的IPv4和IPv6的安全问题。在IPv4中，TCP/IP常见的几种攻击类型包括泄露攻击、地址欺骗攻击、序列号攻击、路由攻击、拒绝服务、鉴别攻击、地址诊断等。IPv6可以有效解决IPv4地址枯竭的问题，但也带来了其他网络安全问题。一个IPv6节点中有很多关键数据结构，攻击者可以利用这些信息了解到网络中存在的其他网络设备，也可以利用这些信息实施攻击。例如，攻击者可以宣告错误的网络前缀或者路由器信息等，从而使网络不能正常工作，或者将网络流量导向错误的地方。IPv6支持无状态地址自动分配也存在安全隐患，非授权的用户可以更容易地接入和使用网络，也给拒绝服务攻击提供了机会。邻居发现协议是IPv6的一个重要协议，但攻击者可以利用该协议发送错误路由器宣告、错误的重定向消息等，让数据包流向不确定的地方。

15.2.3 物联网应用层安全

物联网应用层主要满足具体业务开展的需求，涉及信息安全问题直接面向物联网用户群体。因此，海量数据信息处理及业务控制管理、隐私保护、信任安全、位置安全、云安全及知识产权保护等都面临着巨大的挑战。

1. 业务控制管理

大量终端设备的部署、组网等业务配置，庞大且多样化的物联网管理平台都是物联网应用层面临的安全问题。传统分层次的认证是独立存在的，网络层的认证负责网络层身份鉴别，业务层的认证负责业务层身份鉴别。但在实际物联网应用环境中，业务应用和网络通信是紧紧捆绑在一起的，很难独立进行管理和控制。

2. 隐私保护

在具体的物联网应用场景中，传感节点会收集用户大量隐私数据，如个人出行线路、消费偏好、健康状况、企业产业信息等，用户的这些隐私数据极易遭到泄露。比如基于位置的服务(Location based Service，LBS)，恶意用户或攻击者通过收集LBS中的精确位置信息，推断出用户的家庭地址、生活习惯、政治观点、宗教信仰、健康状况等私人敏感信息。当前的隐私保护方法主要分为两种：一种是通过直接交换共享计算机资源和服务，实现对等计算；另一种是通过规范定义和组织信息内容，使之具有语义信息，能被计算机理解，实现与人的相互沟通。

3. 信任安全

物联网是一个开放的多用户、多任务分布式应用系统，容易遭受恶意用户的攻击。为了确保网络节点需要使用的资源和服务的有效性，必须建立可靠、安全的信任管理机制，从而确保物联网用户的利益。认证、授权和访问控制是常常采取的安全防范措施。认证主要包括身份认证和消息认证。授权是指系统正确认证用户之后，根据不同的用户标识分配给不同的使用资源。通常需要从用户类型、应用资源和访问控制规则三个方面明确用户访问权限。访问控制是对用户合法使用资源的认证和控制，主要包括基于角色的访问控制机制及其扩展模型。

15.3 物联网安全解决方案

15.3.1 端到端安全模型

已经提出的“端到端”的安全模型主要有下述几种。

(1)专用 WAP 网关。内容服务器的安全网络内配置自己的专用 WAP 网关，无线用户通常直接连接到一个缺省的 WAP Proxy 网关，Proxy 网关将连接请求转向专用的 WAP 网关，与专用 WAP 网关建立 WTLS 连接，这样即使在 WAP 网关内敏感信息以明文的形式暂时存在，那也是在内容服务器的安全网络内部，保证了端到端的安全。

(2)WAP 隧道技术。数据传输前，在无线用户终端上对数据包进行 WTLS 加密，当加密数据包从无线用户传输到 WAP 网关上时，不进行 WTLS 的解密，而是直接进行 TLS 加密，传输给 WAP 内容服务器。在内容服务器端进行 TLS 和 WTLS 的两次解密后，获得明文数据。

(3)WAP2.0 模型。采用完全的 WAP2.0 协议，无线用户终端拥有 HTTP 或者简化的 HTTP 功能，并提供 TLS 的安全协议，这样无线终端和 WAP 内容服务器之间没有协议转换的需求，就可以透明地穿过 WAP 网关，与内容服务器建立端到端的安全通信。

对无线网络安全技术实现的措施有以下几种。

(1)采用 128 位 WEP 加密技术，并不使用产商自带的 WEP 密钥。

(2)MAC 地址过滤。

(3)禁用 SSID 广播。

(4)采用端口访问技术(802.1x)进行控制，防止非授权的非法接入和访问。

(5)对于密度等级高的网络采用 VPN 进行连接。

(6)对 AP 和网卡设置复杂的 SSID，并根据需求确定是否需要漫游来确定是否需要 MAC 绑定。

(7)禁止 AP 向外广播其 SSID。

(8)修改缺省的 AP 密码。

(9)布置 AP 的时候要在公司办公区域以外进行检查，防止 AP 的覆盖范围超出办公区域，防止外部人员在公司附近接入网络。

15.3.2 无线局域网安全技术

常见的无线网络安全技术：服务区标识符(SSID)匹配，无线网卡物理地址(MAC)过滤，有线等效保密(WEP)，端口访问控制技术(IEEE 802.1x)和可扩展认证协议(EAP)，WPA(Wi-Fi 保护访问)技术，高级的无线局域网安全标准(IEEE 802.11i)。

为了有效保障无线局域网(WLAN)的安全性,必须实现以下几个安全目标。

(1)提供接入控制。验证用户,授权他们接入特定的资源,同时拒绝为未经授权的用户提供接入。

(2)确保连接的保密与完好。利用强有力的加密和校验技术,防止未经授权的用户窃听、插入或修改通过无线网络传输的数据。

(3)防止拒绝服务(DoS)攻击。确保不会有用户占用某个接入点的所有可用带宽,从而影响其他用户的正常接入。

SSID(Service Set Identifier)将一个无线局域网分为几个不同的子网络,每一个子网络都有其对应的身份标识,只有无线终端设置了配对的 SSID 才接入相应的子网络。所以可以认为 SSID 是一个简单的口令,提供了口令认证机制,实现了一定的安全性

MAC 地址过滤,每个无线工作站网卡都由唯一的物理地址(MAC)标识,该物理地址编码方式类似于以太网物理地址,是 48 位。网络管理员可在无线局域网访问点 AP 中手工维护一组(不)允许通过 AP 访问网络地址列表,以实现基于物理地址的访问过滤。

802.11 WEP 是 IEEE 802.11b 标准规定的一种被称为有线等效保密(WEP)的可选加密方案,其目的是为 WLAN 提供与有线网络相同级别的安全保护。WEP 是采用静态的有线等同保密密钥的基本安全方式。静态 WEP 密钥是一种在会话过程中不发生变化也不针对各个用户而变化的密钥。

802.1x 用户认证,802.1x 是针对以太网而提出的基于端口进行网络访问控制的安全性标准草案。基于端口的网络访问控制利用物理层特性对连接到 LAN 端口的设备进行身份认证。如果认证失败,则禁止该设备访问 LAN 资源。802.1x 草案为认证方定义了两种访问控制端口:受控端口和非受控端口。受控端口分配给那些已经成功通过认证的实体进行网络访问,而在认证尚未完成之前,所有的通信数据流从非受控端口进出。非受控端口只允许通过 802.1x 认证数据,一旦认证成功通过,请求方就可以通过受控端口访问 LAN 资源和服务。图 15-2 所示为 802.1x 认证前后的逻辑示意图。

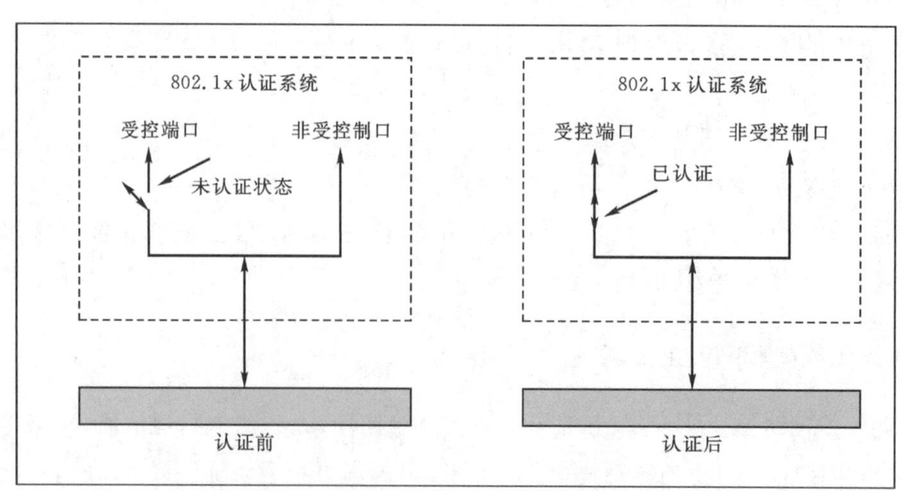

图 15-2　802.1x 认证前后的逻辑示意图

15.3.3 蓝牙技术安全机制

蓝牙技术是一种新的无线通信技术，通信距离可达 10 m 左右。它采用了跳频扩展技术(FHSS)，在一次连接中，无线电收发器按一定的码序列不断地从一个信道跳到另一个信道，只有收发双方是按这个规律进行通信的，而其他的干扰不可能按同样的规律进行干扰。蓝牙采用了数据加密和用户鉴别措施，蓝牙设备使用个人身份数字(PIN)和蓝牙地址来分辨别的蓝牙设备。

蓝牙设备有两种信任级别，即可信任和不可信任。可信任级别有一个固定的可信任关系，可以得到大多数服务。可信任设备是预先得到鉴别的，而不可信任设备所得到的服务是有限的，它也可以具有一个固定的关系，但不是可信任的。一个新连接的设备总是被认为是未知的，不可信任的。

蓝牙有三种安全模式。安全模式 1：现有的大多数基于蓝牙的设备，不采用信息安全管理和不执行安全保护及处理；安全模式 2：蓝牙设备采用信息安全管理并执行安全保护和处理，这种安全机制建立在 L2CAP 和它之上的协议中；安全模式 3：蓝牙设备采用信息安全管理和执行安全保护及处理，这种安全机制建立在芯片中和 LMP(链接管理协议)。

当建立一个连接时，用户有各种不同的安全级别可选，服务的安全级别主要由以下三个方面来保证。授权要求：在授权之后，访问权限只自动赋给可信任设备或不可信任设备；鉴别要求：在连接到一个应用之前，远程设备必须被鉴别；加密要求：在访问服务可能发生之前，连接必须切换到加密模式。

在蓝牙系统中有四种类型的密钥以确保安全的传输。其中最重要的密钥是链路密钥，用于两个蓝牙设备之间相互鉴别。链路密钥都是 128 位的随机数；加密密钥由当前的链路密钥推算出来，每次需要加密密钥时它会自动更换；PIN 码是一个由用户选择或固定的数字，长度可以为 1～16 个字节，通常为四位十进制数。用户在需要时可以改变它，这样就增加了系统的安全性。同时在两个设备输入 PIN 比其中一个使用固定的 PIN 要安全得多。

蓝牙的鉴权方案是询问与响应策略。协议检查双方是否有相同的密钥，如果有则鉴权通过。鉴权方案按以下步骤进行：①被鉴权设备 A 向鉴权设备 B 发送一个随机数供鉴权；②利用 E1 鉴权函数，使用随机数、鉴权设备 B 的蓝牙地址和当前链路密钥匹配时得出响应；③鉴权设备 B 将响应发往请求被鉴权设备 A，设备 A 而后判断响应是否匹配。

15.3.4 UWB 网络安全机制

因为各种各样的应用和使用模式，超宽带安全性规范分布式无线网络安全问题更加复杂。

(1)安全性要求。针对 UWB 应用过程中容易发生的信息安全问题，国际标准化组织(ISO)接受了由 WiMedia 联盟提出的“高速率超宽带通信的物理层和媒体接入控制标准”，即 ECMA - 368 (ISO/IEC26907)，规范了相应的安全性要求。

(2)信息接收与验证。在信息接收过程中,接收帧时,MAC 子层信息处理流程图 15-3 所示。

MAC 层的信息安全传输机制,通过物理层在一个无线频道上与对等设备进行通信;采用基于动态配置(Reservation-based)的分布式信道访问方式;基于竞争的信道访问方式;采用同步的方式进行协调应用。

UWB 网络中拒绝服务攻击防御措施:当攻击者发动基于数据报文的 UWB 洪水攻击行为时,发送大量攻击数据报文至所有 UWB 网络中的节点。但作为数据报文的目标节点,就比较容易判定了。当目标节点发现收到的报文都是无用的时候,它就可以认定源节点为攻击者。目标节点可通过路径删除的方法来阻止基于数据报文的 UWB 洪水攻击行为。

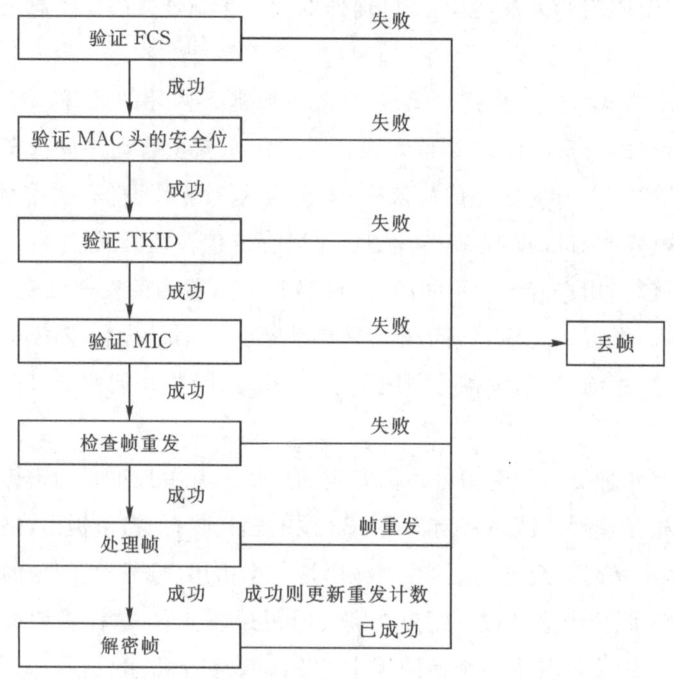

图 15-3　MAC 子层信息处理流程

15.3.5　RFID 安全及隐私保护机制

RFID 隐私保护与成本是相互制约的,如何在低成本的被动标签上提供确保隐私安全的增强技术面临诸多挑战。现有的 RFID 隐私增强技术可以分为两大类:一类是通过物理方法阻止标签与阅读器通信的隐私增强技术,即物理安全机制;另一类是通过逻辑方法增加标签安全机制的隐私增强技术,可以通过 Hash 锁、随机 Hash 锁、Hash 链来解决,即基于密码学的安全机制。

1. 物理安全机制

物理安全机制主要包括"灭活"、法拉第网罩、主动干扰以及阻止标签。

(1)"灭活"。灭活标签机制的原理就是杀死 RFID 标签,使其丧失通信功能,从而标签不会响应攻击者(非法 RFID 读写器)的扫描。例如,在超市购买完物品后,可以杀死购买商品上的 RFID 标签,以保护消费者的隐私。但是它有个缺点就是无法让消费者继续享受到以 RFID 标签为基础的物联网(食品供应链溯源系统)服务。

(2)法拉第网罩。将由金属网或者金属箔形成的网罩罩在标签上,可以屏蔽电磁波,进而达到屏蔽 RFID 读写器与 RFID 标签进行通信的效果。比如银行卡如果是用 RFID 标签制作的,那么可以将其日常存放在法拉第网罩中,防止被黑客非法读取信息。

(3)主动干扰。用户可以主动发射电磁波信号来阻止或者破坏非法 RFID 阅读器的读取。它的缺点就是会产生非法干扰,使得附近其他 RFID 系统无法正常工作,甚至影响到其他无线系统的正常运转。

(4)阻止标签。这种方法主要是通过特殊的标签碰撞算法来阻止非授权的 RFID 阅读器读取被保护的 RFID 标签信息。

2. 基于密码学的安全机制

(1)Hash 锁。Hash 锁是一种抵制标签未授权访问的安全隐私技术,它采用 Hash 散列函数给标签加锁,成本较低。Hash 锁工作机制如图 15-4 所示。

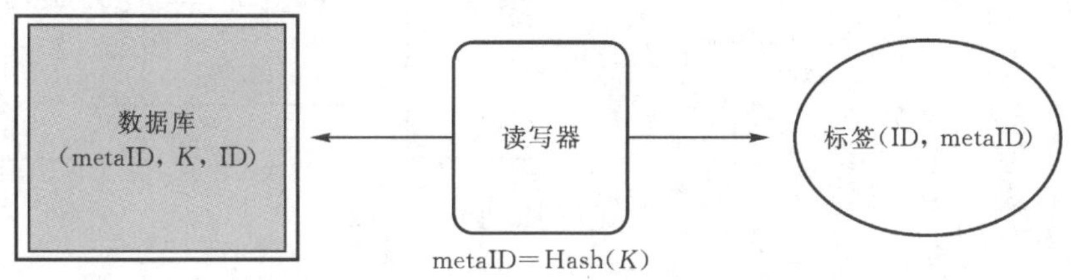

图 15-4 Hash 锁工作机制

①读写器随机产生一个标签的 K,计算 metaID=Hash(K),并将 metaID 发送给标签。

②标签将 metaID 存储下来,进入锁定状态。

③读写器将(metaID,K,ID)存储到数据库,并以 metaID 位索引。

Hash 锁解锁标签流程如图 15-5 所示。

①读写器询问标签(Query),标签回答 metaID(开始发送的是 metaID)。

②读写器查询数据库,找到对应的(metaID,K,ID),再将 K 值发送给标签。

③标签收到 K,计算 Hash(K),并与自身存储的 metaID 比较,若 Hash(K)=metaID,标签解锁并将其 ID 发送给阅读器。

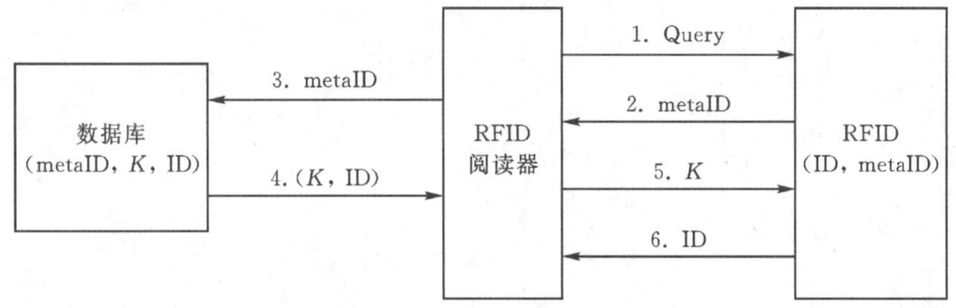

图 15-5 Hash 锁解锁流程

Hash 锁缺点：每次询问时标签回答的数据特定，所以不能防止位置跟踪攻击。传输数据未经加密，窃听者可以轻易获取标签的 K 和 ID 值。

(2)随机 Hash 锁。随机 Hash 锁是一种改良版 Hash 锁，可以解决标签位置隐私问题，读写器每次访问标签的输出信息不同。标签端是 Hash 函数和随机数发生器。数据库存储所有标签的 ID。向未锁定标签发送锁定指令，即可锁定该标签。随机 Hash 锁解锁流程如图 15-6 所示。

①读写器向标签 ID 发出 Query，标签产生一个随机数 R，计算 Hash(ID||R)（|| 表示将 ID 和 R 进行连接）。将(R，Hash(ID||R))数据传送给读写器。

②读写器收到数据，从数据库取得所有标签的 ID 值。

③读写器分别计算各个 Hash(ID_k||R)的值，并和收到的 Hash(ID||R)比较，若相等，则向标签发送 ID_k。

④标签收到 ID_k＝ID，解锁。

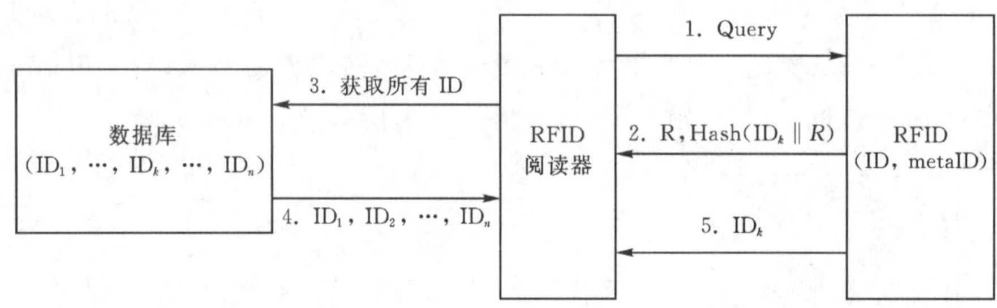

图 15-6　随机 Hash 锁解锁流程

随机 Hash 锁的缺点：标签成本低，计算能力有限，难以集成随机数发生器。随机 Hash 仅解决标签位置隐私问题，没有保护标签的秘密信息。数据库解码通过穷举搜索，效率低。

(3)Hash 链。Hash 链可解决可追踪性，标签使用 Hash 函数每次读写器访问后自动更新标识符，实现前向安全性，即长期使用的主密码泄露不会导致过去的会话密钥泄露，保护过去进行的通信不受密码或密钥在未来暴露的威胁。

Hash 链工作机制如图 15-7 所示。

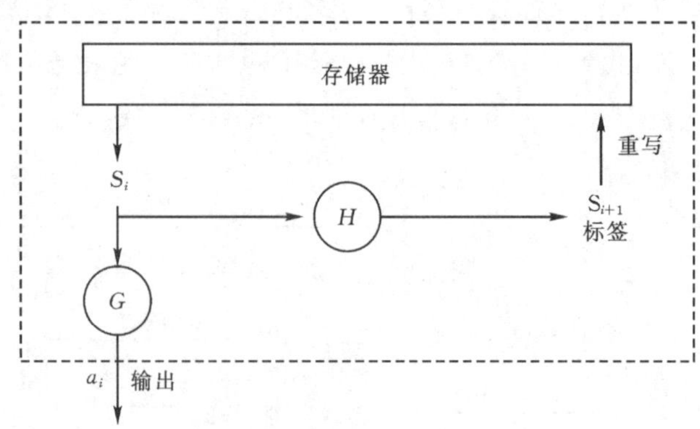

图 15-7　Hash 链工作机制

①标签在存储器中设置一个随机的初始化标识符 S_i，也存到后台数据库中。标签包含两

个 Hash 函数 G 和 H。

②读写器 Query 时，标签返回当前标识符 $a_k=G(S_k)$ 给读写器。

③标签从电磁场获得能量时自动更新标识符 $S_{i+1}=H(S_i)$。

Hash 链锁定标签：对于标签 ID，读写器随机选取一个 S_1 发送给标签，并将(ID，S_1)存储到数据库，标签收到 S_1 进入锁定状态。

Hash 链解锁标签流程如图 15-8 所示。

①在第 i 次事物交换中，读写器 Query 标签，标签输出 $a_i=G_i$，并更新 $S_{i+1}=H(S_i)$，其中 G 和 H 为单向 Hash 函数。

②读写器收到 a_i 后，搜索数据库所有(ID，S_{i-1})数据对，并为每个标签递归计算 $a_i=G[H(S_{i-1})]$，比较是否等于 a_i，若相等，则返回相应的 ID。

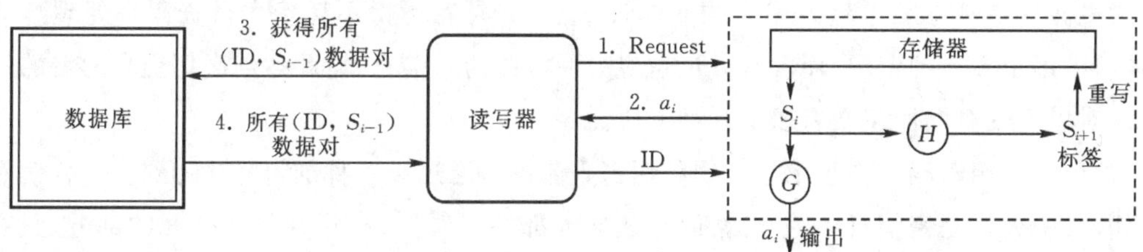

图 15-8　Hash 链解锁标签流程

Hash 链缺点：每次识别要穷举搜索，并比较数据库中的每个标签，随着标签规模扩大，后端服务器计算负担增大，因此只适合标签量少的情况。由于穷举搜索，存在拒绝服务攻击的风险。近年来还出现了一些新的隐私保护认证方法，包括 PUF 方法、基于掩码、带方向的标签、基于策略的方法及基于中间件方法等。

15.3.6　NFC 安全问题及防护机制

对目前 NFC 移动支付带来的问题进行研究，总结出了 NFC 移动支付中面临的安全威胁如下。

(1)窃听风险。窃听是指在 NFC 移动支付交易期间，攻击者采取一定的特殊手段来获取交易数据或者是消费者的 NFC 卡片信息，并对其进行分析，导致用户隐私信息被泄露。虽然 NFC 是近距离通信，但是由于其射频场是开放的，因此给部分居心不良者提供了攻击的机会，攻击者可能通过一些特殊装备获得设备正在传输的信息。由于现在 NFC 技术规范并没有对数据加密提出标准和要求，导致很多情况下 NFC 进行数据传输时都是以明文传递的，这就极大地增加了数据被窃听的风险。

(2)消息篡改风险。消息篡改是指攻击者截获发送方发送的数据之后，对数据进行篡改然后再发送给消息原本的接收方。数据篡改的形式有插入无效数据、删除关键数据以及对数据的恶意修改，如在支付过程中攻击者对双方的交易信息或者银行账号进行修改，使得双方无法达成交易或者产生错误的交易，从而容易导致造成被攻击的财产损失。

(3)中间人攻击风险。中间人攻击有 2 种方式。第一种是在双方传输数据的过程中发生的攻击，在攻击者获取到了交易双方中任一方的合法身份标识信息之后，就可以通过身份信息伪装成合法终端骗取另一方的信任，从而攻击交易双方的数据。第二种是通过恶意程序的攻击，具体表现为攻击者利用恶意应用，应用命令向安全单元调用数据请求，当安全单元响应之后，恶意应用程序就把得到的回应信息转发给第三方攻击者，这样攻击者就获得了交易的敏感信息。

(4)交易抵赖风险。交易抵赖是指参加交易的双方参与者，拒绝承认参与过交易行为，以此来逃避交易过程中产生的资金转移，达到逃避支付的目的，对于参与交易的另一方却造成了财产损失。

(5)拒绝服务风险。拒绝服务主要可以通过 2 种形式实现。一种是通过硬件实现，攻击者采用额外的硬件通过不停地读取交易方的标签或者强制让交易方不停地读取自己的标签，造成交易的一方无法和对方取得交互，从而达到破坏交易的目的。另一种是通过软件层面实现，攻击者通过向交易一方发送超大规模的数据量，造成交易者不得不耗费大量资源来处理这些数据，从而占用了大量的资源，而没有办法响应另一方的请求信息，以此达到破坏交易的目的。

应对以上安全问题主要有以下几种方法。

(1)公钥私钥密码体系技术。公钥私钥密码体系是通过某一种加密算法得到一个公钥和一个私钥，其中公钥是密钥对中公开的部分，任何人都可以看到，私钥则是不公开的部分，只有拥有者自己知道。公钥通常用于会话数据加密、数字签名验证等，公钥加密的信息可以用相应的私钥解密的数据。而私钥加密的数据，就必须使用公钥才能解密。采用这种技术对采用 NFC 技术的设备信息、交易数据、银行卡信息进行加密，由于攻击者无法直接知道私钥，可以有效应对窃听、消息篡改等攻击，实现数据的安全传输和数据的保密性。

(2)数字签名技术。数字签名，是将普通签章数字化，数字签名代表了签名者的身份。其特性是制造签名十分容易，但仿冒签名就非常困难。数字签名可以与被签署的信息结合起来，防止信息在传递过程中被篡改。数字签名包含两部分算法：其一是签署算法，使用私钥对信息或者信息的 Hash 值进行处理来产生签名；其二是验证算法，使用公钥来验证经过签名的数据的真实性。采用数字签名技术，可以有效验证 NFC 支付系统各个参与者的身份，由于签名的不可仿冒性，从而可以避免中间人攻击的风险，又可以认证交易者的身份使交易行为不可抵赖。

(3)随机数技术。在 NFC 支付的消息传递过程中，除去本来就传递交易相关的数据之外，还可以在每一次数据传递中额外增加一个或者多个实时变化的随机数，每一个参与者都按照自己制定的规则生成随机数，在收到交易数据时可以对比数据中的随机数是否是自己生成的，若无法识别则认为交易数据被篡改，因此放弃这次交易。采用随机数技术，一方面可以保证数据的安全性，使攻击者即使窃取到了消息，也无法对消息进行伪造，从而避免了消息被篡改。又由于随机数是实时可变的，因此使得攻击者没有办法进行重放攻击。

(4)匿名技术。在用户进行交易的时候，使用的是虚拟 ID，而客户的真实身份信息，隐藏在银行或者可信认证平台的数据中。用户的 ID 和真实身份之间没有任何必然联系。在交易系统中使用 ID 进行交易，而在结算时银行会通过算法和数据验证 ID 的真实性并根据 ID 判断用户的真实身份信息。即使攻击者得到了用户的 ID，也不知道客户的真实身份，所以也无法通过银行验证。通过匿名化技术保护了用户的隐私和用户的账户安全，同时也确保了系统整体的安全性和用户身份的不可伪造性。

(5)组签名技术。在组签名系统中,任何组的合法成员都可以代表组生成匿名的签名,并且验证者可以使用组公钥来检查组签名的有效性。验证者可以验证签名是否由组成员签名,但不能知道谁签署了该消息以为客户提供匿名,并且也不能链接同一客户的不同交易以提供不可链接性。小组管理者可以通过签名来验证签名者的身份,因此签名者不能否认自己的签名。通过组签名既保证了组成员的匿名性,又保证了可追溯性,合法用户可以通过其匿名性得到保护,可追溯性可以对用户的非法行为进行跟踪。采用组签名策略可以有效防止身份冒用,从而避免中间人攻击、数据篡改等,也保证了系统整体的安全性和交易的不可抵赖性。

(6)AES 和 ECC 混合加密算法技术。首先,在数据传输过程中采用 AES 算法对 NFC 移动支付中的数据进行加密,然后用 ECC 算法对 AES 算法的密钥进行加密管理;其次在解密时,先通过对 ECC 算法解密得到 AES 算法密钥,然后通过得到的 AES 密钥再对数据进行解密。这样不仅保证了数据传输的安全可靠,同时也兼顾了加密和解密的速度。通过混合加密可以更加有效地保证数据在传输过程中的安全,有效应对窃听、消息篡改等威胁。

(7)HMAC 消息认证技术。HMAC 消息认证技术的基本原理:发送方和接收方在进行消息传送之前要事先确定一个 Hash 函数,这个 Hash 函数主要用来计算传输信息的摘要值。发送方首先利用会话的密钥,从摘要值中计算出认证码,然后再将包括认证码在内的全部信息发送给接收方。接收方在收到发送方发来的数据之后,首先根据约定好的散列函数获取到摘要值,再通过密钥解密出发送发来的认证码,然后判断收到的认证码和密钥解密出来的摘要值是否一致。如若一致,则说明数据在传输过程中没有被攻击,认证有效;否则,这说明消息被攻击,认证无效。HMAC 消息认证技术保证了身份的认证性。

目前,手机取代了钱包的地位,与人几乎形影不离,使用的频率比钱包更高。NFC 移动支付是将 NFC 技术应用到移动支付交易流程中的技术手段。NFC 移动支付中的安全威胁主要存在于 NFC 设备之间的交互中。现有的 NFC 标准并没有规定数据传输的安全性,NFC 移动支付的安全性应当被重视,对可能的攻击手段及其防护方法应尽早提出,保障 NFC 技术使用者的利益。

15.3.7 LoRa 技术安全机制

LoRa 网络具有很大的优势,但在使用过程中存在不可忽视的安全问题。无论是数据机密性、客户证书信息还是信息完整性,都必须保证安全。一般来说,使用 LoRa 网络的应用场景比较特殊,需要临时建设。传统的无线安全机制有身份验证证书、数字签名、数据加密等,在LoRa 网络中也起着重要的作用,但需要根据网络的特殊性采取特殊的方法。

(1)加强 LoRa 网关的协议安全。LoRa 网关的信息通常会受到这种情况的攻击,发送错误的网关更新信息或直接破坏网关的工作状态。面对这些危险,LoRa 网络通常会提出混合等安全协议的先验、反应和验证。

(2)保证数据转发的安全性。LoRa 终端通常可以多路传输。我们必须保证每个通道数据的完整性,防止丢失、延迟等情况。目前通常使用双向交流,上一终端监控下一终端,并向上一终端反馈信息。如果出现异常,它会自动报警。

(3)LoRa 网络密钥的安全性。LoRa 网络的用户将拥有他们自己的密钥,这些密钥代表个人身份和功能验证。创建密钥时,必须基于团队的信任创建密钥。一般建议用户随机手动配置密钥,重置密钥时,应保持密钥的唯一性。

在 LoRa 网络中,越来越多的安全问题受到关注。LoRa 手表、LoRa 网关等终端的安全构成了整个 LoRa 网络的安全。由于无线安全漏洞和特殊情况,一些安全问题尤为突出。保护自组织网络安全的方法和手段很多,只有多方法相结合,才能保证其安全。

15.3.8 NB-IoT 安全机制

虽然移动通信比传统的有线通信网络更加方便,但是移动通信的终端信号暴露在物理环境中更容易受到伪装者的攻击和中间人的信息窃取。NB-IoT 网络分为无线通信的接入网与有线通信的核心网,其中无线通信的接入网容易被第三方作为攻击的入口点。因此,移动通信必须根据其网络架构设计相应的安全架构,确保用户设备(UE)的信息安全。3GPP 组织早在 2G 时代就对移动蜂窝网提出 GSM 安全架构,该安全架构采用 USIM(Universal Subscriber Identity Module)卡和网络侧配合完成 UE 的鉴权过程来防止未授权的非法 UE 接入,从而保障运营商和 UE 双方的权益。

但是 GSM 在身份认证与加密算法方面还存在许多安全隐患,例如 GSM 网络无法获知数据在传输过程中被篡改的问题。3GPP 组织在 2G 的基础上进行了改进,继承 2G 安全架构优点的同时,增加了一些新特性,演进成完善的 LTE 安全架构。NB-IoT 网络是在 LTE 基础上进行简化与优化,其重用了 LTE 安全架构与 EPS-AKA 接入认证安全机制。在 NB-IoT 网络中,其使用的 EPS-AKA 接入认证安全机制与 NB-IoT 安全架构中的密钥共同确保 NB-IoT 网络的安全。

如图 15-9 所示,NB-IoT 安全架构和 LTE 一样,将网络进行分层,分为接入层(Access Stratum,AS)与非接入层(Non Access Stratum,NAS)。AS 主要是基站与终端进行数据通信,NAS 主要是核心网中 MME 与终端进行数据通信。AS 安全是为了保障终端跟基站的接入安全,防止伪基站的出现;NAS 安全是为了保障终端与核心网 MME 之间的信令安全,防止 UE 被攻击获取重要身份信息。

接入层安全过程与非接入层安全过程使用各自不同的密钥。用户面的安全主要依靠接入层的安全且终止于基站,控制面的安全主要依靠非接入层的安全且终止于 MME。

NB-IoT 网络的安全架构和 LTE 的安全架构相同,如图 15-10 所示。

NB-IoT 的安全架构分成应用层、归属层/服务层、传输层,并包含四个方面的内容。

(1)网络接入安全(Ⅰ)。这一类接入安全保证终端安全地接入网络,终端和核心网完成鉴权过程认证后,协商接入网中基站与终端的安全密钥,对无线链路通信信道实现加密与完整性保护,防御接入网中的各种攻击,包括终端信息的窃取。

(2)网络域安全(Ⅱ)。这一类安全是为了保证终端的信令与用户数据在传输给 MME 的过程中不被破坏和窃取,保证核心网中的各个网络节点能安全地交换终端的信令与用户数据。

(3)用户域安全(Ⅲ)。这一类安全为了保证终端能正确地接入基站。

(4)应用域安全(Ⅳ)。这一类安全是为了保证用户应用层与服务提供应用层进行安全的数据交换。

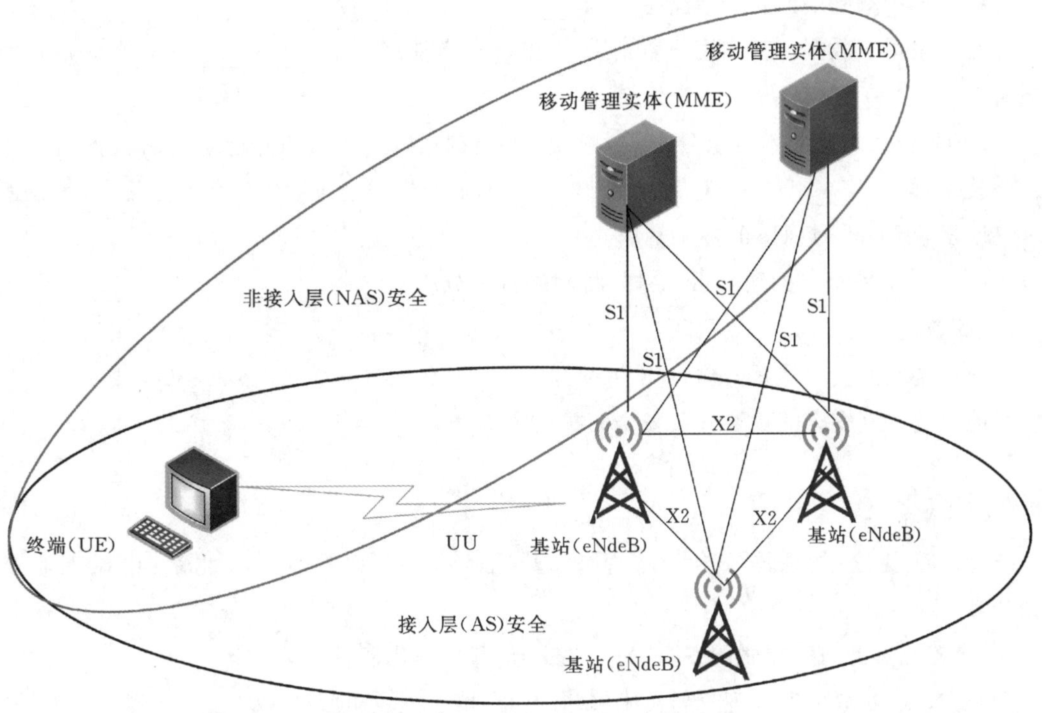

图15-9 NB-IoT安全架构的分层

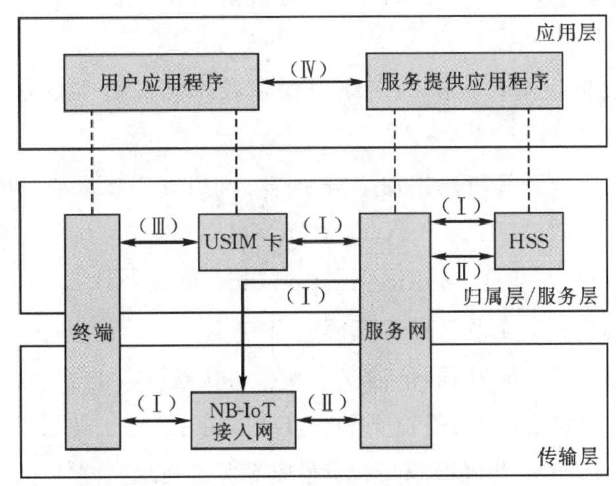

图15-10 NB-IoT网络安全架构

练习题

一、填空题

1. DDoS(Distributed Denial of Service)全称分布式拒绝服务，就是借助多台计算机作为平台来攻击服务器的一种方式的统称，DDoS 攻击还包括_________、_________、________、________等攻击。

2. 物联网中端到端的安全模型主要有________、________和________。

3. 蓝牙采用了数据加密和用户鉴别措施，蓝牙设备使用________和________来分辨别的蓝牙设备。

4. RFID 隐私增强技术可以分为两大类：一类是通过物理方法阻止标签与阅读器通信的隐私增强技术，即________；另一类是通过________增加标签安全机制的隐私增强技术，可以通过 Hash 锁、随机 Hash 锁、Hash 链来解决。

5. NB-IoT 安全架构和 LTE 一样，将网络进行分层，分为________与________。

二、简答题

1. 简述物联网安全体系架构。

2. 简述物联网安全的重要性及安全防护的意义。

参考文献

[1]罗素，杜伦. 物联网安全：2 版[M]. 戴超，冷门，张兴超，等译，北京：机械工业出版社，2020.

[2]李善仓，许立达. 物联网安全[M]. 北京：清华大学出版社，2018.

[3]杨奎武. 物联网安全理论与技术[M]. 北京：电子工业出版社，2017.

[4]翁健. 物联网安全：原理与技术[M]. 北京：清华大学出版社，2020

[5]张伟康，曾凡平，陶禹帆，等. 物联网无线协议安全综述[J]. 信息安全学报，2022，7(2)：59-71.

[6]李星. 云计算及物联网背景下的网络安全新技术[J]. 数字技术与应用，2022，40(2)：209-212.

[7]陆上. 基于物联网的计算机网络安全分析[J]. 网络安全技术与应用，2022(02)：19-20.

[8]AHAMED A T，ABDULLAH A，MOHAMMED A. State-of-the-art survey of artificial intelligent techniques for IoT security[J]. Computer Networks，2022，206：108771.

[9]王琳杰. 物联网数据安全及跨域认证模型研究[D]. 贵阳：贵州大学，2021.

[10]朱克傲. 基于区块链的物联网传输安全模型与实现[D]. 南京：南京邮电大学，2021.

[11]黄媛媛. 物联网智能终端入侵检测研究[D]. 北京：北方工业大学，2021.

[12]程雨诗. 基于边信道的物联网隐私和身份安全关键技术研究[D]. 杭州：浙江大学，2021.

拓展阅读

恶意攻击者的魔爪正伸向工业物联网

工业物联网是物联网与传统产业深度融合发展的崭新阶段，是全球工业体系智能化变革的重要推手。为了抢占新一轮的发展战略机遇，世界各国纷纷发布相关的战略举措，如中国制造2025、美国先进制造伙伴计划、德国工业 4.0、新工业法国、日本互联工业等。Juniper Research

报道:2020年,全球工业物联网终端连接数量约177亿;预计到2025年,终端连接数量将增加到368亿,全球工业物联市场价值将达2160亿美元,其中80%以上用于软件支出,即数据分析和识别网络漏洞。《中国工业互联网产业经济白皮书(2020年)》显示:2020年,我国工业互联网产业增加值达3.78万亿元,对国民经济增长的贡献达11.81%,成为国民经济增长的重要支撑。

工业物联网中边缘设备数量大,种类多,所处环境复杂,且大多资源受限,容易受到仿冒攻击、逆向工程或IP劫持等安全威胁。近年来,工业物联网安全事件层出不穷,并呈现出持续上升的趋势。2010年,席卷全球工业界的Stuxnet病毒攻击了伊朗铀浓缩工厂,导致伊朗核工业倒退10年。2015年,海康威视监控设备被爆出严重安全隐患,部分设备已被境外IP地址控制。2016年,乌克兰电力系统遭受黑客攻击,导致大规模停电,造成巨大的经济损失。委内瑞拉电网2019年、2020年连续遭受攻击陷入瘫痪,能源行业网络威胁极其严重。工业物联网给全球发展带来了新契机,但也将带来工业核心数据泄露、互联终端遭非法操控等安全隐患。因此,工业物联网无线接入与安全运行面临着极大的挑战。

练习题参考答案

第1章

一、1. C 2. C 3. C 4. D 5. D

二、1. 答:目前在业界物联网体系架构按照功能划分为三个层次,如图 A-1 所示。底层是用来感知数据的感知层,中间层是传输数据的网络层,顶层是应用层。因此物联网应该具备如下三个能力:全面感知、可靠传输、智能处理。

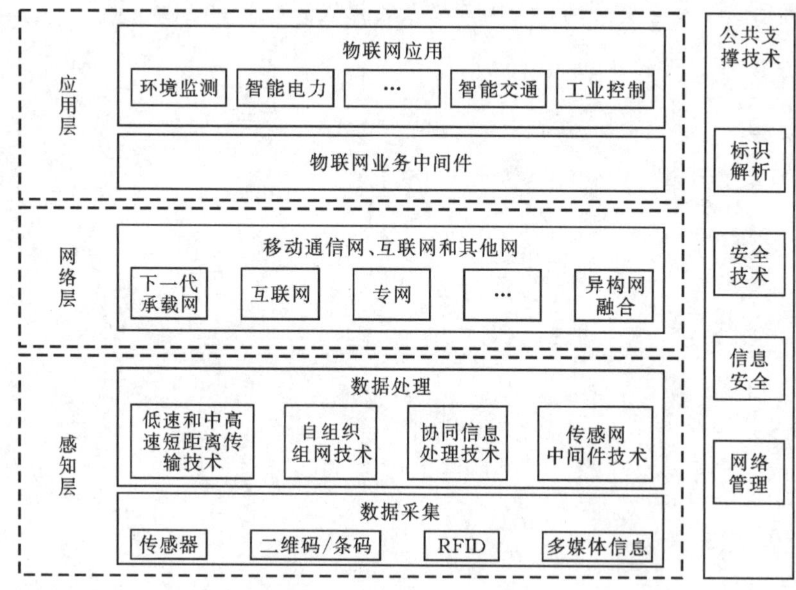

图 A-1 物联网三层系统架构

2. 答:物联网关键技术主要包括以下几类:

(1)感知层关键技术。

①传感器技术:在利用信息的过程中,首先要解决的是如何获取准确可靠的信息,而传感器是获取自然和生产领域中信息的主要手段和途径。可以说,传感器是人类五官的延长,又称电五官。

②嵌入式系统技术:是综合了计算机软硬件、传感器技术、集成电路技术、电子应用技术为一体的复杂技术。

(2)网络层关键技术。网络层涉及的相关技术包括互联网、移动通信技术和无线短距离、中远距离通信技术。互联网是物联网的核心和基础。移动通信技术在物联网时代发挥了更大的作用。无线短距离、中远距离通信技术已经被广泛应用于人们的日常工作和生活之中，使得数据传输更便捷、更灵活、更安全。

(3)应用层关键技术。物联网的应用层相当于整个物联网体系的大脑和神经中枢，该层主要解决计算、处理和决策的问题。应用层涉及的相关技术包括云计算、中间件技术、人工智能、数据挖掘、专家系统等。

3. 答：传感网(sensor network)主要包括由无线传感器组成的无线传感器网络(wireless sensor network，WSN)和由智能光纤传感器组成的光纤传感器网络。传感网是物联网的重要组成部分。

物联网是在互联网基础上发展起来的，它与互联网在基础设施上有一定程度的重合，但是它不是互联网概念、技术与应用的简单扩展。互联网扩大了人与人之间信息共享的深度与广度，而物联网更加强调它在人类社会生活的各个方面、国民经济的各个领域广泛与深入地应用。未来将会出现互联网与物联网并存的局面。

物联网、互联网是包含在泛在网之中的。普适计算的最终目标是实现“环境智能化”，其思想是通过泛在网实现的。泛在网与物联网从设计目标到工作模式都有很多相似之处，泛在网的研究方法与研究成果对于物联网技术的研究与应用有着重要的借鉴与启示作用，物联网技术的发展与应用也会使普适计算与泛在网的研究前进一大步。

第2章

一、1. A 2. D 3. D 4. C 5. A

二、1. 答：通信系统一般模型如图 A-2 所示，包括发送端、信道、接收端和噪声。

发送端包括信源和发送设备。信源将各种消息转换成电信号，提供准备发送或传输的包含信息的数据。发送设备对接收到的信源信号进行处理，生成适合于在信道中传输的信号。

信道是信号从发送设备传输到接收设备的媒介或通道，提供信源与信宿之间在电气上的联系，分为有线和无线两种。有线传输媒介有双绞线、同轴电缆和光缆等，无线传输媒介有地面微波、卫星微波、无线电波和红外线技术等。

接收端包括接收设备和信宿。接收设备接收信道传输来的受损信号并正确恢复出原始电信号。信宿将恢复出的电信号转换成相应的消息。

噪声会干扰信道中传输的消息，这种干扰可能来自系统内部，也可能来自周围环境。

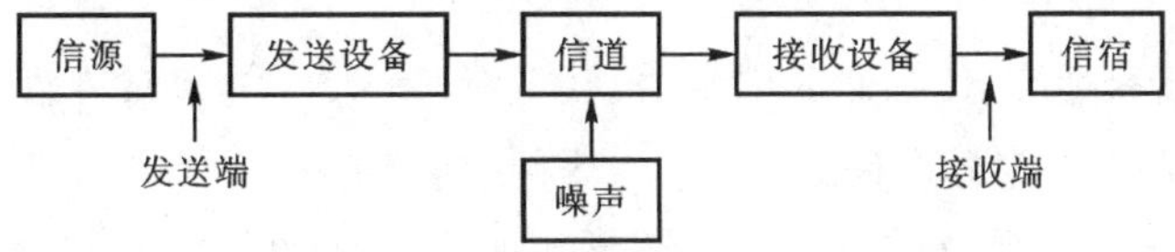

图 A-2 通信系统一般模型

2. 答：OSI 七层协议模型主要包括应用层(Application)、表示层(Presentation)、会话层(Session)、传输层(Transport)、网络层(Network)、数据链路层(Data Link)、物理层(Physical)，

如图 A－3 所示。

图 A－3　OSI 七层协议结构

TCP/IP 协议已经成为网络互连的工业标准和国际标准，TCP/IP 四层协议结构如图 A－4 所示。

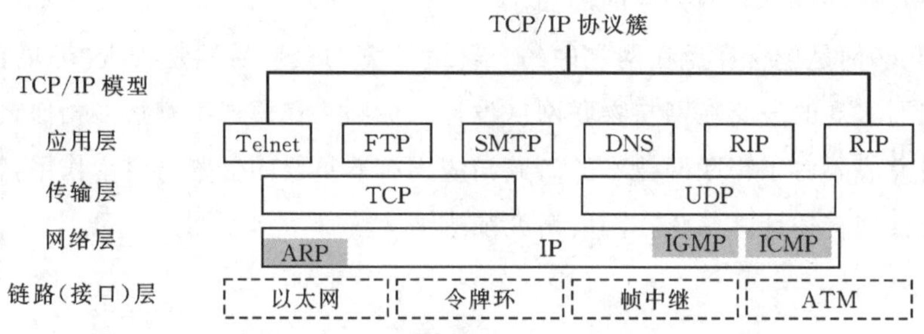

图 A－4　TCP/IP 四层协议结构

应用层包含了所有的高层协议，如 FTP、Telnet、DNS、SMTP 等。

传输层负责在源主机和目的主机的应用程序之间提供端到端的数据传输服务，主要有传输控制协议 TCP 和用户数据报协议 UDP(User Datagram Protocol)。

网络层负责将数据报独立地从信源送到信宿，主要解决路由选择、阻塞控制、网络互连等问题，主要采用互联网协议 IP。

链路(接口)层负责将 IP 数据报封装成适合在物理信道上传输的帧格式并传输，或将从物理信道上接收到的帧进行解封，取出 IP 数据报交给上层网络层。

第 3 章

一、1. C　2. A　3. D　4. B　5. C

二、1. 答：我国国家标准《传感器通用术语》(GB/T 7665－2005)对传感器的定义：能感受被测量并按照一定的规律转换成可用输出信号的器件或装置。

传感器通常由敏感元件、转换元件和变换电路三部分组成，有时还加上辅助电源，如图 A－5所示。

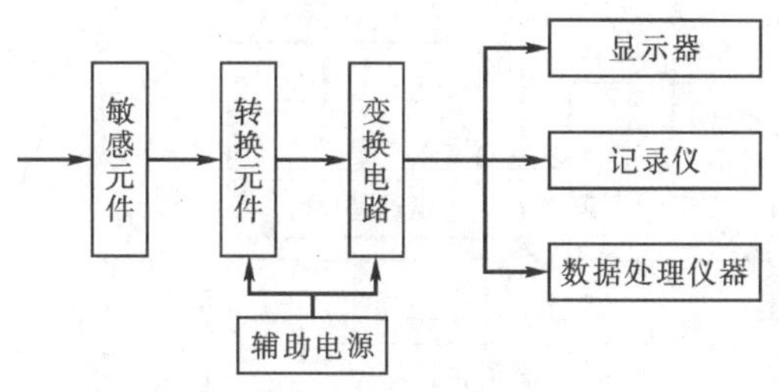

图 A-5 传感器组成

2. 答:无线传感器网络主要由传感节点、汇聚节点和管理平台组成。无线传感器网络体系结构如图 A-6 所示。

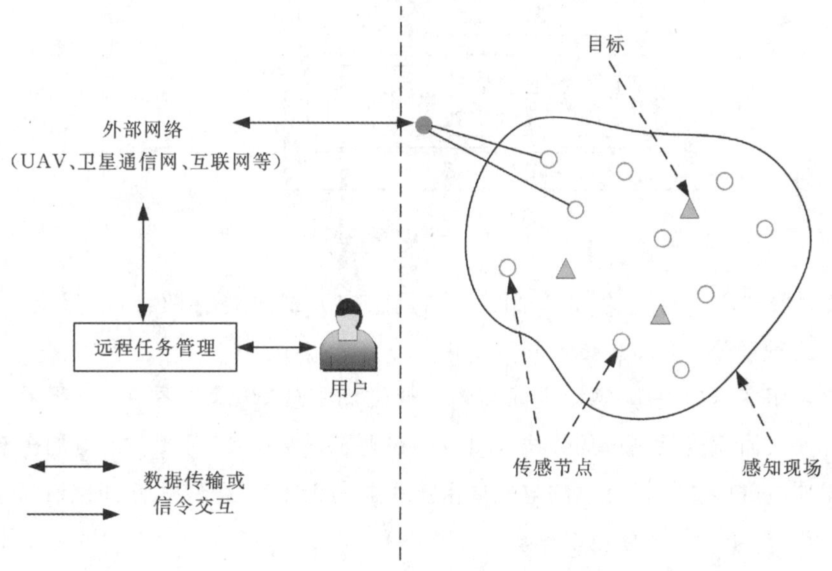

图 A-6 无线传感器网络体系结构

传感节点由传感器、微处理器、射频和电源部分等组成,个部分分别存在于系统指定的范围内。各个传感节点都能够利用自身的功能进行数据信息的收集和整理,并且将这些数据信息进行正确的传输。

汇聚节点的主要功能是连接传感器网络与外部网络(如互联网、卫星通信网),将传感节点采集的数据通过外部网络发送给用户,完成传感器和任务管理节点之间的信息输送。

管理平台对整个网络进行检测、管理,通常为运行有网络管理软件的 PC 机或手持终端。

第 4 章

一、1. B 2. B 3. B 4. B 5. C

二、1. 答:一个典型的 RFID 系统包括硬件和软件,如图 A-7 所示。硬件部分主要由电子标签、读写器、天线和主机组成;软件部分主要包括系统软件(OS)、中间件、主机应用程序(API)和驱动程序。

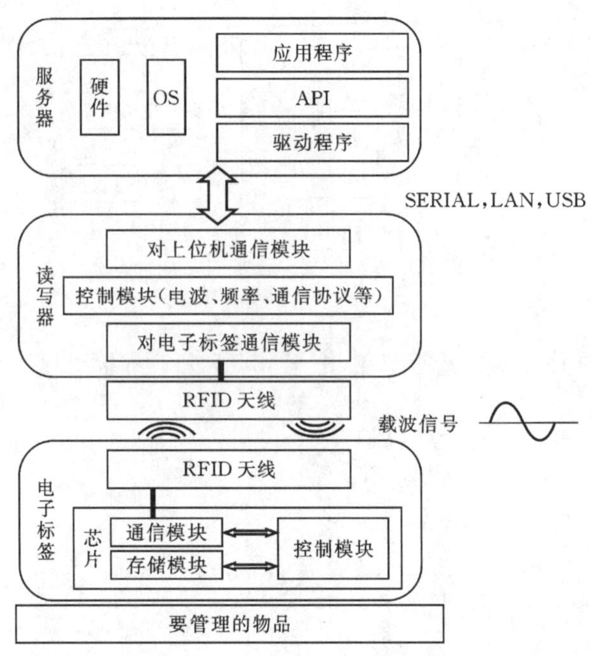

图 A-7　RFID系统组成

2. 答:读写器和电子标签之间的通信及能量感应方式主要有两种:电感耦合(inductive coupling)和后向散射耦合(back scatter coupling)。

电感耦合采用变压器模型,通过空间高频交变磁场实现耦合,如图 A-8 所示。电子标签由单个微芯片及大面积线圈制成的天线等组成。在电子标签中,芯片工作所需的全部能量由读写器发送的感应电磁能提供。高频的电磁场由读写器的天线线圈产生,并穿越线圈横截面和周围空间,使附近的电子标签产生电磁感应。

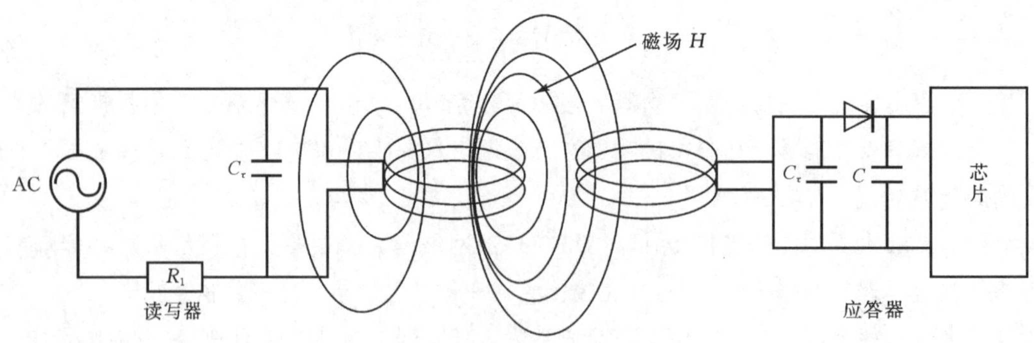

图 A-8　电感耦合模型

后向散射耦合采用雷达模型,发射出去的电磁波碰到目标后反射,同时携带回目标信息,如图 A-9 所示。该方式一般适合于超高频和微波频段的 RFID 系统,标签工作时离读写器较远,既可以采用无源电子标签,也可以采用有源电子标签。雷达天线发射到空间中的电磁波会碰到不同的目标,到达目标后,一部分低频电磁波能量将被目标吸收,另一部分将以不同强度散射到各个方向，其中反射回发射天线的部分称为回波。回波中带有目标信息，可供雷达设备获知目标的距离和方位等。

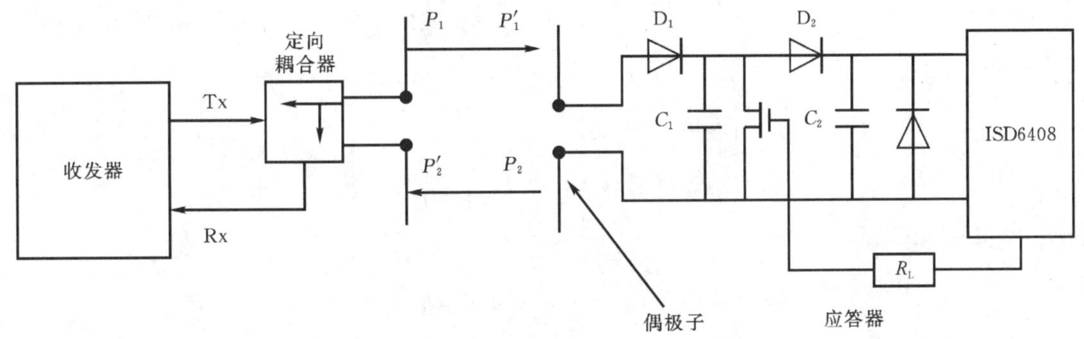

图 A-9　电磁散射耦合模型

3. 答：电子标签由芯片及天线组成，可附在物体上标识目标对象。每个电子标签具有唯一的电子编码，通常为 64 bit 或 96 bit，是被识别物体相关信息的载体。电子标签内部结构主要包括射频前端、控制与存储电路和天线三部分，如图 A-10 所示。射频前端对接收或发送的数据进行放大整形、调制解调。无源标签还负责对天线的感应电压进行整流、滤波、稳压，以获得工作电源。控制与存储电路中的存储部分是各种类型的非易失性存储器，主要存储电子标签数据。天线负责与读写器进行通信，接收读写器发送的信号，并把要求的数据回传给读写器。无源标签还通过天线获得能量。

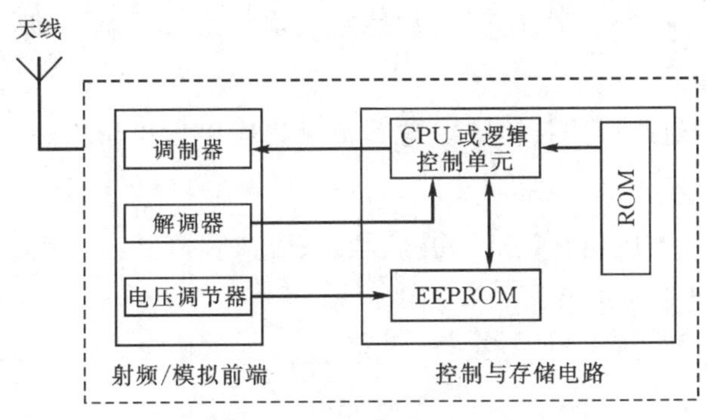

图 A-10　电子标签的基本组成

第 5 章

一、1. D　2. A　3. C　4. D　5. C

1. 答：(1)NFC 系统硬件组成如图 A-11 所示，主要包括 NFC 射频天线、NFC 控制器及安全单元(Secure Element，SE)3 部分。NFC 射频天线用于产生电磁场、发送射频消息或通过电磁感应原理接收来自无线信道内的射频信号，受 NFC 控制器管理调度；NFC 控制器用于射频信号的模数转换、调制解调，以及关于 NFC 底层协议信息的处理工作；安全单元帮助 NFC 实现可信的加/解密结算、存储等功能。

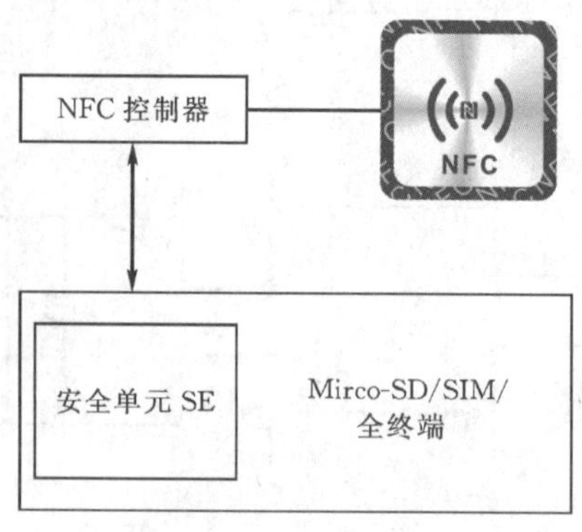

图 A-11　NFC 硬件系统组成

(2)工作原理:NFC 属于近场通信,其工作原理基于感应近场。与 RFID 一样,近场通信中的数据也是通过电感耦合方式传递的(即一种变压器耦合系统)。在近场区域内,离天线或电磁辐射源越远,场强衰减越大。因此它只适合短距离通信,特别是与安全相关的应用。

2. 答:首先,NFC 是一种提供轻松、安全、迅速的通信的无线连接技术,其传输范围比 RFID 小。RFID 的传输范围可以达到几米甚至几十米。由于 NFC 采用了独特的信号衰减技术,相对于 RFID 来说 NFC 具有距离近、带宽高、能耗低等特点。

其次,NFC 与现有非接触智能卡技术兼容,目前已经成为得到越来越多主要厂商支持的正式标准。NFC 智能芯片比原先仅作为标签使用的 RFID 增加了数据双向传送的功能,该功能使其更加适用于电子货币支付,特别是 NFC 能够实现相互认证、动态加密和一次性钥匙,这是 RFID 无法实现的。

再次,NFC 是一种近距离连接协议。与其他无线连接方式相比,NFC 是一种近距离的私密通信方式。

最后,RFID 更多地被应用在生产、物流、跟踪、资产管理上,而 NFC 则在门禁、公交、手机支付等领域内发挥着巨大的作用。

第 6 章

一、1. A　2. A　3. D　4. C　5. A　6. C　7. A　8. D　9. D　10. B

二、1. 答:蓝牙系统一般由无线收发器、基带和链路控制器(LC)、链路管理(LM)和主机 I/O接口四个功能单元组成,如图 A-12 所示。无线收发器是蓝牙设备的核心,使用的无线电频段在 ISM 2.4 GHz—2.48GHz。LC 实现数据发送和接收,逻辑 LC 和适应协议具有完成数据拆装、控制服务质量和复用协议的功能。LM 执行链路设置、监权、配置,负责连接、建立和拆除链路并进行安全控制。

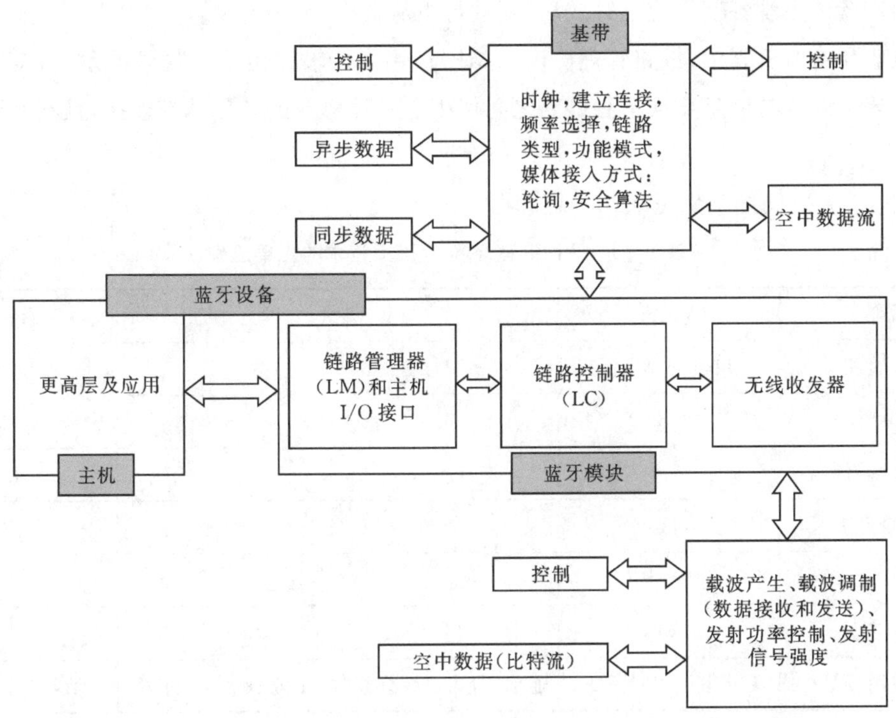

图 A－12　蓝牙系统组成

2. 答：蓝牙路由机制如图 A－13 所示，包括 3 个主要的功能模块，即信息交换中心(MSC)、固定蓝牙主设备(FM)和移动终端(MT)。信息交换中心负责跟踪系统内各蓝牙设备的漫游，并在数据包路由过程中充当中继器，它通过光缆或双绞线直接与固定蓝牙主设备连接。固定蓝牙主设备的位置是间隔固定的，在信息交换中心与其他蓝牙设备(如移动终端)之间提供接口。移动终端是普通的蓝牙设备，与其他普通的蓝牙设备或更大的蓝牙系统之间进行通信。

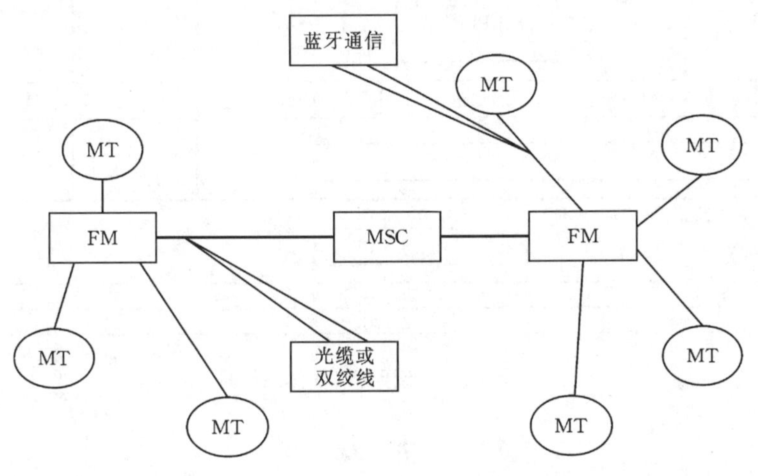

图 A－13　蓝牙路由机制

移动终端是固定蓝牙主设备的从设备，固定蓝牙主设备是信息交换中心的从设备。在移动终端与固定蓝牙主设备连接建立完成后，要进行主从转换。

在该蓝牙路由机制中，链路管理协议(LMP)被用来传输路由协议数据单元(PDU)。此外，在固定蓝牙主设备与信息交换中心链路之间使用了一种修改的蓝牙基带连接，且不使用蓝牙跳频技术。

3. 答：三者之间的差别见表 A-1。

表 A-1　Wi-Fi、蓝牙和 ZigBee 技术的主要差别

名称	Wi-Fi	蓝牙	ZigBee
传输速度	11～54 Mb/s	1 Mb/s	100 kb/s
通信距离/m	20～200	1～100	2～20
频段/GHz	2.4	2.4	2.4
安全性	低	高	中等
工作电流/mA	10～50	20	5
成本/美元	25	2～5	5
主要应用场景	无线上网、PC、PDA	通信、汽车、IT、多媒体、工业、医疗、教育等	无线传感器、医疗

4. 答：如图 A-14 所示为蓝牙协议栈体系结构，按照各层协议在整个蓝牙协议体系中所处的位置，蓝牙协议可分为底层协议、中间层协议和高层协议三大类。

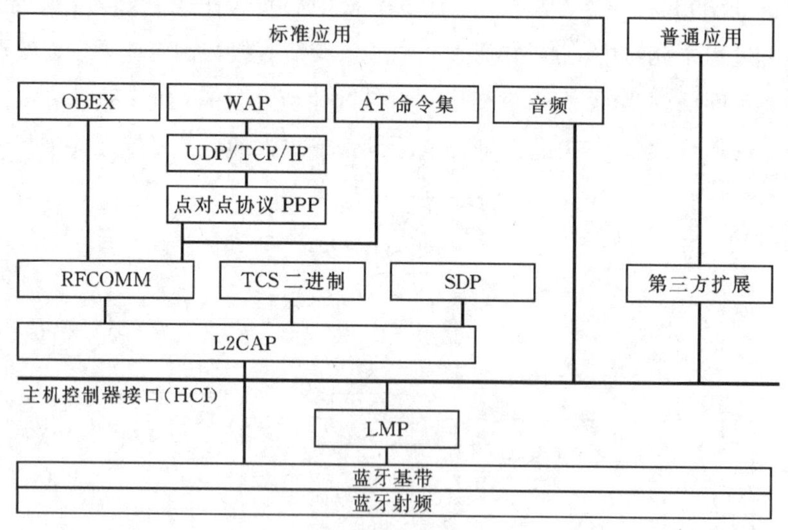

图 A-14　蓝牙协议栈体系结构

第 7 章

一、1. A　2. B　3. D　4. D　5. B

二、1. 答：WLAN 系统由站点(Station，STA)、接入点(Access Point，AP)、接入控制器(Access Control Unit，ACU)、AAA 服务器以及网络管理单元组成，如图 A-15 所示。AAA

服务器是提供AAA服务的实体。在模型中,AAA服务器支持Radius协议;Portal服务器适用于门户网站推送的实体,在Web认证时辅助完成认证功能。

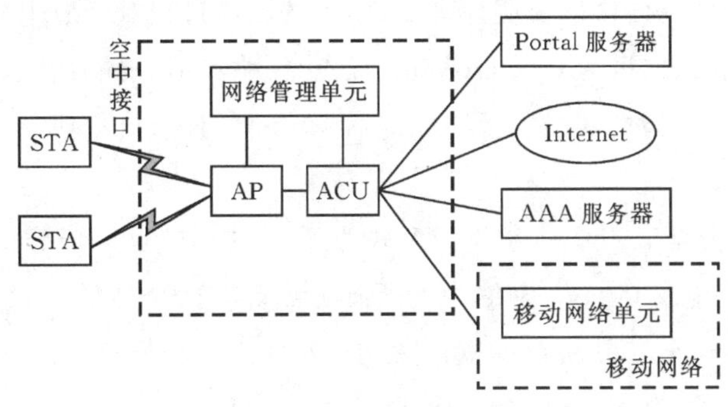

图 A-15　WLAN系统组成

2. Wi-Fi的拓扑结构可根据不同的标准进行分类:根据物理结构可以分为单区网和多区网;根据逻辑结构可以分为对等式、基础结构式和线形、星形、环形等;根据控制方式可分为无中心分布式和有中心分布式;根据与外网之间的连接性可分为独立和非独立。

(1)分布对等式网络是一种独立的基本业务组(Independent Basic Service Set, IBSS)。

(2)基础结构集中式网络通过AP控制各站间的通信,抗毁性较差,AP复杂度较大;但具有站点布局限制小、路由复杂程度低、便于管理、易伸缩等优点。该方式不能直接通信,需要引入一个AP提供中继和连接至有线的服务。

(3)扩展业务组网络是由多个AP以及连接它们的分布式系统(DS)组成的基础架构模式网络,也称为扩展服务区(ESS)。扩展服务区内的每个AP都是一个独立的无线网络基本服务区(BSS),所有AP共享同一个扩展服务区标示符(ESSID)。相同ESSID的无线网络间可以进行漫游,不同ESSID的无线网络形成逻辑子网。

第8章

一、1. C　2. D　3. C　4. A　5. C　6. D　7. A　8. A　9. B　10. D　11. B　12. C

二、1. 答:全功能设备(FFD)和精简功能设备(RFD)。FFD可提供全部的IEEE 802.15.4 MAC服务,可充当任何ZigBee设备,因此FFD不仅可以发送和接收数据,还具备路由功能;RFD设备只提供部分的IEEE 802.15.4 MAC服务,只能充当终端节点,不能充当协调点和路由节点,因此它只负责将采集的数据信息发送给协调点和路由节点,并不具备数据转发、路由发现和路由维护等功能。

2. 答:ZigBee网络目前有星形、树形和网状三种网络拓扑结构,三种结构各有优劣。

星形拓扑结构适用于点对点的近距离通信。优点:包含一个协调器和一系列终端节点(或路由节点),终端节点只能和协调器进行通信,结构简单;不需要使用ZigBee的网络层协议,因为IEEE 802.11.15.4协议层就能够实现星形拓扑。缺点:节点之间的数据路由只有唯一的路径,协调者成为整个网络的瓶颈。

树形拓扑方式适用于点对点的近距离通信。优点：协调器连接一系列的路由器和终端节点，其子节点的路由器也可以连接一系列的路由器和终端节点，结构简单。缺点：信息只有唯一的路由通道；信息的路由是由协议栈层处理的，整个的路由过程对于应用层是完全透明的。

网状拓扑结构可以组成极为复杂的网络。优点：网络灵活、功能强大；可以通过“多级跳”的方式来通信；减少了消息延时、增强了可靠性；网络具备自组织、自愈功能。缺点：需要更多的存储空间开销。

3. 答：(1)短地址分配。ZigBee 组网过程中最重要的环节是地址分配，获得有效的网络地址是设备成功入网的标志。ZigBee 网络中的所有节点都有两个地址：一个 16 位网络短地址和一个 64 位 IEEE 扩展地址。TI 协议栈默认采用分布式地址分配算法。

某父设备的路由器子设备之间的地址间隔为 $C_{skip}(d)$，

$$C_{skip}(d)=\begin{cases}1+C_m(L_m-d-1),\ R_m=1\\ \dfrac{1+C_m-R_m-C_m\cdot R_m{}^{L_m-d-1}}{1-R_m},\ 其他\end{cases}$$

该函数表示在给定网络深度 d 和路由器子设备个数的条件下，父设备所能分配的子区段地址数。如果一个设备 $C_{skip}(d)=0$，则没有路由能力，即为终端设备；如果一个设备 $C_{skip}(d)>0$，则有路由能力，即为路由器设备。根据子设备是否具有路由能力给其分配不同的地址。

第 n 个终端设备的网络地址按照下式进行分配：

$$A_n=A_{parent}+C_{skip}(d)\cdot R_m+n,\ 1\leqslant n\leqslant C_m-R_m$$

其中 A_{parent} 为父设备地址。

(2)路由机制。ZigBee 协议采用树形网络结构路由(Cluster - Tree algorithm)和按需距离矢量路由(Ad - Hoc On - Demand Distance Vector，AODV)相结合的算法。

三、答：由题目可知 $C_m=4,L_m=3,R_m=4$。根据下式计算偏移量：

$$C_{skip}(d)=\begin{cases}1+C_m(L_m-d-1),\ R_m=1\\ \dfrac{1+C_m-R_m-C_m\cdot R_m{}^{L_m-d-1}}{1-R_m},\ 其他\end{cases}$$

(1)当网络深度 $d=0$ 时，$C_{skip}(0)=(1+4-4-4\cdot 4^{3-0-1})/(1-4)=21$；

(2)当网络深度 $d=1$ 时，$C_{skip}(0)=(1+4-4-4\cdot 4^{3-1-1})/(1-4)=5$；

(3)当网络深度 $d=2$ 时，$C_{skip}(0)=(1+4-4-4\cdot 4^{3-2-1})/(1-4)=1$。

计算完偏移量后，根据下式计算 n 个节点的网络地址：

$$A_n=A_{parent}+C_{skip}(d)\cdot R_m+n,\ 1\leqslant n\leqslant C_m-R_m$$

假设所有节点均为路由节点。根节点下 2、3、4、5 号节点中的 2 号节点首先加入网络，5 号父节点下的 9 号子节点首先加入网络。

(1)网络深度 $d=0$ 时，1 号根节点的地址 addr(0)=0。

(2)网络深度 $d=1$ 时：

①2 号节点地址：2 号节点是首先与 1 号根节点建立连接的，所以 2 号节点的地址为 1 号根节点地址加 1，addr(2)=addr(1)+1=1。

②3 号节点地址：addr(3)＝addr(2)＋$C_{skip}(0)$＝1＋21＝22。

③4 号节点地址：addr(4)＝addr(3)＋$C_{skip}(0)$＝22＋21＝43。

④5 号节点地址：addr(5)＝addr(4)＋$C_{skip}(0)$＝43＋21＝64。

(3)网络深度 $d=2$ 时：

①9 号节点地址：9 号节点首先与 5 号节点建立连接，addr(9)＝addr(5)＋1＝64＋1＝65。

②6 号节点地址：addr(6)＝addr(9)＋$C_{skip}(0)$＝65＋5＝70。

③7 号节点地址：3 号节点只与 7 号节点建立连接，所以为 7 号节点的地址为 3 号节点的地址加 1，addr(7)＝addr(3)＋1＝22＋1＝23。

④8 号节点地址：情况与 7 号节点类似，addr(8)＝addr(4)＋1＝43＋1＝44。

第 9 章

一、1. ABCD　2. AC　3. AC　4. AB　5. C

二、1. 答：LoRa 调制基于线性调频扩频调制(Chirp Spread Spectrum，CSS)，即利用线性调频的 Chirp 脉冲调制发送信息来达到扩频的效果。Chirp 脉冲是正弦信号，在一定时间段内，其频率随时间线性增加或减小。CSS 利用了它的整个带宽去扩展信号的频谱，不同的是 CSS 不需要加入任何伪随机序列，它利用了 Chirp 脉冲自身的频率线性特征，其频率是连续变化的。

2. 答：LoRaWAN(LoRa Wide Area Network，LoRa 广域网)代表远程广域网，是基于技术的一种通信协议。

3. 答：LoRa 的拓扑结构有点对点拓扑、星形拓扑和网状拓扑。

第 10 章

一、1. B　2. C　3. B　4. C　5. C　6. D　7. C　8. D　9. C　10 C

二、1. 答：NB－IoT 网络架构包括感知层、接入网、核心网和平台，如图 A－16 所示。感知层由各种传感器、行业终端、NB－IoT 模块或 eMTC 模块组成；接入网和核心网构成基础网络平台；平台部分包括管理平台和业务平台，主要实现连接管理和业务使能。

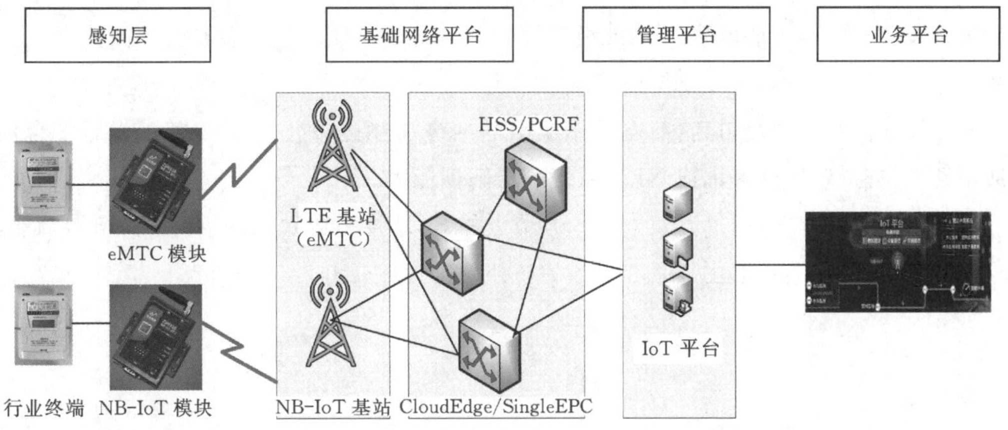

图 A－16　NB－IoT 网络架构

2. 答:(1)增强覆盖:提升上行功率谱密度,支持重传(Repetition);

(2)终端简化方案:减少不必要的硬件,减少协议栈处理开销;

(3)低功耗设计:PSM省电模式,扩展型非连续接收(eDRX)。

第11章

一、1. A 2. D 3. C 4. C 5. A 6. D 7. A 8. D 9. B 10 A

二、1. 答:(1)5G具有高速率、低时延和大连接的特点,其具体性能与4G对比如表A-2所示。

表A-2 5G与4G性能对比

技术指标	峰值速率	用户体验速率	流量密度	时延	连接数密度	移动通信环境	能效	频谱效率
4G参考值	1 Gb/s	0.01 Gb/s	0.1 Tb/(s·km^2)	10 ms	10^5/km^2	350 km/h	1倍	1倍
5G目标值	10~20 Gb/s	0.1~10 Gb/s	10 Tb/(s·km^2)	1 ms	10^6/km^2	500 km/h	100倍	3~5倍
提升效果	10~20倍	10~100倍	100倍	10倍	10倍	1.43倍	—	—

(2)国际电信联盟(ITU)定义了5G的三大类应用场景:增强移动宽带(eMBB)、超高可靠低时延通信(uRLLC)和海量机器类通信(mMTC)。增强移动宽带主要面向移动互联网流量爆炸式增长,为移动互联网用户提供更优的应用体验;超高可靠低时延通信主要面向工业控制、远程医疗、自动驾驶等对时延和可靠性要求极高的垂直行业应用需求;海量机器类通信主要面向智慧城市、智能家居、环境监测等以传感和数据采集为目标的应用需求。

2. 答:5G核心网云化部署采用端到端组网参考框架,如图A-17所示。在实际部署中,不同运营商可根据自身网络基础、数据中心规划等因素灵活分解为多层次分布式组网形态。

中心级数据中心一般部署于大区中心城市或省会,主要用于承载全网集中部署的网络功能。

边缘级数据中心一般部署于地市级汇聚和接入局电,主要用于地市级业务数据流卸载的功能。

移动核心网业务方面,运营商可采用统一的网络功能虚拟化(NFV)基础设施平台向下收敛通用硬件,支持软硬件解耦或NFV系统三层解耦能力。

数据中心组网方面,通过两级数据中心节点的SDN控制器联动提供跨DC组网功能,提高5G核心网切片端到端自动化部署和灵活的拓扑编排管理能力。

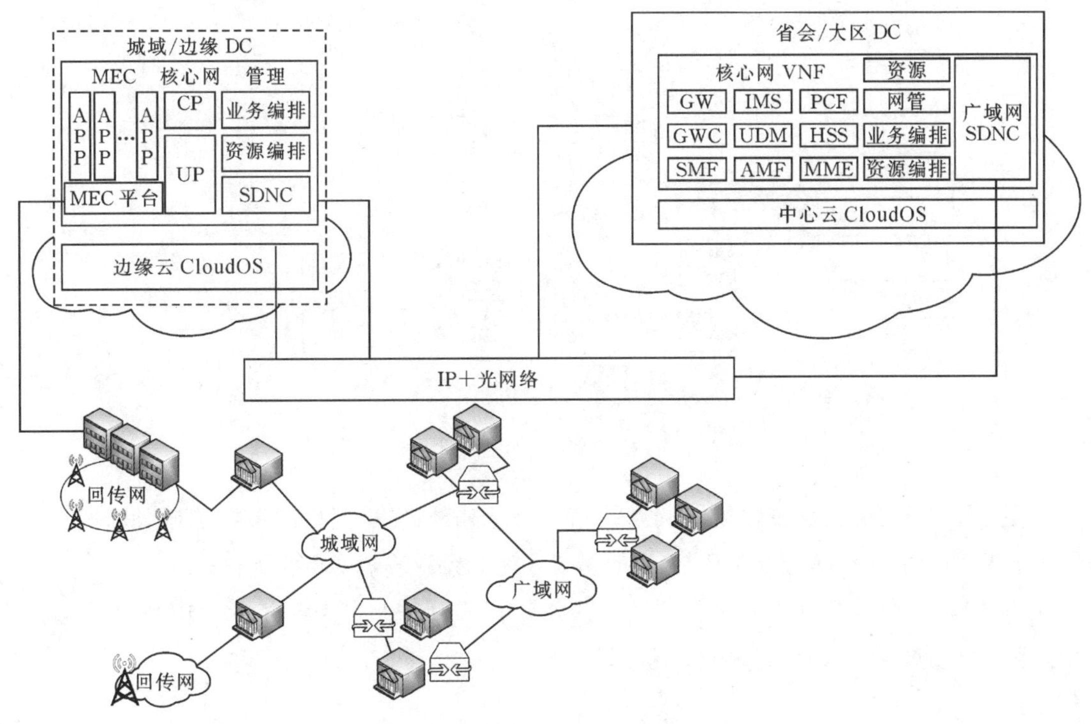

图 A-17 端到端云化组网参考架构

第 12 章

一、1. D 2. C 3. B 4. B 5. A 6. A 7. B 8. D

一、1. 答:红外数据传输的本质是二进制数字信号与光脉冲信号之间的调制与解调,借由这一过程实现以红外线为载体的数据传输。由发送端把二进制数字信号转变为某一频率的脉冲序列,再通过红外发射管,将脉冲序列以光脉冲的形式进行发射;而接收端收到来自发射端的光脉冲信号时,将其转化为电信号,并经过一系列的滤波、方法处理后,将其传输给解调电路,转化为二进制数字信号并实现输出。

2. 答:UWB 收发机的基本组成如图 A-18 所示。发送端基带数据信号按照一定的调制规则以窄脉冲发送,窄脉冲宽度决定了信号带宽。为降低单脉冲发射的平均功率,通过一个数据符号被发送 n 次,每次用一个脉冲符号表示。在无编码系统中,数据符号仅被简单地重复发送 n 次;在有编码系统中,发送脉冲的位置或幅度受随机码或伪随机码的调制,以降低功率谱中的离散成分,并可得到更高的处理增益。同时,在存在多用户的情况下,可通过伪随机码区分用户,实现用户多址。

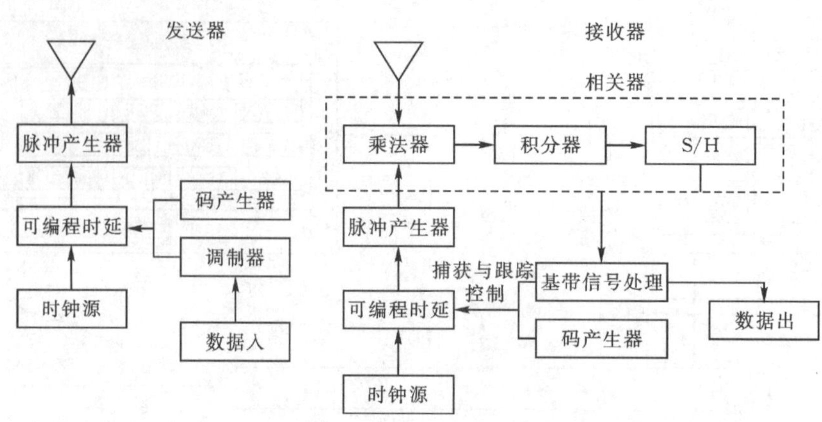

图 A-18 UWB 收发机基本组成

3. 答:目前可见光通信中常用的调制技术有以下几种:二进制启闭键控调制、脉冲位置调制、脉冲宽度调制、正交频分复用调制、离散多音调制和无载波幅度相位调制等。

4. 答:WiMAX 主要关键技术包括正交频分复用(OFDM)、多进多出(MIMO)、自适应调制编码、混合自动重传请求、完整的 QoS 机制等。

第 13 章

一、1. C 2. B 3. B 4. A 5. D

二、1. 答:边缘计算和云计算两者实际上都是处理大数据的计算运行的一种方式,边缘计算是云计算的一种补充和优化。云计算是集中式大数据处理;边缘计算则可以理解为边缘式大数据处理。云平台提供海量数据的存储、分析与价值挖掘;边缘计算实现了云边资源的有效结合,边缘节点主要负责现场/终端数据采集,按照规则或模型对数据进行初步处理与分析,最终将结果上报云端,极大地降低了上行链路的带宽要求。

2. 答:基于"云-边-端"协同的边缘计算基本架构,由四层功能结构组成,即核心基础设施、边缘计算中心、边缘网络和边缘设备。

第 14 章

一、1. 公有区块链;联合(行业)区块链;私有区块链

2. 去中心化;开放性;独立性;安全性;匿名性

3. 2009

4. 信息加密;数字签名;登录认证

二、1. 答:区块链基础架构分为三大层、六小层,包括基础网络层下的数据层和网络层,中间协议层下的共识层、激励层和合约层,以及应用服务层,如图 A-19 所示。

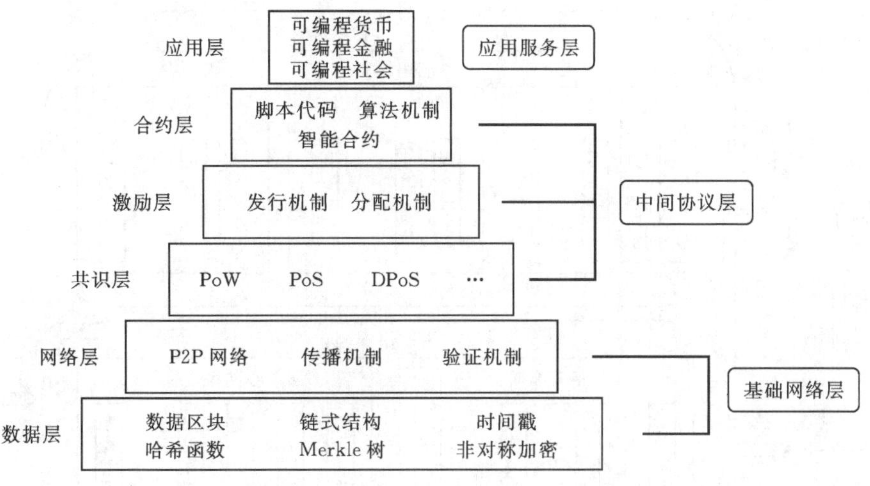

图 A-19 区块链基础架构模型

2. 答:区块链关键技术包括分布式账本、非对称加密、共识机制、智能合约、哈希算法及时间戳技术等。

第 15 章

一、1. CC 攻击;NTP 攻击;SYN 攻击;DNS 攻击

2. 专用 WAP 网关;WAP 隧道技术;WAP2.0 模型

3. 个人身份数字(PIN);蓝牙地址

4. 物理安全机制;逻辑方法

5. 接入层(Access Stratum,AS);非接入层(Non Access Stratum,NAS)

二、1. 答:物联网三层安全体系架构如图 A-20 所示。

2. 答:所有三个层级的设备在某种程度上都能通过网络进行交互。物联网中边缘设备数量大、种类多、所处环境复杂,且大多资源受限,容易受到仿冒攻击、逆向工程或 IP 劫持等安全威胁。随着物联网体系规模的日益增大及其复杂性的日益增强,物联网网络的安全就显得尤为重要。相比于传统意义上的网络安全,物联网在交互过程中不可避免会产生信息安全问题,包括物理安全、运行安全和数据安全等,传统网络的安全防护技术无法应用在复杂的物联网系统中。目前物联网的安全防护体系尚未建立,物联网安全威胁层出不穷。因此,随着物联网应用越来越广泛,面临的安全问题越严重,越有必要尽快发展安全防护技术,保障物联网系统安全。

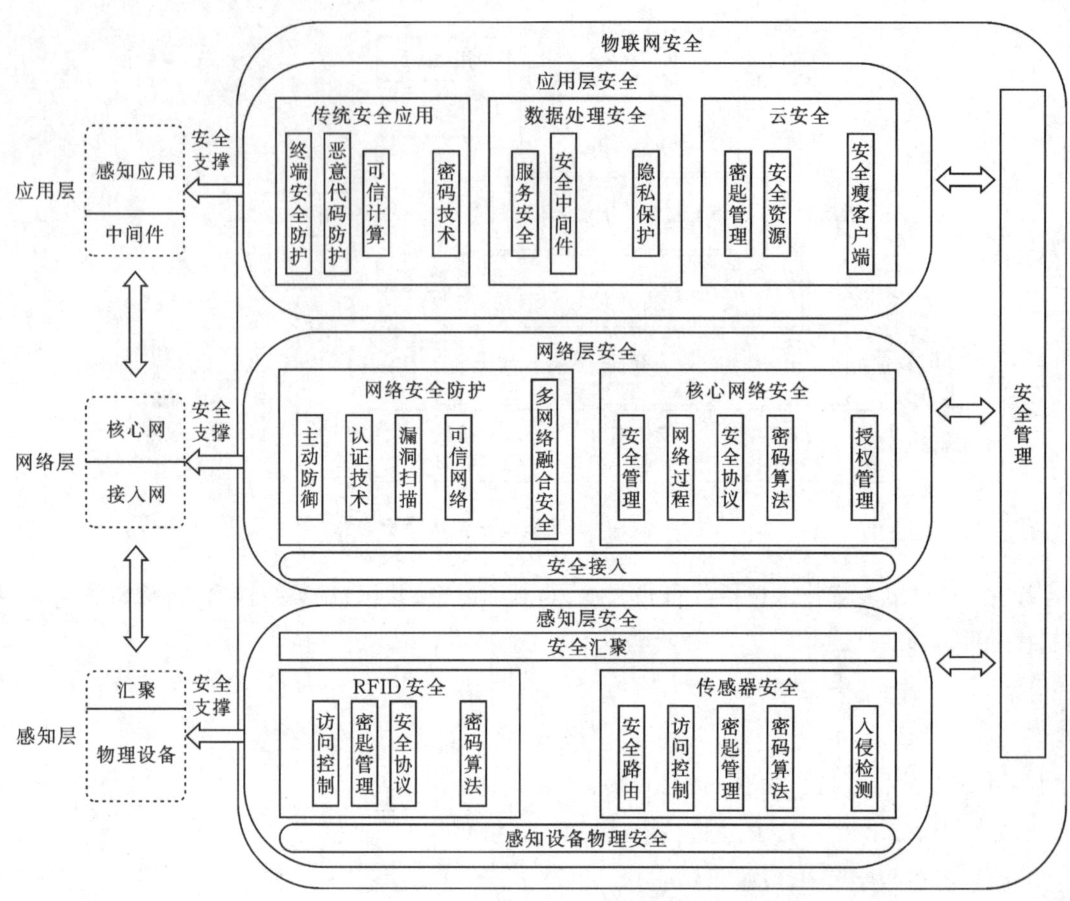

图 A－20　物联网安全体系架构